深入理解 PyTorch

[印] 阿施·拉贾汉·贾　著

刘　祎　译

清华大学出版社
北京

内 容 简 介

本书详细阐述了与 PyTorch 相关的基本解决方案，主要包括深度卷积神经网络架构、结合 CNN 和 LSTM、深度循环模型架构、高级混合模型、图神经网络、使用 PyTorch 生成音乐和文本、神经风格迁移、深度卷积 GAN、利用扩散生成图像、深度强化学习、模型训练优化、将 PyTorch 模型投入生产、移动设备上的 PyTorch、使用 PyTorch 进行快速原型开发、PyTorch 和 AutoML、PyTorch 与可解释人工智能、推荐系统与 PyTorch、PyTorch 和 Hugging Face 等内容。此外，本书还提供了相应的示例、代码，以帮助读者进一步理解相关方案的实现过程。

本书适合作为高等院校计算机及相关专业的教材和教学参考书，也可作为相关开发人员的自学用书和参考手册。

北京市版权局著作权合同登记号 图字：01-2024-3561

Copyright © Packt Publishing 2024.First published in the English language under the title Mastering PyTorch,2nd Edition.

Simplified Chinese-language edition © 2025 by Tsinghua University Press.All rights reserved.

本书中文简体字版由 Packt Publishing 授权清华大学出版社独家出版。未经出版者书面许可，不得以任何方式复制或抄袭本书内容。

图书在版编目（CIP）数据

深入理解 PyTorch / (印) 阿施·拉贾汉·贾著；刘祎译. -- 北京：清华大学出版社，2025.3
ISBN 978-7-302-68452-7

Ⅰ. TP181

中国国家版本馆 CIP 数据核字第 2025R56967 号

责任编辑：贾小红
封面设计：刘　超
版式设计：楠竹文化
责任校对：范文芳
责任印制：丛怀宇

出版发行：清华大学出版社
　　　网　　址：https://www.tup.com.cn，https://www.wqxuetang.com
　　　地　　址：北京清华大学学研大厦 A 座　　　　　邮　编：100084
　　　社 总 机：010-83470000　　　　　　　　　　　邮　购：010-62786544
　　　投稿与读者服务：010-62776969，c-service@tup.tsinghua.edu.cn
　　　质量反馈：010-62772015，zhiliang@tup.tsinghua.edu.cn
印 装 者：三河市科茂嘉荣印务有限公司
经　　销：全国新华书店
开　　本：185mm×230mm　　　印　　张：30.75　　　字　　数：585 千字
版　　次：2025 年 4 月第 1 版　　　　　　　　　　印　　次：2025 年 4 月第 1 次印刷
定　　价：159.00 元

产品编号：102404-01

译 者 序

在人工智能的浪潮中，深度学习无疑是最耀眼的明珠之一，而 PyTorch 则是连接理论与实践、让深度学习变得亲切可及的强大工具。本书正是为了帮助那些渴望掌握深度学习精髓、希望通过 PyTorch 实现复杂神经网络模型的读者，无论是数据科学家、机器学习研究人员还是深度学习实践者。

本书深入浅出地介绍了 PyTorch 的核心概念和高级应用，从基础的卷积神经网络（CNN）到复杂的图神经网络（GNN），再到前沿的生成对抗网络（GAN）和 Transformer，内容涵盖了深度学习的方方面面。每一章节都像是一把钥匙，为您打开深度学习的一扇大门，让您在理论与实践的交织中，逐步成长为深度学习的专家。

在翻译本书的过程中，我们力求保持原书的准确性和易读性，同时也尽量贴近中文读者的阅读习惯。我们希望这本书能够成为您在深度学习道路上的良师益友，无论是在理解深度学习的理论基础，还是在实现具体的深度学习模型时，都能为您提供有力的支持。

本书的适用读者是那些已经具备一定 Python 和 PyTorch 基础，希望进一步提升深度学习能力的读者。无论您是在学术界探索深度学习的边界，还是在工业界寻求通过深度学习解决实际问题，本书都能为您提供宝贵的指导和帮助。

在内容安排上，本书从深度学习的基本概念出发，逐步深入到各种高级模型和架构，最终引导读者探索如何将深度学习模型部署到实际的生产环境中。每一章节都配有丰富的示例和练习，让读者能够在实践中加深理解。

为了更好地利用本书，我们建议您具备一定的 Python 编程经验，熟悉 PyTorch 的基础知识，并拥有使用 Jupyter Notebook 的经验。此外，如果您能够拥有 NVIDIA GPU 来加速模型训练，那将大大提高您的学习效率。同时，如果您在 AWS、Google Cloud 或 Microsoft Azure 等云计算平台上有一定的操作经验，也将有助于您更好地理解和实践书中的内容。

本书的代码示例托管在 GitHub 上，您可以通过提供的链接访问并下载。我们还提供了包含本书中使用的屏幕截图和图表的彩色图像的 PDF 文件，以便您更好地理解书中的内容。

在本书的翻译过程中，除刘祎外，张博也参与了部分翻译工作，在此表示感谢。由于译者水平有限，疏漏之处在所难免，在此诚挚欢迎读者提出任何意见和建议。

译 者

前　　言

深度学习正引领着人工智能的革命，而 PyTorch 让构建深度学习应用变得前所未有的简单。本书将帮助读者掌握专家技巧，深入洞察数据，充分挖掘其潜力，并构建复杂的神经网络模型。

本书从 PyTorch 开始，首先深入探讨了用于图像分类的卷积神经网络（CNN）架构。然后，将带领读者探索递归神经网络（RNN）架构以及 Transformers，并将其应用于情感分析。接下来，将介绍如何创建任意的神经网络架构，并构建图神经网络（GNNs）。随着讲解的深入，将帮助读者把深度学习（DL）应用于包括音乐、文本和图像生成在内的不同领域，使用包括生成对抗网络（GANs）和扩散模型在内的生成模型。

读者通过学习本书将能在 PyTorch 中构建并训练自己的深度强化学习模型，并解释深度学习（DL）模型。读者不仅将学习如何构建模型，还将学习如何使用专家的技巧和技术将它们部署到生产环境和移动设备（Android 和 iOS）中。随后读者将掌握在分布式环境中高效训练大型模型的技能，并使用 AutoML 有效地搜索神经架构，以及使用 fastai 快速原型化模型。然后，读者将学会使用 PyTorch 创建推荐系统，最后能结合 Hugging Face 的主要库和 PyTorch 构建尖端的人工智能（AI）模型。

通过本书的学习，读者将能够熟练地执行复杂的深度学习任务，使用 PyTorch 构建智能 AI 模型。

适用读者

本书面向数据科学家、机器学习研究人员以及深度学习实践者，他们希望使用 PyTorch 2.x 实现高级深度学习范式。阅读本书读者需要具备使用 Python 进行深度学习的工作经验。

本书内容

第 1 章包含对深度学习中各种术语和概念的简要说明，这些内容对于理解本书后续部分非常有帮助。本章还提供了 PyTorch 与 TensorFlow 的快速对比，这两种语言和工具将贯穿全书，用于构建深度学习模型。最后，我们使用 PyTorch 训练了一个神经网络模型。

第 2 章概述了近年来开发的最先进的深度 CNN 模型架构。我们使用 PyTorch 创建了许多这样的模型，并针对适当的任务对它们进行了训练。

第 3 章通过一个实例介绍如何构建一个神经网络模型，该模型结合了卷积神经网络（CNN）和长短期记忆网络（LSTM），在输入图像时输出生成文本和标题，并使用 PyTorch 实现。

第 4 章深入探讨递归神经网络架构的最新进展，特别是 RNN、LSTM 和 GRU。完成本章的学习后，读者将能够在 PyTorch 中创建复杂的递归架构。

第 5 章讨论一些先进的、独特的混合神经网络架构，如彻底改变了自然语言处理领域的 Transformers。此外，本章还探讨了 RandWireNNs，一窥神经网络架构搜索的世界，并使用 PyTorch 进行实现。

第 6 章介绍图神经网络（GNNs）背后的基本概念、不同类型的图学习任务以及各种 GNN 模型架构。然后，本章深入探讨了其中一些架构，即图卷积网络（GCNs）和图注意力网络（GATs）。本章选择使用 PyTorch Geometric 作为在 PyTorch 中构建 GNNs 的首选库。

第 7 章展示如何使用 PyTorch 创建深度学习模型，这些模型运行时能够在几乎不提供任何输入的情况下创作音乐和撰写文本。

第 8 章讨论一种特殊的 CNN 模型，它可以混合多个输入图像并生成具有艺术感的任意图像。

第 9 章解释生成对抗网络（GANs）的概念，并使用 PyTorch 在特定任务上训练了一个 GAN。

第 10 章从头开始实现了一个扩散模型，作为最先进的文本生成图像模型，并使用 PyTorch 实现。

第 11 章探索如何使用 PyTorch 训练深度强化学习任务上的代理，如视频游戏中的玩家。

第 12 章探讨如何通过分布式训练以及 PyTorch 中的混合精度训练实践，用有限的资源高效训练大型模型。本章结束时，读者将掌握使用 PyTorch 高效训练大型模型的技能。

第 13 章详细讲解如何将 PyTorch 编写的深度学习模型部署到真实的生产系统中，并使用 Flask 和 Docker，以及 TorchServe。随后读者将学习如何使用 TorchScript 和 ONNX 导出 PyTorch 模型。此外还将学习如何将 PyTorch 代码作为 C++ 应用程序进行打包。最后，读者将学习如何在一些流行的云计算平台上使用 PyTorch。

第 14 章介绍使用各种预训练的 PyTorch 模型，并将其部署在不同的移动操作系统上。

第 15 章讨论各种工具和库，如 fastai 和 PyTorch Lightning，它们使 PyTorch 中的模型

训练过程快了数倍。此外本章还解释了如何分析 PyTorch 代码以理解资源利用情况。

第 16 章介绍如何使用 AutoML 和 Optuna 有效设置机器学习实验，并与 PyTorch 结合使用。

第 17 章重点在于使用 Captum 等工具，并结合 PyTorch，使机器学习模型对普通人也具有可解释性。

第 18 章从头开始构建一个基于深度学习的电影推荐系统，并使用 PyTorch 实现。

第 19 章讨论如何使用 Hugging Face 库，如 Transformers、Accelerate、Optimum 等，与 PyTorch 结合构建尖端的多模态 AI 模型。

背景知识

为了充分利用本书，读者需要满足以下前提条件。

- 需要具备 Python 实际开发经验以及 PyTorch 的基础知识。因为本书中的大部分练习以 Jupyter Notebook 的形式呈现，所以期望读者具有使用 Jupyter Notebook 的工作经验。
- 某些章节中的一些练习可能需要 GPU 来加速模型训练，因此拥有 NVIDIA GPU 是一个加分项。
- 拥有 AWS、Google Cloud 和 Microsoft Azure 等云计算平台的注册账户将有助于浏览第 13 章的部分内容，并促进第 12 章在多个虚拟机上进行分布式训练。

下载示例代码文件

本书的代码包托管在 GitHub 上，地址是 https://github.com/arj7192/MasteringPyTorchV2。另外，我们还提供了丰富的书籍和视频代码包，读者可在 https://github.com/PacktPublishing/ 找到。

下载彩色图像

我们还提供了一个 PDF 文件，其中包含了本书中使用的屏幕截图/图表的彩色图像。读者可以从这里下载：https://packt.link/gbp/9781801074308。

本书约定

代码块如下所示。

```
def forward(self, source):
    source = self.enc(source) * torch.sqrt(self.num_inputs)
    source = self.position_enc(source)
    op = self.enc_transformer(source, self.mask_source)
    op = self.dec(op)
    return op
```

当希望引起读者对代码块中特定部分的注意时，相关的行或条目会被突出显示。

```
def forward(self, source):
    source = self.enc(source) * torch.sqrt(self.num_inputs)
    source = self.position_enc(source)
    op = self.enc_transformer(source, self.mask_source)
    op = self.dec(op)
    return op
```

命令行输入或输出如下所示。

```
loss improvement on epoch: 1
[001/200] train: 1.1996 - val: 1.0651
loss improvement on epoch: 2
[002/200] train: 1.0806 - val: 1.0494
...
```

☑ 表示警告或重要的注意事项。

💡 表示提示信息或操作技巧。

读者反馈和客户支持

欢迎读者对本书提出建议或意见并予以反馈。

对此，读者可向 customercare@packtpub.com 发送邮件，并以书名作为邮件标题。

勘误表

尽管我们希望做到尽善尽美，但书中疏漏依然在所难免。如果读者发现问题，无论是文字错误抑或是代码错误，还望不吝赐教。对此，读者可访问 http://www.packtpub.com/ submit-errata，选取对应书籍，输入并提交相关问题的详细内容。

版权须知

　　一直以来，互联网上的版权问题从未间断，Packt 出版社对此类问题异常重视。若读者在互联网上发现本书任意形式的副本，请告知我们网络地址或网站名称，我们将对此予以处理。关于盗版问题，读者可发送邮件至 copyright@packtpub.com。

　　若读者针对某项技术具有专家级的见解，抑或计划撰写书籍或完善某部著作的出版工作，则可访问 authors.packtpub.com。

问题解答

　　读者对本书有任何疑问，均可发送邮件至 questions@packtpub.com，我们将竭诚为您服务。

目　　录

第 1 章　PyTorch 深度学习概述

深度学习是一类机器学习方法，它彻底改变了计算机/机器用于构建现实生活问题的自动化解决方案的方式，这是以前不可能实现的。深度学习利用大量数据来学习输入和输出之间的非凡关系，以复杂非线性函数的形式表现。如图 1.1 所示，一些输入和输出可能是以下情况。

- 输入：一张文字图片；输出：文字。
- 输入：文本；输出：自然语音朗读文本。
- 输入：自然语音朗读文本；输出：转录文本。

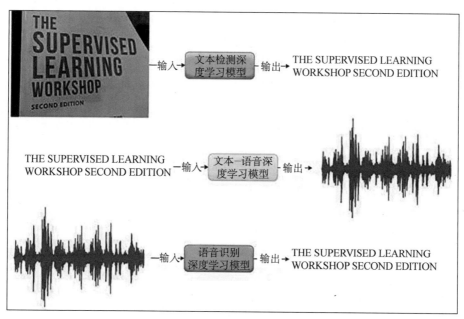

图 1.1　深度学习模型示例

上述例子故意排除了表格输入数据，因为在这类数据上，梯度提升树 XGBoost、LightGBM、CatBoost 的表现仍然优于深度学习。

深度神经网络涉及大量的数学计算、线性代数方程、非线性函数以及各种优化算法。要使用像 Python 这样的编程语言从头开始构建和训练一个深度神经网络，我们需要编写所有必要的方程、函数和优化计划。此外，代码的编写必须确保能够高效地加载大量数据，并且能够在合理的时间内完成训练。这相当于每次构建深度学习应用时都要实现多个底层细节。

如 Theano 和 TensorFlow 等深度学习库在过去几年中被开发出来，用以抽象化这些细节。PyTorch 就是这样一个基于 Python 的深度学习库，可以用来构建深度学习模型。

TensorFlow 是由 Google 在 2015 年年末作为开源的深度学习 Python（和 C++）库引入的，它彻底改变了应用深度学习领域。2016 年，Facebook 以自己的开源深度学习库回应，并将其命名为 Torch。Torch 最初是与 Lua 脚本语言一起使用的，不久之后，Python 的等价物 PyTorch 应运而生。大约在同一时间，微软发布了自己的库 CNTK。在激烈的竞争中，PyTorch 迅速成长为被广泛使用的深度学习库之一。

本书将介绍一些最前沿的深度学习问题，包括这些问题是如何通过复杂的深度学习架构解决的，以及如何有效使用 PyTorch 来构建、训练和评估这些复杂的模型。

本书以 PyTorch 为核心，同时全面涵盖了一些最新和最先进的深度学习模型。本书面向具有 Python 和 PyTorch 知识的数据科学家、机器学习工程师或研究人员。对于那些不熟悉 PyTorch 或熟悉 TensorFlow 但不熟悉 PyTorch 的读者，建议在阅读本章的同时，花更多时间在其他资源上，如 Torch 网站上的基础教程，以先熟悉 PyTorch 的基础知识。

强烈推荐在您的计算机上亲自尝试每一章的示例，以精通编写 PyTorch 代码。我们将从介绍性的章节开始，随后探索各种深度学习问题和模型架构，其间将展示 PyTorch 提供的各种功能。

本章将回顾深度学习背后的一些概念，并简要概述 PyTorch 库。对于那些熟悉 TensorFlow 并希望转向 PyTorch 的读者，我们还将看到 PyTorch 的 API 在多个方向上与 TensorFlow 的不同之处。最后，我们将以一个实践练习结束本章，其中将使用 PyTorch 训练一个深度学习模型。

本章主要涉及下列主题。
- 深度学习回顾。
- PyTorch 库与 TensorFlow 的对比。

1.1　深度学习回顾

神经网络是机器学习方法的一个子类型，其灵感来源于生物大脑的结构和功能，如图 1.2 所示为生物神经元。在神经网络中，每个计算单元，类比地被称为神经元，以分层的方式连接到其他神经元。当这样的层数超过两层时，所形成的神经网络被称为深度神经网络（deep neural network，DNN）。这类模型通常被称为深度学习模型。

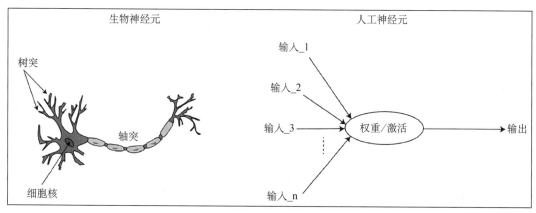

图 1.2　受生物神经元启发的人工神经元

（生物神经元图像来源：https://pixabay.com/users/clker-free-vector-images-3736）

深度学习模型因其能够学习输入数据与输出（真实情况）之间高度复杂的关系，已被证明优于其他传统机器学习模型。最近，深度学习受到了大量关注，主要基于以下两个原因。

- 强大的计算设备，包括 GPU 的可用性。
- 大量数据的可用性。

摩尔定律指出，计算机的处理能力每两年会翻一番。当今，拥有数千层的深度学习模型可以在现实和合理的时间内被训练。与此同时，随着数字设备的使用呈指数级增长，我们的数字足迹爆炸性增长，导致世界各地每时每刻都在产生巨大的数据。

因此，现在可以通过训练深度学习模型来解决一些最困难的认知任务，这些任务以前要么无法解决，要么通过其他机器学习技术得到的解决方案不是最优的。

深度学习或一般神经网络与传统机器学习模型相比还有另一个优势。通常，在基于传统机器学习的方法中，特征工程在训练模型的整体性能中起着至关重要的作用。然而，深度学习模型消除了手工打造特征的需要。有了大量数据的支持，深度学习模型即便不依赖手工设计的特征，也能表现得十分出色，并且能够超越传统的机器学习模型。

图 1.3 显示了深度学习模型如何比传统机器模型更好地利用大量数据。

如图 1.3 所示，深度学习的性能在达到一定数据集大小之前，并不一定表现出显著优势。然而，当数据量开始进一步增加时，深度神经网络便开始超越非深度学习模型。

深度学习模型可以根据多年来开发的不同类型的神经网络架构来构建。不同架构之间的主要区别在于所使用的层的类型和组合。

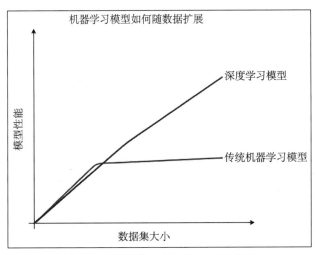

图 1.3　模型性能与数据集大小的关系

一些众所周知的层包括以下类型。

- 全连接或线性层：在全连接层中，如图 1.4 所示，这一层之前的所有神经元都连接到这一层之后的所有神经元。该示例展示了两个连续的全连接层，分别含有 N1 和 N2 个神经元。全连接层是许多（实际上是大多数）深度学习分类器的基本单元。

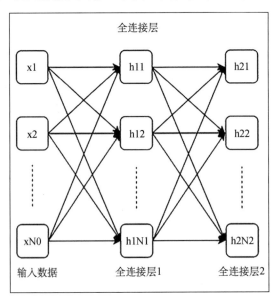

图 1.4　全连接层

● 卷积层：图 1.5 展示了一个卷积层，其中卷积核（或滤波器）在输入上进行卷积操作。

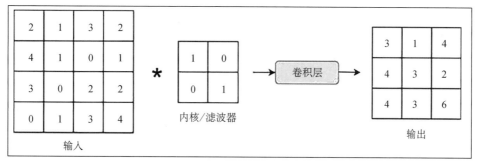

图 1.5　卷积层

卷积层是卷积神经网络（convolutional neural networks，CNN）的基本单元，这些网络是解决计算机视觉问题最有效的模型。

● 循环层：图 1.6 展示了一个循环层。虽然它看起来与全连接层类似，但其关键的区别在于循环连接（用曲线箭头标出）。

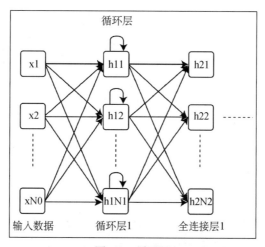

图 1.6　循环层

循环层相较于全连接层具有一定的优势，它们展现出了记忆能力，这在处理序列数据时非常有用，且需要记住过去的输入以及当前的输入。

● 反卷积层（DeConv，卷积层的逆操作）：与卷积层截然不同，反卷积层的工作原理如图 1.7 所示。这一层在空间上扩展了输入数据，因此在生成或重建图像的模型中至关重要。

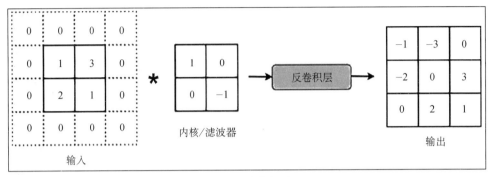

图 1.7　反卷积层

- 池化层：图 1.8 展示了最大池化层，这可能是被最广泛使用的池化层类型。

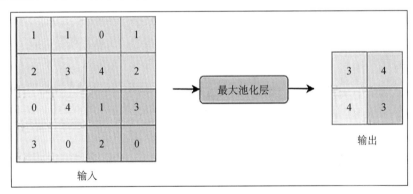

图 1.8　池化层

这是一个最大池化层，它从输入的 2×2 大小的子区域中各取最高数值进行池化。其他形式的池化包括最小池化和平均池化。基于前述层的许多知名架构如图 1.9 所示。

读者可以在参考文献[1]中找到一系列神经网络架构。

除了网络中各层的类型及其连接方式，其他因素如激活函数和优化计划也定义了模型。

激活函数对神经网络至关重要，因为它们引入了非线性，否则无论我们添加多少层，整个神经网络将简化为一个简单的线性模型。这里列出的不同类型激活函数基本上是不同的非线性数学函数。

一些流行的激活函数如下所示。

$$y = f(x) = \frac{1}{1 + e^{-x}} \tag{1.1}$$

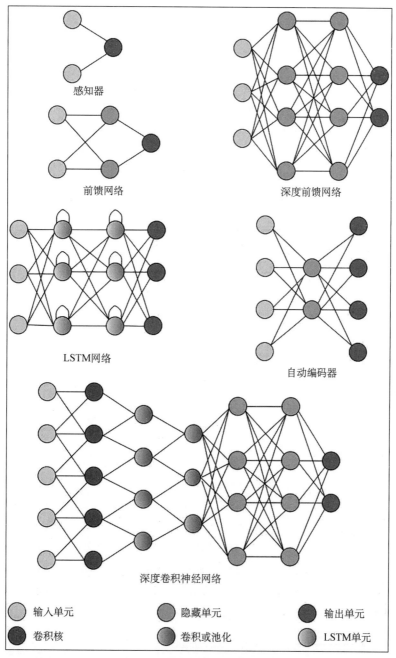

图 1.9　不同的神经网络架构

该函数如图 1.10 所示。

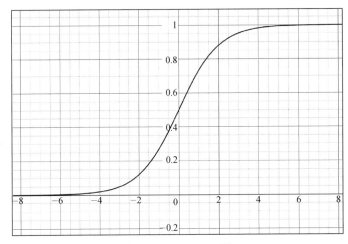

图 1.10   Sigmoid 函数

从图 1.10 中可以看出，Sigmoid 函数以数值 x 作为输入，并输出一个介于(0, 1)范围内的值 y。

● TanH：TanH 函数公式如下所示。

$$y = f(x) = \frac{\mathrm{e}^x - \mathrm{e}^{-x}}{\mathrm{e}^x + \mathrm{e}^{-x}} \tag{1.2}$$

该函数如图 1.11 所示。

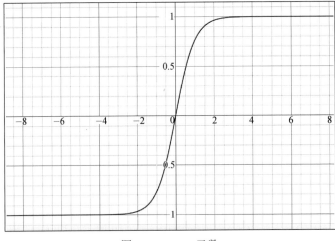

图 1.11   TanH 函数

与 Sigmoid 函数不同，TanH 激活函数的输出 y 在-1 到 1 之间变化。因此，这种激活在我们需要正负输出的情况下非常有用。

- 修正线性单元（ReLU）：ReLUs 比前两种激活函数更现代，其表达式如下。

$$y = f(x) = \max(0, x) \tag{1.3}$$

该函数如图 1.12 所示。

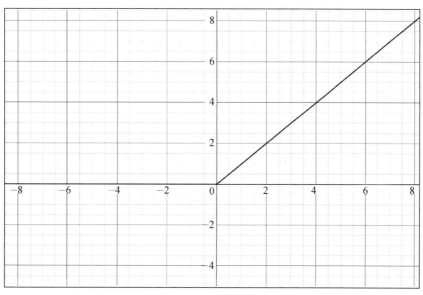

图 1.12　ReLU 函数

ReLU 与 Sigmoid 和 TanH 激活函数的一个显著区别在于，当输入大于 0 时，输出会随着输入的增长而增长。这防止了该函数的梯度像前两种激活函数那样衰减至 0。然而，当输入为负数时，输出和梯度都将变为 0。

- Leaky ReLU：ReLU 通过输出 0 来完全抑制任何传入的负输入。然而，在某些情况下，我们可能也需要处理负输入。Leaky ReLU 提供了一种处理负输入的方式，即输出传入负输入的 k 部分。这里，k 表示这个激活函数的一个参数，其数学表达式如下所示。

$$y = f(x) = \max(kx, x) \tag{1.4}$$

图 1.13 展示了 Leaky ReLU 的输入和输出关系。

激活函数是深度学习中的一个活跃的研究领域。在这里不可能列出所有的激活函数，但我鼓励读者查看这个领域中的最新发展。许多激活函数仅是本节提到的激活函数的微妙修改。

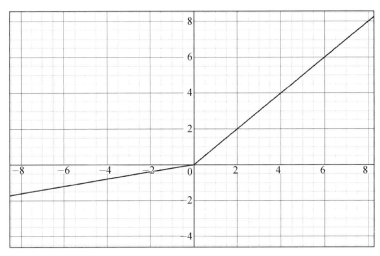

图 1.13 Leaky ReLU 函数

1.2 优 化 计 划

迄今为止,我们已经讨论了如何构建神经网络结构。为了训练神经网络,我们需要遵循一个优化计划。与其他基于参数的机器学习模型一样,深度学习模型通过调整其参数来进行训练。这些参数通过反向传播过程进行调整,在这个过程中,神经网络的最终层或输出层会产生一个损失值。这个损失值是通过一个损失函数计算得出的,该函数接收神经网络最终层的输出和相应的真实目标值。然后,这个损失值通过梯度下降和微分的链式法则反向被传播到前面的层。

每层的参数或权重相应地被修改,以最小化损失。修改的程度由一个系数决定,这个系数的值从 0 变化到 1,也被称为学习率。更新神经网络权重的整个过程,我们称之为优化计划,其对模型训练的好坏有着重大影响。因此,这个领域已经被进行了大量的研究,并且仍在继续。以下是几种流行的优化计划。

- 随机梯度下降(SGD):它以以下方式更新模型参数。

$$\beta = \beta - \alpha * \frac{\delta L(X, y, \beta)}{\delta \beta} \tag{1.5}$$

其中,β 是模型的参数,X 和 y 分别是输入的训练数据和相应的标签。L 是损失函数,而 α 是学习率。SGD 针对每一个训练样本对(X, y)执行此更新。一个变体(小批量梯度下降)针对每 k 个样本执行更新,其中 k 是批量大小。对于整个小批量,梯度是一起计算的。

另一个变体（批量梯度下降）通过计算整个数据集上的梯度来执行参数更新。

● Adagrad：在之前的优化计划中，我们对模型的所有参数使用了一个单一的学习率。然而，不同的参数可能需要以不同的速度进行更新，特别是在稀疏数据的情况下，一些参数在特征提取中比其他参数更为活跃。Adagrad 引入了按参数更新的概念，公式如下所示。

$$\beta_i^{t+1} = \beta_i^t - \frac{\alpha}{\sqrt{SSG_t^t + \varepsilon}} * \frac{\delta L(X, y, \beta)}{\delta \beta_i^t} \tag{1.6}$$

在这里，使用下标 i 来表示第 i 个参数，用上标 t 来表示梯度下降迭代的时间步 t。SSG_i^t 是从时间步 0 到时间步 t 的第 i 个参数的梯度平方和。ε 用来表示添加到 SSG 中的一个小值，以避免除以零的情况。将全局学习率 α 除以 SSG 的平方根，确保了频繁变化的参数更新幅度较小，反之亦然。

● Adadelta：在 Adagrad 中，学习率的分母是一个随着每个时间步添加的平方项而不断增加的项。这导致学习率会衰减到非常小的值。为了解决这个问题，Adadelta 引入了仅计算几个先前时间步的平方梯度之和的概念。实际上，我们可以将其表达为过去梯度的运行衰减平均值。Adadelta 公式如下所示。

$$SSG_i^t = \gamma * SSG_i^{t-1} + (1 - \gamma) * \left(\frac{\delta L(X, y, \beta)}{\delta \beta_i^t} \right)^2 \tag{1.7}$$

这里的 γ 是我们希望为之前平方梯度之和选择的衰减因子。通过这个公式，我们确保平方梯度之和不会累积到一个很大的值，这要归功于衰减平均值。一旦 SSG_i^t 被定义，我们就可以使用式（1.6）来定义 Adadelta 的更新步骤。

然而，如果我们仔细审视式（1.6），均方根梯度不是一个无量纲量，因此理想情况下不应该将其用作学习率的系数。为了解决这个问题，我们定义了另一个运行平均值，这次是用于平方参数更新。让我们首先定义参数更新。

$$\Delta \beta_i^t = \beta_i^{t+1} - \beta_i^t = -\frac{\alpha}{\sqrt{SSG_t^t + \varepsilon}} * \frac{\delta L(X, y, \beta)}{\delta \beta_i^t} \tag{1.8}$$

然后，类似于式（1.7），我们可以定义参数更新的平方和，公式如下所示。

$$SSPU_i^t = \gamma * SSPU_i^{t-1} + (1 - \gamma) * (\Delta \beta_i^t)^2 \tag{1.9}$$

这里，SSPU 是平方参数更新的和。随后就可以用最终的 Adadelta 方程调整式（1.6）中的维度问题了。

$$\beta_i^{t+1} = \beta_i^t - \frac{\sqrt{SSPU_t^t + \varepsilon}}{\sqrt{SSG_t^t + \varepsilon}} * \frac{\delta L(X, y, \beta)}{\delta \beta_i^t} \tag{1.10}$$

　　显然，最终的 Adadelta 方程并不需要任何学习率。尽管如此，我们仍然可以提供一个学习率作为乘数。因此，这个优化计划中唯一的强制超参数是衰减因子。

- RMSprop：我们在讨论 Adadelta 时已经隐含地讨论了 RMSprop 的内部工作，因为两者非常相似。唯一的区别在于 RMSprop 不调整维度问题，因此其更新方程保持与式（1.6）相同，其中 SSG_i^t 是从式（1.7）获得的。这基本上意味着在 RMSprop 的情况下，我们确实需要指定一个基础学习率以及一个衰减因子。

- 自适应矩估计（Adam）：这是另一种优化计划，它为每个参数计算定制的学习率。就像 Adadelta 和 RMSprop 一样，Adam 也使用前一次平方梯度的衰减平均值，如式（1.7）所示。然而，它还使用前一次梯度值的衰减平均值。

$$SG_i^t = \gamma' * SG_i^{t-1} + (1-\gamma') * \frac{\delta L(X, y, \beta)}{\delta \beta_i^t} \tag{1.11}$$

　　SG 和 SSG 在数学上分别等同于估计梯度的第一和第二矩，因此这种方法被称为自适应矩估计。通常，γ 和 γ' 接近于 1，在这种情况下，SG 和 SSG 的初始值可能会被推向 0。为了抵消这种影响，这两种量通过偏差校正进行了重新制定。

$$SG_i^t = \frac{SG_i^t}{1-\gamma'} \tag{1.12}$$

$$SSG_i^t = \frac{SSG_i^t}{1-\gamma} \tag{1.13}$$

　　一旦它们被定义，参数更新表达如下：

$$\beta_i^{t+1} = \beta_i^t - \frac{\alpha}{\sqrt{SSG_i^t + \varepsilon}} * SG_i^t \tag{1.14}$$

　　基本上，方程式最右边的梯度被梯度的衰减平均值所取代。值得注意的是，Adam 优化涉及三个超参数——基础学习率，以及梯度和平方梯度的两个衰减率。Adam 是近期训练复杂深度学习模型最成功的优化计划之一。

　　那么，我们应该使用哪种优化器呢？这取决于具体情况。如果我们处理的是稀疏数据，那么自适应优化器（2 到 5 号）将会更有优势，因为它们提供了按参数更新学习率的功能。如前所述，在稀疏数据的情况下，不同的参数可能以不同的速度工作，因此定制的按参数学习率机制可以极大地帮助模型达到最优解。SGD 也可能找到一个不错的解决方案，但训练时间会更长。在自适应优化器中，Adagrad 由于学习率分母单调递增，因此存在学习率消失的缺点。

　　RMSprop、Adadelta 和 Adam 在各种深度学习任务上的表现非常接近。RMSprop 与 Adadelta 大体相似，不同之处在于 RMSprop 使用基础学习率，而 Adadelta 使用之前参数更新的衰减平均值。Adam 在这方面略有不同，它还包括了梯度的第一矩计算并考虑了偏差校正。总的来说，在其他条件相同的情况下，Adam 可能是推荐的优化器。我们将在本书的练习中使用这些优化计划中的一些内容。请随意将它们与另一个交换，以观察以下方面的变化。

- 模型训练时间和轨迹（收敛性）。
- 最终模型性能。

在接下来的章节中，我们将使用这些架构、层、激活函数和优化计划，借助 PyTorch 解决不同类型的机器学习问题。在本章包含的示例中，我们将创建一个包含卷积层、线性层、最大池化层和丢弃层的卷积神经网络。最终层使用 Log-Softmax，而所有其他层使用 ReLU 作为激活函数。模型使用固定学习率为 0.5 的 Adadelta 优化器进行训练。

1.3　PyTorch 库与 TensorFlow 的对比

PyTorch 是一个基于 Torch 库的 Python 机器学习库。无论是在研究还是在构建工业应用方面，PyTorch 都被广泛用作深度学习工具，它主要由 Meta 开发。PyTorch 是另一个著名的深度学习库，是由 Google 开发的 TensorFlow 的竞争对手。这两个库最初的区别在于 PyTorch 基于即时执行，而 TensorFlow 建立在基于图的延迟执行上。TensorFlow 现在也提供了即时执行模式。

即时执行本质上是一种命令式编程模式，其中数学运算会立即被计算。而延迟执行模式会将所有操作存储在计算图中，不会立即进行计算，而且整个图稍后才会被评估。即时执行因其直观的流程、易于调试和较少的支撑代码等优点而被人们所认可。

PyTorch 不仅是一个深度学习库，它具有类似 NumPy 的语法/接口，提供了使用 GPU 进行强力加速的张量计算能力。这里，张量是计算单元，与 NumPy 数组非常相似，只不过它们也可以在 GPU 上使用以加速计算。

凭借加速计算和创建动态计算图的能力，PyTorch 提供了一个完整的深度学习框架。除此之外，它在本质上是真正的 Python 风格，这使得 PyTorch 用户能够利用 Python 提供的所有特性，包括广泛的 Python 数据科学生态系统。

本节将介绍张量以及在 PyTorch 中它是如何实现的，包括它的所有属性。我们还将查看一些有用的 PyTorch 模块，这些模块扩展了各种功能，有助于加载数据、构建模型以及在模型训练期间指定优化计划。另外，我们将比较这些 PyTorch API 与 TensorFlow 的等价物，以理解这两个库在根本层面上的实现差异。

1.3.1 张量模块

如前所述，张量在概念上与 NumPy 数组相似。张量是一个 n 维数组，我们可以在其上执行数学函数，通过 GPU 加速计算，并且还可以跟踪计算图和梯度，这些对于深度学习至关重要。要在 GPU 上运行张量，我们所需做的就是将张量转换为特定的数据类型。

下列内容展示了如何在 PyTorch 中实例化一个张量的方法。

```
points = torch.tensor([1.0, 4.0, 2.0, 1.0, 3.0, 5.0])
```

要获取第一个条目，只需编写以下内容。

```
points[0]
```

此外还可以使用以下方法检查张量的形状。

```
points.shape
```

在 TensorFlow 中，通常可按照如下方式声明一个张量。

```
points = tf.constant([1.0, 4.0, 2.0, 1.0, 3.0, 5.0])
```

访问第一个元素或获取张量形状的命令与 PyTorch 中的相同。在 PyTorch 中，张量是作为对存储在连续内存块中的一维数值数组的视图实现的。这些数组被称为存储实例。每个 PyTorch 张量都有一个存储属性，可以被调用以输出张量的底层存储实例，代码如下所示。

```
points = torch.tensor([[1.0, 4.0], [2.0, 1.0], [3.0, 5.0]])
points.storage()
```

以上代码将生成下列输出结果。

```
 1.0
 4.0
 2.0
 1.0
 3.0
 5.0
[torch.storage._TypedStorage(dtype=torch.float32, device=cpu) of size 6]
```

TensorFlow 中的张量没有存储属性。当我们说一个 PyTorch 张量是存储实例的视图时，该张量使用以下信息来实现视图。

- 大小。
- 存储
- 偏移。
- 步长。

下面让我们借助前面的例子来进一步了解这些概念。

```
points = torch.tensor([[1.0, 4.0], [2.0, 1.0], [3.0, 5.0]])
```

让我们探究这些不同信息片段的含义。

```
points.size()
```

这将生成下列输出结果。

```
torch.Size([3, 2])
```

如我们所见，size 与 NumPy 中的 shape 属性相似，它告诉我们每个维度上的元素数量。这些数字的乘积等于底层存储实例的长度（在本例中为 6）。在 TensorFlow 中，可以通过使用 shape 属性来推导出张量的形状。

```
points = tf.constant([[1.0, 4.0], [2.0, 1.0], [3.0, 5.0]])
points.shape
```

这将生成下列输出结果。

```
TensorShape([3, 2])
```

我们已经考查了 PyTorch 张量的存储属性的含义，接下来看一下偏移量。

```
points.storage_offset()
```

这将生成下列输出结果。

```
0
```

这里，偏移量表示张量在存储数组中的第一个元素的索引。因为输出是 0，这意味着张量的第一个元素是存储数组中的第一个元素。

让我们验证这一点：

```
points[1].storage_offset()
```

这将生成下列输出结果。

```
2
```

因为 points[1]是[2.0, 1.0]，而存储数组是[1.0, 4.0, 2.0, 1.0, 3.0, 5.0]，我们可以看到张量 [2.0, 1.0]的第一个元素，即 2.0，位于存储数组的索引 2 处。storage_offset 属性和 storage 属性一样，在 TensorFlow 张量中是不存在的。

最后，我们来看一下 stride 属性。

```
points.stride()
```

这将产生下列输出结果。

```
(2, 1)
```

可以看到，stride 包含了每个维度中为了访问张量的下一个元素需要跳过的元素数量。因此，在这种情况下，沿着第一个维度，为了访问第一个元素之后的那个元素，即 1.0，我们需要跳过两个元素（即 1.0 和 4.0）来访问下一个元素，即 2.0。类似地，沿着第二个维度，我们需要跳过 1 个元素来访问 1.0 之后的元素，即 4.0。因此，利用这些属性，我们可以从一个连续的一维存储数组派生出张量。相应地，TensorFlow 张量则没有 stride 或 storage_offset 属性。

张量中包含的数据是数值类型。具体来说，PyTorch 提供了以下数据类型。

- torch.float32 或 torch.float——32 位浮点数。
- torch.float64 或 torch.double——64 位双精度浮点数。
- torch.float16 或 torch.half——16 位半精度浮点数。
- torch.int8——有符号 8 位整数。
- torch.uint8——无符号 8 位整数。
- torch.int16 或 torch.short——有符号 16 位整数。
- torch.int32 或 torch.int——有符号 32 位整数。
- torch.int64 或 torch.long——有符号 64 位整数。

TensorFlow 提供了类似的数据类型（参考文献[2]）。

下面是一个如何指定 PyTorch 张量使用特定数据类型的例子。

```
points = torch.tensor([[1.0, 2.0], [3.0, 4.0]], dtype=torch.float32)
```

在 TensorFlow 中，这可以通过以下等效的代码完成。

```
points = tf.constant([[1.0, 2.0], [3.0, 4.0]], dtype=tf.float32)
```

除了数据类型，PyTorch 中的张量还需要指定它们将被存储的设备。相应地，可以在实例化时指定设备。

```
points = torch.tensor([[1.0, 2.0], [3.0, 4.0]], dtype=torch.float32,
device='cpu')
```

或者，也可以在所需的设备上创建张量的副本。

```
points_2 = points.to(device='cuda')
```

如前述两个示例所示，可以将张量分配给 CPU（使用 device='cpu'），如果不指定设备，这将默认发生；或者可以将张量分配给 GPU（使用 device='cuda'）。在 TensorFlow 中，设备分配看起来略有不同。

```
with tf.device('/CPU:0'):
    points = tf.constant([[1.0, 2.0], [3.0, 4.0]], dtype=tf.float32)
```

☑ **注意：**

PyTorch 目前支持 NVIDIA（CUDA）和 AMD 图形处理器（GPU）。

当张量放置在 GPU 上时，计算速度会加快，并且由于 PyTorch 中 CPU 和 GPU 张量的 API 在很大程度上是统一的，因此在设备之间移动同一张量、执行计算并将其移回是非常方便的。

如果存在多个同类型的设备，例如多于一个的 GPU，我们可以使用设备索引精确定位希望放置张量的设备，如下所示。

```
points_3 = points.to(device='cuda:0')
```

读者可以在参考文献[3]中阅读更多关于 PyTorch-CUDA 的信息；在参考文献[4]中，读者可以一般性地了解 CUDA。

现在，让我们看一些重要的 PyTorch 模块，它们旨在构建深度学习模型。

1.3.2　PyTorch 模块

PyTorch 库不仅像 NumPy 一样提供计算功能，还提供了一系列模块，使开发者能够快速设计、训练和测试深度学习模型。以下是一些最有用的模块。

1. torch.nn

在构建神经网络架构时，网络构建的基础方面包括层数、每层的神经元数量以及哪些是可学习的等。PyTorch 的 nn 模块使用户能够通过定义这些高级内容来快速实例化神经网络架构，而不必手动指定所有细节。以下是一个不使用 nn 模块的单层神经网络初始化过程。

```
import math
'''we assume a 256-dimensional input and a 4-dimensional
output for this 1-layer neural network
hence, we initialize a 256x4 dimensional matrix
filled with random values'''
weights = torch.randn(256, 4) / math.sqrt(256)
'''we then ensure that the parameters of this neural network are
trainable, that is, the numbers in the 256x4 matrix
can be tuned with the help of backpropagation of gradients'''
weights.requires_grad_()
'''finally we also add the bias weights for the
4-dimensional output, and make these trainable too'''
bias = torch.zeros(4, requires_grad=True)
```

我们可以改用 nn.Linear(256, 4)在 PyTorch 中表示相同的内容。在 TensorFlow 中，这可以写成 tf.keras.layers.Dense(256, input_shape=(4,), activation=None)。

在 torch.nn 模块中，有一个名为 torch.nn.functional 的子模块。这个子模块包含了 torch.nn 模块中的所有函数，而其他所有子模块则定义为类。这些函数包括损失函数、激活函数，以及也可以用于以函数方式创建神经网络的神经函数（即，当每一层都表示为前一层的函数时），如池化、卷积和线性函数。

使用 torch.nn.functional 模块的一个损失函数示例如下所示。

```
import torch.nn.functional as F
loss_func = F.cross_entropy
loss = loss_func(model(X), y)
```

在这里，X 是输入，y 是目标输出，model 是神经网络模型。在 TensorFlow 中，上述代码将写作：

```
import tensorflow as tf
loss_func = tf.keras.losses.SparseCategoricalCrossentropy(from_logits=
True)
loss = loss_func(y, model(X))
```

2. torch.optim

当训练一个神经网络时，我们通过反向传播错误来调整网络的权重或参数，该过程称之为优化。optim 模块包含了与在训练深度学习模型时运行各种优化计划相关的所有工具和功能。

例如，我们在训练过程中使用 torch.optim 模块定义一个优化器，如下所示。

```
opt = optim.SGD(model.parameters(), lr=lr)
```

然后，我们不需要像下面展示的那样手动编写优化步骤。

```
with torch.no_grad():
    # applying the parameter updates using stochastic gradient descent
    for param in model.parameters():
        param -= param.grad * lr
    model.zero_grad()
```

我们可以简单地写成：

```
opt.step()
opt.zero_grad()
```

TensorFlow 不需要这样明确编码的梯度更新和刷新步骤，优化器的代码如下所示。

```
opt = tf.keras.optimizers.SGD(learning_rate=lr)
model.compile(optimizer=opt, loss=...)
```

接下来我们考查 utils.data 模块。

3. utils.data 模块

在 utils.data 模块中，Torch 提供了自己的数据集和 DataLoader 类，这些类由于其抽象和灵活的实现而极为方便。基本上，这些类提供了直观和有用的方法来迭代张量以及执行其他类似的操作。

据此，我们可以确保基于优化的张量计算而获得高性能，并且还可以拥有容错数据输入/输出的能力。例如，假设按照下列方式使用 torch.utils.data.DataLoader。

```
from torch.utils.data import (TensorDataset, DataLoader)
train_dataset = TensorDataset(x_train, y_train)
train_dataloader = DataLoader(train_dataset, batch_size=bs)
```

那么，我们就不需要像下面这样手动迭代数据批次。

```
for i in range((n-1)//bs + 1):
    x_batch = x_train[start_i:end_i]
    y_batch = y_train[start_i:end_i]
    pred = model(x_batch)
```

我们可以简单地写成：

```
for x_batch,y_batch in train_dataloader:
    pred = model(x_batch)
```

torch.utils.data 与 TensorFlow 中的 tf.data.Dataset 类似。在 TensorFlow 中，上述迭代数据批次的代码按以下方式编写。

```
import tensorflow as tf
train_dataset = tf.data.Dataset.from_tensor_slices((x_train, y_train))
train_dataloader = train_dataset.batch(bs)

for x_batch, y_batch in train_dataloader:
    pred = model(x_batch)
```

既然我们已经考查了 PyTorch 库（与 TensorFlow 对比），并理解了 PyTorch 和张量模块，接下来将学习如何使用 PyTorch 训练神经网络。

1.3.3　使用 PyTorch 训练神经网络

这里，我们将使用著名的 MNIST 数据集[5]，这是一系列手写邮政编码数字的图像序列（从 0 到 9），每个数字都有相应的标签。MNIST 数据集包含 60000 个训练样本和 10000 个测试样本，每个样本是 28×28 像素的灰度图像。PyTorch 在其 Dataset 模块下也提供了 MNIST 数据集。

在该练习中，我们将使用 PyTorch 在这个数据集上训练一个深度学习的多类分类器，并测试训练好的模型在测试样本上的表现。该练习的全部 PyTorch 代码[6]以及等效的 TensorFlow 代码[7]可以在本书的 GitHub 仓库中找到。

（1）导入一些依赖项。执行以下导入语句。

```
import torch
import torch.nn as nn
import torch.nn.functional as F
import torch.optim as optim
from torch.utils.data import DataLoader
from torchvision import datasets, transforms
import matplotlib.pyplot as plt
```

（2）定义模型架构，如图 1.14 所示。

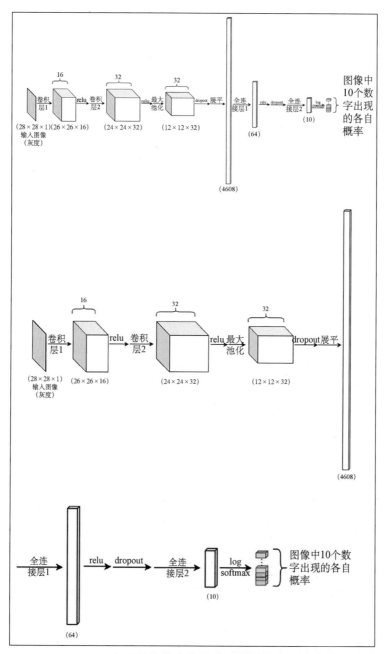

图 1.14　神经网络架构

该模型由卷积层、丢弃层以及线性/全连接层组成，所有这些层都可通过 torch.nn 模块获得。

```python
class ConvNet(nn.Module):
    def __init__(self):
        super(ConvNet, self).__init__()
        self.cn1 = nn.Conv2d(1, 16, 3, 1)
        self.cn2 = nn.Conv2d(16, 32, 3, 1)
        self.dp1 = nn.Dropout2d(0.10)
        self.dp2 = nn.Dropout2d(0.25)
        self.fc1 = nn.Linear(4608, 64)
        # 4608 is basically 12 X 12 X 32
        self.fc2 = nn.Linear(64, 10)
    def forward(self, x):
        x = self.cn1(x)
        x = F.relu(x)
        ...
        x = self.fc2(x)
        op = F.log_softmax(x, dim=1)
        return op
```

模型的__init__()函数定义了模型的核心架构，即每层的神经元数量。顾名思义，forward()函数在网络中执行前向传播。因此，它包括每层的所有激活函数以及任何层之后使用的池化或丢弃操作。该函数应返回最终层的输出，我们称之为模型的预测，其维度应与目标输出（真实值）相同。

注意，第一个卷积层具有 1 个通道的输入，16 个通道的输出，核心大小为 3，步长为 1。1 个通道输入本质上是为了将要输入模型的灰度图像。我们出于多种原因选择了 3×3 的核心大小。首先，核心大小通常是奇数，以便输入图像像素围绕中心像素对称分布。1×1 相对较小，据此，作用于给定像素的核心将不会拥有关于邻近像素的任何信息。3 是接下来的选择，但为什么不继续选择 5、7，或者是 27 呢？

在极端的大尺寸端，一个 27×27 的核心在 28×28 图像上进行卷积将产生粗粒度的特征。然而，图像中最重要的视觉特征是相当局部的（在一个小的空间邻域内），因此使用一个小的核心来一次查看几个邻近像素，对于视觉模式来说是有意义的。3×3 是在解决计算机视觉问题的卷积神经网络（CNN）中最常用的核心尺寸之一。

注意，我们有两个连续的卷积层，都配备了 3×3 的核心。从空间覆盖范围来说，这等同于使用一个配备了 5×5 核心的卷积层。然而，使用多个具有较小核心尺寸的层几乎总是更受青睐，因为这样可以形成更深的网络，从而学习到更复杂的特征，并且由于核心尺寸较小，参数数量也会减少。在多层中使用许多小核心也可能产生专门的检测核心——一个用于检测边缘，一个用于检测圆形，一个用于检测红色等。

卷积层输出的通道数通常高于或等于输入通道数。我们的第一个卷积层接收一个通道的数据，并输出 16 个通道。这基本上意味着该层正尝试从输入图像中检测 16 种不同类型的信息。这些通道中的每一个都被称为特征图，每个特征图都有一个专用的核心来提取它们的特征。

我们将第 2 个卷积层的通道数从 16 增加到 32，以尝试从图像中提取更多种类的特征。这种增加通道数（或图像深度）是 CNN 中常见的做法。我们将在第 2 章中进一步阅读相关内容。

最终，步长为 1 是有意义的，因为我们的核心大小仅为 3。保持较大的步长值（如 10）将导致核心在图像中跳过许多像素，这并非是期望行为。然而，如果核心大小是 100，我们可能会考虑将 10 作为一个合理的步长值。步长越大，卷积操作的数量越少，但核心的总视野也越小。

上述代码也可以使用 torch.nn.Sequential API 来编写：

```
model = nn.Sequential(
    nn.Conv2d(1, 16, 3, 1),
    nn.ReLU(),
    nn.Conv2d(16, 32, 3, 1),
    nn.ReLU(),
    nn.MaxPool2d(2),
    nn.Dropout2d(0.10),
    nn.Flatten(),
    nn.Linear(4608, 64),
    nn.ReLU(),
    nn.Dropout2d(0.25),
    nn.Linear(64, 10),
    nn.LogSoftmax(dim=1)
)
```

通常更倾向于使用单独的 __init__() 和 forward() 方法来初始化模型，以便在不是所有层都逐个执行时（如并行或跳跃连接）有更大的灵活性来定义模型功能。上述代码在 TensorFlow 中看起来非常相似：

```
import tensorflow as tf
model = tf.keras.Sequential([
    tf.keras.layers.Conv2D(16, 3, activation='relu',
                           input_shape=(28, 28, 1)),
```

```
        tf.keras.layers.Conv2D(32, 3, activation='relu'),
        tf.keras.layers.MaxPooling2D(pool_size=(2, 2)),
        tf.keras.layers.Dropout(0.10),
        tf.keras.layers.Flatten(),
        tf.keras.layers.Dense(64, activation='relu'),
        tf.keras.layers.Dropout(0.25),
        tf.keras.layers.Dense(10, activation='softmax')
])
```

在 TensorFlow 中，__init__()和 forward()方法的代码如下所示。

```
import tensorflow as tf

class ConvNet(tf.keras.Model):
    def __init__(self):
        super(ConvNet, self).__init__()
        self.cn1 = tf.keras.layers.Conv2D(16, 3,
                                    activation='relu',
                                    input_shape=(28, 28, 1))
        self.fc2 = tf.keras.layers.Dense(10, activation='softmax')

    def call(self, x):
        x = self.cn1(x)
        x = self.fc2(x)
        return x
```

这里不使用 forward()，而是在 TensorFlow 中使用 call()方法，其余内容看起来与
PyTorch 代码相似。

（3）我们定义训练例程，即实际的反向传播步骤。可以看到，torch.optim 模块在保持
代码简洁方面表现突出。

```
def train(model, device, train_dataloader, optim, epoch):
    model.train()
    for b_i, (X, y) in enumerate(train_dataloader):
        X, y = X.to(device), y.to(device)
        optim.zero_grad()
        pred_prob = model(X)
        loss = F.nll_loss(pred_prob, y)
        # nll is the negative likelihood loss
        loss.backward()
        optim.step()
        if b_i % 10 == 0:
```

```
print('epoch: {} [{}/{} ({:.0f}%)]\t \
        training loss:\ {:.6f}'.format(
    epoch, b_i * len(X),
    len(train_ dataloader.dataset),
    100. * b_i / len(train_dataloader),
    loss. item()))
```

这将分批次地遍历数据集，在给定的设备上复制数据集，使用检索到的数据在神经网络模型上进行前向传播，计算模型预测与真实值之间的损失，使用给定的优化器调整模型权重，并每 10 批次打印一次训练日志。整个过程完成一次即为 1 个周期（epoch），也就是说，整个数据集被读取过一次。对于 TensorFlow，我们将在第（7）步直接在高层次上运行训练。PyTorch 中详细的训练例程定义使我们能够灵活地密切控制训练过程，而不是用高层次的单行代码进行训练。

（4）类似于前述的训练例程，我们编写一个测试例程，该例程可用于评估模型在测试集上的性能。

```
def test(model, device, test_dataloader):
    model.eval()
    loss = 0
    success = 0
    with torch.no_grad():
        for X, y in test_dataloader:
            X, y = X.to(device), y.to(device)
            pred_prob = model(X)
            # loss summed across the batch
            loss += F.nll_loss(pred_prob, y,
                                reduction='sum').item()
            # use argmax to get the most likely prediction
            pred = pred_prob.argmax(dim=1, keepdim=True)
            success += pred.eq(y.view_as(pred)).sum().item()
    loss /= len(test_dataloader.dataset)
    print('\nTest dataset: Overall Loss: {:.4f}, \
      Overall Accuracy: {}/{} ({:.0f}%)\n'.format(loss,
    success, len(test_dataloader.dataset),
    100. * success / len(test_dataloader.dataset)))
```

该函数的大部分内容与之前的 train() 函数相似，两者唯一的区别在于，从模型预测和真实值计算出的损失不用于调整模型权重（使用优化器）。相反，损失用于计算整个测试批次的总体测试误差。

（5）考查该练习的另一个关键组成部分，即加载数据集。借助 PyTorch 的 DataLoader 模块，我们可以在几行代码中设置数据集加载机制。

```
'''The mean and standard deviation values are calculated as
the mean of all pixel values of all images in
the training dataset'''
train_dataloader = torch.utils.data.DataLoader(
    datasets.MNIST('../data', train=True, download=True,
                transform=transforms.Compose([
                    transforms.ToTensor(),
                    transforms.Normalize((0.1302,),
                                         (0.3069,))])),
    # train_X.mean()/256. and train_X.std()/256.
    batch_size=32, shuffle=True)
test_dataloader = torch.utils.data.DataLoader(
    datasets.MNIST('../data', train=False,
                transform=transforms.Compose([
                    transforms.ToTensor(),
                    transforms.Normalize((0.1302,),
                                         (0.3069,))
                ])),
    batch_size=500, shuffle=False)
```

可以看到，我们将 batch_size 设置为 32，这是一个相当常见的选择。通常，在决定批量大小时存在相应的权衡方案。非常小的批量可能会导致训练速度变慢，因为需要频繁计算梯度，而且可能导致梯度非常"嘈杂"。另一方面，非常大的批量也可能由于长时间等待计算梯度而减慢训练速度。通常不值得长时间等待单一的梯度更新。相反，建议更频繁地进行不太精确的梯度更新，因为这最终将使模型获得更好的学习参数集。

对于训练和测试数据集，我们指定了要保存数据集的本地存储位置，以及批量大小，这决定了构成一次训练和测试运行的数据实例数量。此外还指定了要随机打乱的训练数据实例，以确保数据样本在各个批次中均匀分布。

最后，我们还可以将数据集归一化到具有指定均值和标准差的正态分布。如果从头开始训练模型，这些均值和标准差来自训练数据集。然而，如果从预训练模型进行迁移学习，那么均值和标准差值则是从预训练模型的原始训练数据集中获得的。我们将在第 2 章中更多地了解迁移学习。

在 TensorFlow 中，我们会使用 tf.keras.datasets 来加载 MNIST 数据，并使用 tf.data. Dataset 模块从数据集中创建训练数据的批次，如下所示。

```
# Load the MNIST dataset.
(x_train, y_train), (x_test, y_test) = 
    tf.keras.datasets.mnist.load_data()

# Normalize pixel values between 0 and 1
x_train = x_train.astype("float32") / 255.0
x_test = x_test.astype("float32") / 255.0

# Add a channels dimension (required for CNN)
x_train = x_train[..., tf.newaxis]
x_test = x_test[..., tf.newaxis]

# Create a dataloader for training.
train_dataloader = tf.data.Dataset.from_tensor_slices(
    (x_train, y_train))
train_dataloader = train_dataloader.shuffle(10000)
train_dataloader = train_dataloader.batch(32)

# Create a dataloader for testing.
test_dataloader = tf.data.Dataset.from_tensor_slices((x_test, y_test))
test_dataloader = test_dataloader.batch(500)
```

（6）我们之前定义了训练例程。接下来将定义用于运行模型训练的优化器和设备。

```
torch.manual_seed(0)
device = torch.device("cpu")
model = ConvNet()
optimizer = optim.Adadelta(model.parameters(), lr=0.5)
```

此处将练习的设备定义为 cpu。此外还设置了一个种子以避免未知的随机性并确保可重复性。我们将在这个练习中使用 Adadelta 作为优化器，且学习率为 0.5。在本章前面讨论优化计划时，我们提到了如果处理的是稀疏数据，Adadelta 可能是一个不错的选择。

这是一个稀疏数据的例子，因为图像中并非所有像素都含有信息。尽管如此，笔者仍然鼓励读者尝试使用其他优化器（如 Adam），来解决同一个问题，并查看它如何影响训练过程和模型性能。以下是在 TensorFlow 中实例化和编译模型时会使用的等效代码。

```
tf.random.set_seed(0)
model = ConvNet()
optimizer = \
    tf.keras.optimizers.experimental.Adadelta(learning_rate=0.5)
model.compile(optimizer=optimizer,
```

```
                loss='sparse_categorical_crossentropy',
                metrics=['accuracy'])
```

（7）随后开始实际的训练过程，对模型进行 k 周期的训练，并且在每个训练周期结束时也对模型进行测试。

```
for epoch in range(1, 3):
    train(model, device, train_dataloader, optimizer, epoch)
    test(model, device, test_dataloader)
```

出于演示目的，我们将只运行两个周期的训练。输出结果如下所示。

```
epoch: 1 [0/60000 (0%)]         training loss: 2.31060
epoch: 1 [320/60000 (1%)]       training loss: 1.924133
epoch: 1 [640/60000 (1%)]       training loss: 1.313336
epoch: 1 [960/60000 (2%)]       training loss: 0.796470
epoch: 1 [1280/60000 (2%)]      training loss: 0.819801
...
epoch: 2 [58560/60000 (98%)]    training loss: 0.007698
epoch: 2 [58880/60000 (98%)]    training loss: 0.002685
epoch: 2 [59200/60000 (99%)]    training loss: 0.016287
epoch: 2 [59520/60000 (99%)]    training loss: 0.012645
epoch: 2 [59840/60000 (100%)]   training loss: 0.007993

Test dataset: Overall Loss: 0.0416, Overall Accuracy: 9864/10000 (99%)
```

在 TensorFlow 中，训练循环的等效代码将如下所示。

```
model.fit(train_dataloader, epochs=2,
          validation_data=test_dataloader)
```

（8）现在我们已经训练了一个模型，并且其在合理的测试集上表现良好，此外也可以手动检查模型对一个样本图像的推断是否正确。

```
test_samples = enumerate(test_dataloader)
b_i, (sample_data, sample_targets) = next(test_samples)
plt.imshow(sample_data[0][0],
           cmap='gray', interpolation='none')
```

输出结果如图 1.15 所示。

等效的 TensorFlow 代码基本相同，除了使用 sample_data[0]代替 sample_data[0][0]之外。

```
test_samples = enumerate(test_dataloader)
b_i, (sample_data, sample_targets) = next(test_samples)
```

```
plt.imshow(sample_data[0],
            cmap='gray', interpolation='none')
plt.show()
```

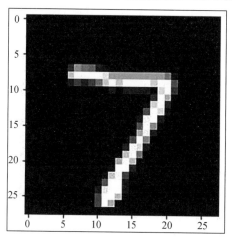

图 1.15　采样手写图像

现在我们对这张图像进行模型推断，并将结果与真实值进行比较。

```
print(f"Model prediction is : \
        {model(sample_data).data.max(1)[1][0]}")
print(f"Ground truth is : {sample_targets[0]}")
```

注意，对于预测，我们首先使用 max() 函数在 axis=1 上计算最大概率的类别。max() 函数输出两个列表——一个是 sample_data 中每个样本的类别概率列表，另一个是每个样本的类别标签列表。因此，我们使用索引[1]选择第二个列表。

我们进一步使用索引[0]选择第一类标签，以仅查看 sample_data 下的第一个样本。输出结果将如下所示。

```
Model prediction is : 7
Ground truth is : 7
```

这似乎是正确的预测。使用 model() 完成的神经网络前向传播会产生概率。因此，我们使用 max() 函数输出最大概率的类别。在 TensorFlow 中，可以使用以下代码实现相同的输出。

```
print(f"Model prediction is :\
        {tf.math.argmax(model(sample_data)[0])}")
print(f"Ground truth is : {sample_targets[0]}")
```

☑ **注意：**

该练习的代码模式来源于官方 PyTorch 示例代码库[8]。

我们结束了以端到端练习的形式探索 PyTorch 库的过程，以及在模型训练的不同阶段比较 PyTorch 和 TensorFlow 的 API，包括模型初始化、数据加载、训练循环和模型评估。这一分析应该能帮助读者开始使用 PyTorch，并从 TensorFlow 过渡到 PyTorch。

1.4　本 章 小 结

本章讨论了深度学习的概念，对比 TensorFlow 探索了 PyTorch 深度学习库，并完成了一个实践练习，以从零开始训练一个深度学习模型（CNN）。

第 2 章将更深入地了解不同类型的 CNN 架构、每种架构的独特用途，以及如何使用 PyTorch 轻松实现它们。

1.5　参 考 文 献

[1] The Asimov Institute, *The Neural Network Zoo*：https://www.asimovinstitute.org/neuralnetwork-zoo/。

[2] TensorFlow, *Module: tf.dtypes*：https://www.tensorflow.org/api_docs/python/tf/dtypes。

[3] PyTorch, *CUDA Semantics*：https://pytorch.org/docs/stable/notes/cuda.html。

[4] Nvidia Developer, *About CUDA*：https://developer.nvidia.com/about-cuda。

[5] The MNIST Database：http://yann.lecun.com/exdb/mnist/。

[6] GitHub 1：https://github.com/arj7192/MasteringPyTorchV2/blob/main/Chapter01/mnist_pytorch.ipynb。

[7] GitHub 2：https://github.com/arj7192/MasteringPyTorchV2/blob/main/Chapter01/mnist_tensorflow.ipynb。

[8] GitHub 3：https://github.com/pytorch/examples/tree/master/mnist。

第 2 章　深度卷积神经网络架构

本章首先将简要回顾卷积神经网络（CNN）架构的演变，然后将详细研究不同的 CNN 架构。我们将使用 PyTorch 实现这些 CNN 架构，并在此过程中全面探索 PyTorch 在构建深度 CNN 时提供的工具（模块和内置函数）。掌握 PyTorch 中强大的 CNN 专业知识将使我们能够解决涉及 CNN 的多个深度学习问题。这也将帮助我们构建更复杂的深度学习模型或应用，而 CNN 则是其中的一个部分。

本章主要涉及下列主题。

- 为什么 CNN 如此强大。
- CNN 架构的演变。
- 从头开始开发 LeNet。
- 微调 AlexNet 模型。
- 运行预训练的 VGG 模型。
- GoogLeNet 和 Inception v3。
- ResNet 和 DenseNet 架构。
- EfficientNet 和 CNN 架构的未来。

☑ 注意:

与本章相关的所有代码文件都可以在以下网址获得。

https://github.com/arj7192/MasteringPyTorchV2/ tree/main/Chapter03

2.1　为什么 CNN 如此强大

卷积神经网络（CNN）是解决图像分类、目标检测、目标分割、视频处理、自然语言处理和语音识别等具有挑战性问题最强大的机器学习模型之一。它们的成功归因于多种因素，包括以下几点。

- 权重共享：这使得 CNN 在参数效率上具有优势，不同的特征使用同一套权重或参数进行提取。特征是模型使用其参数生成的输入数据的高级表示。
- 自动特征提取：多个特征提取阶段帮助 CNN 自动学习数据集中的特征表示。
- 层次化学习：多层的 CNN 结构帮助 CNN 学习从低级到中级再到高级的特征。
- 探索数据中的空间和时间相关性的能力，如在视频处理任务中。

除了这些先前存在的基本特征，随着以下领域的改进，CNN 多年来也取得了进步。

- 使用更好的激活和损失函数：如使用 ReLU 来克服梯度消失问题。
- 参数优化：如使用基于自适应矩的优化器（Adam），而不是简单的随机梯度下降。
- 正则化：除了 L2 正则化，应用丢弃法和批量归一化。

消失梯度问题：

在神经网络中，反向传播是基于微分的链式法则工作的。根据链式法则，损失函数相对于输入层参数的梯度可以写成每层梯度的乘积。如果这些梯度都小于 1（更糟糕的是趋向于 0），那么这些梯度的乘积将是一个非常小的值。梯度消失问题会在优化过程中造成严重的麻烦，因为它阻止了网络参数改变其值，这相当于学习停滞不前。

然而，多年来推动 CNN 发展最重要的因素之一是下列各种架构创新。

- 基于空间探索的 CNN：空间探索的思想是使用不同的核心尺寸来探索输入数据中不同层次的视觉特征。图 2.1 展示了一个基于空间探索的 CNN 模型的示例架构。

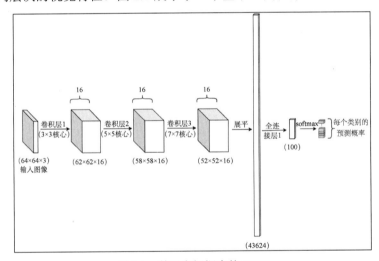

图 2.1　基于空间探索的 CNN

- 基于深度的 CNN：这里的"深度"指的是神经网络的深度，也就是层数。因此，这里的构思是创建一个具有多个卷积层的 CNN 模型，以提取高度复杂的视觉特征。图 2.2 展示了这样一个模型架构的示例。
- 基于宽度的 CNN：宽度指的是数据中通道或特征图的数量，或者是从数据中提取的特征。因此，基于宽度的 CNN 的核心在于增加从输入层到输出层特征图的数量，如图 2.3 所示。

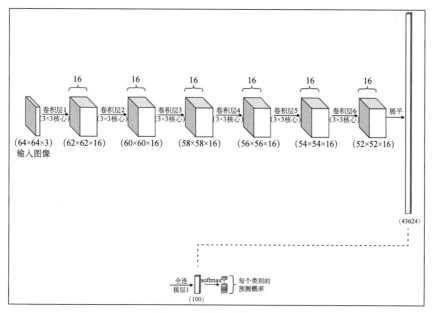

图 2.2 基于深度的 CNN

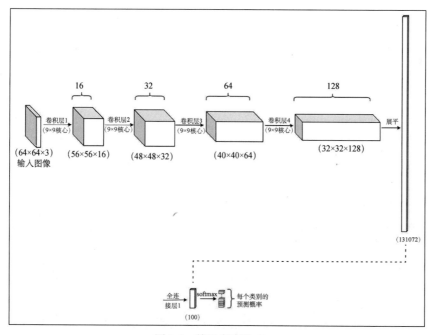

图 2.3 基于宽度的 CNN

● 基于多路径的 CNN：到目前为止，前三种类型的架构在层与层之间的连接上都具有单调性，也就是说，只存在连续层之间的直接连接。多路径 CNN 引入了在非连续层之间建立快捷连接或跳跃连接的概念。图 2.4 展示了一个多路径 CNN 模型架构的示例。

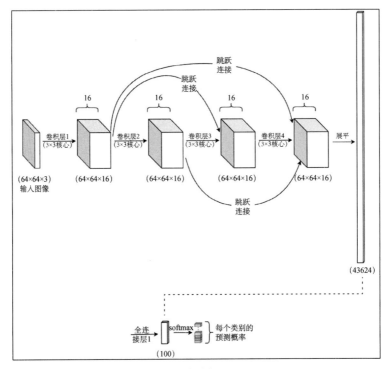

图 2.4　多路径 CNN

多路径架构的一个关键优势是，得益于跳跃连接，信息能够在多个层之间更顺畅地流动。这反过来也让梯度能够不太散失地流回到输入层。

在考查了 CNN 模型中不同的架构设置之后，我们下面将看看自 CNN 首次使用以来，它们是如何随着时间演变的。

2.2　CNN 架构的演变

CNN 自 1989 年就已经存在，当时 Yann LeCun 开发了第一个多层 CNN 模型。该模型能够执行识别手写数字的视觉认知任务。1998 年，LeCun 开发了一个改进的 ConvNet 模型，称为 LeNet。由于其在光学识别任务中的高准确性，LeNet 在发明后不久就被工业界采用。从那时起，CNN 不仅在学术研究中取得了成功，也在实际的工业应用案例中表现出色。图 2.5 展示了从 1989 年到 2020 年 CNN 在其生命周期中的架构发展的简明时间线。

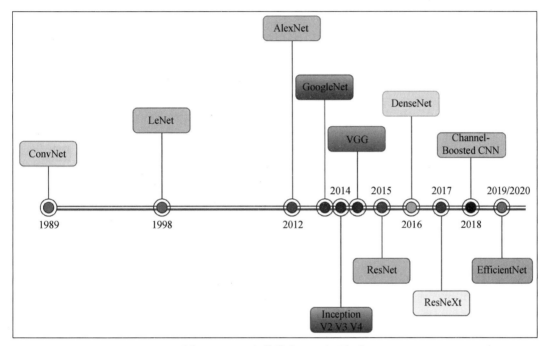

图 2.5　CNN 架构演变——宏观视角

可以看到，1998 年和 2012 年之间存在一个显著的空白期，主要有以下两个原因。

（1）没有足够大且适合的数据集来展示 CNN，特别是深层 CNN。

（2）可用的计算能力有限。

除了第一个原因，在当时的小型数据集（如 MNIST）上，传统的机器学习模型如支持向量机（SVMs）开始超越 CNN 的性能。

从 1998 年到 2012 年及以后，上述两个限制得到了缓解。首先，由于互联网的出现和数字相机、智能手机等可负担设备的普及，我们见证了数字数据的指数级增长。其次，我们的计算能力有了巨大的提升，包括图形处理单元（GPU）的出现。

这些变化促成了一些 CNN 的发展。ReLU 激活函数被开发出来，以解决反向传播过程中的梯度爆炸和衰减问题。网络参数值的非随机初始化被证明是至关重要的。另外，作为一种有效的子采样方法，最大池化被发明。同时，GPU 开始流行，用于大规模训练神经网络，特别是 CNN。

最后，也是最重要的，斯坦福的一个研究小组创建了一个大规模的、专用的、标注图像数据集，称为 ImageNet[1]。至今，这个数据集仍然是 CNN 模型的主要基准测试数据集之一。

随着这些发展在多年中的累积，2012 年，一种不同的架构设计在 ImageNet 数据集上为 CNN 的性能带来了巨大的提升。这个网络被称为 AlexNet（以创建者 Alex Krizhevsky 的名字命名）。AlexNet 不仅具有随机裁剪和预训练等各种新颖内容，还引领了统一和模块化卷积层设计的潮流。统一和模块化的层结构通过重复堆叠这样的模块（卷积层），产生了非常深的 CNN，也被称为 VGG。

另一种方法是分支卷积层的块/模块，并将这些分支块堆叠在一起，这被证明对于定制的视觉任务非常有效。这个网络被称为 GoogLeNet（因为它是在谷歌开发的）或 Inception v1（inception 是那些分支块的术语）。随后出现了 VGG 和 Inception 网络的几个变体，如 VGG16、VGG19、Inception v2、Inception v3 等。

发展的下一个阶段则以跳跃连接为标志。为了解决训练 CNN 时梯度衰减的问题，通过跳跃连接将非连续的层连接起来，以防信息在它们之间由于梯度小而散失。需要注意的是，跳跃连接本质上是前面讨论的基于多路径的 CNN 的一个特例。利用这一技巧，并结合其他新颖特性（如批量归一化）而出现的一种流行的网络是 ResNet。

ResNet 的逻辑延伸是 DenseNet，其中层与层之间密集连接；也就是说，每一层都从所有前层的输出特征图中获取输入。此外，通过混合过去成功的架构，如 Inception-ResNet 和 ResNeXt，开发了混合架构，在块内的并行分支数量有所增加。

最近，通道增强技术已被证明对提高 CNN 性能很有用。这里的构思是通过迁移学习来学习新特征并利用预学习的特征。最近，自动设计新的块并找到最优 CNN 架构已成为 CNN 研究中日益增长的趋势。此类 CNN 的例子包括 MnasNets 和 EfficientNets。这些模型背后的方法是执行神经架构搜索，以统一的模型缩放方法来推导出最优的 CNN 架构。

在 2.3 节中，我们将回到最早的 CNN 模型之一，并更仔细查看自那时以来开发的不同的 CNN 架构。我们将使用 PyTorch 构建这些架构，并在现实世界数据集上训练其中的一些模型。我们还将探索 PyTorch 的预训练 CNN 模型库，即广为人知的模型动物园。我们将学习如何微调这些预训练模型并在其上运行预测。

2.3　从头开始开发 LeNet

LeNet 最初被称为 LeNet-5，是最早的 CNN 模型之一，于 1998 年开发。LeNet-5 中的数字 5 代表了该模型中的总层数，即两层卷积层和三层全连接层。这个模型总共有大约 60000 个参数，在 1998 年的手写数字图像识别任务上提供了最先进的性能。正如预期的 CNN 模型那样，LeNet 展示了旋转、位置和尺度不变性，以及对图像中失真的健壮性。与当时的传统机器学习模型不同，如 SVMs，它们将图像中的每个像素分开处理，LeNet 利用了邻近像素之间的相关性。

注意，尽管 LeNet 是为手写数字识别开发的，但它可以扩展到其他图像分类任务，正如我们将在下一个练习中看到的。图 2.6 展示了 LeNet 模型的架构。

如前所述，此处有两个卷积层，之后是 3 个全连接层（包括输出层）。这种将卷积层堆叠后再接全连接层的方法后来成为 CNN 研究中的常见做法，至今仍被应用于最新的 CNN 模型。

这是因为当到达最终的卷积层输出时，输出具有小的空间尺寸（长度和宽度），但深度很高，这使得输出看起来像输入图像的嵌入。这种嵌入就像一个向量，可以输入到全连接网络中，而全连接网络本质上是一些全连接层。除了这些层，中间还有池化层。这些基本上是子采样层，它们减少了图像表示的空间，从而减少了参数数量和计算量，并且有效地浓缩了输入信息。LeNet 中使用的池化层是一个具有可训练权重的平均池化层。不久之后，最大池化作为 CNN 中最常用的池化函数出现了。

图 2.6 中每个层括号中的数字展示了维度（对于输入层、输出层和全连接层）或窗口大小（对于卷积层和池化层）。预期的灰度图像输入大小为 32×2。然后这个图像被 5×5 的卷积核操作，接着是 2×2 的池化，以此类推。输出层的大小为 10，代表 10 个类别。

在这一部分中，我们将使用 PyTorch 从头构建 LeNet，并在一个图像数据集上训练和评估它，用于图像分类任务。从图 2.6 中可以看到，在 PyTorch 中构建网络架构是多么简单和直观。

此外，我们将展示 LeNet 的效果，其间可能使用与最初开发所用数据集（即 MNIST）不同的数据集，并通过 PyTorch 简化（使用几行代码）模型的训练和测试过程。

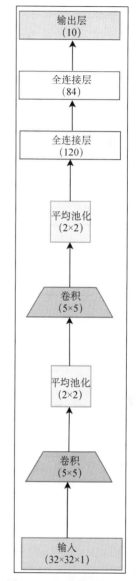

图 2.6　LeNet 模型的架构

2.3.1　使用 PyTorch 构建 LeNet

模型的构建包含以下步骤。

（1）对于当前练习，需要导入一些依赖项。执行以下 import 语句。

```
import numpy as np
import matplotlib.pyplot as plt
import torch
import torchvision
import torch.nn as nn
import torch.nn.functional as F
import torchvision.transforms as transforms
torch.use_deterministic_algorithms(True)
```

除了常规的导入，我们还调用了 use_deterministic_algorithms 函数以确保当前练习的可复现性。

（2）根据图 2.6 中给出的大纲定义模型架构。

```
class LeNet(nn.Module):
    def __init__(self):
        super(LeNet, self).__init__()
        # 3 input image channel, 6 output
        # feature maps and 5x5 conv kernel
        self.cn1 = nn.Conv2d(3, 6, 5)
        # 6 input image channel, 16 output
        # feature maps and 5x5 conv kernel
        self.cn2 = nn.Conv2d(6, 16, 5)
        # fully connected layers of size 120, 84 and 10
        # 5*5 is the spatial dimension at this layer
        self.fc1 = nn.Linear(16 * 5 * 5, 120)
        self.fc2 = nn.Linear(120, 84)
        self.fc3 = nn.Linear(84, 10)
    def forward(self, x):
        # Convolution with 5x5 kernel
        x = F.relu(self.cn1(x))
        # Max pooling over a (2, 2) window
        x = F.max_pool2d(x, (2, 2))
        # Convolution with 5x5 kernel
        x = F.relu(self.cn2(x))
        # Max pooling over a (2, 2) window
```

```
        x = F.max_pool2d(x, (2, 2))
        # Flatten spatial and depth dimensions
        # into a single vector
        x = x.view(-1, self.flattened_features(x))
        # Fully connected operations
        x = F.relu(self.fc1(x))
        x = F.relu(self.fc2(x))
        x = self.fc3(x)
        return x
    def flattened_features(self, x):
        # all except the first (batch) dimension
        size = x.size()[1:]
        num_feats = 1
        for s in size:
            num_feats *= s
        return num_feats
lenet = LeNet()
print(lenet)
```

在最后两行代码中，我们实例化了模型并打印网络架构。输出结果如下所示。

```
LeNet(
  (conv1): Conv2d(3, 6, kernel_size=(5, 5), stride=(1, 1))
  (conv2): Conv2d(6, 16, kernel_size=(5, 5), stride=(1, 1))
  (fc1): Linear(in_features=400, out_features=120, bias=True)
  (fc2): Linear(in_features=120, out_features=84, bias=True)
  (fc3): Linear(in_features=84, out_features=10, bias=True)
)
```

这里包含了用于定义架构的__init__()方法和用于执行前向传播的 forward()方法。额外的 flattened_features()方法旨在计算图像表示层（通常是卷积层或池化层的输出）中的总特征数。该方法有助于将特征的空间表示展平为单一的数字向量，然后将其作为输入用于全连接层。

除了前面提到的架构细节，ReLU 在整个网络中被用作激活函数。此外，与原始的 LeNet 网络不同，该网络接收单通道图像，当前模型被修改为接收 RGB 图像（即三个通道）作为输入。这是为了适应当前练习所使用的数据集。

（3）定义训练例程，即实际的反向传播步骤。

```
def train(net, trainloader, optim, epoch):
    # initialize loss
    loss_total = 0.0
```

```
for i, data in enumerate(trainloader, 0):
    # get the inputs; data is a list of [inputs, labels]
    # ip refers to the input images, and ground_truth
    # refers to the output classes the images belong to
    ip, ground_truth = data
    # zero the parameter gradients
    optim.zero_grad()
    # forward-pass + backward-pass + optimization -step
    op = net(ip)
    loss = nn.CrossEntropyLoss()(op, ground_truth)
    loss.backward()
    optim.step()
    # update loss
    loss_total += loss.item()
    # print loss statistics
    if (i+1) % 1000 == 0:
        # print at the interval of 1000 mini-batches
        print('[Epoch number : %d, Mini-batches: %5d] \
               loss: %.3f' % (epoch + 1, i + 1,
                              loss_total / 200))
        loss_total = 0.0
```

对于每个周期（epoch），该函数遍历整个训练数据集，通过网络执行前向传播，并通过反向传播根据指定的优化器更新模型的参数。在遍历训练数据集的 1000 个小型批次后，该方法还记录了计算出的损失。

（4）类似于训练例程，我们将定义一个测试例程，用于评估模型性能。

```
def test(net, testloader):
    success = 0
    counter = 0
    with torch.no_grad():
        for data in testloader:
            im, ground_truth = data
            op = net(im)
            _, pred = torch.max(op.data, 1)
            counter += ground_truth.size(0)
            success += (pred == ground_truth).sum().item()
    print('LeNet accuracy on 10000 images from test dataset: %d %%'\
          % (100 * success / counter))
```

该函数对每个测试集图像执行前向传播，计算正确预测的数量，并打印测试集上正确预测的百分比。

（5）在开始训练模型之前，我们需要加载数据集。对于当前练习，我们将使用 CIFAR-10 数据集。

数据集引用：

本节中的图像来自 *Learning Multiple Layers of Features from Tiny Images*，作者 Alex Krizhevsky，2009 年：https://www.cs.toronto.edu/~kriz/learningfeatures-2009-TR.pdf。它们是 CIFAR-10 数据集（toronto.edu）的一部分：https://www.cs.toronto.edu/~kriz/cifar.html。

该数据集由 60000 张 32×32 的 RGB 图像组成，被标记在 10 个类别中，每个类别有 6000 张图像。这 60000 张图像被分为 50000 张训练图像和 10000 张测试图像。更多细节可以在数据集官网[2]找到。Torch 在 torchvision.datasets 模块下提供了 CIFAR10 数据集。我们将使用该模块直接加载数据，并实例化训练和测试数据加载器，如下列代码所示。

```python
# The mean and std are kept as 0.5 for normalizing
# pixel values as the pixel values are originally
# in the range 0 to 1
train_transform = transforms.Compose(
    [transforms.RandomHorizontalFlip(),
     transforms.RandomCrop(32, 4),
     transforms.ToTensor(),
     transforms.Normalize((0.5, 0.5, 0.5),
                          (0.5, 0.5, 0.5))])
trainset = torchvision.datasets.CIFAR10(root='./data',
    train=True, download=True, transform=train_transform)
trainloader = torch.utils.data.DataLoader(trainset,
    batch_size=8, shuffle=True)
test_transform = transforms.Compose([transforms.ToTensor(),
    transforms.Normalize((0.5, 0.5, 0.5),
                        (0.5, 0.5, 0.5))])
testset = torchvision.datasets.CIFAR10(root='./data',
    train=False, download=True, transform=test_transform)
testloader = torch.utils.data.DataLoader(testset,
    batch_size=10000, shuffle=False)
# ordering is important
classes = ('plane', 'car', 'bird', 'cat', 'deer', 'dog',
           'frog', 'horse', 'ship', 'truck')
```

📝 **注意：**

第 3 章将下载数据集并编写自定义的数据集类和数据加载器函数。由于 torchvision. datasets 模块的存在，因此我们在这里不需要编写这些内容。

因为我们将 download 标志设置为 True，所以数据集将被下载到本地。随后将看到以下输出。

```
Downloading https://www.cs.toronto.edu/~kriz/cifar-10-python.tar.gz to ./
data/cifar-10-python.tar.gz
100%
170498071/170498071 [00:34<00:00, 5191345.41it/s]
Extracting ./data/cifar-10-python.tar.gz to ./data
Files already downloaded and verified
```

由于我们对训练数据集应用了一些数据增强，如翻转和裁剪，这些并不适用于测试数据集，因此训练和测试数据集使用的转换是不同的。另外，在定义了 trainloader 和 testloader 之后，我们按照预定义的顺序声明了该数据集中的 10 个类别。

（6）加载数据集后，接下来我们查看一下数据。

```
# define a function that displays an image
def imageshow(image):
    # un-normalize the image
    image = image/2 + 0.5
    npimage = image.numpy()
    plt.imshow(np.transpose(npimage, (1, 2, 0)))
    plt.show()
# sample images from training set
dataiter = iter(trainloader)
images, labels = next(dataiter)
# display images in a grid
num_images = 4
imageshow(torchvision.utils.make_grid(images[:num_images]))
# print labels
print(' '+' || '.join(classes[labels[j]]
                    for j in range(num_images)))
```

上述代码向我们展示了训练数据集中的 4 个样本图像及其相应的标签。输出结果如图 2.7 所示。

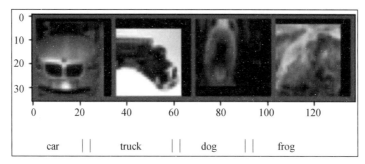

图 2.7 CIFAR-10 数据集样本

图 2.7 展示了 4 个 32×32 像素大小的彩色图像。这 4 幅图像属于 4 个不同的标签，如图像下方显示的文本所示。

接下来我们将训练 LeNet 模型。

2.3.2 训练 LeNet

训练模型涉及下列各项步骤。

（1）定义优化器并开始训练循环，如下所示。

```
# define optimizer
optim = torch.optim.Adam(lenet.parameters(), lr=0.001)
# training loop over the dataset multiple times
for epoch in range(50):
    train(lenet, trainloader, optim, epoch)
    print()
    test(lenet, testloader)
    print()
print('Finished Training')
```

输出结果如下所示。

```
[Epoch number : 1, Mini-batches: 1000] loss: 9.804
[Epoch number : 1, Mini-batches: 2000] loss: 8.783
[Epoch number : 1, Mini-batches: 3000] loss: 8.444
[Epoch number : 1, Mini-batches: 4000] loss: 8.118
[Epoch number : 1, Mini-batches: 5000] loss: 7.819
[Epoch number : 1, Mini-batches: 6000] loss: 7.672
LeNet accuracy on 10000 images from test dataset: 44 %
...
```

```
[Epoch number : 50, Mini-batches: 1000] loss: 5.022
[Epoch number : 50, Mini-batches: 2000] loss: 5.067
[Epoch number : 50, Mini-batches: 3000] loss: 5.137
[Epoch number : 50, Mini-batches: 4000] loss: 5.009
[Epoch number : 50, Mini-batches: 5000] loss: 5.107
[Epoch number : 50, Mini-batches: 6000] loss: 4.977
LeNet accuracy on 10000 images from test dataset: 67 %
Finished Training
```

（2）训练完成后，可以将模型文件保存在本地。

```
model_path = './cifar_model.pth'
torch.save(lenet.state_dict(), model_path)
```

训练完 LeNet 模型后，我们将在 2.3.3 节中测试该模型在测试数据集上的性能。

2.3.3　测试 LeNet

测试 LeNet 模型涉及以下步骤。

（1）加载保存的模型并在测试数据集上运行它来进行预测。

```
# load test dataset images
d_iter = iter(testloader)
im, ground_truth = next(d_iter)
# print images and ground truth
imageshow(torchvision.utils.make_grid(im[:4]))
print('Label: ', ' '.join('%5s' %
                    classes[ground_truth[j]]
                    for j in range(4)))
# load model
lenet_cached = LeNet()
lenet_cached.load_state_dict(torch.load(model_path))
# model inference
op = lenet_cached(im)
# print predictions
_, pred = torch.max(op, 1)
print('Prediction: ', ' '.join('%5s' % classes[pred[j]]
                        for j in range(4)))
```

输出结果如图 2.8 所示。

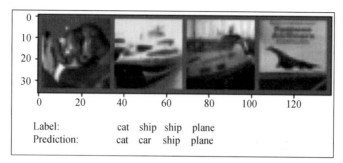

图 2.8   LeNet 预测

显然，4 个预测中有 3 项是正确的。

（2）检查该模型在测试数据集上的总体准确率以及每个类别的准确率。

```
success = 0
counter = 0
with torch.no_grad():
    for data in testloader:
        im, ground_truth = data
        op = lenet_cached(im)
        _, pred = torch.max(op.data, 1)
        counter += ground_truth.size(0)
        success += (pred == ground_truth).sum().item()
print('Model accuracy on 10000 images from test dataset: %d %%'\
    % (100 * success / counter))
```

输出结果如下所示。

```
Model accuracy on 10000 images from test dataset: 67 %
```

（3）对于每个类别的准确率，对应代码如下所示。

```
class_sucess = list(0. for i in range(10))
class_counter = list(0. for i in range(10))
with torch.no_grad():
    for data in testloader:
        im, ground_truth = data
        op = lenet_cached(im)
        _, pred = torch.max(op, 1)
        c = (pred == ground_truth).squeeze()
        for i in range(10000):
            ground_truth_curr = ground_truth[i]
            class_sucess[ground_truth_curr] += c[i].item()
```

```
                class_counter[ground_truth_curr] += 1
for i in range(10):
    print('Model accuracy for class %5s : %2d %%' % (
        classes[i], 100 * class_sucess[i] / class_counter[i]))
```

输出结果如下所示。

```
Model accuracy for class plane : 70 %
Model accuracy for class car : 83 %
Model accuracy for class bird : 45 %
Model accuracy for class cat : 37 %
Model accuracy for class deer : 80 %
Model accuracy for class dog : 52 %
Model accuracy for class frog : 81 %
Model accuracy for class horse : 71 %
Model accuracy for class ship : 76 %
Model accuracy for class truck : 74 %
```

不难发现，一些类别的性能比其他类别更好。总体而言，该模型远非完美（即 100% 准确率），但比随机预测的模型要好得多，后者的准确率将是 10%（由于有 10 个类别）。

我们已经从头开始构建了 LeNet 模型，并使用 PyTorch 评估了其性能，现在将转向 LeNet 的后继者 AlexNet。对于 LeNet，我们从头开始构建了模型，并进行了训练和测试。对于 AlexNet，我们将使用一个预训练的模型，在较小的数据集上对其进行微调，并进行测试。

2.4　微调 AlexNet 模型

在本节中，我们首先将快速浏览 AlexNet 架构以及如何使用 PyTorch 构建该架构。随后将探索 PyTorch 的预训练 CNN 模型库，最后使用一个预训练的 AlexNet 模型进行微调，用于图像分类任务，以及执行预测操作。

AlexNet 是 LeNet 的后继者，其架构进行了增量式的改进，如拥有 8 层（5 个卷积层和 3 个全连接层）而不是 5 层，以及拥有 6000 万个模型参数而不是 60000 个，并且使用了最大池化（MaxPool）代替平均池化（AvgPool）。此外，AlexNet 是在更大的数据集 ImageNet 上进行训练和测试的，该数据集大小超过 100GB，与 LeNet 训练所用的 MNIST 数据集相比，后者只有几 MB。AlexNet 真正地革新了 CNN，因为它在图像相关任务上显示出比其他传统机器学习模型（如支持向量机 SVMs）更强大的能力。图 2.9 展示了 AlexNet 架构。

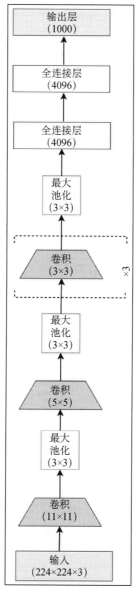

图 2.9　AlexNet 架构

　　从图 2.9 中可以看到，该架构延续了 LeNet 的共同主题，即顺序堆叠卷积层，然后是一系列全连接层，直至输出端。PyTorch 使得将这样的模型架构转化为实际代码变得容易。这可以在下面的 PyTorch 代码中看到。

```
class AlexNet(nn.Module):
    def __init__(self, number_of_classes):
        super(AlexNet, self).__init__()
        self.feats = nn.Sequential(
            nn.Conv2d(in_channels=3, out_channels=64,
                    kernel_size=11, stride=4, padding=5),
            nn.ReLU(),
            nn.MaxPool2d(kernel_size=2, stride=2),
            nn.Conv2d(in_channels=64, out_channels=192,
                    kernel_size=5, padding=2),
            nn.ReLU(),
            nn.MaxPool2d(kernel_size=2, stride=2),
            nn.Conv2d(in_channels=192, out_channels=384,
                    kernel_size=3, padding=1),
            nn.ReLU(),
            nn.Conv2d(in_channels=384, out_channels=256,
                    kernel_size=3, padding=1),
            nn.ReLU(),
            nn.Conv2d(in_channels=256, out_channels=256,
                    kernel_size=3, padding=1),
            nn.ReLU(),
            nn.MaxPool2d(kernel_size=2, stride=2),
        )
        self.clf = nn.Linear(in_features=256, out_features=number_of_classes)
    def forward(self, inp):
        op = self.feats(inp)
        op = op.view(op.size(0), -1)
        op = self.clf(op)
        return op
```

代码相当直观，其中 __init__()函数包含了整个层结构的初始化过程，包括卷积层、池化层和全连接层，以及 ReLU 激活函数。Forward()函数简单地将数据点 x 通过这个初始化的网络运行。

注意，forward()方法的第二行已经执行了展平操作，因此不需要像在 LeNet 中那样单独定义该函数。

除了初始化模型架构并自行训练，PyTorch 凭借其 torchvision 包，提供了一个 models 子包，其中包含了为解决不同任务而设计的 CNN 模型定义，如图像分类、语义分割、目标检测等。以下是用于图像分类任务的现有模型的部分列表[3]。

- AlexNet。
- VGG。

- ResNet。
- SqueezeNet。
- DenseNet。
- Inception v3。
- GoogLeNet。
- ShuffleNet v2。
- MobileNet v2。
- ResNeXt。
- Wide ResNet。
- MnasNet。
- EfficientNet。

在 2.5 节中，我们将使用一个预训练的 AlexNet 模型作为示例，并展示如何以练习的形式使用 PyTorch 进行微调。

在接下来的练习中，我们将加载一个预训练的 AlexNet 模型，并在一个与 ImageNet 不同的图像分类数据集上对其进行微调（它最初是在 ImageNet 上训练的）。最后将测试微调后的模型的性能，看看它是否能够从新数据集中转移学习。练习中的一些代码为了可读性会被删减，但读者可以在 GitHub 代码库[4]中查找完整代码。

对于当前练习，需要导入一些依赖项。执行以下 import 语句。

```
import os
import time
import copy
import numpy as np
import matplotlib.pyplot as plt
import torch
import torchvision
import torch.nn as nn
import torch.optim as optim
from torch.optim import lr_scheduler
from torchvision import datasets, models, transforms
torch.use_deterministic_algorithms(True)
```

接下来我们将下载并转换数据集。对于这次微调练习，我们将使用一个小型的蜜蜂和蚂蚁的图像数据集。该数据集包含 240 张训练图像和 150 张验证图像，这两个类别（蜜蜂和蚂蚁）的图像数量相等。

我们从 Kaggle[5]下载数据集并将其存储在当前工作目录中。关于数据集的更多信息可以在数据集的官网[6]中找到。

要下载数据集，需要登录 Kaggle。如果还没有 Kaggle 账户，需要注册一个 Kaggle 账户。随后下载并转换数据集。

```
# Creating a local data directory
ddir = 'hymenoptera_data'

# Data normalization and augmentation transformations
# for train dataset
# Only normalization transformation for validation dataset
# The mean and std for normalization are calculated as the
# mean of all pixel values for all images in the training
# set per each image channel - R, G and B
data_transformers = {
    'train': transforms.Compose([transforms.RandomResizedCrop(224),
                                 transforms.RandomHorizontalFlip(),
                                 transforms.ToTensor(),
                                 transforms.Normalize(
                                     [0.490, 0.449, 0.411],
                                     [0.231, 0.221, 0.230])]),
    'val': transforms.Compose([transforms.Resize(256),
                               transforms.CenterCrop(224),
                               transforms.ToTensor(),
                               transforms.Normalize(
                                   [0.490, 0.449, 0.411],
                                   [0.231, 0.221, 0.230])])}

img_data = {k: datasets.ImageFolder(os.path.join(ddir, k), data_transformers[k])
            for k in ['train', 'val']}
dloaders = {k: torch.utils.data.DataLoader(img_data[k], batch_size=8,
                                           shuffle=True)
            for k in ['train', 'val']}
dset_sizes = {x: len(img_data[x]) for x in ['train', 'val']}
classes = img_data['train'].classes
dvc = torch.device("cuda:0" if torch.cuda.is_available() else "cpu")
```

在完成了先决条件后，接下来执行下列操作步骤。

（1）可视化一些样本训练数据集图像。

```
def imageshow(img, text=None):
    img = img.numpy().transpose((1, 2, 0))
    avg = np.array([0.490, 0.449, 0.411])
```

```
    stddev = np.array([0.231, 0.221, 0.230])
    img = stddev * img + avg
    img = np.clip(img, 0, 1)
    plt.imshow(img)
    if text is not None:
        plt.title(text)
# Generate one train dataset batch
imgs, cls = next(iter(dloaders['train']))
# Generate a grid from batch
grid = torchvision.utils.make_grid(imgs)
imageshow(grid, text=[classes[c] for c in cls])
```

我们使用了 numpy 中的 np.clip()方法确保图像像素值被限制在 0 和 1 之间，以使可视化清晰。输出结果如图 2.10 所示。

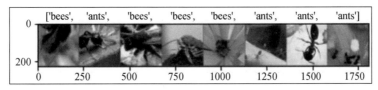

图 2.10 蜜蜂与蚂蚁数据集

（2）定义微调例程，这本质上是在预训练模型上执行的训练例程。

```
def finetune_model(pretrained_model, loss_func, optim, epochs=10):
    ...
    for e in range(epochs):
        for dset in ['train', 'val']:
            if dset == 'train':
                # set model to train mode
                # (i.e. trainbale weights)
                pretrained_model.train()
            else:
                # set model to validation mode
                pretrained_model.eval()
            # iterate over the (training/validation) data.
            for imgs, tgts in dloaders[dset]:
                ...
                optim.zero_grad()
                with torch.set_grad_enabled(dset == 'train'):
                    ops = pretrained_model(imgs)
                    _, preds = torch.max(ops, 1)
```

```
                    loss_curr = loss_func(ops, tgts)
                    # backward pass only if in training mode
                    if dset == 'train':
                        loss_curr.backward()
                        optim.step()
                loss += loss_curr.item() * imgs.size(0)
                successes += torch.sum(preds == tgts.data)
            loss_epoch = loss / dset_sizes[dset]
            accuracy_epoch = successes.double() / dset_sizes[dset]
            if dset == 'val' and accuracy_epoch > accuracy:
                accuracy = accuracy_epoch
                model_weights = copy.deepcopy(
                    pretrained_model.state_dict())
# load the best model version (weights)
pretrained_model.load_state_dict(model_weights)
return pretrained_model
```

在该函数中，需要输入预训练模型（即架构和权重）、损失函数、优化器和周期数量。基本上，我们不是从权重的随机初始化开始，而是从 AlexNet 的预训练权重开始。该函数的其他部分与之前的练习非常相似。

（3）在开始微调（训练）模型之前，定义一个函数来可视化模型预测。

```
def visualize_predictions(pretrained_model, max_num_imgs=4):
    was_model_training = pretrained_model.training
    pretrained_model.eval()
    imgs_counter = 0
    fig = plt.figure()
    with torch.no_grad():
        for i, (imgs, tgts) in enumerate(dloaders['val']):
            imgs = imgs.to(dvc)
            tgts = tgts.to(dvc)
            ops = pretrained_model(imgs)
            _, preds = torch.max(ops, 1)
            for j in range(imgs.size()[0]):
                imgs_counter += 1
                ax = plt.subplot(max_num_imgs//2, 2, imgs_counter)
                ax.axis('off')
                ax.set_title(f'Prediction:
                            {classes[preds[j]]},
                            Ground Truth:
```

```
                          {classes[tgts[j]]}')
             imageshow(imgs.cpu().data[j])
             if imgs_counter == max_num_imgs:
                 pretrained_model.train(mode=was_model_training)
                  return
      pretrained_model.train(mode=was_model_training)
```

（4）使用 PyTorch 的 torchvision.models 子包加载预训练的 AlexNet 模型。

```
model_finetune = models.alexnet(pretrained=True)
```

这个模型对象有以下两个主要组成部分。

- 特征：特征提取组件，包含所有卷积层和池化层。
- 分类器：分类器块，包含所有导致输出层的全连接层。

（5）可以按如下方式可视化这些组件。

```
print(model_finetune.features)
```

输出结果如下所示。

```
Sequential(
  (0): Conv2d(3, 64, kernel_size=(11, 11), stride=(4, 4), padding=(2, 2))
  (1): ReLU(inplace=True)
  (2): MaxPool2d(kernel_size=3, stride=2, padding=0, dilation=1, ceil_
mode=False)
  (3): Conv2d(64, 192, kernel_size=(5, 5), stride=(1, 1), padding=(2, 2))
  (4): ReLU(inplace=True)
  (5): MaxPool2d(kernel_size=3, stride=2, padding=0, dilation=1, ceil_
mode=False)
  (6): Conv2d(192, 384, kernel_size=(3, 3), stride=(1, 1), padding=(1, 1))
  (7): ReLU(inplace=True)
  (8): Conv2d(384, 256, kernel_size=(3, 3), stride=(1, 1), padding=(1, 1))
  (9): ReLU(inplace=True)
  (10): Conv2d(256, 256, kernel_size=(3, 3), stride=(1, 1), padding=(1, 1))
  (11): ReLU(inplace=True)
  (12): MaxPool2d(kernel_size=3, stride=2, padding=0, dilation=1, ceil_
mode=False)
```

（6）按以下方式检查分类器块。

```
print(model_finetune.classifier)
```

输出结果如下所示。

```
Sequential(
  (0): Dropout(p=0.5, inplace=False)
  (1): Linear(in_features=9216, out_features=4096, bias=True)
  (2): ReLU(inplace=True)
  (3): Dropout(p=0.5, inplace=False)
  (4): Linear(in_features=4096, out_features=4096, bias=True)
  (5): ReLU(inplace=True)
  (6): Linear(in_features=4096, out_features=1000, bias=True)
```

（7）由于预训练模型有一个大小为 1000 的输出层，但微调数据集只有两个类别。因此，我们将按此处所示进行更改。

```
# change the last layer from 1000 classes to 2 classes
model_finetune.classifier[6] = nn.Linear(4096, len(classes))
```

（8）我们已经准备好定义优化器和损失函数，并于随后运行以下训练例程。

```
loss_func = nn.CrossEntropyLoss()
optim_finetune = optim.SGD(model_finetune.parameters(), lr=0.0001)
# train (fine-tune) and validate the model
model_finetune = finetune_model(model_finetune, loss_func,
                                optim_finetune, epochs=10)
```

输出结果如下所示。

```
Epoch number 0/9
====================
train loss in this epoch: 0.6528244360548551, accuracy in this epoch:
0.610655737704918
val loss in this epoch: 0.5563900120118085, accuracy in this epoch:
0.7320261437908496
Epoch number 1/9
====================
train loss in this epoch: 0.5144887796190919, accuracy in this epoch:
0.75
val loss in this epoch: 0.4758027388769038, accuracy in this epoch:
0.803921568627451
Epoch number 2/9
====================
train loss in this epoch: 0.4620713156754853, accuracy in this epoch:
0.7950819672131147
```

```
val loss in this epoch: 0.4326762077855129, accuracy in this epoch:
0.803921568627451
...
Epoch number 7/9
====================
train loss in this epoch: 0.3297723409582357, accuracy in this epoch:
0.860655737704918
val loss in this epoch: 0.3347476099441254, accuracy in this epoch:
0.869281045751634
Epoch number 8/9
====================
train loss in this epoch: 0.32671376110100353, accuracy in this epoch:
0.8524590163934426
val loss in this epoch: 0.32516936344258923, accuracy in this epoch:
0.8823529411764706
Epoch number 9/9
====================
train loss in this epoch: 0.3130935803055763, accuracy in this epoch:
0.8770491803278688
val loss in this epoch: 0.3200583465251268, accuracy in this epoch:
0.8888888888888888
Training finished in 5.0mins 50.6720712184906secs
Best validation set accuracy: 0.8888888888888888
```

（9）可视化一些模型预测，以查看模型是否确实从这个小数据集中学习到了相关特征。

```
visualize_predictions(model_finetune)
```

输出结果如图 2.11 所示。

显然，预训练的 AlexNet 模型已经能够在这个相当小的图像分类数据集上进行迁移学习。这展示了其迁移学习的强大能力，以及使用 PyTorch 对知名模型进行微调的速度和便捷性。

2.5 节我们将讨论一个比 AlexNet 更深、更复杂的后继者 VGG 网络。我们已经详细演示了 LeNet 和 AlexNet 的模型定义、数据集加载、模型训练（或微调）以及评估步骤。在后续部分，我们将主要关注模型架构定义，因为其他方面（如数据加载和评估）的 PyTorch 代码是相似的。

图 2.11 AlexNet 预测

2.5　运行预训练的 VGG 模型

我们已经讨论了 LeNet 和 AlexNet 这两种基础的 CNN 架构。随着内容的不断深入，我们将探索越来越复杂的 CNN 模型。即便如此，构建这些模型架构的基本原则将保持不变。我们将使用一种模块化的模型构建方法，将卷积层、池化层和全连接层组合成块/模块，然后顺序或分支地堆叠这些块。本节将考查 AlexNet 的后继者 VGGNet。

VGG 这个名字来源于牛津大学的视觉几何组。与 AlexNet 的 8 层和 6000 万个参数相比，VGG 由 13 层（10 个卷积层和 3 个全连接层）和 1.38 亿个参数组成。VGG 基本上是在 AlexNet 架构上堆叠了更多层，使用了更小的卷积核（2×2 或 3×3）。

因此，VGG 的新颖之处在于其架构带来的前所未有的深度。图 2.12 展示了 VGG 架构。

上述 VGG 架构被称为 VGG13，因为它包含 13 层。其他变体还包括 VGG16 和 VGG19，分别由 16 层和 19 层组成。此外还有另一组变体，即 VGG13_bn、VGG16_bn 和 VGG19_bn，其中 bn 表示这些模型也包含了批量归一化层。

PyTorch 的 torchvision.models 子包提供了在 ImageNet 数据集上训练的预训练 VGG 模型（包括前面讨论的所有 6 种变体）。在接下来的练习中，我们将使用预训练的 VGG13 模型对蜜蜂和蚂蚁的小数据集（在之前的练习中使用过）进行预测。这里将重点关注代码的关键部分，因为代码的大部分内容将与之前的练习重叠。

（1）导入依赖项，包括 torchvision.models。

（2）下载数据并设置蚂蚁和蜜蜂数据集及数据加载器，以及转换。

（3）为了对这些图像进行预测，需要下载 ImageNet 数据集的 1000 个标签[8]。

（4）下载标签后，需要创建一个映射，将类别索引 0 到 999 与相应的类别标签相对应，如下所示。

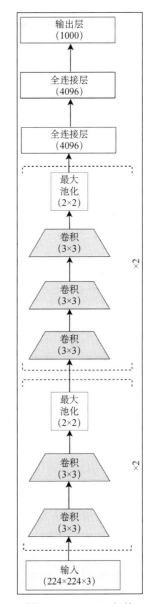

图 2.12　VGG13 架构

```
import ast
with open('./imagenet1000_clsidx_to_labels.txt') as f:
    classes_data = f.read()
classes_dict = ast.literal_eval(classes_data)
print({k: classes_dict[k] for k in list(classes_dict)[:5]})
```

这应该输出前 5 个类别映射，如下所示。

```
{0: 'tench, Tinca tinca', 1: 'goldfish, Carassius auratus', 2: 'great
white shark, white shark, man-eater, man-eating shark, Carcharodon
carcharias', 3: 'tiger shark, Galeocerdo cuvieri', 4: 'hammerhead,
hammerhead shark'}
```

（5）定义模型预测可视化函数，该函数接收预训练模型对象和要进行预测的图像数量。该函数应输出带有预测的图像。

（6）加载预训练的 VGG13 模型。

```
model_finetune = models.vgg13(pretrained=True)
```

在该步骤中，下载了 VGG13 模型。

常见问题解答：一个 VGG13 模型的磁盘大小是多少？

一个 VGG13 模型大约占用硬盘上的 508MB 空间。

（7）使用该预训练模型在蚂蚁和蜜蜂数据集上运行预测。

```
visualize_predictions(model_finetune)
```

输出结果如图 2.13 所示。

图 2.13　VGG13 预测

VGG13 模型在一个完全不同的数据集上训练，似乎能够在蚂蚁和蜜蜂数据集的所有测试样本中正确预测。基本上，模型从 1000 个类别中抓取与数据集中最相似的两个动物，并在图像中找到它们。通过该练习，可以看到模型仍然能够从图像中提取相关的视觉特征，该练习展示了 PyTorch 即用型推理功能的效用。

在接下来的部分，我们将学习一种不同类型的 CNN 架构，它涉及具有多个并行卷积层的模块。这些模块被称为 Inception 模块，并且由此产生的网络被称为 Inception 网络，以电影《盗梦空间》命名，因为这种模型包含多个分支模块，就像电影中分支的梦境一样。我们将探索这个网络的各个部分以及其成功背后的原因。此外还将在 PyTorch 中构建 Inception 模块和 Inception 网络架构。

2.6　GoogLeNet 和 Inception v3

在从 LeNet 到 VGG 的 CNN 模型发展过程中，我们观察到更多卷积层和全连接层的顺序堆叠，这产生了涵盖大量训练参数的深层网络。GoogLeNet 作为一种不同的 CNN 架构出现了，它由一个被称为 Inception 模块的并行卷积层构成。因此，GoogLeNet 也被称为 Inception v1（v1 标志着第一版，之后又出现了更多版本）。GoogLeNet 引入的一些全新元素包括以下方面。

- Inception 模块——由几个并行卷积层组成的模块。
- 使用 1×1 卷积来减少模型参数的数量。
- 使用全局平均池化代替全连接层——减少过拟合。
- 使用辅助分类器进行训练——用于正则化和梯度稳定性。

GoogLeNet 包含 22 层，这超过了任何 VGG 模型变体的层数。然而，由于使用了一些优化技巧，GoogLeNet 的参数数量为 500 万，远少于 VGG 的 1.38 亿参数。下面让我们详细阐述一下该模型的一些关键特性。

2.6.1　Inception 模块

也许 Inception 模型最重要的贡献是开发了一个包含多个并行卷积层的卷积模块，这些卷积层最终被连接起来产生了一个单一的输出向量。这些并行卷积层使用不同的核心尺寸，从 1×1 到 3×3 再到 5×5。这一想法是从图像中提取所有级别的视觉信息。除了这些卷积，一个 3×3 的最大池化层增加了另一级别的特征提取。

图 2.14 展示了 Inception 模块以及 GoogLeNet 的整体架构。

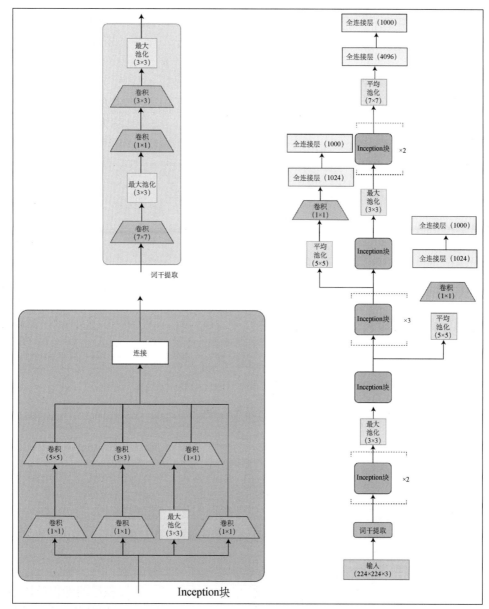

图 2.14　GoogLeNet 架构

通过图 2.14，我们可以在 PyTorch 中构建 Inception 模块，如下所示。

```
class InceptionModule(nn.Module):
```

```python
    def __init__(self, input_planes, n_channels1x1, n_channels3x3red,
                 n_channels3x3, n_channels5x5red, n_channels5x5,
                 pooling_planes):
        super(InceptionModule, self).__init__()
        # 1x1 convolution branch
        self.block1 = nn.Sequential(
            nn.Conv2d(input_planes, n_channels1x1, kernel_size=1),
                nn.BatchNorm2d(n_channels1x1),nn.ReLU(True),)
        # 1x1 convolution -> 3x3 convolution branch
        self.block2 = nn.Sequential(
            nn.Conv2d(input_planes, n_channels3x3red, kernel_size=1),
            nn.BatchNorm2d(n_channels3x3red),
            nn.ReLU(True), nn.Conv2d(n_channels3x3red, n_channels3x3,
                            kernel_size=3, padding=1),
                            nn.BatchNorm2d(n_channels3x3),
                            nn.ReLU(True),)
        # 1x1 conv -> 5x5 conv branch
        self.block3 = nn.Sequential(
            nn.Conv2d(input_planes, n_channels5x5red, kernel_size=1),
            nn.BatchNorm2d(n_channels5x5red),
            nn.ReLU(True), nn.Conv2d(n_channels5x5red, n_channels5x5,
                            kernel_size=3, padding=1),
                            nn.BatchNorm2d(n_channels5x5),
                            nn.ReLU(True),
            nn.Conv2d(n_channels5x5, n_channels5x5,
                    kernel_size=3, padding=1),
                    nn.BatchNorm2d(n_channels5x5),
                    nn.ReLU(True),)
        # 3x3 pool -> 1x1 conv branch
        self.block4 = nn.Sequential(
            nn.MaxPool2d(3, stride=1, padding=1),
            nn.Conv2d(input_planes, pooling_planes, kernel_size=1),
            nn.BatchNorm2d(pooling_planes),
            nn.ReLU(True),)
    def forward(self, ip):
        op1 = self.block1(ip)
        op2 = self.block2(ip)
        op3 = self.block3(ip)
        op4 = self.block4(ip)
        return torch.cat([op1,op2,op3,op4], 1)
```

接下来我们将考查 GoogLeNet 的另一个重要特性——1×1 卷积。

2.6.2　1×1 卷积

除了 Inception 模块中的并行卷积层，每个并行层都有一个前置的 1×1 卷积层。使用这些 1×1 卷积层的原因是降维。1×1 卷积不会改变图像表示的宽度和高度，但可以改变图像表示的深度。在并行执行 1×1、3×3 和 5×5 卷积之前，可以使用这个技巧来减少输入视觉特征的深度。减少参数数量不仅有助于构建一个更轻量的模型，还可以防止过拟合。

2.6.3　全局平均池化

如果查看图 2.14 中的 GoogLeNet 整体架构，模型的倒数第二层输出层前是一个 7×7 平均池化层。该层再次帮助减少模型的参数数量，从而减少了过拟合。否则，由于全连接层的密集连接，模型将包含数百万个额外的参数。

2.6.4　辅助分类器

除此之外，图 2.14 还展示了模型中的两个额外的或辅助的输出分支。这些辅助分类器应该通过在反向传播期间增加梯度的幅度来解决梯度消失问题，特别是对于接近输入端的层。由于这些模型包含大量的层，梯度消失可能成为一个主要的限制。因此，使用辅助分类器对这种 22 层深的模型证明是有用的。此外，辅助分支还有助于正则化。注意，在进行预测时，这些辅助分支会被关闭/丢弃。

一旦使用 PyTorch 定义了 Inception 模块，即可以轻松地实例化整个 Inception v1 模型，如下所示。

```
class GoogLeNet(nn.Module):
    def __init__(self):
        super(GoogLeNet, self).__init__()
        self.stem = nn.Sequential(
            nn.Conv2d(3, 192, kernel_size=3, padding=1),
            nn.BatchNorm2d(192),
            nn.ReLU(True),)
        self.im1 = InceptionModule(192, 64, 96, 128, 16, 32, 32)
        self.im2 = InceptionModule(256, 128, 128, 192, 32, 96, 64)
        self.max_pool = nn.MaxPool2d(3, stride=2, padding=1)
        self.im3 = InceptionModule(480, 192, 96, 208, 16, 48, 64)
        self.im4 = InceptionModule(512, 160, 112, 224, 24, 64, 64)
        self.im5 = InceptionModule(512, 128, 128, 256, 24, 64, 64)
```

```
        self.im6 = InceptionModule(512, 112, 144, 288, 32, 64, 64)
        self.im7 = InceptionModule(528, 256, 160, 320, 32, 128, 128)
        self.im8 = InceptionModule(832, 256, 160, 320, 32, 128, 128)
        self.im9 = InceptionModule(832, 384, 192, 384, 48, 128, 128)
        self.average_pool = nn.AvgPool2d(7, stride=1)
        self.fc = nn.Linear(4096, 1000)
    def forward(self, ip):
        op = self.stem(ip)
        out = self.im1(op)
        out = self.im2(op)
        op = self.maxpool(op)
        op = self.a4(op)
        op = self.b4(op)
        op = self.c4(op)
        op = self.d4(op)
        op = self.e4(op)
        op = self.max_pool(op)
        op = self.a5(op)
        op = self.b5(op)
        op = self.avgerage_pool(op)
        op = op.view(op.size(0), -1)
        op = self.fc(op)
        return op
```

除了实例化自己的模型，我们总是可以用两行代码加载一个预训练的 GoogLeNet。

```
import torchvision.models as models
model = models.googlenet(pretrained=True)
```

如前所述，后续还开发了 Inception 模型的几个版本。其中表现较为明显的是 Inception v3，我们将在下文中简要讨论。

2.6.5　Inception v3

作为 Inception v1 的后继者，Inception v3 总共包含 2400 万个参数，相比之下，v1 版本则包含 500 万个。除增加了更多层之外，该模型引入了不同类型的 Inception 模块，这些模块被顺序堆叠。

图 2.15 展示了不同的 Inception 模块和完整的模型架构。

从架构中可以看出，该模型是 Inception v1 模型的架构扩展。同样，除了手动构建模型，还可以使用 PyTorch 存储库中的预训练模型，如下所示。

```
import torchvision.models as models
model = models.inception_v3(pretrained=True)
```

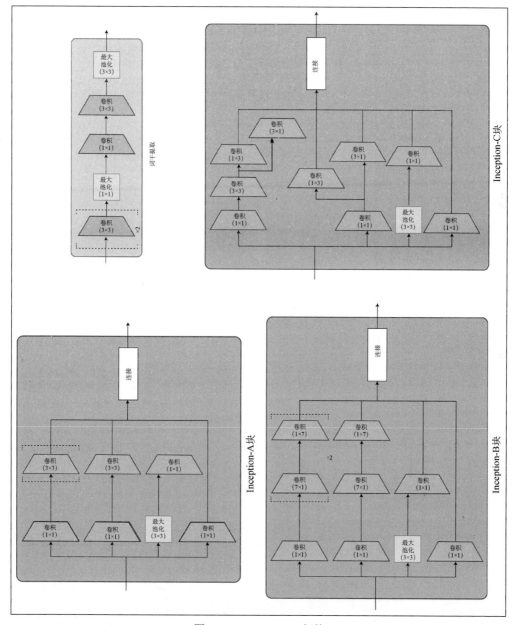

图 2.15　Inception v3 架构

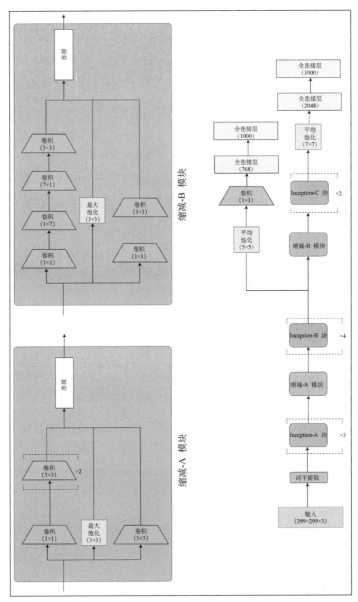

图 2.15 Inception v3 架构（续）

2.7 节我们将介绍那些在非常深的 CNN 中有效解决梯度消失问题的 CNN 模型类别，即 ResNet 和 DenseNet。我们将学习跳跃连接和密集连接的新技术，并使用 PyTorch 来编码这些高级架构背后的基础模块。

2.7　ResNet 和 DenseNet 架构

2.6 节我们探讨了 Inception 模型,这些模型由于 1×1 卷积和全局平均池化,进而随着层数的增加,模型参数数量有所减少。此外,辅助分类器被用来对抗梯度消失问题。在本节中,我们将讨论 ResNet 和 DenseNet 模型。

2.7.1　ResNet

ResNet 引入了跳跃连接的概念。这种简单但有效的技巧克服了参数溢出和梯度消失的问题。其思想非常简单,如图 2.16 所示。输入首先通过一个非线性变换(卷积后跟非线性激活),然后将变换的输出(称为残差)加到原始输入上。

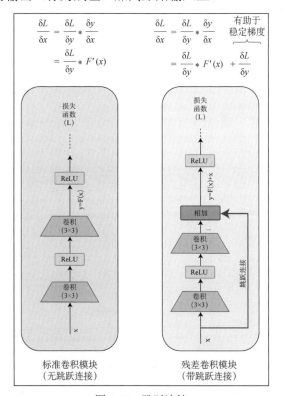

图 2.16　跳跃连接

这样的计算块被称为残差块,因此模型的名称是残差网络或 ResNet。

　　使用这些跳跃（或简称）连接，参数数量被限制在 2600 万个参数，总共有 50 层（ResNet-50）。由于参数数量有限，即使层数增加到 152 层（ResNet-152），ResNet 也能够很好地泛化，且不存在过拟合。图 2.17 展示了 ResNet-50 架构。

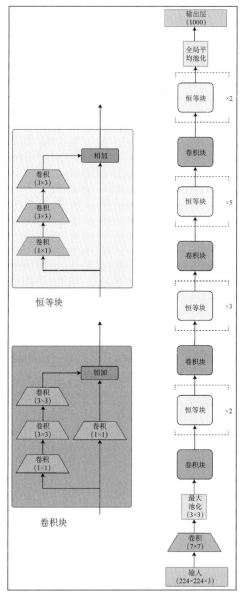

图 2.17　ResNet 架构

相应地，存在两种残差块，即卷积和恒等，两者都具有跳跃连接。对于卷积块，其中增加了一个 1×1 的卷积层，这进一步有助于降低维度。ResNet 的残差块可以在 PyTorch 中实现，如下所示。

```python
class BasicBlock(nn.Module):
    multiplier=1
    def __init__(self, input_num_planes, num_planes, strd=1):
        super(BasicBlock, self).__init__()
        self.conv_layer1 = nn.Conv2d(in_channels=input_num_planes,
                                     out_channels=num_planes,
                                     kernel_size=3,
                                     stride=stride, padding=1,
                                     bias=False)
        self.batch_norm1 = nn.BatchNorm2d(num_planes)
        self.conv_layer2 = nn.Conv2d(in_channels=num_planes,
                                     out_channels=num_planes,
                                     kernel_size=3, stride=1,
                                     padding=1, bias=False)
        self.batch_norm2 = nn.BatchNorm2d(num_planes)
        self.res_connnection = nn.Sequential()
        if strd > 1 or input_num_planes != self.multiplier*num_planes:
            self.res_connnection = nn.Sequential(
                nn.Conv2d(in_channels=input_num_planes,
                          out_channels=self.multiplier*num_planes,
                          kernel_size=1, stride=strd, bias=False),
                nn.BatchNorm2d(self.multiplier*num_planes))
    def forward(self, inp):
        op = F.relu(self.batch_norm1(self.conv_layer1(inp)))
        op = self.batch_norm2(self.conv_layer2(op))
        op += self.res_connnection(inp)
        op = F.relu(op)
        return op
```

要快速开始使用 ResNet，通常可以采用 PyTorch 存储库中的预训练 ResNet 模型。

```python
import torchvision.models as models
model = models.resnet50(pretrained=True)
```

ResNet 使用恒等函数（直接将输入连接到输出）在反向传播期间保留梯度（因为梯度将是 1）。然而，对于极深的网络，这一原则可能不足以保持从输出层到输入层的强大梯度。接下来我们讨论的 CNN 模型旨在确保强大的梯度流动，并且进一步减少所需参数的数量。

2.7.2　DenseNet

ResNet 的跳跃连接将残差块的输入直接连接到其输出。然而，残差块之间的连接仍然是顺序的，也就是说，第 3 个残差块与第 2 个块有直接连接，但与第 1 个块没有直接连接。

DenseNet，或称为密集网络，引入了下列思想：在所谓的密集块内将每个卷积层与每个其他层连接起来。并且，整体 DenseNet 中的每个密集块都与其他密集块相连。一个密集块本质上是由两个 3×3 密集连接的卷积层组成的模块。

这些密集连接确保了每一层都从网络的所有前层接收信息。这确保了从最后一层到第一层存在强烈的梯度流动。与直觉相反，这样的网络设置的参数数量也会很低。由于每一层都从所有前层接收特征图，因而所需的通道数（深度）可以更少。在早期的模型中，增加的深度代表了来自前层的信息累积，但由于网络中无处不在的密集连接，因而我们不再需要那样做。

ResNet 和 DenseNet 之间的一个关键区别在于，在 ResNet 中，输入通过跳跃连接被加到输出上。但在 DenseNet 中，前层的输出会与当前层的输出进行拼接，这种拼接发生在深度维度上。

当网络进一步处理时，可能会引发输出尺寸爆炸性增长的问题。为了对抗这种复合效应，我们为这种网络设计了一种特殊类型的块，称为过渡块。它由一个 1×1 卷积层组成，后面跟着一个 2×2 池化层，该块将深度尺寸标准化或重置，以便这个块的输出随后可以馈送到后续的密集块。

图 2.18 显示了 DenseNet 架构。

如前所述，此处涉及两种类型的块，即密集块和过渡块。这些块可以通过 PyTorch 写成几行代码的类，如下所示。

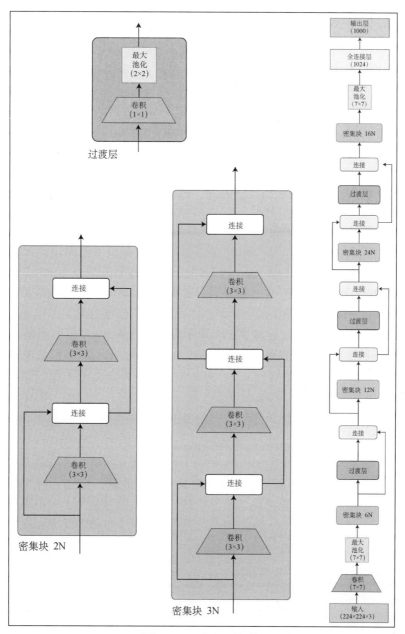

图 2.18　DenseNet 架构

```
class DenseBlock(nn.Module):
    def __init__(self, input_num_planes, rate_inc):
```

```
            super(DenseBlock, self).__init__()
            self.batch_norm1 = nn.BatchNorm2d(input_num_planes)
            self.conv_layer1 = nn.Conv2d(in_channels=input_num_planes,
                                         out_channels=4*rate_inc,
                                         kernel_size=1, bias=False)
            self.batch_norm2 = nn.BatchNorm2d(4*rate_inc)
            self.conv_layer2 = nn.Conv2d(in_channels=4*rate_inc,
                                         out_channels=rate_inc,
                                         kernel_size=3, padding=1,
                                         bias=False)
    def forward(self, inp):
        op = self.conv_layer1(F.relu(self.batch_norm1(inp)))
        op = self.conv_layer2(F.relu(self.batch_norm2(op)))
        op = torch.cat([op,inp], 1)
        return op
class TransBlock(nn.Module):
    def __init__(self, input_num_planes, output_num_planes):
        super(TransBlock, self).__init__()
        self.batch_norm = nn.BatchNorm2d(input_num_planes)
        self.conv_layer = nn.Conv2d(in_channels=input_num_planes,
                                    out_channels=output_num_planes,
                                    kernel_size=1, bias=False)
    def forward(self, inp):
        op = self.conv_layer(F.relu(self.batch_norm(inp)))
        op = F.avg_pool2d(op, 2)
        return op
```

这些块随后被密集地堆叠形成整体的 DenseNet 架构。DenseNet 和 ResNet 一样，存在相应的变体，如 DenseNet121、DenseNet161、DenseNet169 和 DenseNet201，这些数字代表总层数。这样大量的层是通过重复堆叠密集块和过渡块，再加上输入端的一个固定 7×7 卷积层和输出端的一个固定全连接层获得的。PyTorch 为所有这些变体提供了预训练模型。

```
import torchvision.models as models
densenet121 = models.densenet121(pretrained=True)
densenet161 = models.densenet161(pretrained=True)
densenet169 = models.densenet169(pretrained=True)
densenet201 = models.densenet201(pretrained=True)
```

DenseNet 在 ImageNet 数据集上的表现超越了之前讨论的所有模型。通过混合和匹配前几节提出的理念，当前已经开发出了各种混合模型。Inception-ResNet 和 ResNeXt 模型就是这样的混合网络的例子。图 2.19 展示了 ResNeXt 架构。

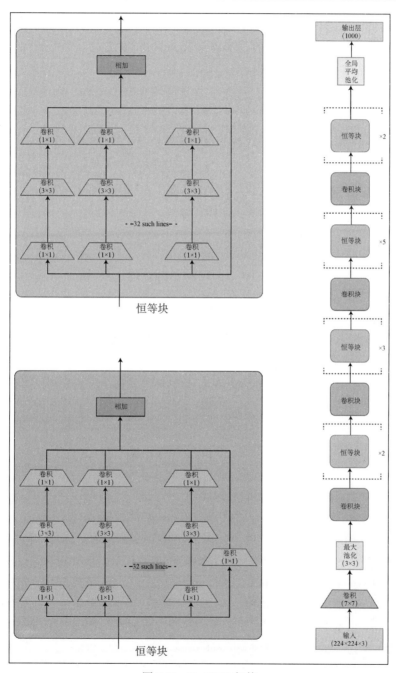

图 2.19 ResNeXt 架构

可以看到，它看起来像是 ResNet 和 Inception 混合体的一个更宽变体，因为在残差块中存在大量的并行卷积分支——并行思想源自 Inception 网络。

稍后我们将考查迄今为止表现最佳的 CNN 架构之一，即 EfficientNets。此外我们还将讨论 CNN 架构发展的未来，并介绍 CNN 架构在图像分类之外任务上的应用。

2.8　EfficientNet 和 CNN 架构的未来

在介绍 LeNet 和 DenseNet 时，我们注意到 CNN 架构发展的一个潜在主题。该主题是通过以下方式之一对 CNN 模型进行扩展或缩放的。

- 增加层数。
- 增加卷积层中的特征图或通道数。
- 增加空间维度，从 LeNet 中的 32×32 像素图像增加到 AlexNet 中的 224×224 像素图像等。

这 3 个可以进行缩放的不同方面分别被识别为深度、宽度和分辨率。EfficientNets 不采用手动缩放这些属性，这通常会导致次优结果，而是使用神经架构搜索来计算每个属性的最佳缩放因子。

扩大深度被认为很重要，因为网络越深，模型就越复杂，因此它能够学习高度复杂的特征。然而，这存在一个权衡方案，因为随着深度的增加，梯度消失问题以及普遍的过拟合问题也会随之加剧。

同样，理论上扩大宽度应该有帮助，因为有了更多的通道，网络应该能够学习更细粒度的特征。然而，对于极宽的模型，其准确性往往会迅速饱和。

最后，从理论上讲，更高分辨率的图像应该效果更好，因为它们包含更细粒度的信息。然而，实证上，分辨率的增加并没有使模型性能以线性等价的方式提升。所有这些都是为了说明，在决定缩放因子时需要做出权衡，因此神经架构搜索有助于找到最优的缩放因子。

EfficientNet 提出寻找在深度、宽度和分辨率之间存在正确平衡的架构，并且这 3 个方面都使用一个全局缩放因子一起缩放。EfficientNet 架构的构建分为两步。首先，通过将缩放因子固定为 1，设计了一个基本架构（称为基础网络）。在这个阶段，针对给定的任务和数据集，深度、宽度和分辨率的相对重要性将被确定。得到的基础网络与一个众所周知的 CNN 架构 MnasNet（Mobile Neural Architecture Search Network 的缩写）非常相似。

PyTorch 提供了预训练的 MnasNet 模型，可以按如下方式加载：

```
import torchvision.models as models
model = models.mnasnet1_0()
```

一旦在第一步中获得了基础网络，随后即可计算最优的全局缩放因子，目的是在最大化模型准确性的同时最小化计算量（或浮点运算次数）。基础网络被称为 EfficientNet B0，而针对不同最优缩放因子派生出的后续网络被称为 EfficientNet B1 至 B7。PyTorch 为所有这些变体提供了预训练模型。

```
import torchvision.models as models
efficientnet_b0 = models.efficientnet_b0(pretrained=True)
efficientnet_b1 = models.efficientnet_b1(pretrained=True)
...
efficientnet_b7 = models.efficientnet_b7(pretrained=True)
```

随着技术不断发展，高效地缩放 CNN 架构将成为研究的一个重要方向，同时受到 Inception、残差和密集模块的启发，更复杂的模块也将得到进一步的发展。CNN 架构发展的另一个方面是在保持性能的同时最小化模型大小。MobileNets[9]即是一个典型的例子，在这一领域还有很多正在进行的研究。

除了采用自上而下的方法审视现有模型的架构修改，研究人员还将不断努力采用自下而上的视角从根本上重新思考 CNN 的单元，如卷积核、池化机制、更有效的展平方式等。这方面的一个具体例子是 CapsuleNet[10]，它对卷积单元进行了彻底改革，以适应图像中的第三维度（深度）。

卷积神经网络（CNN）本身就是一个巨大的研究课题。在本章中，我们讨论了 CNN 的架构发展，主要是在图像分类的背景下。然而，这些相同的架构被广泛应用于各种领域。一个众所周知的例子是使用 ResNets 进行目标检测和分割，形式为 RCNN[11]。

一些改进的 RCNN 变体包括 Faster R-CNN、Mask-RCNN 和 Keypoint-RCNN。PyTorch 为这 3 种变体都提供了预训练模型。

```
faster_rcnn = models.detection.fasterrcnn_resnet50_fpn()
mask_rcnn = models.detection.maskrcnn_resnet50_fpn()
keypoint_rcnn = models.detection.keypointrcnn_resnet50_fpn()
```

PyTorch 还提供了用于视频相关任务（如视频分类）的预训练 ResNets 模型。用于视频分类的两个基于 ResNet 的模型是 ResNet3D 和混合卷积 ResNet，如下所示。

```
resnet_3d = models.video.r3d_18()
resnet_mixed_conv = models.video.mc3_18()
```

虽然没有在本章广泛涵盖这些不同的应用和相应的 CNN 模型，但我们鼓励您进一步阅读有关它们的资料。PyTorch 的官网可能是一个很好的起点[12]。

2.9　本 章 小 结

本章通篇介绍了 CNN 架构。第 3 章将涉及另一种类型的神经网络模型——循环神经网络。我们将通过结合 CNN 和 LSTM（一种循环神经网络），构建一个端到端的深度学习应用，即图像字幕生成器。

2.10　参 考 文 献

[1] ImageNet 数据集：https://image-net.org/。

[2] CIFAR-10 数据集：https://www.cs.toronto.edu/~kriz/cifar.html。

[3] PyTorch 视觉模型：https://pytorch.org/vision/stable/models.html。

[4] 微调 AlexNet：https://github.com/arj7192/MasteringPyTorchV2/blob/main/Chapter02/transfer_learning_alexnet.ipynb。

[5] Hymenoptera（Kaggle 链接）：https://www.kaggle.com/datasets/ajayrana/hymenoptera-data。

[6] 膜翅目昆虫基因组数据库：https://hymenoptera.elsiklab.missouri.edu/。

[7] 运行 VGG 模型推理：https://github.com/arj7192/MasteringPyTorchV2/blob/main/Chapter02/vgg13_pretrained_run_inference.ipynb。

[8] ImageNet 类别 ID 到标签：https://gist.github.com/yrevar/942d3a0ac09ec9e5eb3a。

[9] PyTorch MobileNetV2：https://pytorch.org/hub/pytorch_vision_mobilenet_v2/。

[10] 胶囊神经网络：https://en.wikipedia.org/wiki/Capsule_neural_network。

[11] 基于区域的卷积神经网络：https://en.wikipedia.org/wiki/Region_Based_Convolutional_Neural_Networks。

[12] 目标检测、实例分割和人体关键点检测 TorchVision 模型：https://pytorch.org/vision/stable/models.html#object-detection-instancesegmentation-and-person-keypoint-detection。

第 3 章　结合 CNN 和 LSTM

卷积神经网络（CNN）是一种深度学习模型，用于解决与图像、视频、语音和音频相关的机器学习问题，如图像分类、目标检测、分割、语音识别、音频分类等。这是因为 CNN 使用一种被称为卷积层的特殊类型层，这些层具有共享的可学习参数。权重或参数共享之所以有效，是因为假设图像中要学习的模式（如边缘或轮廓）与图像中像素的位置无关。正如 CNN 应用于图像一样，长短期记忆（LSTM）网络（RNN，一种循环神经网络）在解决与序列数据相关的机器学习问题上被证明极其有效。序列数据的一个例子可以是文本。例如，在句子中，每个词都依赖于前面的词。LSTM 模型旨在模拟这种序列依赖性。

这两种不同类型的网络（CNN 和 LSTM）可以结合形成一个多模态模型，它接收图像或视频并输出文本。这种混合模型的一个著名应用是图像字幕生成，其中模型接收一张图像并输出图像的合理文本描述。自 2010 年以来，机器学习已被用于执行图像字幕生成任务[1]。

然而，神经网络最早在 2014 年、2015 年左右成功用于这项任务[2]。从那时起，图像字幕生成一直是一个活跃的研究领域。随着每年的重大改进，这种深度学习应用可以成为现实世界应用中的有用工具，如生成网站上的替代文本，使其对视觉障碍者可访问。

本章首先讨论了这样一个多模态模型的架构，以及在 PyTorch 中的相关实现细节，并且在本章的最后，我们将使用 PyTorch 从头构建一个图像字幕生成系统。

本章主要涉及下列主题。
- 构建带有 CNN 和 LSTM 的神经网络。
- 使用 PyTorch 构建图像字幕生成器。

☑ **注意：**

与本章相关的所有代码文件都可以在以下网址获得。

https://github.com/arj7192/MasteringPyTorchV2/tree/main/Chapter02

接下来我们将讨论结合 CNN 和 LSTM 的架构。

3.1　构建带有 CNN 和 LSTM 的神经网络

CNN-LSTM 网络架构由卷积层组成，用于从输入数据（图像）中提取特征，然后由

LSTM 层来进行序列预测。这种模型在空间上是深层的（归功于 CNN 组件），在时间上也是深层的（归功于 LSTM 网络）。模型的卷积部分通常被用作编码器，它接收输入图像并输出高维特征或嵌入。

在实践中，用于这一类混合网络的 CNN 通常预先在图像分类任务上进行训练。预训练 CNN 模型的最后一个隐藏层随后被用作 LSTM 组件的输入，LSTM 组件被用作解码器来生成文本。

当处理文本数据时，需要将单词和其他符号（标点符号、标识符等，统称为标记）转换为数字。对此，我们用一个独特的对应数字表示文本中的每个标记。在接下来的小节中，我们将演示一个文本编码的示例。

假设我们正在构建一个带有文本数据的机器学习模型。例如，对应的文本如下所示。

```
<start> PyTorch is a deep learning library. <end>
```

随后，我们将这些单词和标记映射为数字，如下所示。

```
<start> : 0
PyTorch : 1
is : 2
a : 3
deep : 4
learning : 5
library : 6
. : 7
<end> : 8
```

一旦有了映射，即可将句子以数字列表的形式进行数值化表示。

```
<start> PyTorch is a deep learning library. <end> -> [0, 1, 2, 3, 4, 5,
6, 7, 8]
```

同样地，"<start> PyTorch is deep. <end>" 将被编码为 -> [0, 1, 2, 4, 7, 8]，以此类推。这种映射通常被称为词汇表，构建词汇表是大多数与文本相关的机器学习问题的关键部分。

LSTM 模型作为解码器，在时间步 t=0 时接收 CNN 嵌入作为输入。然后，每个 LSTM 单元在每个时间步进行标记预测，这个预测被用作下一个 LSTM 单元的输入。因此生成的整体架构如图 3.1 所示。

展示的架构适用于图像字幕生成任务。如果我们不仅有一张单独的图像，而是有一系列图像（例如，在视频中）作为 CNN 层的输入，那么我们将在每个时间步，而不仅仅是在 t=0 时，将 CNN 嵌入作为 LSTM 单元的输入。这种架构将适用于行为识别或视频描述等应用。

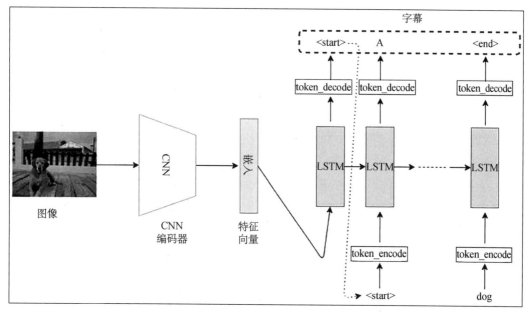

图 3.1　CNN-LSTM 架构示例

　　3.2 节我们将在 PyTorch 中实现一个图像字幕生成系统,包括构建混合模型架构以及数据加载、预处理、模型训练和模型评估流程。

3.2　使用 PyTorch 构建图像字幕生成器

　　对于当前练习,我们将使用上下文中的常见对象(common objects in context,COCO)数据集[3],这是一个大规模的目标检测、分割和字幕生成数据集。

　　该数据集包含超过 20 万个标记图像,每张图像有 5 个字幕。COCO 数据集于 2014 年发布,并在目标识别相关的计算机视觉任务中取得了显著进步。它是基准测试任务(如目标检测、目标分割、实例分割和图像字幕生成)最常用的数据集之一。

　　在该练习中,我们将使用 PyTorch 在这个数据集上训练一个 CNN-LSTM 模型,并使用训练好的模型为未见过的样本生成字幕。不过在此之前,我们需要先处理一些先决条件。

☑ **注意:**
　　这里仅引用重要的代码片段以供说明。完整的练习代码可以在 GitHub 代码库[4]中找到。

3.2.1　下载图像字幕数据集

在开始构建图像字幕系统之前，需要下载所需的数据集。如果尚未下载数据集，请使用 Jupyter Notebook 运行以下脚本，这有助于将数据集下载到本地。

📝 **注意：**

此处使用数据集的一个稍旧版本，因为其尺寸稍小，所以使我们能够更快地获得结果。

训练和验证数据集的大小分别为 13GB 和 6GB。下载和解压数据集文件，以及清理和处理它们，可能需要一段时间。按照以下步骤执行，可让它们以较快的速度完成。

```
# download images and annotations to the data directory
!wget http://images.cocodataset.org/annotations/annotations_trainval2014.zip -P
./data_dir/ -P ./data_dir/
!wget http://images.cocodataset.org/zips/train2014.zip -P ./data_dir/
!wget http://images.cocodataset.org/zips/val2014.zip -P ./data_dir/
# extract zipped images and annotations and remove the zip files
!unzip ./data_dir/annotations_trainval2014.zip -d ./data_dir/
!rm ./data_dir/annotations_trainval2014.zip
!unzip ./data_dir/train2014.zip -d ./data_dir/
!rm ./data_dir/train2014.zip
!unzip ./data_dir/val2014.zip -d ./data_dir/
!rm ./data_dir/val2014.zip
```

对应的输出结果如下所示。

```
--2022-11-30 11:15:15-- http://images.cocodataset.org/annotations/annotations_
trainval2014.zip
Resolving images.cocodataset.org (images.cocodataset.org)... 52.217.92.164,
52.216.240.252, 52.217.107.92, …
Connecting to images.cocodataset.org (images.cocodataset.
org)|52.217.92.164|:80... connected.
HTTP request sent, awaiting response... 200 OK
Length: 252872794 (241M) [application/zip]
Saving to: './data_dir/annotations_trainval2014.zip'
annotations_trainva 100%[===================>] 241.16M 6.50MB/s in 34s
...
extracting: ./data_dir/val2014/COCO_val2014_000000551804.jpg
extracting: ./data_dir/val2014/COCO_val2014_000000045516.jpg
extracting: ./data_dir/val2014/COCO_val2014_000000347233.jpg
```

```
extracting: ./data_dir/val2014/COCO_val2014_000000154202.jpg
extracting: ./data_dir/val2014/COCO_val2014_000000038210.jpg
```

这一步骤基本上是创建一个数据文件夹（./data_dir），下载压缩的图像和注释文件，并在数据文件夹内解压它们。

3.2.2　预处理字幕（文本）数据

下载的图像字幕数据集包含文本（字幕）和图像。在本节中，我们将预处理文本数据，使其适用于 CNN-LSTM 模型。练习以一系列步骤的形式展开，前 3 个步骤专注于处理文本数据。

（1）对于当前练习，需要导入一些依赖项。我们将为本章导入的一些关键模块如下所示。

```
import nltk
from pycocotools.coco import COCO
import torch.utils.data as data
import torchvision.models as models
import torchvision.transforms as transforms
from torch.nn.utils.rnn import pack_padded_sequence
```

nltk 是自然语言工具包，它将有助于构建我们的词汇表，而 pycocotools 是处理 COCO 数据集的辅助工具。除了 pack_padded_sequence，这里导入的各种 Torch 模块在第 2 章已经讨论过。该函数将有助于将长度不一（单词数量）的句子转换为固定长度的句子。

除了导入 nltk 库，我们还需要下载其 punkt 分词器模型，如下所示。

```
nltk.download('punkt')
```

这将使我们能够将给定的文本分词为其构成的单词。

（2）构建词汇表，即一个可以将实际文本标记（如单词）转换为数字标记的字典。这一步对于大多数与文本相关的任务至关重要。

```
def build_vocabulary(json, threshold):
    """Build a vocab wrapper."""
    coco = COCO(json)
    counter = Counter()
    ids = coco.anns.keys()
    for i, id in enumerate(ids):
        caption = str(coco.anns[id]['caption'])
        tokens = \
```

```
            nltk.tokenize.word_tokenize(caption.lower())
        counter.update(tokens)
        if (i+1) % 1000 == 0:
            print("[{}/{}] Tokenized the captions."
                    .format(i+1, len(ids)))
```

首先，在词汇表构建函数内部加载 JSON 文本注释，并将注释和字幕中的单词分词或转换为数字并存入计数器中。

然后，丢弃出现次数少于某个特定数量的标记，并将剩余的标记以及一些通配符标记，即句子的 start、end、unknown_word 和填充标记，添加到词汇表对象中，如下所示。

```
# If word freq < 'thres', then word is discarded.
tokens = [token for token,
            cnt in counter.items() if cnt >= threshold]
# Create vocab wrapper + add special tokens.
vocab = Vocab()
vocab.add_token('<pad>')
vocab.add_token('<start>')
vocab.add_token('<end>')
vocab.add_token('<unk>')
# Add words to vocab.
for i, token in enumerate(tokens):
    vocab.add_token(token)
return vocab
```

最后，使用词汇表构建函数，创建并保存了一个词汇表对象 vocab，以供进一步重用，如下列代码所示。

```
vocab = build_vocabulary(
    json='data_dir/annotations/captions_train2014.json', threshold=4)
vocab_path = './data_dir/vocabulary.pkl'
with open(vocab_path, 'wb') as f:
    pickle.dump(vocab, f)
print("Total vocabulary size: {}".format(len(vocab)))
print("Saved the vocabulary wrapper to '{}'"
        .format(vocab_path))
```

输出结果如下所示。

```
loading annotations into memory...
Done (t=0.67s)
creating index...
```

```
index created!
[1000/414113] Tokenized the captions.
[2000/414113] Tokenized the captions.
[3000/414113] Tokenized the captions.
...
[412000/414113] Tokenized the captions.
[413000/414113] Tokenized the captions.
[414000/414113] Tokenized the captions.
Total vocabulary size: 9948
Saved the vocabulary wrapper to './data_dir/vocabulary.pkl'
```

一旦我们构建了词汇表，即可在运行时将文本数据转换为数字来处理。

3.2.3 预处理图像数据

在下载数据并为文本标题构建词汇表之后，我们需要对图像数据进行一些预处理。

由于数据集中的图像可能具有各种不同的尺寸或形状，我们需要将所有图像重塑为固定的形状，以便它们可以输入到 CNN 模型的第一层，具体如下。

```
def reshape_images(image_path, output_path, shape):
    images = os.listdir(image_path)
    num_im = len(images)
    for i, im in enumerate(images):
        with open(os.path.join(image_path, im), 'r+b') as f:
        with Image.open(f) as image:
            image = reshape_image(image, shape)
            image.save(os.path.join(output_path, im),
                        image.format)
        if (i+1) % 100 == 0:
            print ("[{}/{}] Resized the images and saved into '{}'."
                    .format(i+1, num_im, output_path))
reshape_images(image_path, output_path, image_shape)
```

输出结果如下所示。

```
[100/82783] Resized the images and saved into './data_dir/resized_
images/'.
[200/82783] Resized the images and saved into './data_dir/resized_
images/'.
[300/82783] Resized the images and saved into './data_dir/resized_
images/'.
...
```

```
[82500/82783] Resized the images and saved into './data_dir/resized_
images/'.
[82600/82783] Resized the images and saved into './data_dir/resized_
images/'.
[82700/82783] Resized the images and saved into './data_dir/resized_
images/'.
```

我们已经将所有图像重塑为 256 像素×256 像素，使其与 CNN 模型架构兼容。

3.2.4　定义图像字幕数据加载器

我们已经下载并预处理了图像字幕数据。现在是时候将这些数据转换为 PyTorch 数据集对象了。该数据集对象随后可以用来定义一个 PyTorch 数据加载器对象，我们将在训练循环中使用它来获取数据批次，具体如下。

（1）实现自定义数据集模块和自定义数据加载器。

```
class CustomCocoDataset(data.Dataset):
    """COCO Dataset compatible with
       torch.utils.data.DataLoader."""
    def __init__(self, data_path, coco_json_path,
                 vocabulary, transform=None):
        """Set path for images, texts and vocab wrapper.

        Args:
            data_path: image directory.
            coco_json_path: coco annotation file path.
            vocabulary: vocabulary wrapper.
            transform: image transformer.
        """
        ...
    def __getitem__(self, idx):
        """Returns one data sample (X, y)."""
        ...
        return image, ground_truth
    def __len__(self):
        return len(self.indices)
```

为了自定义 PyTorch 数据集对象，我们定义了自己的__init__、__getitem__和__len__方法，分别用于实例化、获取项目和返回数据集的大小。

（2）定义 collate_function，它以 X, y 的形式返回小批量数据，如下所示。

```
def collate_function(data_batch):
    """Creates mini-batches of data
    We build custom collate function
    rather than using standard collate function,
    because padding is not supported in
    the standard version.
    Args:
        data: list of (image, caption)tuples.
            - image: tensor of shape (3, 256, 256).
            - caption: tensor of shape (:); variable length.
    Returns:
        images: tensor of size (batch_size, 3, 256, 256).
        targets: tensor of size (batch_size, padded_length).
        lengths: list.
    """
    ...
    return imgs, tgts, cap_lens
```

通常不需要编写自己的 collate 函数，但为了处理可变长度的句子，我们这样做是为了确保当句子的长度（假设为 k）小于固定长度 n 时，需要使用 pack_padded_sequence 函数，用填充标记填充 n–k 个标记。

（3）实现 get_loader 函数，它在以下代码中返回一个针对 COCO 数据集的自定义数据加载器。

```
def get_loader(data_path, coco_json_path, vocabulary, transform, batch_
size, shuffle):
    # COCO dataset
    coco_dataset = CustomCocoDataset(data_path=data_path,
                        coco_json_path=coco_json_path,
                        vocabulary=vocabulary,
                        transform=transform)
    custom_data_loader = \
        torch.utils.data.DataLoader(dataset=coco_dataset,
                        batch_size=batch_size,
                        shuffle=shuffle,
                        collate_fn=collate_function)
    return custom_data_loader
```

在训练循环中，该函数在获取小批量数据方面将极为有用且高效。

完成了为模型训练设置数据管道所需的工作后，我们现在将致力于模型本身。

3.2.5　定义 CNN–LSTM 模型

（1）在搭建好了数据管道之后，我们将根据图 3.1 中的描述定义模型架构，如下所示。

```python
class CNNModel(nn.Module):
    def __init__(self, embedding_size):
        """Load pretrained ResNet-152 & replace
        last fully connected layer."""
        super(CNNModel, self).__init__()
        resnet = models.resnet152(pretrained=True)
        module_list = list(resnet.children())[:-1]

# delete last fully connected layer.
        self.resnet_module = nn.Sequential(*module_list)
        self.linear_layer = nn.Linear(
            resnet.fc.in_features, embedding_size)
        self.batch_norm = nn.BatchNorm1d(
            embedding_size, momentum=0.01)

    def forward(self, input_images):
        """Extract feats from images."""
        with torch.no_grad():
            resnet_features = \
                self.resnet_module(input_images)
            resnet_features = \
                resnet_features.reshape(
                            resnet_features.size(0), -1)
        final_features = \
            self.batch_norm(
                        self.linear_layer(
                            resnet_features))
        return final_features
```

　　我们已经定义了两个子模型，即一个 CNN 模型和一个 RNN 模型。对于 CNN 部分，我们使用了 PyTorch 模型库中可用的预训练 CNN 模型，即 ResNet 152 架构。正如在第 2 章中学到的，这个具有 152 层的深度 CNN 模型是在 ImageNet 数据集上预训练的[5]。ImageNet 数据集包含超过 140 万张标记为 1000 个类别的 RGB 图像。其中，1000 个类别分别属于植物、动物、食品、体育等类别。

　　我们移除了这个预训练的 ResNet 模型的最后一层，并用一个全连接层以及随后的批量归一化层来替代它。

✒ 常见问题解答——为什么能够替换全连接层？

从输入层到第一隐藏层之间的权重矩阵开始，一直到倒数第二层和输出层之间的权重矩阵，神经网络可以被视为一系列权重矩阵的序列。预训练模型则可以被视为一系列经过良好调整的权重矩阵序列。

通过替换最终层，我们本质上是在用一个新的随机初始化的权重矩阵（K×256 维，其中 256 是新的输出大小）替换最终的权重矩阵（K×1000 维，假设倒数第二层有 K 个神经元）。

批量归一化层将全连接层的输出在整个批次上归一化到均值为 0 和标准差 1。这类似于使用 torch.transforms 执行的标准输入数据归一化。执行批量归一化有助于限制隐藏层输出值的波动范围，通常还有助于加快学习速度。由于优化超平面更加均匀（均值为 0，标准差为 1），我们可以使用更高的学习率。

由于这是 CNN 子模型的最后一层，批量归一化有助于保护 LSTM 子模型不受 CNN 可能引入的任何数据偏移的影响。如果不使用批量归一化，那么在最坏的情况下，CNN 的最后一层在训练期间可能会输出均值大于 0.5、标准差为 1 的值（例如，因为训练数据的分布有限）。但在推理过程中，如果对于某个图像，CNN 输出均值小于 0.5、标准差为 1 的值，那么 LSTM 子模型将难以处理这种未预见的数据分布。因此，我们需要通过批量归一化标准化 CNN 的输出，这本质上成为了 LSTM 的输入。这确保了 LSTM 不会产生意外的输出。

回到全连接层，我们引入自己的层，因为我们不需要 ResNet 模型的 1000 个类别概率。相反，我们希望使用该模型为每幅图像生成一个嵌入向量。这个嵌入向量可以看作是给定输入图像的一维数字编码版本。

该嵌入随后被输入到 LSTM 模型中。

（2）我们将在第 4 章详细探讨 LSTM。但是，正如我们在图 3.1 中看到的，LSTM 层以嵌入向量作为输入，并输出一系列单词，理想情况下这些单词应该描述生成嵌入的图像。

```
class LSTMModel(nn.Module):
    def __init__(self, embedding_size, hidden_layer_size,
                 vocabulary_size, num_layers,
                 max_seq_len=20):
        ...
        self.lstm_layer = nn.LSTM(embedding_size,
                                  hidden_layer_size,
                                  num_layers,
                                  batch_first=True)
        self.linear_layer = nn.Linear(hidden_layer_size,
```

```
                                    vocabulary_size)
        ...

    def forward(self, input_features, capts, lens):
        ...
        hidden_variables, _ = self.lstm_layer(lstm_input)
        model_outputs = \
            self.linear_layer(hidden_variables[0])
        return model_outputs
```

LSTM 模型由一个 LSTM 层和一个全连接线性层组成。LSTM 层是一个循环层，可以想象为沿时间维度展开的 LSTM 单元，形成一个时间序列的 LSTM 单元。对于我们的用例，这些单元将在每个时间步骤输出单词预测概率，并将概率最高的单词添加到输出句子中。

每个时间步骤的 LSTM 单元还生成一个内部单元状态，该状态作为输入被传递给下一个时间步骤的 LSTM 单元。这个过程一直持续到一个 LSTM 单元输出一个<end>标记/单词。<end>标记被添加到输出句子中。完成的句子是我们为图像预测的标题。

注意，我们还指定了 max_seq_len 变量下允许的最大序列长度为 20。这基本上意味着任何少于 20 个单词的句子将在末尾填充空单词标记，而超过 20 个单词的句子将被截断为仅前 20 个单词。

这里的问题是，为什么是 20 呢？如果我们真的希望 LSTM 能够处理任意长度的句子，我们可能想将这个变量设置为一个非常大的值，如 9999 个单词。然而，没有多少图像字幕包含那么多单词，而且更重要的是，如果有如此超长的特殊句子，LSTM 将难以学习跨越如此多时间步骤的时间模式。

我们知道 LSTM 在处理较长序列方面比 RNN 更出色。然而，在如此长的序列上保持记忆是困难的。鉴于通常的图像字幕长度以及希望模型生成的字幕的最大长度，我们选择了 20 作为一个合理的数字。

（3）前述代码中的 LSTM 层和线性层对象都派生自 nn.module，我们定义了__init__()和 forward()方法来构建模型并分别运行模型的前向传递。对于 LSTM 模型，我们另外实现了一个 sample()方法，如下列代码所示，这将有助于为给定图像生成字幕。

```
def sample(self, input_features, lstm_states=None):
    """Generate caps for feats with greedy search."""
    sampled_indices = []
    ...
    for i in range(self.max_seq_len):
    ...
        sampled_indices.append(predicted_outputs)
```

```
        ...
    sampled_indices = torch.stack(sampled_indices, 1)
    return sampled_indices
```

sample()方法利用贪婪搜索生成句子。也就是说，它选择了整体概率最高的序列。
这标志着图像字幕模型定义步骤的结束。我们现在已准备好训练这个模型。

3.2.6 训练 CNN–LSTM 模型

由于已经在前一节定义了模型架构，我们现在将训练 CNN-LSTM 模型。具体步骤如下。
（1）定义设备。如果有可用的 GPU，则使用它进行训练；否则使用 CPU。

```
# Device configuration
device = torch.device('cuda' if torch.cuda.is_available()
                        else 'cpu')
```

尽管已经将所有图像重塑为固定的形状（256, 256），但这还不够。我们仍然需要对数
据进行归一化。

☑ **常见问题解答——为什么需要对数据进行归一化？**

归一化很重要，因为不同的数据维度可能具有不同的分布，这可能会扭曲整体的优化
空间，导致梯度下降效率低下（想象一下椭圆与圆的差异）。

（2）使用 PyTorch 的 transform 模块归一化输入图像的像素值。

```
# Image pre-processing, normalization for pretrained resnet
transform = transforms.Compose([
    transforms.RandomCrop(224),
    transforms.RandomHorizontalFlip(),
    transforms.ToTensor(),
    transforms.Normalize((0.485, 0.456, 0.406),
                        (0.229, 0.224, 0.225))])
```

此外，我们还增强了现有数据集。

☑ **常见问题解答——为什么需要数据增强？**

数据增强不仅有助于生成更大量的训练数据，还有助于使模型对输入数据的潜在变化
更加健壮。

通过 PyTorch 的 transform 模块，我们在这里实现了两种数据增强技术：

- 随机裁剪，将图像大小从(256,256)减少到(224,224)。这有助于通过裁剪图像的不同部分，从单张图像生成多张图像。这也使模型能够学习到更稳健的图像表示，不仅局限于训练数据集中确切的(256,256)图像。
- 图像的水平翻转。这能够产生比原来多一倍的图像，而且更多的数据总是更好的。对于给定的数据集，水平翻转不会扭曲图像的基本含义——在水平翻转的图像中，狗仍然是狗，所以这种增强是有意义的。如果我们是在检测数字，那么将数字 5 的图像水平翻转，然后仍然训练模型并将其分类为 5，这将会混淆模型，因为翻转后的图像看起来更像 2 而不是 5。

（3）加载在预处理字幕（文本）数据部分构建的词汇表。我们还使用在定义图像字幕数据加载器部分定义的 get_loader()函数初始化数据加载器。

```
# Load vocab wrapper
with open('data_dir/vocabulary.pkl', 'rb') as f:
    vocabulary = pickle.load(f)

# Instantiate data loader
custom_data_loader = get_loader('data_dir/resized_images',
    'data_dir/annotations/captions_train2014.json',
    vocabulary, transform, 128, shuffle=True)
```

（4）进入这一步的主要部分，这里，将 CNN 和 LSTM 模型实例化为编码器和解码器模型。此外，我们还定义了损失函数（交叉熵损失）以及优化计划（Adam 优化器），如下所示。

```
# Build models
encoder_model = CNNModel(256).to(device)
decoder_model = LSTMModel(256, 512,
                          len(vocabulary), 1).to(device)

# Loss & optimizer
loss_criterion = nn.CrossEntropyLoss()
parameters = list(decoder_model.parameters()) + \
        list(encoder_model.linear_layer.parameters()) + \
        list(encoder_model.batch_norm.parameters())
optimizer = torch.optim.Adam(parameters, lr=0.001)
```

正如第 1 章中所讨论的，当处理稀疏数据时，Adam 可能是优化计划的最佳选择。这里，我们处理的是图像和文本（稀疏数据的完美示例），因为并非所有像素都包含有用信息，而数值化/向量化的文本本身就是一个稀疏矩阵。

（5）运行训练循环（5 个周期），此处使用数据加载器获取 COCO 数据集的小批量，通过编码器和解码器网络运行小批量的前向传递。最后，使用反向传播（对于 LSTM 网络是时间上的反向传播）调整 CNN-LSTM 模型的参数。

```python
for epoch in range(5):
    for i, (imgs, caps, lens) in enumerate(custom_data_loader):
        tgts = pack_padded_sequence(caps, lens,
                                    batch_first=True)[0]
        # Forward pass, backward propagation
        feats = encoder_model(imgs)
        outputs = decoder_model(feats, caps, lens)
        loss = loss_criterion(outputs, tgts)
        decoder_model.zero_grad()
        encoder_model.zero_grad()
        loss.backward()
        optimizer.step()
```

在训练循环中，每 1000 次迭代，我们保存一个模型检查点。出于演示目的，我们仅运行了两个周期的训练，如下所示。

```python
        # Log training steps
        if i % 10 == 0:
            print('Epoch [{}/{}], Step [{}/{}], Loss: {:.4f}, Perplexity:
{:5.4f}'.format(epoch, 5, i, total_num_steps,
                         loss.item(), np.exp(loss.item())))
        # Save model checkpoints
        if (i+1) % 1000 == 0:
            torch.save(decoder_model.state_dict(),
                       os.path.join('models_dir/', 'decoder-{}-{}.ckpt'
                                    .format(epoch+1, i+1)))
            torch.save(encoder_model.state_dict(),
                       os.path.join('models_dir/', 'encoder-{}-{}.ckpt'
                                    .format(epoch+1, i+1)))
```

输出结果如下所示。

```
loading annotations into memory...
Done (t=0.65s)
creating index...
index created!
Epoch [0/5], Step [0/3236], Loss: 9.2049, Perplexity: 9946.0549
Epoch [0/5], Step [10/3236], Loss: 5.7688, Perplexity: 320.1389
```

```
Epoch [0/5], Step [20/3236], Loss: 5.4142, Perplexity: 224.5734
...
Epoch [2/5], Step [300/3236], Loss: 2.0740, Perplexity: 7.9563
Epoch [2/5], Step [310/3236], Loss: 1.9858, Perplexity: 7.2848
Epoch [2/5], Step [320/3236], Loss: 2.0391, Perplexity: 7.6838
```

3.2.7　使用训练好的模型生成图像字幕

在前一节中，我们训练了一个图像字幕模型。本节我们将使用训练好的模型为模型之前未曾见过的图像生成字幕。

（1）我们存储了一个样本图像 sample.jpg，用于进行推理。此外还定义了一个函数来加载图像并将其重塑为(224, 224)像素。随后定义了转换模块来归一化图像像素，如下所示。

```python
image_file_path = 'sample.jpg'
# Device config
device = torch.device(
    'cuda' if torch.cuda.is_available() else 'cpu')
def load_image(image_file_path, transform=None):
    img = Image.open(image_file_path).convert('RGB')
    img = img.resize([224, 224], Image.LANCZOS)
    if transform is not None:
        img = transform(img).unsqueeze(0)
    return img
# Image pre-processing
transform = transforms.Compose([
    transforms.ToTensor(),
    transforms.Normalize((0.485, 0.456, 0.406),
                          (0.229, 0.224, 0.225))])
```

（2）加载词汇表并实例化编码器和解码器模型。

```python
# Load vocab wrapper
with open('data_dir/vocabulary.pkl', 'rb') as f:
    vocabulary = pickle.load(f)
# Build models
encoder_model = CNNModel(256).eval()
# eval mode (batchnorm uses moving mean/variance)

decoder_model = LSTMModel(256, 512, len(vocabulary), 1)
encoder_model = encoder_model.to(device)
decoder_model = decoder_model.to(device)
```

一旦准备好了模型框架，我们将使用两个训练周期中保存的最新检查点来设置模型参数。

```
# Load trained model params
encoder_model.load_state_dict(
    torch.load('models_dir/encoder-2-3000.ckpt'))
decoder_model.load_state_dict(
    torch.load('models_dir/decoder-2-3000.ckpt'))
```

在此之后，模型已准备好用于推理。

（3）加载图像并运行模型推理，即首先使用编码器模型从图像生成嵌入，随后将嵌入输入到解码器网络以生成序列，如下所示。

```
# Prepare image
img = load_image(image_file_path, transform)
img_tensor = img.to(device)
# Generate caption text from image
feat = encoder_model(img_tensor)
sampled_indices = decoder_model.sample(feat)
sampled_indices = sampled_indices[0].cpu().numpy()
# (1, max_seq_length) -> (max_seq_length)
```

（4）在这个阶段，字幕预测仍然是以数字标记的形式存在。我们需要使用词汇表反向转换，将数字标记转换为实际文本。

```
# Convert numeric tokens to text tokens
predicted_caption = []
for token_index in sampled_indices:
    word = vocabulary.i2w[token_index]
    predicted_caption.append(word)
    if word == '<end>':
        break
predicted_sentence = ' '.join(predicted_caption)
```

（5）一旦将输出转换为文本，我们就可以可视化图像以及生成的字幕。

```
# Print image & generated caption text
print (predicted_sentence)
img = Image.open(image_file_path)
plt.imshow(np.asarray(img))
```

输出结果如图 3.2 所示。

尽管模型并非绝对完美，但在两个周期内，它已经训练得足够好，并且能够生成有意义的字幕。

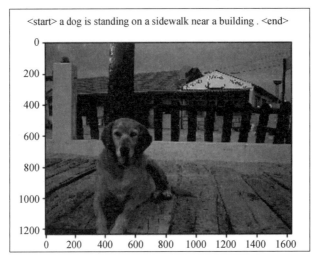

图 3.2　对样本图像进行模型推理

3.3　本　章　小　结

本章讨论了在编码器-解码器框架中结合 CNN 模型和 LSTM 模型的概念，联合训练它们，并使用组合模型为图像生成字幕。

虽然到目前为止主要使用了 CNN，但在第 4 章中，我们将更深入地研究本章使用的 LSTM 等循环模型。我们将探索不同的循环网络架构，并学习如何使用 PyTorch 来应用它们。

3.4　参　考　文　献

[1] Ahmet Aker 和 Robert Gaizauskas，2010 年。利用依赖关系模式生成图像描述：https://dl.acm.org/doi/10.5555/1858681.1858808。

[2] Oriol Vinyals、Alexander Toshev、Samy Bengio、Dumitru Erhan；《IEEE 计算机视觉与模式识别会议（CVPR）论文集》，2015 年。展示与讲述：一种神经网络图像字幕生成器：https://www.cv-foundation.org/openaccess/content_cvpr_2015/html/Vinyals_Show_and_Tell_2015_CVPR_paper.html。

[3] COCO 数据集：https://cocodataset.org/#overview。

[4] 本书 GitHub 链接：https://github.com/arj7192/MasteringPyTorchV2/。

[5] ImageNet 数据集：https://image-net.org/。

第4章　深度循环模型架构

神经网络是强大的机器学习工具，可用于帮助我们学习数据集输入（X）和输出（y）之间的复杂模式。在第 2 章中，我们讨论了卷积神经网络，它们学习 X 和 y 之间的一对一映射，也就是说，每个输入 X 是独立的，每个输出 y 也是数据集中其他输出的独立个体。

在第 3 章中，我们将 CNN 模型与循环模型（LSTM）结合起来构建了一个图像字幕生成器。在这一章中，我们将扩展循环模型，并将讨论一类神经网络，它们可以对序列进行建模，其中 X（或 y）不仅是一个独立的数据点，而是一系列时间序列数据点[$X_1, X_2, .. X_t$]（或[$y_1, y_2, .. y_t$]）。注意，X_2（即第 2 个时间步的数据点）依赖于 X_1，X_3 依赖于 X_2 和 X_1，以此类推。

这类网络被归类为循环神经网络（RNN）。这些网络能够通过在模型中包含额外的权重来创建网络中的循环，从而对数据的时间方面进行建模。这有助于维护状态，如图 4.1 所示。

循环的概念解释了"递归"一词，而这种递归有助于在这些网络中建立记忆的概念。从本质上讲，这种网络有利于将时间步长 t 的中间输出作为时间步长 $t+1$ 的输入，同时保持隐藏的内部状态。这些跨时间步的连接被称为递归连接。

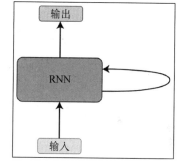

图 4.1　RNN

本章将重点介绍多年来开发的不同类型的循环神经网络架构，如不同类型的 RNN、长短期记忆（LSTM）和门控循环单元（gated recurrent units，GRU）。我们将使用 PyTorch 来实现这些架构，并在现实世界的序列建模任务上训练和测试循环模型。除了模型训练和测试，我们还将学习如何有效地使用 PyTorch 加载和预处理序列数据。到本章结束时，读者将准备好使用 PyTorch 中的 RNN 解决序列数据集上的机器学习问题。

本章主要涉及下列主题。

- 探索循环网络的演变。
- 训练 RNN 进行情感分析。
- 构建双向 LSTM。
- GRU 和基于注意力的模型。

☑ **注意：**

与本章相关的所有代码文件都可以在以下网址获得。

https://github.com/arj7192/MasteringPyTorchV2/tree/main/Chapter04

4.1　探索循环网络的演变

循环网络自 20 世纪 80 年代以来就已存在。本节将探索自其诞生以来循环网络架构的演变。我们将通过回顾 RNN 演变过程中的关键里程碑，讨论并推理架构的发展。下面我们将快速回顾不同类型的 RNN 以及它们与一般前馈神经网络的关系。

4.1.1　循环神经网络的类型

尽管大多数监督式机器学习模型模拟一对一的关系，但循环神经网络（RNN）可以模拟以下类型的输入输出关系。

- 多对多（即时性）。

  例子：命名实体识别。给定一个句子/文本，用命名实体类别（如人名、组织、地点等）标记其中的单词。

- 多对多（编码器-解码器）。

  例子：机器翻译（如从英文文本到德文文本）。接收一种自然语言的句子/文本片段，将其编码为一个统一的固定大小的表示，然后解码该表示以生成另一种语言的等价句子/文本片段。

- 多对一。

  例子：情感分析。给定一个句子/文本片段，将其分类为积极、消极、中立等。

- 一对多。

  例子：图像字幕生成。给定一张图像，生成描述它的一个句子/文本片段。

- 一对一（虽然不是很有用）。

  例子：图像分类（通过顺序处理图像像素）。

图 4.2 展示了这些 RNN 类型与常规神经网络的对比。

☑ **注意：**

我们在第 3 章的图像字幕练习中提供了一个一对多循环神经网络的示例。

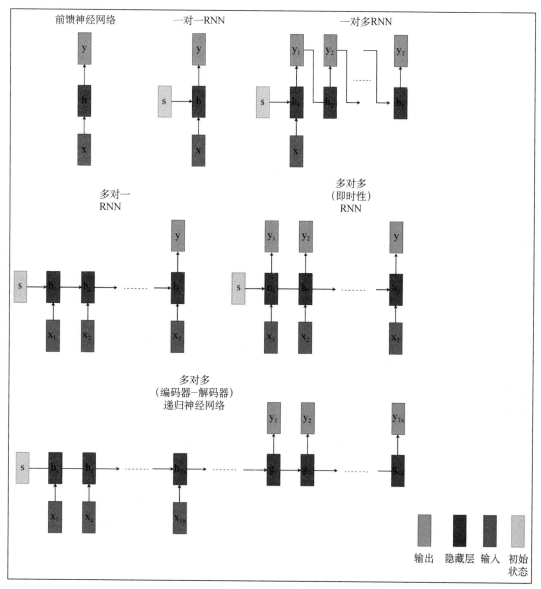

图 4.2 RNN 类型

我们可以看到，循环神经网络架构具有常规神经网络中不存在的递归连接。这些递归连接在图 4.2 中沿着时间维度展开。图 4.3 展示了 RNN 在时间折叠和时间展开形式下的结构。

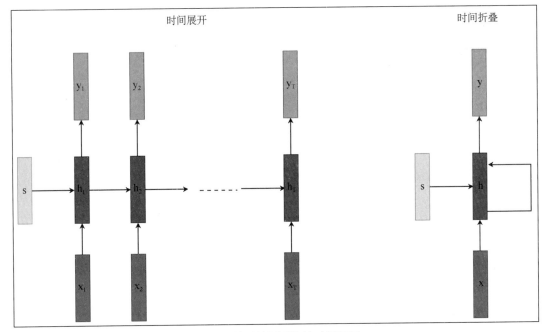

图 4.3　循环神经网络的时间展开

　　在接下来的部分中，我们将使用时间展开版本来演示 RNN 架构。在图 4.3 中，我们用红色标记了 RNN 层作为神经网络的隐藏层。尽管网络看起来只有一个隐藏层，但一旦这个隐藏层沿着时间维度展开，即可看到网络实际上有 T 个隐藏层。这里，T 是序列数据中的总时间步数。

　　RNN 的一个强大特性是，它们可以处理序列长度不同的序列数据（T）。处理这种长度变化的一种方法是填充较短的序列和截断较长的序列，正如将在本章后面提供的练习中看到的那样。

　　接下来我们将深入探讨循环架构的历史和演变，并从基本的 RNN 开始。

4.1.2　RNN

　　RNN 背后的思想随着 1982 年 Hopfield 网络的出现而变得明显，这是一种特殊的 RNN，试图模仿人类记忆的工作方式。基于 David Rumelhart 等人在 1986 年的工作，RNN 后来开始独立存在。这些 RNN 能够处理具有潜在记忆概念的序列。从这里开始，其架构得到了一系列的改进，如图 4.4 所示。

　　图 4.4 并未涉及 RNN 架构演变的整个历史，但它涵盖了重要的里程碑。接下来，我们

将按时间顺序讨论 RNN 的后继者，并从双向 RNN 开始。

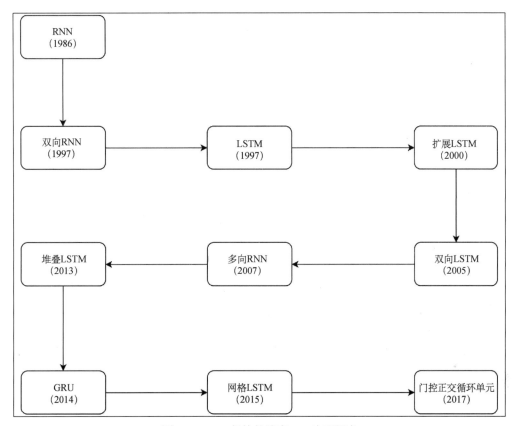

图 4.4　RNN 架构的演变——宏观视角

4.1.3　双向 RNN

尽管 RNN 在序列数据上表现良好，但后来人们意识到，有些与序列相关的任务，如语言翻译，通过同时查看过去和未来的信息可以更有效地完成。例如，I see you 在英语中会翻译成法语的 Je te vois。这里，te 表示"你"，vois 表示"看"。因此，为了正确地将英语翻译成法语，需要在写下法语的第二和第三单词之前，先有英语中的所有三个单词。

为了克服这一局限性，双向 RNN 在 1997 年被发明出来。它们与常规 RNN 非常相似，只是双向 RNN 内部有两个 RNN 在工作：一个从开始到结束运行序列，另一个从结束到开始反向运行序列，如图 4.5 所示。

接下来我们将讨论 LSTM。

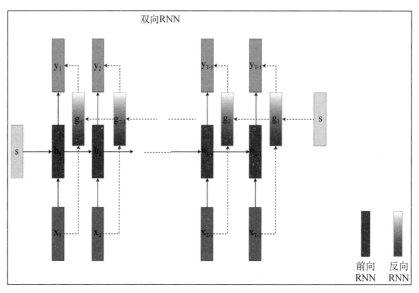

图 4.5　双向 RNN

4.1.4　LSTM

虽然 RNN 能够处理序列数据并记忆信息，但它们遇到了梯度爆炸和消失的问题。这是因为在时间维度上展开循环网络产生的极深网络所致。

1997 年，人们设计了一种不同的方法。RNN 单元被替换为一个更精细的存储单元——长短期记忆（LSTM）单元。RNN 单元通常具有 sigmoid 或 tanh 激活函数。

这些函数之所以被选用，是因为它们能够将输出控制在 0（无信息流动）到 1（完全信息流动）之间的值；或者在使用 tanh 的情况下，控制到-1 到 1 之间的值。Tanh 还具有额外的优势，因为它提供了一个 0 均值的输出值，并且通常会产生更大的梯度——这两个因素都有助于加快学习（收敛）。这些激活函数应用于当前时间步的输入与前一时间步的隐藏状态的连接，如图 4.6 所示。

在反向传播过程中，由于时间展开的 RNN 单元中梯度项的乘法，梯度要么在这些 RNN 单元之间持续减小，要么持续增大。因此，尽管 RNN 能够记住短序列上的顺序信息，但由于乘法的数量更多，它们在长序列上往往表现不佳。LSTM 通过使用门控机制控制其输入和输出来解决这个问题。

LSTM 层本质上由多个时间展开的 LSTM 单元组成。信息以单元状态的形式从一个单元传递到另一个单元。这些单元状态通过使用门控机制进行乘法和加法来控制或操作。

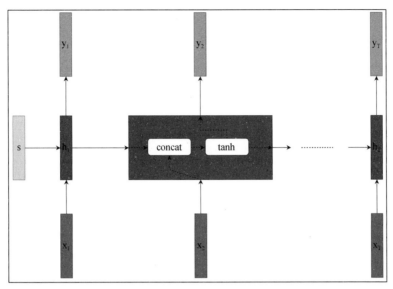

图 4.6 RNN 单元

如图 4.7 所示，这些门控制着信息流向下一个单元，同时保留或遗忘来自前一个单元的信息。

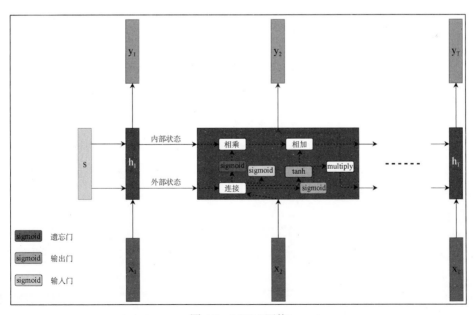

图 4.7 LSTM 网络

LSTM 彻底改变了循环网络，因为它们能够高效地处理长序列。接下来我们将讨论 LSTM 的更高级变体。

4.1.5　扩展和双向 LSTM

最初在 1997 年，LSTM 发明时只有输入和输出门。不久之后（2000 年）开发出了带有遗忘门的扩展 LSTM，其在当今被广泛使用。几年后（2005 年）则开发出了双向 LSTM，其概念与双向 RNN 相似。

4.1.6　多维 RNN

2007 年，研究人员发明了多维 RNN（MDRNN）。这里，单个 RNN 单元之间的递归连接被替换为与数据维度一样多的连接。这在视频处理中非常有用，如数据是一系列图像，这本质上是二维的。

4.1.7　堆叠 LSTM

尽管单层 LSTM 网络似乎确实克服了梯度消失和爆炸的问题，但在学习各种序列处理任务（如语音识别）中的高复杂模式方面，堆叠更多的 LSTM 层被证明更有帮助。

这些强大的模型被称为堆叠 LSTM。图 4.8 展示了一个带有两层 LSTM 的堆叠 LSTM 模型。

就其本质而言，LSTM 单元在 LSTM 层的时间维度上是堆叠的。在空间维度上

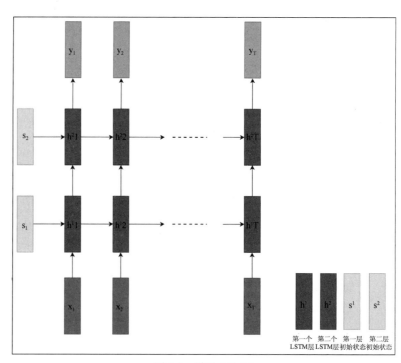

图 4.8　堆叠 LSTM

堆叠多个这样的层，则为它们提供了所需的额外空间深度。这些模型的缺点是，由于它们拥有额外的深度和额外的递归连接，因而训练速度明显较慢。此外，额外的 LSTM 层需要在每次训练迭代中展开（在时间维度上）。因此，总体而言，训练堆叠循环模型是无法并行化的。

4.1.8　GRU

LSTM 单元具有两种状态，即内部状态和外部状态，以及 3 种不同的门：输入门、遗忘门和输出门。2014 年，为了在有效解决梯度爆炸和消失问题的同时学习长期依赖关系，人们发明了一种类似的单元，名为门控循环单元（GRU）。

GRU 只有一个状态，并仅有两个门——重置门（输入门和遗忘门的结合体）和一个更新门。图 4.9 展示了一个 GRU 网络。

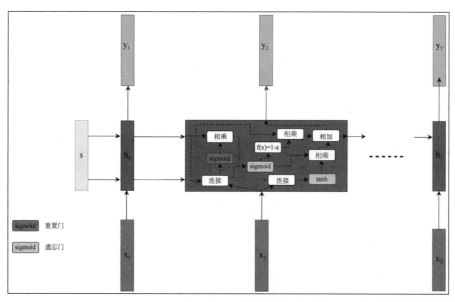

图 4.9　GRU 网络

接下来我们将讨论网格 LSTM。

4.1.9　网格 LSTM

2015 年，作为 MDLSTM 模型的后继者，以及多维 RNN 的 LSTM 版本，人们开发了网格 LSTM 模型。在网格 LSTM 模型中，LSTM 单元被排列成多维网格。这些单元沿着数据的时空维度在网络层之间进行连接。

4.1.10　门控正交循环单元

2017 年，研究人员设计了门控正交循环单元，它融合了 GRU 和 unitary RNN 的概念。unitary RNN 的设计理念是使用 unitary 矩阵（即正交矩阵）作为 RNN 的隐藏状态循环矩阵，以解决梯度爆炸和消失的问题。这种方法有效的原因是，梯度的偏差归因于隐藏层到隐藏层权重矩阵的特征值偏离了 1。因此，这些矩阵被正交矩阵所替代，以解决梯度问题。读者可以在原始论文[1]中阅读更多关于 unitary RNN 的内容。

本节简要介绍了循环神经网络架构的演变。接下来，我们将通过一个基于文本分类任务的简单 RNN 模型架构的练习深入研究 RNN。此外还将探索 PyTorch 在处理序列数据以及构建和评估循环模型中发挥的重要作用。

4.2　训练 RNN 进行情感分析

本节将使用 PyTorch 训练一个用于文本分类任务（情感分析）的 RNN 模型。在该任务中，模型以一段文本（一系列单词）作为输入，并输出 1（表示积极情绪）或 0（消极情绪）。为了从文本转换到 1 和 0，我们需要借助分词和嵌入。

分词是将单词转换为数字标记或整数的过程，正如我们将在本练习中看到的那样。句子随后相当于一系列数字，有序数组中的每个数字代表一个单词。虽然分词提供了每个单词的整数索引，但我们仍希望将每个单词表示为单词特征空间中的数字向量（作为一个特征）。为什么？因为单词所包含的信息不能仅用一个数字来表示。单词表示为向量的过程称为嵌入，我们也将在此练习中使用。嵌入矩阵可以在模型训练过程中学习得到，将它作为单词向量的查找表。如果一个单词有一个标记索引为 123，那么该单词的嵌入就是嵌入矩阵中第 123 行的向量。

对于这个涉及序列数据的二元分类任务，我们将使用单向单层 RNN。

在训练模型之前，我们将手动处理文本数据并将其转换为可用的数字形式。训练完模型后，我们将在一些样本文本上测试它。其间将通过各种 PyTorch 功能来高效执行此项任务。该练习的代码可以在 GitHub 库[2]中找到。

4.2.1　加载和预处理文本数据集

在该练习中，我们需要导入一些依赖项。

（1）执行以下 import 语句。

```
import os
import time
import numpy as np
from tqdm import tqdm
from string import punctuation
from collections import Counter
import matplotlib.pyplot as plt
import torch
import torch.nn as nn
import torch.optim as optim
from torch.utils.data import DataLoader, TensorDataset
device = torch.device('cuda' if torch.cuda.is_available() else 'cpu')
torch.use_deterministic_algorithms(True)
```

除了导入常规的 torch 依赖项，我们还导入了用于文本处理的 punctuation 和 Counter。此外还导入了 matplotlib 来显示图像，numpy 用于数组操作，以及 tqdm 用于可视化进度条。除了导入，我们还设置了随机种子以确保练习的可重复性，如代码片段的最后一行所示。

（2）从文本文件中读取数据。对于当前练习，我们将使用 IMDb 情感分析数据集[3]。IMDb 数据集由多部电影评论文本和相应的情感标签（积极或消极）组成。首先将下载数据集并运行以下几行代码，以便读取并存储文本列表和相应的情感标签。

```
# read sentiments and reviews data from the text files
review_list = []
label_list = []
for label in ['pos', 'neg']:
    for fname in tqdm(os.listdir(
        f'./aclImdb/train/{label}/')):
        if 'txt' not in fname:
            continue
        with open(os.path.join(f'./aclImdb/train/{label}/',
                               fname), encoding="utf8") as f:
            review_list += [f.read()]
```

```
          label_list += [label]
print ('Number of reviews :', len(review_list))
```

输出结果如下所示。

```
Number of reviews : 25000
```

可以看到，总共有 25000 条电影评论，其中 12500 条是积极的，12500 条是消极的。

（3）数据加载之后，现在将开始处理文本数据，具体步骤如下。

```
# pre-processing review text
review_list = [review.lower() for review in review_list]
review_list = [''.join([letter for letter in review
                        if letter not in punctuation])
                        for review in tqdm(review_list)]
# accumulate all review texts together
reviews_blob = ' '.join(review_list)
# generate list of all words of all reviews
review_words = reviews_blob.split()
# get the word counts
count_words = Counter(review_words)
# sort words as per counts (decreasing order)
total_review_words = len(review_words)
sorted_review_words = count_words.most_common(total_review_words)
print(sorted_review_words[:10])
```

输出结果如下所示。

```
[('the', 334691), ('and', 162228), ('a', 161940), ('of', 145326), ('to',
135042), ('is', 106855), ('in', 93028), ('it', 77099), ('i', 75719),
('this', 75190)]
```

首先将整个文本语料转换为小写，然后从评论文本中移除了所有的标点符号。接下来将所有评论中的所有单词汇集到一起，进行词频统计，并按计数降序排列，以查看最受欢迎的单词。注意，最受欢迎的单词都是非名词，如限定词、代词等，如前述输出所示。

理想情况下，这些非名词，也称为停用词，将从语料库中移除，因为它们不具有太多含义。然而，为了保持简单，我们将跳过这些高级文本处理步骤。

（4）将这些单独的单词转换为数字或标记。这是一个关键步骤，因为机器学习模型只理解数字，而不是单词。

```
# create word to integer (token) dictionary
```

```
# in order to encode text as numbers
vocab_to_token = {word:idx+1 for idx,
                  (word, count) in enumerate(sorted_review_words)}
print(list(vocab_to_token.items())[:10])
```

输出结果如下所示。

```
[('the', 1), ('and', 2), ('a', 3), ('of', 4), ('to', 5), ('is', 6),
('in', 7), ('it', 8), ('i', 9), ('this', 10)]
```

从最受欢迎的单词开始，依次为单词分配编号。

（5）我们在上一步获得了单词到整数的映射，这也被称为数据集的词汇表。在这一步中，我们将使用词汇表将数据集中的电影评论转换成数字列表。

```
reviews_tokenized = []
for review in review_list:
    word_to_token = [vocab_to_token[word] for word in
                     review.split()]
    reviews_tokenized.append(word_to_token)
print(review_list[0])
print()
print (reviews_tokenized[0])
```

输出结果如下所示。

```
for a movie that gets no respect there sure are a lot of memorable quotes
listed for this gem imagine a movie where joe piscopo is actually funny
maureen stapleton is a scene stealer the moroni character is an absolute
scream watch for alan the skipper hale jr as a police sgt

[15, 3, 17, 11, 201, 56, 1165, 47, 242, 23, 3, 168, 4, 891, 4325, 3513,
15, 10, 1514, 822, 3, 17, 112, 884, 14623, 6, 155, 161, 7307, 15816, 6,
3, 134, 20049, 1, 32064, 108, 6, 33, 1492, 1943, 103, 15, 1550, 1, 18993,
9055, 1809, 14, 3, 549, 6906]
```

（6）将情感目标（积极和消极）分别编码为数字 1 和 0。

```
# encode sentiments as 0 or 1
encoded_label_list = [1 if label =='pos'
                      else 0 for label in label_list]
reviews_len = [len(review) for review in reviews_tokenized]
reviews_tokenized = [reviews_tokenized[i]
                     for I, l in enumerate(reviews_len)
```

```
                              if l>0 ]
encoded_label_list = np.array([encoded_label_list[i]
                               for i, l in enumerate(reviews_len)
                               if l> 0 ], dtype''float3'')
```

（7）在训练模型之前，还需要进行最后一步数据处理。相应地，不同的评论可能长度不同。然而，我们将为固定序列长度定义简单的 RNN 模型。因此，需要规范化不同长度的评论，以使它们长度一致。为此，将定义一个序列长度 L（在这种情况下是 512），然后对长度小于 L 的序列进行填充，对长度超过 L 的序列进行截断。

```
def pad_sequence(reviews_tokenized, sequence_length):
    ''' returns the tokenized review sequences padded
        with ''s or truncated to the sequence_length.'''
    padded_reviews = np.zeros((len(reviews_tokenized),
                               sequence_length),
                               dtype = int)
    for idx, review in enumerate(reviews_tokenized):
        review_len = len(review)
        if review_len <= sequence_length:
            zeroes = list(np.zeros(
                sequence_length-review_len))
            new_sequence = zeroes+review
        elif review_len > sequence_length:
            new_sequence = review[0:sequence_length]
        padded_reviews[idx,:] = np.array(new_sequence)
    return padded_reviews
sequence_length = 512
padded_reviews = pad_sequence(reviews_tokenized=reviews_tokenized,
            sequence_length=sequence_length)
plt.hist(reviews_len);
```

输出结果如图 4.10 所示。

从图 4.10 中我们可以看到，评论大多在 500 字以下，因此我们选择了 512（2 的幂）作为模型的序列长度，并相应地修改了那些长度不为 512 个单词的序列。

（8）训练模型。为此，必须按照 75∶25 的比例将数据集分割为训练集和验证集。

```
train_val_split = 0.75
train_X = \
    padded_reviews[:int(
        train_val_split*len(padded_reviews))]
train_y = \
```

```
    encoded_label_list[:int(
        train_val_split*len(padded_reviews))]
validation_X = \
    padded_reviews[int(
        train_val_split*len(padded_reviews)):]
validation_y = \
    encoded_label_list[int(
        train_val_split*len(padded_reviews)):]
```

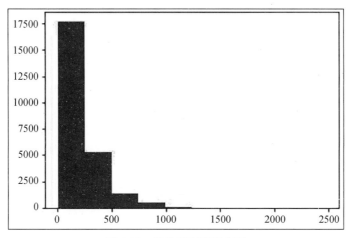

图 4.10　评论长度的直方图

（9）在这个阶段，可以开始使用 PyTorch 从处理过的数据中生成数据集和数据加载器对象。

```
# generate torch datasets
train_dataset = TensorDataset(
    torch.from_numpy(train_X).to(device),
    torch.from_numpy(train_y).to(device))
validation_dataset = TensorDataset(
    torch.from_numpy(validation_X).to(device),
    torch.from_numpy(validation_y).to(device))
batch_size = 32
# torch dataloaders (shuffle data)
train_dataloader = DataLoader(
    train_dataset, batch_size=batch_size, shuffle=True)
validation_dataloader = DataLoader(
    validation_dataset, batch_size=batch_size, shuffle=True)
```

（10）在将数据输入模型之前，为了对数据有个直观的感受，让我们可视化一批 32 条评论及其相应的情感标签。

```
# get a batch of train data
train_data_iter = iter(train_dataloader)
X_example, y_example = next(train_data_iter)
# batch_size, seq_length
print('Example Input size: ', X_example.size())
print('Example Input:\n', X_example)
print()
# batch_size
print('Example Output size: ', y_example.size())
print('Example Output:\n', y_example)
```

输出结果如下所示。

```
Example Input size: torch.Size([32, 512])
Example Input:
tensor([[    0,       0,     0,  ...,      31,  183,  472],
[     0,       0,     0,  ...,     410,    7, 1272],
[     0,       0,     0,  ...,       5,    3, 27493],
...,
[     0,       0,     0,  ...,      63,    4, 3226],
[     0,       0,     0,  ...,      89,  713,    8],
[     0,       0,     0,  ...,      22,   15,    8]])
Example Output size: torch.Size([32])
Example Output:
tensor([1., 1., 1., 0., 0., 1., 0., 1., 1., 1., 0., 1., 0., 1., 0., 1.,
0., 1., 1., 1., 0., 1., 1., 0., 1., 1., 1., 1., 1., 1., 1., 1.])
```

加载并处理文本数据集为数值标记序列后，接下来我们将在 PyTorch 中创建 RNN 模型对象并训练 RNN 模型。

4.2.2　实例化并训练模型

现在我们已经准备好了数据集，并可以实例化单向单层 RNN 模型。首先，PyTorch 通过其 nn.RNN 模块使得 RNN 层的实例化变得非常紧凑。它所需的只是输入/嵌入维度、隐藏层到隐藏层状态的维度，以及层数。

（1）定义自己的包装 RNN 类。这将实例化整个 RNN 模型，它由嵌入层组成，然后是

RNN 层，最后是一个全连接层，如下所示。

```python
class RNN(nn.Module):
    def __init__(self, input_dimension, embedding_dimension,
                 hidden_dimension, output_dimension):
        super().__init__()
        self.embedding_layer = nn.Embedding(input_dimension,
                                            embedding_dimension)
        self.rnn_layer = nn.RNN(embedding_dimension,
                                hidden_dimension,
                                num_layers=1)
        self.fc_layer = nn.Linear(hidden_dimension,
                                  output_dimension)
    def forward(self, sequence):
        # sequence shape = (sequence_length, batch_size)
        embedding = self.embedding_layer(sequence)
        # embedding shape = [sequence_length, batch_size,
        #                    embedding_dimension]
        output, hidden_state = self.rnn_layer(embedding)
        # output shape = [sequence_length, batch_size,
        #                 hidden_dimension]
        # hidden_state shape = [1, batch_size,
        #                       hidden_dimension]
        final_output = self.fc_layer(
            hidden_state[-1,:,:].squeeze(0))
        return final_output
```

嵌入层的功能由 nn.Embedding 模块提供，该模块存储单词嵌入（以查找表的形式）并使用索引检索它们。在当前练习中，我们将嵌入维度设置为 100。这意味着如果词汇表中有 1000 个单词，那么嵌入查找表的大小将是 1000×100。

例如，单词 it 在词汇表中被标记为数字 8，将其作为大小为 100 的向量存储在这个查找表的第 8 行。你可以用预训练的嵌入来初始化嵌入查找表以获得更好的性能，但在当前练习中，我们将从头开始训练它。

（2）下列代码实例化 RNN 模型。

```python
input_dimension = len(vocab_to_token)+1
# +1 to account for padding
embedding_dimension = 100
hidden_dimension = 32
output_dimension = 1
rnn_model = RNN(input_dimension, embedding_dimension,
```

```
                    hidden_dimension, output_dimension)
optim = optim.Adam(rnn_model.parameters())
loss_func = nn.BCEWithLogitsLoss()
rnn_model = rnn_model.to(device)
loss_func = loss_func.to(device)
```

我们使用 nn.BCEWithLogitsLoss 模块来计算损失。该 PyTorch 模块提供了一个数值稳定的 sigmoid 函数计算，然后是一个二元交叉熵函数，这正是我们解决二元分类问题所需要的损失函数。这里，隐藏维度 32 的含义是每个 RNN 单元（隐藏状态）将是一个大小为 32 的向量。

（3）此外还将定义一个准确率指标来衡量训练模型在验证集上的性能。在当前练习中，我们将使用简单的 0~1 准确率。

```
def accuracy_metric(predictions, ground_truth):
    """
    Returns 0-1 accuracy for the given set
    of predictions and ground truth
    """
    # round predictions to either 0 or 1
    rounded_predictions = \
        torch.round(torch.sigmoid(predictions))
    # convert into float for division
    success = (rounded_predictions == ground_truth).float()
    accuracy = success.sum() / len(success)
    return accuracy
```

（4）一旦完成了模型实例化和度量标准的设定，即可定义训练和验证的流程。训练流程的代码如下所示。

```
def train(model, dataloader, optim, loss_func):
    loss = 0
    accuracy = 0
    model.train()
    for sequence, sentiment in dataloader:
        optim.zero_grad()
        preds = model(sequence.T).squeeze()
        loss_curr = loss_func(preds, sentiment)
        accuracy_curr = accuracy_metric(preds, sentiment)
        loss_curr.backward()
        optim.step()
        loss += loss_curr.item()
```

```
        accuracy += accuracy_curr.item()
    return loss/len(dataloader), accuracy/len(dataloader)
```

验证流程的代码如下所示。

```
def validate(model, dataloader, loss_func):
    loss = 0
    accuracy = 0
    model.eval()
    with torch.no_grad():
        for sequence, sentiment in dataloader:
            preds = model(sequence.T).squeeze()
            loss_curr = loss_func(preds, sentiment)
            accuracy_curr = accuracy_metric(preds, sentiment)
            loss += loss_curr.item()
            accuracy += accuracy_curr.item()
    return loss/len(dataloader), accuracy/len(dataloader)
```

（5）训练模型。

```
num_epochs = 10
best_validation_loss = float('inf')
for ep in range(num_epochs):
    time_start = time.time()
    training_loss, train_accuracy = train(rnn_model,
                                           train_dataloader,
                                           optim, loss_func)
    validation_loss, validation_accuracy = validate(
        rnn_model, validation_dataloader, loss_func)
    time_end = time.time()
    time_delta = time_end - time_start
    if validation_loss < best_validation_loss:
        best_validation_loss = validation_loss
        torch.save(rnn_model.state_dict(), 'rnn_model.pt')
    print(f'epoch number: {ep+1} | time elapsed: {time_delta}s')
    print(f'training loss: {training_loss:.3f} | training accuracy:
{train_accuracy*100:.2f}%')
    print(f'\tvalidation loss: {validation_loss:.3f} | validation
accuracy: {validation_accuracy*100:.2f}%')
```

输出结果如下所示。

```
epoch number: 1 | time elapsed: 170.42595100402832s
training loss: 0.614 | training accuracy: 67.31%
```

```
validation loss: 1.011 | validation accuracy: 31.37%

epoch number: 2 | time elapsed: 156.29844784736633s
training loss: 0.540 | training accuracy: 73.79%
validation loss: 0.762 | validation accuracy: 51.39%
...
epoch number: 9 | time elapsed: 156.29339694976807s
training loss: 0.212 | training accuracy: 92.17%
validation loss: 1.392 | validation accuracy: 49.42%

epoch number: 10 | time elapsed: 154.8834547996521s
training loss: 0.179 | training accuracy: 93.62%
validation loss: 1.033 | validation accuracy: 63.94%
```

模型似乎通过过拟合在训练集上表现良好。模型在时间维度上有 512 层，这解释了为什么这个强大的模型能够很好地学习训练集。验证集的性能从一个低值开始，随后上升并波动。

（6）快速定义一个辅助函数，以便对训练好的模型进行实时推理。

```python
def sentiment_inference(model, sentence):
    model.eval()
    # text transformations
    sentence = sentence.lower()
    sentence = ''.join([c for c in sentence
                        if c not in punctuation])
    tokenized = [vocab_to_token.get(token, 0)
                for token in sentence.split()]
    tokenized = np.pad(tokenized,
                      (512-len(tokenized), 0), 'constant')
    # model inference
    model_input = torch.LongTensor(tokenized).to(device)
    model_input = model_input.unsqueeze(1)
    pred = torch.sigmoid(model(model_input))
    return pred.item()
```

（7）作为练习的最后一步，我们将在一些手动输入的评论文本上测试该模型的性能。

```python
print(sentiment_inference(rnn_model,
                          "This film is horrible"))
print(sentiment_inference(rnn_model,
                          "Director tried too hard but \
```

```
                                this film is bad"))
print(sentiment_inference(rnn_model,
                          "This film will be houseful for weeks"))
print(sentiment_inference(rnn_model,
                          " I just really loved the movie"))
```

输出结果如下所示。

```
0.005014493595808744
0.05119464173913002
0.4609886109828949
0.5695606470108032
```

这里，我们可以看到模型确实掌握了积极和消极的概念。此外，它似乎能够处理不同长度的序列，即使它们都比 512 个单词短得多。在当前练习中，我们训练了一个相当简单的 RNN 模型，该模型不仅在模型架构方面存在局限性，而且在数据处理方面也存在一定的局限性。在下一个练习中，我们将使用更高级的循环架构（双向 LSTM 模型）来处理相同的任务，并使用一些正则化方法来克服在这次练习中观察到的过拟合问题。此外我们还将使用 PyTorch 的 torchtext 模块来更高效、更简洁地处理数据加载和管道。

4.3　构建双向 LSTM

到目前为止，我们已经在一个基于文本数据的二元分类任务（情感分析）上训练并测试了一个简单的 RNN 模型。本节将尝试通过使用更先进的循环架构 LSTM 来提高同一任务的性能。

众所周知，LSTM 由于其记忆单元门，能够更好地处理更长的序列，这些门有助于保留来自之前几个时间步的重要信息，并遗忘近期不相关的信息。随着梯度爆炸和消失问题的解决，LSTM 在处理长篇电影评论时应该能够表现良好。

此外，我们将使用双向模型，因为它扩大了任何时间步的上下文窗口，使模型能够对电影评论的情感做出更明智的决策。在前一个练习中，RNN 模型在训练期间过拟合了数据集，为了解决这个问题，我们将在 LSTM 模型中使用 dropout 作为正则化机制。

4.3.1　加载和预处理文本数据集

在当前练习中，我们将展示 PyTorch 的 torchtext 模块的强大功能。在之前的练习中，我们大约将练习的一半时间用于加载和处理文本数据集。当使用 torchtext 时，我们将使用不到 10 行代码来完成同样的工作。

此处将不会手动下载数据集，而是使用 torchtext.legacy.datasets 下的现有 IMDb 数据集来加载它。此外还将在 torchtext.legacy.data 中使用分词功能对单词进行标记化处理，并生成词汇表。

最后将使用 nn.LSTM 模块直接填充序列，而不是手动填充它们。

注意，由于 PyTorch V2 不支持 torchtext.legacy，因此我们将在本练习中使用 V1.9。当前练习的代码可以在 GitHub 仓库[4]中找到。

（1）对于当前练习，需要导入一些依赖项。首先将执行与之前练习相同的 import 语句。此外还需要导入以下内容。

```
import random
from torchtext.legacy import (data, datasets)
```

我们使用 torchtext 中的遗留 API，以便在接下来的步骤中使用 Field 和 LabelField 数据结构，这些结构自 0.9.0 版本（参考文献[5]）以来已从主要的 torchtext 模块中废弃。

（2）使用 torchtext（遗留）模块的 datasets 子模块直接下载 IMDb 情感分析数据集。我们将把评论文本和情感标签分成两个独立的字段，并将数据集分割成训练集、验证集和测试集。

```
TEXT_FIELD = data.Field(tokenize = data.get_tokenizer("basic_english"),
                   include_lengths = True)
LABEL_FIELD = data.LabelField(dtype = torch.float)
train_dataset, test_dataset = datasets.IMDB.splits(
    TEXT_FIELD, LABEL_FIELD)
train_dataset, valid_dataset = train_dataset.split(
    random_state = random.seed(123))
```

（3）使用 torchtext.legacy.data.Field 和 torchtext.legacy.data.LabelField 的 build_vocab()方法分别为电影评论文本数据集和情感标签构建词汇表。

```
MAX_VOCABULARY_SIZE = 25000
TEXT_FIELD.build_vocab(train_dataset, max_size = MAX_VOCABULARY_SIZE)
LABEL_FIELD.build_vocab(train_dataset)
```

我们可以看到，使用预定义函数构建词汇表只需 3 行代码。

（4）在深入介绍模型相关细节之前，我们还将为训练集、验证集和测试集创建数据集迭代器。

现在我们已经加载并处理了数据集，并派生了数据集迭代器，接下来我们将创建 LSTM 模型对象并训练 LSTM 模型。

4.3.2　实例化并训练 LSTM 模型

在本节中，我们将实例化 LSTM 模型对象。随后将定义优化器、损失函数和模型训练性能指标。最后我们将使用定义好的模型训练和模型验证流程运行模型训练循环。

（1）实例化带有 dropout 的双向 LSTM 模型。虽然大部分模型实例化看起来和前一个练习一样，但以下代码可视为关键区别。

```
self.lstm_layer = nn.LSTM(
    embedding_dimension, hidden_dimension, num_layers=1,
    bidirectional=True, dropout=dropout)
```

（2）我们在词汇表中添加了两种特殊类型的标记，即 unknown_token（用于我们词汇表中不存在的单词）和 padding_token（用于仅添加到序列中进行填充的标记），因此需要将这两个标记的嵌入设置为全 0。

```
UNK_INDEX = TEXT_FIELD.vocab.stoi[TEXT_FIELD.unk_token]
lstm_model.embedding_layer.weight.data[UNK_INDEX] = \
    torch.zeros(EMBEDDING_DIMENSION)
lstm_model.embedding_layer.weight.data[PAD_INDEX] = \
    torch.zeros(EMBEDDING_DIMENSION)
```

（3）定义优化器（Adam）和损失函数（sigmoid 后接二元交叉熵）。此外还将定义准确率指标计算函数，就像在前一个练习中所做的那样。

（4）定义训练和验证流程。

（5）运行 10 个周期的训练循环。输出结果如下所示。

```
epoch number: 1 | time elapsed: 1547.8699600696564s
training loss: 0.686 | training accuracy: 54.57%
validation loss: 0.666 | validation accuracy: 60.02%

epoch number: 2 | time elapsed: 1537.510666847229s
training loss: 0.650 | training accuracy: 61.54%
validation loss: 0.607 | validation accuracy: 68.02%
```

```
...
epoch number: 9 | time elapsed: 1367.163740158081s
training loss: 0.526 | training accuracy: 73.12%
validation loss: 0.549 | validation accuracy: 76.29%

epoch number: 10 | time elapsed: 1369.546238899231s
training loss: 0.430 | training accuracy: 80.90%
validation loss: 0.556 | validation accuracy: 75.66%
```

不难发现，随着周期的推进，模型学习得很好。同时，dropout 似乎能够控制过拟合，因为训练集和验证集的准确率都在以相似的速度提高。然而，与 RNN 相比，LSTM 的训练速度较慢。可以看到，LSTM 的周期时间大约是 RNN 的 9 到 10 倍，这是因为我们在当前练习中使用了双向网络。

（6）步骤（5）还保存了表现最佳的模型。在这一步中，我们将加载表现最佳的模型，并在测试集上对其进行评估。

```
lstm_model.load_state_dict(torch.load('lstm_model.pt'))
test_loss, test_accuracy = validate(
    lstm_model, test_data_iterator, loss_func)
print(f'test loss: {test_loss:.3f} | test accuracy: {test_
accuracy*100:.2f}%')
```

输出结果如下所示。

```
test loss: 0.561 | test accuracy: 76.31%
```

（7）最后定义一个情感推理函数，就像在前一个练习中所做的那样，并对一些手动输入的电影评论进行训练模型的推理。

```
print(sentiment_inference(rnn_model, "This film is horrible"))
print(sentiment_inference(rnn_model,\
                          "Director tried too hard \
                          but this film is bad"))
print(sentiment_inference(rnn_model, \
                          "This film will be houseful \
                          for weeks"))
print(sentiment_inference(rnn_model, \
                          "I just really loved the movie"))
```

输出结果如下所示。

```
0.14579516649246216
0.03841548413038254
0.6569563150405884
0.8203923106193542
```

显然，LSTM 模型在验证集上的性能方面已经超越了 RNN 模型。dropout 有助于防止过拟合，双向 LSTM 架构似乎已经学会了电影评论文本句子中的顺序模式。

前两个练习都是关于多对一类型的序列任务，其中输入是一个序列，输出是一个二元标签。这两个练习以及第 3 章中的一对多练习，应该为读者提供了足够的背景，以便使用 PyTorch 实践不同的循环架构。

4.4 节我们将简要讨论 GRU 以及如何在 PyTorch 中使用它们。随后将介绍注意力的概念以及如何在循环架构中使用它。

4.4　GRU 和基于注意力的模型

在本章的最后一节，我们将简要介绍 GRU 及其与 LSTM 的相似之处和不同之处，以及如何使用 PyTorch 初始化 GRU 模型。此外还将了解基于注意力的 RNN。最后将介绍在序列建模任务中，基于注意力的模型（无递归或卷积）如何优于递归神经模型系列。

4.4.1　GRU 和 PyTorch

正如在 4.1 节中所讨论的，GRU 是一种具有两个门（重置门和更新门）以及一个隐藏状态向量的存储单元。在配置上，GRU 比 LSTM 更简单，但同样有效地解决了梯度爆炸和消失的问题。目前，研究人员已经进行了大量的研究来比较 LSTM 和 GRU 的性能。虽然二者在各种与序列相关的任务上都比简单的 RNN 表现更好，但在某些任务上二者各有所长，反之亦然。

GRU 比 LSTM 训练得更快，在许多任务上，如语言建模，GRU 可以在更少的训练数据下表现得和 LSTM 一样好。然而，从理论上讲，LSTM 应该能够保留比 GRU 更长序列的信息。PyTorch 提供了 nn.GRU 模块，可以在一行代码中实例化一个 GRU 层。下列代码创建了一个深度 GRU 网络，包含两个双向 GRU 层，每个层的递归丢失为 80%。

```
self.gru_layer = nn.GRU(input_size, hidden_size,num_layers=2, dropout=0.8,
bidirectional=True)
```

我们可以看到，仅需一行代码即可开始使用 PyTorch GRU 模型。此处建议使用 gru 层替换前述练习中的 lstm 层或 rnn 层，并观察这对模型训练时间和模型性能产生的影响。

4.4.2　基于注意力的模型

本章讨论的模型在解决与序列数据相关的问题上具有一定的开创性。然而，在 2017 年，出现了一种全新的仅基于注意力的方法，随后使这些循环网络相形见绌。注意力的概念源自人类在不同时间对序列（如文本）的不同部分给予不同程度的关注。

例如，如果要完成句子 Martha sings beautifully, I am hooked to ___ voice.，我们会更多地关注 Martha 这个词，以猜测缺失的词可能是 her。另一方面，如果要完成句子 Martha sings beautifully, I am hooked to her ____.，那么我们会更多地关注 sings 这个词，以猜测缺失的词可能是 voice，songs，singing 等。

在所有的循环架构中，并不存在为了预测当前时间步的输出而专注于序列特定部分的机制。相反，循环模型只能以浓缩的隐藏状态向量的形式获得过去序列的摘要。

基于注意力的循环网络是在 2014—2015 年左右首次利用注意力概念的模型。这些模型在常见的循环层之上增加了一个额外的注意力层。这个注意力层学习了序列中前一个词的注意力权重。

上下文向量是通过对所有之前单词的隐藏状态向量进行注意力加权平均计算得出的。除了任何时间步 t 的常规隐藏状态向量，上下文向量被输入到输出层。图 4.11 展示了基于注意力的 RNN 的架构。

在这种架构中，每个时间步骤都会计算一个全局上下文向量。随后，人们设计了这种架构的变体，并使用局部上下文向量——不是关注所有之前的单词，而只是关注 k 个之前的单词。基于注意力的 RNN 在机器翻译等任务上超越了当时最先进的循环模型。

几年后的 2017 年，论文 *Attention Is All You Need* 展示了仅使用注意力机制而不需要循环层就能解决序列任务的能力。在过去的几年里，使用注意力的这类模型在各种任务上均超越了循环模型，并在自然语言处理（natural language processing，NLP）领域以及深度学习方面取得了巨大进步。循环网络需要在时间上展开，这使它们无法并行化。然而，第 5 章讨论的 transformer 模型则不包含循环（和卷积）层，使其既并行化又轻量级（在计算量上）。

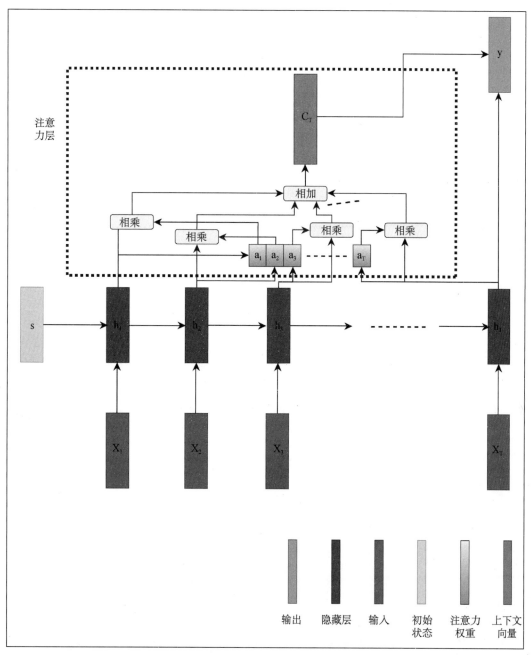

图 4.11　基于注意力的 RNN

4.5　本　章　小　结

本章讨论了循环神经网络架构。第 5 章将详细阐述 transformer 和其他此类模型架构，它们既不是纯粹的循环也不是卷积，但已经取得了最先进的成果。

4.6　参　考　文　献

[1] Martin Arjovsky, Amar Shah, and Yoshua Bengio. 2016. *Unitary Evolution Recurrent Neural Networks*: https://arxiv.org/pdf/1511.06464.pdf。

[2] 训练RNN 进行情感分析的 GitHub 库链接: https://github.com/arj7192/MasteringPyTorchV2/blob/main/Chapter04/rnn.ipynb。

[3] IMDB 情感分析数据：https://ai.stanford.edu/~amaas/data/sentiment/。

[4] 构建双向 LSTM 的 GitHub 库链接：https://github.com/arj7192/MasteringPyTorchV2/blob/main/Chapter04/lstm.ipynb。

[5] Torchtext 0.90 版本发布说明：https://github.com/pytorch/text/releases/tag/v0.9.0-rc5。

第 5 章　高级混合模型

在前 3 章中，我们学习了各种卷积和循环网络架构以及它们在 PyTorch 中的实现。本章我们将探讨一些其他被证明在各种机器学习任务中成功的深度学习模型架构，它们既不是纯粹的卷积也不包含循环性质。我们将继续第 2 章和第 4 章中的内容。

首先，我们将探索 transformer，正如在第 4 章中所讨论的，它们在各种序列任务上（包括大型语言模型）超越了循环架构，并且最近已成为各种任务（多模态模型、生成式 AI 等）的实际 AI 模型。然后，我们将从第 2 章的 EfficientNet 讨论中继续，探索随机连接神经网络的概念，也称为 RandWireNN。

本章的目标是结束关于不同类型神经网络架构的讨论。完成本章的学习后，读者将详细了解 Transformer 以及如何使用 PyTorch 将这些强大的模型应用于序列任务。此外，通过构建自己的 RandWireNN 模型，读者将亲身体验如何在 PyTorch 中执行神经架构搜索。

本章主要涉及下列主题。
- 构建用于语言建模的 transformer 模型。
- 从头开始开发 RandWireNN 模型。

📝 **注意：**

与本章相关的所有代码文件都可以在以下网址获得。

https://github.com/arj7192/MasteringPyTorchV2/ tree/main/Chapter05

5.1　构建用于语言建模的 transformer 模型

本节中将讨论 transformer 的含义，并使用 PyTorch 构建一个用于语言建模任务的 transformer。此外还将学习如何通过 PyTorch 的预训练模型库使用一些高级的基于 transformer 的模型，如 BERT 和 GPT。预训练模型库包含了在通用任务上训练的 PyTorch 模型，如语言建模（根据前面的单词序列预测下一个单词）。然后，这些预训练模型可以针对特定任务进行微调，如情感分析（给定文本是积极的、消极的还是中性的）。在开始构建 transformer 模型之前，让我们快速回顾一下什么是语言建模。

5.1.1　语言建模回顾

语言建模是一项计算单词或单词序列出现概率的任务，这些单词或单词序列应跟随给定的单词序列。例如，如果给定 French is a beautiful ＿＿＿作为词序，那么下一个词是 language 或 word 的概率是多少？这些概率是通过使用各种概率和统计技术建立语言模型计算出来的。我们的想法是观察文本语料库，通过学习哪些词会一起出现，哪些词不会一起出现来学习语法。这样，语言模型就能根据各种不同的语序，围绕不同词语或语序的出现建立概率规则。

循环模型一直是学习语言模型的流行方式。然而，正如许多与序列相关的任务一样，transformer 在这项任务上也超越了循环网络。我们将在基于《华尔街日报》文章的文本语料库上训练，实现一个针对英语的语言模型的 transformer。

下面开始训练一个用于语言建模的 transformer。在这个练习中，我们将只展示代码的最重要部分，完整代码可以在 GitHub 库[1]中访问。

我们将在练习期间更深入地探讨 transformer 架构的各个组成部分。

对于该练习，需要导入一些依赖项。这里列出了一个重要的 import 语句。

```
from torch.nn import TransformerEncoder, TransformerEncoderLayer
```

除了导入常规的 torch 依赖项，我们还必须导入一些特定于 transformer 模型的模块，这些模块直接在 torch 库下提供。此外还将导入 torchtext，以便直接从 torchtext.datasets 下可用的数据集中下载文本数据集。

在 5.1.2 节中，我们将定义 transformer 模型架构并查看模型组件的详细信息。

5.1.2　transformer 模型架构

这或许是本练习中最重要的步骤。这里，我们定义了 transformer 模型的架构。

首先简要讨论一下模型架构，随后查看用 PyTorch 定义模型的代码。图 5.1 展示了模型架构。

首先要注意的是，这本质上是一个基于编码器-解码器的架构，编码器单元在左侧，解码器单元在右侧。编码器和解码器单元可以多次平铺，以实现更深层次的架构。在当前示例中，我们有两个级联的编码器单元和一个解码器单元。这种编码器-解码器设置本质上意味着编码器接收一个序列作为输入，并生成与输入序列中的单词数量一样多的嵌入（即每个单词一个嵌入）。然后，这些嵌入连同模型迄今所做的预测一起被输入到解码器中。

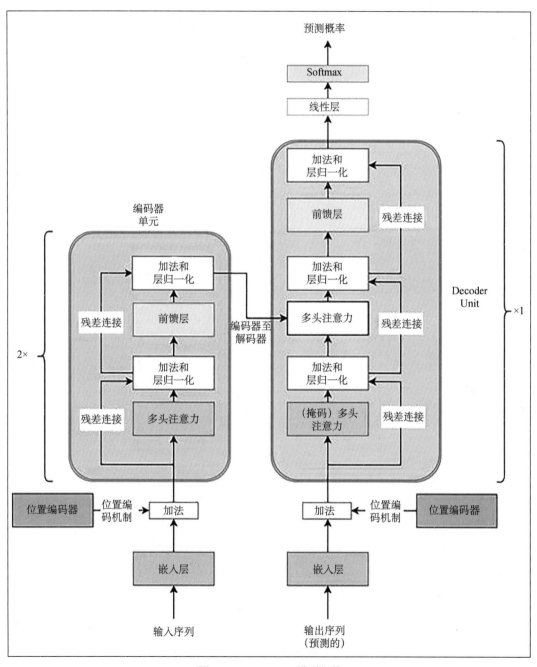

图 5.1 transformer 模型架构

下面逐一了解这个模型中的各个层。

- 嵌入层：该层的主要任务是将序列中的每个输入单词转换为一组数值向量，即嵌入。一如既往，这里使用 torch.nn.Embedding 模块来编码这一层。
- 位置编码器：注意，transformer 在其架构中没有任何循环层，但它们在序列任务上的表现却超越了循环网络。其原因在于，通过使用一种被称为位置编码的巧妙技巧，模型被赋予了对数据中顺序或顺序感的理解。基本上，遵循特定顺序模式的向量被添加到了输入单词嵌入中。

这些向量生成的方式使模型能够理解第二个词是在第一个词之后，以此类推。这些向量是使用正弦和余弦函数生成的，分别代表后续单词之间的系统周期性和距离。下列代码展示了这一层的实现方式。

```
class PosEnc(nn.Module):
    def __init__(self, d_m, dropout=0.2, size_limit=5000):
        # d_m is same as the dimension of the embeddings
        pos = torch.arange(size_limit, dtype=torch.float).unsqueeze(1)
        divider = torch.exp(
            torch.arange(0, d_m, 2).float() * (
                -torch.log(10000.0) / d_m))
        '''divider is the list of radians, multiplied by
            position indices of words, and fed to the
            sinusoidal and cosinusoidal function.'''
        p_enc[:, 0, 0::2] = torch.sin(pos * divider)
        p_enc[:, 0, 1::2] = torch.cos(pos * divider)
    def forward(self, x):
        return self.dropout(x + self.p_enc[:x.size(0)])
```

可以看到，正弦和余弦函数交替使用以给出顺序模式。然而，实现位置编码的方法有很多。如果没有位置编码层，则模型将无法了解单词的顺序。

- 多头注意力：在研究多头注意力层之前，让我们首先了解什么是自注意力层。第 4 章曾针对循环网络讨论了注意力的概念。这里，顾名思义，注意力机制应用于自身，即序列中的每个单词。序列中的每个单词嵌入都经过自注意力层，并产生一个与单词嵌入长度完全相同的单独输出。图 5.2 详细描述了这一过程。

从图 5.2 中可以看到，每个词都会通过 3 个可学习参数矩阵（P_q、P_k 和 P_v）生成 3 个向量。这 3 个向量分别是查询向量、键向量和值向量。查询向量和键向量通过点乘法为每个单词生成一个数字。通过除以每个词的键向量长度的平方根，对这些数字进行归一化处理。然后，所有单词的结果数同时进行 Softmax 处理，以产生概率，最后再乘以每个单词各自的值向量。这样，序列中的每个词都有一个输出向量，输出向量和输入词嵌入的长度相同。

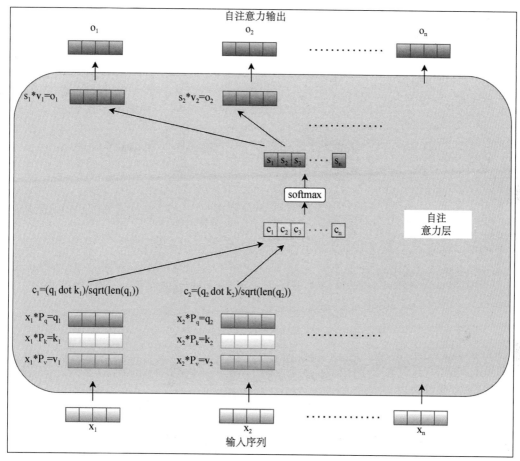

图 5.2　自注意力层

多头注意力层是自注意力层的扩展，其中多个自注意力模块为每个单词计算输出。这些单独的输出被连接起来，并与另一个参数矩阵（P_m）进行矩阵乘法，以生成最终的输出向量，其长度等于输入嵌入向量的长度。图 5.3 展示了多头注意力层，以及将在练习中使用的两个自注意力单元。

多头自注意力头有助于不同的头关注单词序列的不同方面，类似于卷积神经网络中不同的特征图学习不同的模式。因此，多头注意力层的性能优于单独的自注意力层，将在我们的练习中使用。

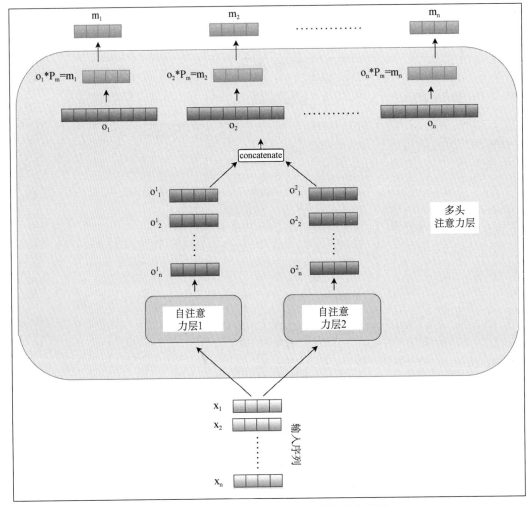

图 5.3　多头注意力层，包含两个自注意力单元

　　另外，请注意，在解码器单元中的掩码多头注意力层的工作原理与多头注意力层完全相同，只是增加了掩码。也就是说，在处理序列的时间步骤 t 时，从 $t+1$ 到 n（序列的长度）的所有单词都被遮掩/隐藏。

　　在训练过程中，解码器接收两种类型的输入。一方面，它接收来自最终编码器的查询和键向量作为其（未遮掩的）多头注意力层的输入，这些查询和键向量是最终编码器输出的矩阵变换。另一方面，解码器接收来自先前时间步骤的自身预测作为其掩码多头注意力层的顺序输入。

- 加法和层归一化：我们在第 2 章中讨论了残差连接的概念，同时讨论了 ResNet。在图 5.1 中，我们可以看到在加法和层归一化层之间存在残差连接。在每个实例中，通过直接将输入单词嵌入向量加到多头注意力层的输出向量上，来建立了一个残差连接。这有助于网络中的梯度流动，避免梯度爆炸和消失的问题。此外，它还有助于在层之间高效地学习恒等函数。

此外，层归一化被用作一种归一化技巧。这里，我们独立地对每个特征进行归一化，使得所有特征具有统一的均值和标准差。注意，这些加法和归一化在网络的每个阶段都分别应用于序列中的每个单词向量。

- 前馈层：在编码器和解码器单元内部，所有单词的归一化残差输出向量都通过一个共同的前馈层。由于在单词间有一组共同的参数，这一层有助于学习序列中的更广泛模式。

- 线性和 Softmax 层：到目前为止，每层输出的都是一个向量序列，且每个单词一个。对于语言建模任务，我们需要一个单一的最终输出。线性层将向量序列转换为一个大小等于词汇表长度的单个向量。Softmax 层将这个输出转换为一个总和为 1 的概率向量。这些概率是相应单词（在词汇表中）作为序列中下一个单词出现的概率。

在讨论了 transformer 模型的各个要素后，下面我们考查如何利用 PyTorch 实例化模型的代码。

5.1.3　在 PyTorch 中定义 transformer 模型

根据 5.1.2 节描述的架构细节，本节将编写必要的 PyTorch 代码来定义一个 transformer 模型，如下所示。

```
class Transformer(nn.Module):
    def __init__(self, num_token, num_inputs, num_heads, num_hidden,
                 num_layers, dropout=0.3):
        self.position_enc = PosEnc(num_inputs, dropout)
        layers_enc = TransformerEncoderLayer(
            num_inputs, num_heads, num_hidden, dropout)
        self.enc_transformer = TransformerEncoder(
            layers_enc, num_layers)
        self.enc = nn.Embedding(num_token, num_inputs)
        self.num_inputs = num_inputs
        self.dec = nn.Linear(num_inputs, num_token)
```

我们可以看到，在类的__init__()方法中，得益于 PyTorch 的 TransformerEncoder 和 TransformerEncoderLayer 函数，我们无须自己实现这些功能。对于语言建模任务，我们只需要输入单词序列的单一输出。因此，解码器只是一个线性层，它将编码器中的向量序列转换为单个输出向量。位置编码器也是通过之前讨论过的定义来初始化的。

在 forward()方法中，输入经过位置编码后通过编码器，然后再通过解码器。

```
def forward(self, source):
    source = self.enc(source) * torch.sqrt(self.num_inputs)
    source = self.position_enc(source)
    op = self.enc_transformer(source, self.mask_source)
    op = self.dec(op)
    return op
```

在定义了 transformer 模型架构后，下面我们将加载文本语料库并对其进行训练。

1. 加载和处理数据集

这一部分将讨论与加载文本数据集相关的步骤，以使其可用于模型训练程序。

（1）对于当前练习，我们将使用《华尔街日报》的文本，这些文本可以通过 Penn Treebank 数据集获得。

我们将使用 torchtext 的功能来下载训练数据集（可在 torchtext 数据集中找到）并对其词汇进行标记化处理。

```
tr_iter = PennTreebank(split='train')
tkzer = get_tokenizer('basic_english')
vocabulary = build_vocab_from_iterator(
    map(tkzer, tr_iter), specials=['<unk>'])
vocabulary.set_default_index(vocabulary['<unk>'])
```

（2）使用词汇表将原始文本转换为训练集、验证集和测试集的张量。

```
def process_data(raw_text):
    numericalised_text = [
        torch.tensor(vocabulary(tkzer(text)),
                    dtype=torch.long) for text in raw_text]
    return torch.cat(
        tuple(filter(lambda t: t.numel() > 0,
                    numericalised_text)))
tr_iter, val_iter, te_iter = PennTreebank()
training_text = process_data(tr_iter)
validation_text = process_data(val_iter)
testing_text = process_data(te_iter)
```

（3）定义训练和评估的批量大小，并声明一个批量生成函数，如下所示。

```
def gen_batches(text_dataset, batch_size):
    num_batches = text_dataset.size(0) // batch_size
    text_dataset = text_dataset[:num_batches * batch_size]
    text_dataset = text_dataset.view(
        batch_size, num_batches).t().contiguous()
    return text_dataset.to(device)
training_batch_size = 32
evaluation_batch_size = 16
training_data = gen_batches(training_text, training_batch_size)
```

（4）定义最大序列长度，并编写一个函数，相应地为每个批次生成输入序列和输出目标。

```
max_seq_len = 64
def return_batch(src, k):
    sequence_length = min(max_seq_len, len(src) - 1 - k)
    sequence_data = src[k:k+sequence_length]
    sequence_label = src[k+1:k+1+sequence_length].reshape(-1)
    return sequence_data, sequence_label
```

在模型和训练数据就绪后，下面我们将训练 transformer 模型。

2. 训练 transformer 模型

这里我们将定义模型训练所需的超参数，定义模型训练和评估流程，并最终执行训练循环。

（1）定义所有的模型超参数并实例化 transformer 模型，如下所示。

```
num_tokens = len(vocabulary) # vocabulary size
embedding_size = 256 # dimension of embedding layer

# transformer encoder's hidden (feed forward) layer dimension
num_hidden_params = 256

# num of transformer encoder layers within transformer encoder
num_layers = 2

# num of heads in (multi head) attention models
num_heads = 2

# value (fraction) of dropout
dropout = 0.25
```

```
loss_func = nn.CrossEntropyLoss()

# learning rate
lrate = 4.0
optim_module = torch.optim.SGD(transformer_model.parameters(), lr=lrate)
sched_module = torch.optim.lr_scheduler.StepLR(
    optim_module, 1.0, gamma=0.88)
transformer_model = Transformer(
    num_tokens, embedding_size, num_heads,
    num_hidden_params, num_layers, dropout).to(device)
```

（2）在开始模型训练和评估循环之前，需要定义训练和评估流程。

```
def train_model():
    for b, i in enumerate(
        range(0, training_data.size(0) - 1, max_seq_len)):
        train_data_batch, train_label_batch = return_batch(
            training_data, i)
        sequence_length = train_data_batch.size(0)
        # only on last batch
        if sequence_length != max_seq_len:
            mask_source = mask_source[:sequence_length,
                                      :sequence_length]

        op = transformer_model(train_data_batch, mask_source)
        loss_curr = loss_func(op.view(-1, num_tokens), train_label_batch)
        optim_module.zero_grad()
        loss_curr.backward()
torch.nn.utils.clip_grad_norm_(transformer_model.parameters(), 0.6)
optim_module.step()
loss_total += loss_curr.item()
def eval_model(eval_model_obj, eval_data_source):
...
```

（3）运行模型训练循环。出于演示目的，我们训练模型 5 个周期，但建议运行更长时间以获得更好的性能。

```
min_validation_loss = float("inf")
eps = 5
best_model_so_far = None
for ep in range(1, eps + 1):
    ep_time_start = time.time()
    train_model()
```

```
validation_loss = eval_model(transformer_model, validation_data)
if validation_loss < min_validation_loss:
    min_validation_loss = validation_loss
    best_model_so_far = transformer_model
```

输出结果如下所示。

```
epoch 1, 100/1000 batches, training loss 8.77, training perplexity 6460.73
epoch 1, 200/1000 batches, training loss 7.30, training perplexity 1480.28
epoch 1, 300/1000 batches, training loss 6.88, training perplexity 969.18
...
epoch 5, 900/1000 batches, training loss 5.19, training perplexity 178.59
epoch 5, 1000/1000 batches, training loss 5.27, training perplexity 193.60

epoch 5, validation loss 5.32, validation perplexity 204.29
```

除了交叉熵损失，输出结果还报告了困惑度。困惑度是自然语言处理中常用的一个指标，用来表示概率分布（在当前情况下是语言模型）拟合或预测样本的程度。困惑度越低，模型在预测样本时表现就越好。从数学上讲，困惑度只是交叉熵损失的指数。直观地说，该指标用来表示模型在进行预测时的困惑或混乱程度。

（4）一旦模型训练完成，即可评估模型在测试集上的性能。

```
testing_loss = eval_model(best_model_so_far, testing_data)
print(f"testing loss {testing_loss:.2f}, testing perplexity {math.
exp(testing_loss):.2f}")
```

输出结果如下所示。

```
testing loss 5.23, testing perplexity 187.45
```

在该练习中，我们使用 PyTorch 构建了一个 transformer 模型，用于语言建模任务。其间详细探讨了 transformer 架构以及在 PyTorch 中的实现方式。我们使用了 Penn Treebank 数据集和 torchtext 的功能来加载和处理数据集。随后训练了 transformer 模型 5 个周期，并在单独的测试集上进行了评估。这将为我们提供使用 transformer 所需的所有必要信息。

除了最初在 2017 年设计的 transformer 模型，多年来还开发了许多后继模型，特别是在语言建模领域，例如：

● 来自 transformer 的双向编码器表示（BERT），2018。
● 生成式预训练 transformer（GPT），2018。
● GPT-2，2019。

- 基于条件的 transformer 语言模型（CTRL），2019。
- transformer-XL，2019。
- 蒸馏 BERT（DistilBERT），2019。
- 鲁棒优化的 BERT 预训练方法（RoBERTa），2019。
- GPT-3，2020。
- 文本到文本迁移的 transformer（T5），2020。
- 对话操作的语言模型（LaMDA），2021。
- 路径语言模型（PaLM），2022 年。
- GPT-3.5（ChatGPT），2022 年。
- Meta AI 大语言模型（LLaMA），2023。
- GPT-4，2023 年。
- LLaMA-2，2023 年。
- Grok，2023 年。
- Gemini，2023 年。
- Sora，2024 年。
- Gemini-1.5，2024。
- LLaMA-3，2024。

虽然我们不会在本章详细介绍这些模型，但读者仍然可以通过 Hugging Face[2]开发的 transformers 库，并通过 PyTorch 开始使用这些模型。我们将在第 19 章详细介绍 Hugging Face。transformers 库为各种任务提供了预训练的 transformer 模型，如语言建模、文本分类、翻译、问答等。

除了模型本身，transformers 库还为相应的模型提供了分词器。例如，如果想使用预训练的 BERT 模型进行语言建模，且已经安装了 transformers 库，则需要编写以下代码。

```
import torch
from transformers import BertForMaskedLM, BertTokenizer
bert_model = BertForMaskedLM.from_pretrained('bert-base-uncased')
token_gen = BertTokenizer.from_pretrained('bert-base-uncased')
ip_sequence = token_gen("I love PyTorch !", return_tensors="pt")["input_ids"]
op = bert_model(ip_sequence, labels=ip_sequence)
total_loss, raw_preds = op[:2]
```

我们可以看到，仅需几行代码就可以开始使用基于 BERT 的语言模型。这展示了 PyTorch 生态系统的强大能力。这里也建议读者使用 transformers 库探索更复杂的变体，如 DistilBERT 或 RoBERTa。

在自然语言处理领域，transformer 的出现可与计算机视觉领域中的 ImageNet 相提并论，因此这将是一个活跃的研究领域。PyTorch 将在这些类型模型的研究和部署中发挥关键作用。

在本章的最后一部分中，我们将继续讨论第 2 章中的神经架构搜索，其间，我们简要介绍了生成最优网络架构的想法。这里，我们将探索一种模型，且不决定模型架构的外观，而是运行一个网络生成器，该生成器将为给定任务找到最优架构。生成的网络称为随机连接神经网络（RandWireNN），我们将使用 PyTorch 从头开始开发。

5.2　从头开始开发 RandWireNN 模型

在第 2 章中，我们讨论了 EfficientNet，探讨了寻找最佳模型架构而不是以手动方式指定架构。顾名思义，RandWireNN 是基于相似概念构建的。在本节中，我们将研究并使用 PyTorch 构建自己的 RandWireNN 模型。

5.2.1　理解 RandWireNN

首先，使用随机图生成算法生成一个具有预定义节点数的随机图。通过对它进行定义，将该图转换为神经网络。

- 有向图：图被限制为有向图，边的方向是等效神经网络中数据流的方向。
- 聚合：向节点（或神经元）的多个传入边加权和进行聚合，其中权重是可学习的。
- 变换：在该图的每个节点内，应用一个标准操作 ReLU，然后是 3×3 可分离卷积（即常规的 3×3 卷积后跟一个 1×1 逐点卷积），然后是批量归一化。该操作也被称为 ReLUConv-BN 三元组。
- 分布：每个神经元的多个传出边携带三元组操作的一个副本。

最后是在该图中添加一个输入节点（源点）和一个输出节点（汇聚点），从而将随机图完全转化为神经网络。一旦图实现为神经网络，就可以对其进行训练，以完成各种机器学习任务。

在 ReLU-Conv-BN 三元组中，出于可重复性的考虑，输出通道/特征数与输入通道/特征数相同。不过，根据任务的类型，可以分阶段绘制多个这样的图，并增加下游通道的数量（同时减小数据/图像的空间大小）。最后，这些分阶段的图可以通过将一个图的汇聚点与另一个图的源点按顺序连接起来的方式相互连接。有关图形生成算法的更多详情，请参阅论文 *Exploring Randomly Wired Neural Networks for Image Recognition*[3]。

接下来我们将以练习的形式，使用 PyTorch 从零开始构建一个 RandWireNN 模型。

5.2.2 利用 PyTorch 开发 RandWireNN

本节将为图像分类任务开发一个 RandWireNN 模型，并将其在 CIFAR-10 数据集上执行。我们将从一个空模型开始，生成一个随机图，将其转换为神经网络，在给定的数据集上针对给定任务进行训练，随后评估训练好的模型，并考查最终所生成的模型。在该练习中，出于演示的目的，我们只展示代码的重要部分。要访问完整代码，请访问本书的 GitHub 库[1]。

1. 定义训练流程和加载数据

在练习的第一个小节中，我们将定义训练函数，该函数将由模型训练循环调用，并定义数据集加载器，它将为我们提供训练数据的批次。

（1）我们需要导入一些库。在练习中将使用的一些新库如下所示。

```
from torchviz import make_dot
import networkx as nx
```

（2）定义训练流程，它需要一个经过训练的模型，该模型可以在给定 RGB 输入图像的情况下产生预测概率。

```
def train(model, train_dataloader, optim, loss_func, epoch_num, lrate):
    for training_data, training_label in train_dataloader:
        pred_raw = model(training_data)
        curr_loss = loss_func(pred_raw, training_label)
        training_loss += curr_loss.data
    return training_loss / data_size, training_accuracy / data_size
```

（3）定义数据集加载器。此处将使用 CIFAR-10 数据集执行图像分类任务，它是一个包含 60000 张 32×32 RGB 图像的知名数据库，这些图像被标记在 10 个不同的类别中，每个类别包含 6000 张图像。我们将使用 torchvision.datasets 模块直接从 torch 数据集仓库加载数据。

对应代码如下所示。

```
def load_dataset(batch_size):
    train_dataloader = torch.utils.data.DataLoader(
        datasets.CIFAR10('dataset',
                        transform=transform_train_dataset,
                        train=True, download=True),
```

```
        batch_size=batch_size, shuffle=True)
    return train_dataloader, test_dataloader
train_dataloader, test_dataloader = load_dataset(batch_size)
```

输出结果如下所示。

```
Downloading https://www.cs.toronto.edu/~kriz/cifar-10-python.tar.gz to
dataset/cifar-10-python.tar.gz
Extracting dataset/cifar-10-python.tar.gz to dataset
```

接下来我们将继续设计神经网络模型。为此，需要设计随机连接图。

2. 定义随机连接图

定义一个图生成器，以便生成一个随机图，该图稍后将用作神经网络。

下列代码定义了随机图生成器类。

```
class RndGraph(object):
    def __init__(self, num_nodes, graph_probability,
                 nearest_neighbour_k=4, num_edges_attach=5):
    def make_graph_obj(self):
        graph_obj = nx.random_graphs.connected_watts_strogatz_graph(
            self.num_nodes, self.nearest_neighbour_k,
            self.graph_probability)
        return graph_obj
```

在该练习中，我们将使用一个著名的随机图模型——Watts-Strogatz（WS）模型。这是 RandWireNN 原始研究论文中的 3 个模型之一。该模型包含两个参数。

* 每个节点的邻居数量（应该是严格的偶数），记为 K。
* 重连概率，记为 P。

首先，图中的 N 个节点以环形方式排列，每个节点连接到它左边的 $K/2$ 个节点和右边的 $K/2$ 个节点。随后顺时针遍历每个节点 $K/2$ 次。在第 m 次遍历（$0 < m < K/2$）时，当前节点和它右边第 m 个邻居之间的边以概率 P 被重连。

这里，重连意味着这条边将被替换成连接当前节点和另一个与它本身不同的节点的边，以及第 m 个邻居。在前述代码中，随机图生成器类的 make_graph_obj 方法使用 networkx 库实例化了 WS 图模型。

此外，我们添加了一个 get_graph_config 方法来返回图中的节点和边列表。在将抽象图转换为神经网络时，这将非常有用。此外还将定义一些保存和加载图的方法，以便缓存生成的图，这是出于可重复性和效率的考虑。

```
def get_graph_config(self, graph_obj):
    return node_list, incoming_edges
def save_graph(self, graph_obj, path_to_write):
    nx.write_yaml(graph_obj, "./cached_graph_obj/" + path_to_write)
def load_graph(self, path_to_read):
    return nx.read_yaml("./cached_graph_obj/" + path_to_read)
```

接下来，我们将致力于创建实际的神经网络模型。

3. 定义 RandWireNN 模型模块

在生成了随机图生成器后，我们需要将其转换为神经网络。但在此之前，我们将设计一些神经模块以促进这种转换。

（1）从神经网络的最低层开始，首先将定义一个可分离的 2D 卷积层，如下所示。

```
class SepConv2d(nn.Module):
    def __init__(self, input_ch, output_ch, kernel_length=3,
                 dilation_size=1, padding_size=1,
                  stride_length=1, bias_flag=True):
        super(SepConv2d, self).__init__()
        self.conv_layer = nn.Conv2d(
            input_ch, input_ch, kernel_length,
            stride_length, padding_size, dilation_size,
            bias=bias_flag, groups=input_ch)
        self.pointwise_layer = nn.Conv2d(
            input_ch,output_ch, kernel_size=1, stride=1,
            padding=0, dilation=1, groups=1, bias=bias_flag)
    def forward(self, x):
        return self.pointwise_layer(self.conv_layer(x))
```

可分离卷积层是由常规的 3×3 二维卷积层和逐点 1×1 二维卷积层组成的级联。

定义了可分离的二维卷积层后，我们现在可以定义 ReLU-Conv-BN 三元组单元。

```
class UnitLayer(nn.Module):
    def __init__(self, input_ch, output_ch, stride_length=1):
        self.unit_layer = nn.Sequential(
            nn.ReLU(), SepConv2d(input_ch, output_ch,
                        stride_length=stride_length),
                    nn.BatchNorm2d(output_ch),
                    nn.Dropout(self.dropout))
    def forward(self, x):
        return self.unit_layer(x)
```

如前所述，三元组单元是 ReLU 层、可分离二维卷积层和批量归一化层的级联。我们还需要添加一个 dropout 层以进行正则化。

随着三元组单元的到位，现在可以定义图中的一个节点，它包含了在练习开始时讨论的所有聚合、转换和分布功能。

```python
class GraphNode(nn.Module):
    def __init__(self, input_degree, input_ch,
                    output_ch, stride_length=1):
        self.unit_layer = UnitLayer(
            input_ch, output_ch,
            stride_length=stride_length)
    def forward(self, *ip):
        if len(self.input_degree) > 1:
            op = (ip[0] * torch.sigmoid(self.params[0]))
            for idx in range(1, len(ip)):
                op += (ip[idx] * torch.sigmoid(self.params[idx]))
            return self.unit_layer(op)
        else:
            return self.unit_layer(ip[0])
```

在 forward 方法中可以看到，如果进入该节点的边数超过 1，则会计算加权平均值，而这些权重是该节点的可学习参数。三元组单元应用于加权平均值，并且返回转换后（经过 ReLU-Conv-BN）的输出。

（2）整合所有的图和图节点定义，以定义一个随机连接图的类，如下所示。

```python
class RandWireGraph(nn.Module):
    def __init__(self, num_nodes, graph_prob, input_ch,
                    output_ch, train_mode, graph_name):
        # get graph nodes and in edges
        rnd_graph_node = RndGraph(self.num_nodes, self.graph_prob)
        if self.train_mode is True:
            rnd_graph = rnd_graph_node.make_graph_obj()
            self.node_list, self.incoming_edge_list = \
                rnd_graph_node.get_graph_config(rnd_graph)
        else:
        # define source Node
        self.list_of_modules = nn.ModuleList(
            [GraphNode(self.incoming_edge_list[0],
                    self.input_ch, self.output_ch,
                    stride_length=2)])
        # define the sink Node
```

```
self.list_of_modules.extend(
    [GraphNode(self.incoming_edge_list[n], self.output_ch,
               self.output_ch)
             for n in self.node_list if n > 0])
```

在该类的 __init__ 方法中，首先生成一个抽象的随机图，然后从中得到节点和边的列表。使用 GraphNode 类，抽象随机图的每个抽象节点被封装为所需神经网络的一个神经元。最后，向网络添加一个源点或输入节点，以及一个汇聚点或输出节点，使神经网络准备好执行图像分类任务。

forward 方法也较为特殊，如下所示。

```
def forward(self, x):
    # source vertex
    op = self.list_of_modules[0].forward(x)
    mem_dict[0] = op
    # the rest of the vertices
    for n in range(1, len(self.node_list) - 1):
        if len(self.incoming_edge_list[n]) > 1:
            op = self.list_of_modules[n].forward(
                *[mem_dict[incoming_vtx]
                  for incoming_vtx
                  in self.incoming_edge_list[n]])
        mem_dict[n] = op
    for incoming_vtx in range(1, len(
    self.incoming_edge_list[self.num_nodes + 1])):
        op += \
            mem_dict[self.incoming_edge_list
                     [self.num_nodes + 1][incoming_vtx]]
    return op / len(self.incoming_edge_list[self.num_nodes + 1])
```

首先对源神经元进行前向传播，然后根据图中的 list_of_nodes 列表，对后续神经元执行一系列前向传播。各个前向传播是通过 list_of_modules 执行的。最后，通过汇聚神经元的前向传播，我们得到了这个图的输出。

接下来我们将使用这些已定义的模块和随机连接图类来构建实际的 RandWireNN 模型类。

4. 将随机图转换为神经网络

在前一步中，我们定义了一个随机连接的图。然而，正如在练习开始时提到的，一个随机连接的神经网络由多个阶段性的随机连接图组成。这样做的目的是，在图像分类任务中，从输入神经元到输出神经元的过程中拥有不同（递增）数量的通道/特征。

相应地，仅一个随机连接的图是无法做到的，因为根据设计，这样一个图中的通道数量是恒定的。

（1）在这一步中，我们定义了最终的随机连接神经网络。这将包括 3 个随机连接的图，它们相互串联在一起。每个图的通道数都是前一个图的两倍，以帮助我们与图像分类任务中增加通道数（同时降低空间采样）的一般做法保持一致。

```python
class RandWireNNModel(nn.Module):
    def __init__(self, num_nodes, graph_prob,
                   input_ch, output_ch, train_mode):
        self.conv_layer_1 = nn.Sequential(
            nn.Conv2d(in_channels=3,
                      out_channels=self.output_ch,
                      kernel_size=3, padding=1),
            nn.BatchNorm2d(self.output_ch))
        self.conv_layer_2 = …
        self.conv_layer_3 = …
        self.conv_layer_4 = …
        self.classifier_layer = nn.Sequential(
            nn.Conv2d(in_channels=self.input_ch*8,
                      out_channels=1280, kernel_size=1),
            nn.BatchNorm2d(1280))
        self.output_layer = nn.Sequential(
            nn.Dropout(self.dropout),
            nn.Linear(1280, self.class_num))
```

__init__方法首先使用一个常规的 3×3 卷积层，然后是 3 个阶段性的随机连接图，它们的通道数量会增加一倍。接着是一个全连接层，它将最后一个随机连接图中最后一个神经元的卷积输出展平为一个大小为 1280 的向量。

（2）另一个全连接层生成一个包含 10 个类别概率的、大小为 10 的向量，如下所示。

```python
def forward(self, x):
    x = self.conv_layer_1(x)
    x = self.conv_layer_2(x)
    x = self.conv_layer_3(x)
    x = self.conv_layer_4(x)
    x = self.classifier_layer(x)
    # global average pooling
    _, _, h, w = x.size()
    x = F.avg_pool2d(x, kernel_size=[h, w])
```

```
x = torch.squeeze(x)
x = self.output_layer(x)
return x
```

除了在第一个全连接层之后应用的全局平均池化，forward 方法也相当直观。这有助于降低网络中的维度和参数数量。

在这个阶段，我们已经成功定义了 RandWireNN 模型，加载了数据集，并定义了模型训练流程。现在，我们已经准备好运行模型训练循环。

5. 训练 RandWireNN 模型

本节将设置模型的超参数并训练 RandWireNN 模型。

（1）声明必要的超参数。

```
num_epochs = 5
graph_probability = 0.7
node_channel_count = 64
num_nodes = 16
lrate = 0.1
batch_size = 64
train_mode = True
```

（2）声明了超参数之后，实例化 RandWireNN 模型，以及优化器和损失函数。

```
rand_wire_model = RandWireNNModel(
    num_nodes, graph_probability, node_channel_count,
    node_channel_count, train_mode).to(device)
optim_module = optim.SGD(
    rand_wire_model.parameters(),
    lr=lrate, weight_decay=1e-4, momentum=0.8)
loss_func = nn.CrossEntropyLoss().to(device)
```

（3）开始训练模型。出于演示目的，这里训练模型 5 个周期，但建议训练更长时间以提高性能。

```
for ep in range(1, num_epochs + 1):
    epochs.append(ep)
    training_loss, training_accuracy = train(
        rand_wire_model, train_dataloader,
        optim_module, loss_func, ep, lrate)
    test_accuracy = accuracy(rand_wire_model, test_dataloader)
    test_accuracies.append(test_accuracy)
    training_losses.append(training_loss)
```

```
training_accuracies.append(training_accuracy)
if best_test_accuracy < test_accuracy:
    torch.save(model_state, './model_checkpoint/' \
               + model_filename + 'ckpt.t7')
print("model train time: ", time.time() - start_time)
```

输出结果如下所示。

```
epoch 1, loss: 1.9863920211791992, accuracy: 25.0
epoch 1, loss: 1.7622356414794922, accuracy: 31.25
epoch 1, loss: 1.6300958395004272, accuracy: 35.9375
...
epoch 5, loss: 1.042513132095337, accuracy: 62.5
test acc: 68.60%, best test acc: 63.73%
model train time: 14912.663238048553
```

从以上日志中可以明显看出，随着周期的推进，模型正在逐步学习。在验证集上的性能似乎在持续提高，这表明了模型的泛化能力。据此，我们创建了一个没有特定架构的模型，它能够合理地完成 CIFAR-10 数据集上的图像分类任务。

6. 评估和可视化 RandWireNN 模型

在探索模型架构之前，我们将查看此模型在测试集上的性能。

（1）一旦模型经过训练，即可在测试集上对其进行评估。

```
rand_wire_nn_model.load_state_dict(model_checkpoint['model'])
for test_data, test_label in test_dataloader:
    success += pred.eq(test_label.data).sum()
    print(f"test accuracy: {float(success) * 100. / len(
        test_dataloader.dataset)} %")
```

这将生成下列输出结果。

```
best model accuracy: 68.6%, last epoch: 5
test accuracy: 68.6 %
```

最佳性能的模型出现在第 4 个周期，准确率超过 67%。尽管模型尚未完善，但我们可以通过训练更多周期来获得更好的性能。此外，对于这项任务，一个随机模型的准确率为 10%（因为有 10 个同样可能的类别），所以 67.73% 的准确率仍然是有希望的，特别是考虑到我们使用的是随机生成的神经网络架构。

（2）让我们来看看学到的模型架构。由于原图太大，因而无法在此显示。读者可以在 GitHub 仓库中找到 .svg[4] 和 .pdf[5] 格式的完整图片。在图 5.4 中，我们垂直堆叠了原始神经网络的 3 个部分，即输入部分、中间部分和输出部分。

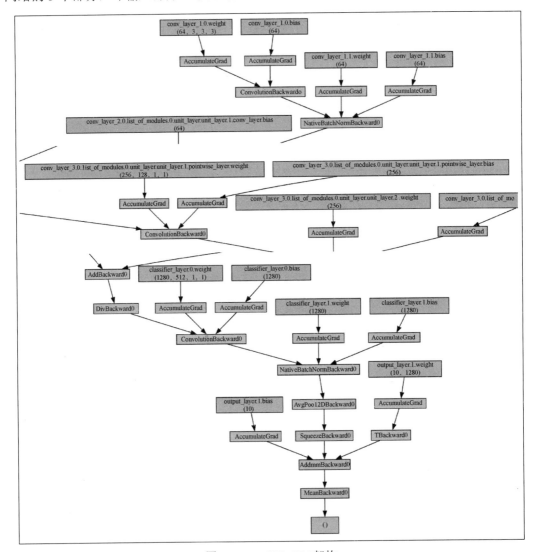

图 5.4　RandWireNN 架构

其中，可以观察到以下关键点。

● 在顶部，可以看到神经网络的开始，它由一个 64 通道的 3×3 二维卷积层组成，随后是一个 64 通道的 1×1 逐点二维卷积层。

● 在中间部分，可以看到第 3 阶段和第 4 阶段随机图之间的过渡，这里可以看到第

3 阶段随机图的汇聚神经元 conv_layer_3，随后是第 4 阶段随机图的源神经元 conv_layer_4。

- 图的最低部分显示了最终的输出层，即第 4 阶段随机图的汇聚神经元（一个 512 通道的可分离二维卷积层），紧接着是一个全连接展平层，生成了一个大小为 1280 的特征向量，随后是一个全连接的 softmax 层，它产生了 10 个类别的概率。

至此，我们已经构建、训练、测试并可视化了一个用于图像分类的神经网络模型，而没有指定任何特定的模型架构。我们确实对结构设定了一些总体约束，如倒数第二层特征向量的长度（1280），可分离二维卷积层中的通道数（64），RandWireNN 模型中的阶段数（4），每个神经元的定义（ReLU-Conv-BN 三元组）等。

然而，我们并没有指定这个神经网络架构的结构应该是什么样子。我们使用了一个随机图生成器来完成这项工作，这在寻找最优神经网络架构方面开辟了几乎无限的可能性。

神经架构搜索是深度学习领域中一个正在进行且充满希望的研究领域。在很大程度上，这与针对特定任务训练定制机器学习模型的领域（AutoML）不谋而合。

AutoML 代表自动化机器学习，它摒弃了手动加载数据集、预定义特定神经网络模型架构以解决给定任务，以及手动将模型部署到生产系统中的烦琐步骤。在第 16 章中，我们将详细讨论 AutoML，并学习如何使用 PyTorch 构建此类系统。

5.3　本　章　小　结

本章介绍了两种不同的混合类型神经网络。首先，我们研究了 Transformer 模型——一种仅基于注意力的模型，且没有递归连接，并在多个序列任务上都超越了所有循环模型。我们通过一个练习，使用 PyTorch 在 Penn Treebank 数据集上构建、训练并评估了一个 transformer 模型，用于语言建模任务。随后讨论了优化模型架构而不仅是优化模型参数的思想。对此，我们使用随机连接的神经网络（RandWireNN）生成了随机图，并为这些图的节点和边分配了含义，最后连接了这些图以形成一个神经网络。

关于图，在第 6 章中，我们将学习另一类可以从图数据集中学习的神经网络，即图神经网络。我们将使用 PyTorch 实现图神经网络在图数据集上解决分类问题。

5.4　参　考　文　献

[1] GitHub 库：https://github.com/PacktPublishing/Mastering-PyTorch/blob/master/Chapter05/

transformer.ipynb。

[2] 由 Hugging Face 提供的 Transformer 模型：https://huggingface.co/docs/transformers/en/index。

[3] 探索用于图像识别的随机连接神经网络：https://arxiv.org/pdf/1904.01569.pdf。

[4] SV 图像：https://github.com/PacktPublishing/Mastering-PyTorch/blob/master/Chapter05/randwirenn.svg。

[5] PNG 图像：https://github.com/PacktPublishing/Mastering-PyTorch/blob/master/Chapter05/randwirenn%5Brepresentational_purpose_only%5D.png。

第 6 章　图神经网络

在前面的章节中，我们讨论了从卷积到循环，从基于注意力的 transformer 到自动生成的神经网络（NN）的各种神经架构。虽然这些架构涵盖了广泛的深度学习问题，但它们最适合处理存在于连续空间中的数据，通常以向量或欧几里得空间中的坐标表示，如文本（一维）、图像（二维）和视频（三维）。然而，大量真实世界的数据集以图或网络的形式存在，如社交网络、蛋白质相互作用网络、文献引用网络和万维网。本章将学习图神经网络（graph neural network，GNN），一类能够从图结构中自然学习模式的深度学习模型。

我们首先理解与图和 GNN 相关的基本概念。接下来将探索不同类型的图学习任务，并研究一些突出的 GNN 模型。最后，我们将进行两个编程练习。首先，我们将在 PyTorch Geometric（一个构建在 PyTorch 之上的库，它简化了 GNN 的创建和训练）上训练一个名为图卷积网络（graph convolutional network，GCN）的 GNN 模型。然后将使用一个名为图注意力网络（graph attention network，GAT）的不同 GNN 模型在同一图数据集上进行迭代。

本章主要涉及下列主题。

- 图神经网络简介。
- 图学习任务的类型。
- 回顾突出的 GNN 模型。
- 使用 PyTorch Geometric 训练 GAT 模型。

6.1　图神经网络简介

为了理解 GNN，我们将从回顾图数据结构开始。那么，什么是图呢？在计算机科学中，图指的是包含两个组成部分的数据结构：节点（或顶点）和边，其中节点通常代表事物或对象，如一个人、地点或事物，而边连接这些节点，如表示节点之间的关系。图 6.1 展示了一个以人为节点和他们的关系为边的图。请注意，边被绘制为箭头，这表明这是一个有向图，其中关系有严格的顺序（B 是 A 的父母，而不是相反）。另一方面，无向图的边可以双向遍历（想想兄弟姐妹关系），并且被绘制为节点之间的直线。

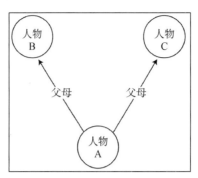

图 6.1　包含人物（节点）及其关系（边）的示例图

在技术术语中，图可以被表示为：

$$G = (V, E) \tag{6.1}$$

在这个方程中，V 是顶点（节点）的集合，E 是顶点之间边的集合。我们可以更具体地将图表示为邻接矩阵 $\mathbf{A}$，其中行和列代表图的顶点，矩阵的条目指示顶点对是否相邻（连接）。

表 6.1 显示了图 6.1 中展示的图的邻接矩阵。如果这个矩阵中任何（行，列）条目是 1，则意味着列是行的父节点。请注意，由于它是有向图，所以该矩阵不是对称的。无向图会产生一个对称的邻接矩阵。

表 6.1　有向人物关系图的邻接矩阵

isParent	personA	personB	personC
personA	0	0	0
personB	1	0	0
personC	1	0	0

6.1.1　图神经网络的直观理解

在自然语言处理（NLP）中，单独一个句子中的单词可能并不适用于训练机器学习模型来完成情感分析、语言翻译和文本到图像的生成等任务。我们通常需要观察一系列单词来理解情感。同样，图数据也不能直接用于机器学习设置中。我们需要以一种有意义的方式表示图中节点的邻域。

此外，句子中的单词通常被编码成嵌入向量，同义词之间的距离较小（如余弦距离），反义词之间的距离较大（余弦）。这些词嵌入向量可用于特定的下游任务。对于图形，我们需要完成类似的事情。例如，将节点表示为嵌入向量，嵌入向量不仅捕捉特定节点的信息，还捕捉给定节点邻域的信息，如图 6.2 所示。

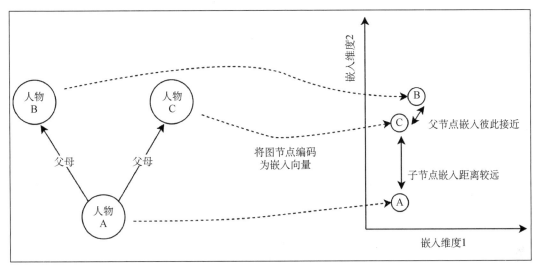

图 6.2 将图顶点编码成嵌入向量，使相似的节点聚集在一起，反之亦然

如图 6.2 所示，父节点（B 和 C）的嵌入在嵌入空间中彼此靠近，而子节点（A）则被放置得更远。这是因为（假定的）编码函数利用了图结构，这揭示了节点 B 和 C 之间的相似性，如年龄相仿。除了捕获节点特定信息，捕获图结构是图神经网络（GNN）这一类新型深度学习模型出现的原因，否则常规的神经网络（NN）就已足够。接下来我们将简述如何将常规的 NN 模型应用于图数据。

6.1.2 在图数据上使用常规 NN

我们可以使用邻接矩阵作为起点，用来表示每个图节点。邻接矩阵的每一行包含相应节点与其他节点的关系信息。除了邻接矩阵，每个节点本身还可以由不同的特征组成。

例如，在图 6.1 中，每个人可能不仅通过一个 ID（A、B 或 C）来表示，而是利用一组不同的特征集合予以表示，如 ID、年龄、性别、身高和体重。给定邻接矩阵和内在节点特征后，图 6.3 展示了如何利用这些信息来训练一个常规的（前馈）NN 模型。

如图 6.3 所示，我们可以将邻接矩阵数据与节点级特征进行拼接，作为输入传递给性别预测 NN 模型。尽管这种方法看起来可能适用于给定任务，但它存在一定的局限性。

- 这种方法仅以直接邻接特征的形式捕获节点周围的 1 度图信息。在大型图数据集中，虽然 1 度（或直接）邻居已经增添了价值，但 2 度或更高度的邻居，即通过一个或多个中间节点连接的节点，可能对于提取全部图信息至关重要。

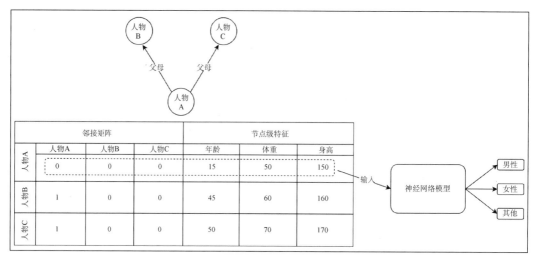

图 6.3　使用邻接矩阵和节点级特征来训练一个常规 NN 模型，
用于预测给定图节点（人物）性别的示例任务

- 如果将邻接矩阵中的图节点顺序从 A、B、C 更改为 B、C、A，那么节点 B 的邻接特征将从[1, 0, 0]变为[0, 0, 1]。这意味着这样的特征表示依赖于严格的节点排序，并且在此设置中训练的模型在面对不同节点排序的相同图时将出现故障。
- 如果在人物图中添加了一个新的节点（人），那么新节点以及现有节点的特征向量长度将从 6 增加到 7，这就需要对所有节点从头开始训练模型。
- 从邻接矩阵中获得的特征将是稀疏的，因为只有这个特征向量的一个条目将具有值 1，而其余的特征将全部包含 0。

上述局限性清楚地表明我们需要一种截然不同的解决方案来处理图，这就是图神经网络（GNN）发挥作用的地方。

6.1.3　通过计算图理解 GNN 的强大能力

为了解决常规 NN 的第一个局限性，我们需要一些超越邻接矩阵的内容来表示给定节点周围的完整图信息，包括第 1 度、第 2 度以及更高度的连接。这可以通过计算图来实现，如图 6.4 所示。

图 6.4 中的每个节点都由相应的节点级特征表示，如果一个节点有多个邻近节点，这些邻近节点的特征在传播到给定节点之前会被聚合。原始图显示在右上角。

对于图中的每个节点，我们创建了一个计算图，在这个计算图中，我们逐层表示节点的邻域——每层代表不同的连接度。在图 6.4 中我们可以看到，对于给定的无向图，节点

A 直接连接到节点 B 和 C，而它们又反过来连接到节点 A。因此，节点 A 与节点 B 和 C 存在 1 度连接，并且与自身存在 2 度连接。

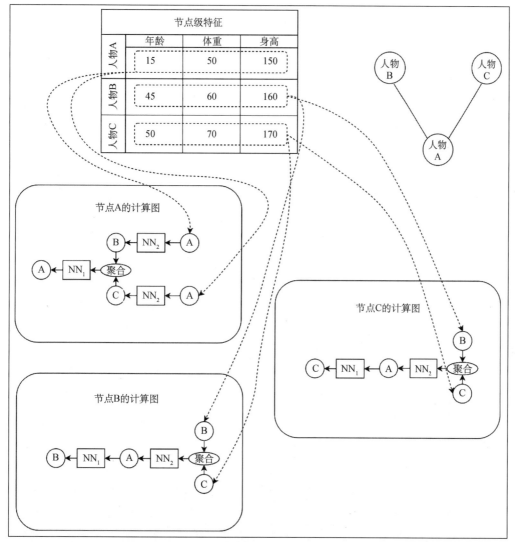

图 6.4　给定无向图的所有 3 个节点的计算图（深度为 2），展示了给定节点的 1、2 度连接

在这个例子中，我们将计算图的深度限制为 2，但也可以将这个概念推广到深度 n。其中，此类计算图的最后一层将代表与原始节点的第 n 度连接。

在图 6.4 中节点 A 的计算图上，我们可以看到前向传播从最右边开始，并使用节点 A

的节点级特征。这些特征通过一个神经网络（NN2）传播，以生成节点 B 和 C 的潜在表示，然后进行聚合，并且该聚合通过另一个神经网络（NN1）传播，以生成节点 A 的潜在表示。随后使用这个节点 A 的表示（类似地，计算图中的节点 B 和 C）作为它的嵌入向量，用于训练下游任务，如性别分类。

⬚ 注意：

符号 NN_1 和 NN_2 看起来可能有些令人困惑，但实际上它们是按照与原始节点的连接度编号的。

需要注意的是，给定层的所有 NN 之间以及所有计算图之间共享权重。例如，在图 6.4 中，所有 NN_1 在所有计算图中共享相同的参数。此外，后文讨论的 GCN 中的卷积就来源于这种共享权重机制。这种权重共享机制防止了随着图节点数量或计算图深度的增加，整体模型参数数量的爆炸性增长。权重共享还使系统对节点的不同排序或向原始图中添加新节点具有鲁棒性。

由于采用了多层计算图，我们解决了使用图 NN 所面临的第 1 个限制。由于在每一层聚合了多个节点特征，我们解决了在图上使用常规 NN 的第 2 个局限性，因为图中节点的排序不再重要。这意味着聚合函数必须与顺序无关，如总和、平均值、最大值和最小值。我们不能使用像连接这样的聚合函数。第 3 个限制是，当添加一个新节点时，必须重新训练整个 NN，而有了计算图，我们只需为这个新添加的节点再创建一个计算图即可。最后，我们还克服了与稀疏性相关的第 4 个限制，即每个节点的输入特征中可能会出现大量 0，因为我们没有使用计算图的邻接矩阵信息，而仅依赖于节点的固有特征。

我们已经讨论了 GNN 的核心原则。在计算图的每一层使用的确切聚合函数、用于 NN_1 和 NN_2 的确切 NN 架构选择，以及端到端训练 GNN 的过程，在不同的 GNN 架构中都会有所不同，稍后我们将对此加以讨论。现在，让我们简要了解一下使用 GNN 在图数据上可以执行的不同类型学习任务。

6.2　图学习任务的类型

前述内容讨论了图和 GNN 的基本原则，但是可以使用 GNN 在图数据上执行哪些类型的任务（即前一节提到的下游任务）？广义上讲，图学习任务分为以下 3 个不同的类别。

- 节点级任务。
- 边级任务。
- 图级任务。

6.2.1　节点级任务

节点级任务旨在预测图中给定节点的类别。我们在前几节（见图 6.3）中的演示即基于节点级任务，相关任务是预测每个节点的性别——男性、女性或其他。对于这类任务，每个节点的潜在特征表示（节点计算图的最终输出）被用来训练下游任务。对应任务可以是：

- 分类任务——涉及离散标签（性别、颜色等）。
- 回归任务——涉及连续值（年龄、身高等）。
- 聚类任务——图中的节点被划分为不同的簇。

所有这些内容都在图 6.5 中予以展示。

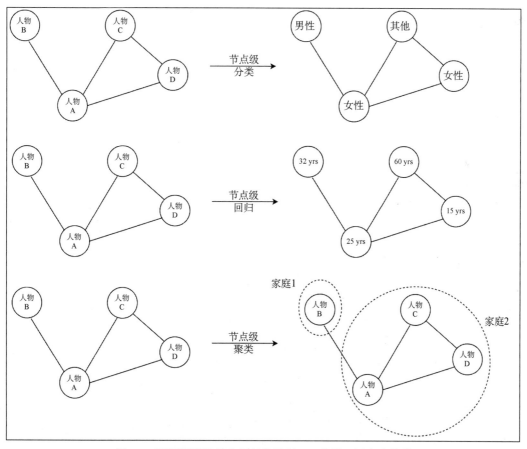

图 6.5　不同类型的节点级任务示例——分类、回归和聚类

如果将图像视为像素图，那么一个合适的节点级任务等价于语义分割，即预测每个像素（节点）的分割类别。同样，如果将句子视为单词图，那么词性标注就是一个节点级任务，其中每个单词都被赋予一个词性标签（名词、动词、形容词等）。

6.2.2　边级任务

类似于节点级任务，在边级任务中，目标是对边进行分类。每条边可以通过组合/串联其所连接的节点的节点级特征实现数值表示。此外，在某些图中，边也有它们的边级特征。通常，边级任务使用伴随的节点特征以及边特征来训练一个下游分类任务，如预测家族图中的关系类型（父母、兄弟姐妹等），如图 6.6 所示。

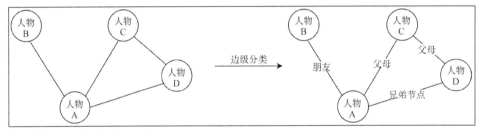

图 6.6　边级任务示例——在图中对人之间的关系进行分类

在图 6.6 中，为了预测人物 A 和 B 之间的关系类型，使用了节点 A 和 B 的潜在特征。在无向图的情况下，使用排列不变的聚合函数（如求和、平均、最小值和最大值）来组合两个节点的特征，以确保节点的顺序（A->B 或 B->A）不影响边特征。

在计算机视觉领域中，图像场景理解（见图 6.7）是一个适当的边级任务等价示例，其中图像中的不同对象是节点，这些对象之间的关系是边，目标是预测图像中这些对象之间的关系类型。

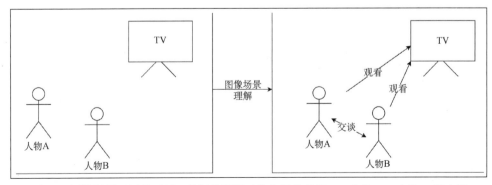

图 6.7　图像场景理解的示例，目标是预测对象之间的关系——人物 A、人物 B 和电视

6.2.3　图级任务

在图级任务中，我们通过使用图中所有节点的潜在特征（排列不变）聚合来预测整个图的类别或数值，如图 6.8 所示。许多图数据集内部包含多个不相交的图，如分子的图数据集，其中每个分子都是一个图结构。在这种情况下，预测分子类型就是一个图级任务的示例。

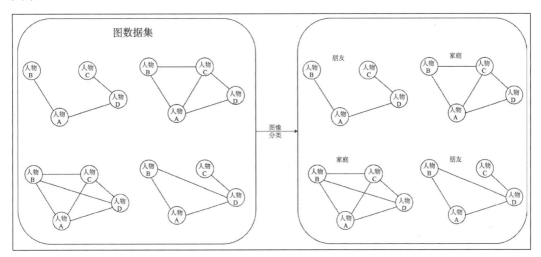

图 6.8　图级任务的示例，其中在人物图数据集中的不同关系图被归类为朋友群组或家庭

在图像领域，图像分类是图级任务的等价形式，因为图像（图）中的所有像素（节点）被用来赋予整个图像（图）一个单一的值。

我们结束了对各种图学习任务的讨论。下一节我们将深入探讨过去 10 年（截至 2024 年5 月）开发出的一些突出的 GNN 模型，并了解一些知名 GNN 方法的关键架构和算法特征。

6.3　回顾突出的 GNN 模型

本节将讨论几种流行的 GNN 模型。尽管在过去 20 年中已经开发了许多 GNN 架构，但我们只讨论以下几种模型，因为它们涵盖了当今图建模中使用的大部分 GNN 概念（截至 2024 年 5 月）。

● GCN。

- GAT。
- GraphSAGE。

我们将简要讨论这些模型的内部工作方式，并强调这些模型变体之间的差异。

6.3.1　GCN 中的图卷积

前述内容介绍了 GCN 中的卷积术语[1]来源于图中共享的权重（NN₁，NN₂）（参考图 6.4）。
为了理解 GCN 的工作原理以及 GCN 如何从图数据集中提取额外的图信息，让我们回顾一
下如何用传统的 NN 解决图问题，如图 6.9 所示。

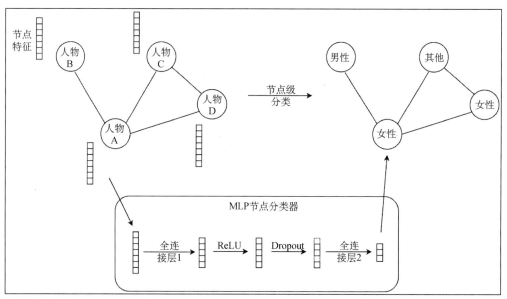

图 6.9　使用具有两个全连接层的前馈 NN 并利用图中节点的局部特征对节点进行分类

如图 6.9 所示，传统的（前馈）神经网络只能利用节点级的局部信息来预测节点类别。
相比之下，GCN 使用每个节点的计算图来提取来自节点本身、节点的邻居、邻居的邻居等
的信息，如图 6.10 所示。

如图 6.10 所示，为了预测节点 A 的类别，一个双层深度图卷积网络（GCN）模型在第
一层从节点 A 的邻居（包括它自身）{A, B, D}中获取信息。在第二层，它从节点 A、B 和
D 的邻居（包括它们自身）{A, B, D}, {A, B}和{A, C, D}中获取信息。在每一层，都执行一
种聚合操作，确切地说是平均值，这确保了在各层间特征长度的恒定，并且节点的顺序不
会影响聚合。

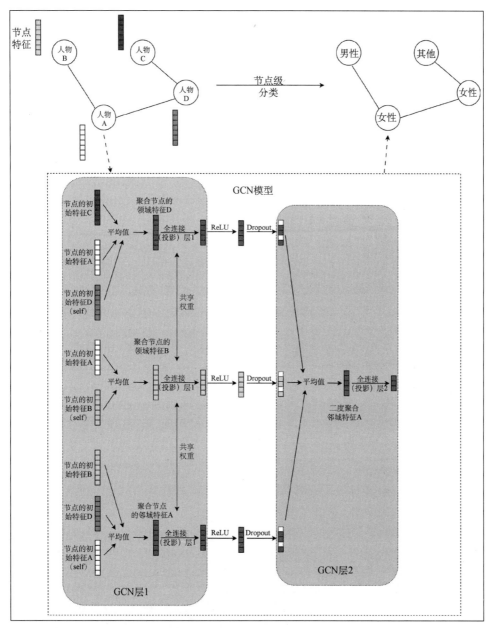

图 6.10　两层基于 GCN 的节点分类模型，展示了节点 A 的计算图——在第一层，节点 A 的二级邻居（邻居的邻居）的特征被聚合以产生节点 A 邻居的潜在表示；在第二层，这些潜在表示被聚合以产生节点 A 的最终特征，然后用于节点分类

在两个 GCN 层之间,我们添加了修正线性单元(ReLU)和丢弃层,以实现非线性。

如果比较图 6.10 和图 6.9,我们可以看到在图 6.9 中的全连接层在图 6.10 中基本上被 GCN 层所取代。GCN 层本身由一个全连接层构成,但它还包括了邻域特征聚合组件,这是使 GCN 在图数据集上表现出色的关键因素。虽然我们以节点分类为例讨论 GCN,但 GCN 也可以执行图分类,其中聚合是在图的所有节点上进行的。

尽管 GCN 使用来自邻居的信息平均值,已经提取了有价值的图信息,但人们已经进行了大量的工作,以寻找更好的邻居聚合信息的方法。在这方面的图神经网络研究中,一个重要的里程碑是 GAT,我们将在下一节讨论。

6.3.2　在图上使用注意力机制的 GAT

图卷积网络(GCN)使用平均值作为从邻近节点特征中聚合信息的机制。这存在一个固有的局限性,因为它假设所有邻居都应该被平等对待,但情况可能并非如此。例如,如果两个节点 X 和 Y 具有相同的初始特征值和相同的邻居集,GCN 模型会将它们归为同一类别或簇。但这可能并不正确。为了捕捉图中这种细微的信息,可以将简单的平均机制替换为注意力机制。这就是图注意力网络(GAT)[2]发挥作用的地方。

第 5 章曾讨论了注意力机制,当时是在文本数据的背景下,我们为句子中的不同单词分配不同的重要性,专注于特定部分以进行进一步处理。在 GAT 的背景下,注意力机制允许模型在对节点类型进行分类时,对不同邻居赋予不同的权重,从而使模型更加复杂和强大。通过注意力机制,我们为每个邻居学习注意力系数,这为模型增加了更多的可训练参数。图 6.11 展示了 GAT 和 GCN 方法在聚合邻近节点特征时的对比。

如图 6.11 所示,我们引入了一组新的可训练参数,即注意力向量。注意力向量的长度是单个节点特征向量的两倍,因为它会与给定节点的特征与节点邻居的特征的连接进行点乘。可学习的注意力向量在给定层的所有<节点,邻居>对中共享。这组额外的可训练参数赋予了 GAT 学习不同特征维度以及不同邻居的不同权重的能力。

每个<节点,邻居>对的注意力系数是通过将注意力向量与节点和邻居特征的连接的点积传递给 leaky ReLU 函数来计算的。最后,每个邻居的权重被计算为 softmax 化的注意力系数,其中 softmax 函数应用于注意力系数。这个 softmax 函数除了增加了进一步的非线性,还确保了权重之和为 1。通过这种方式,GAT 显著增强了使用可训练的注意力参数从邻近节点提取信息的机制。

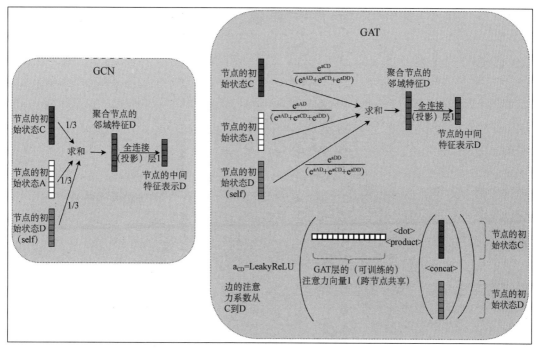

图 6.11　图卷积网络（GCN）和图注意力网络（GAT）中聚合机制的对比演示——在 GCN 的情况下，3 个邻居中的每一个都被赋予了统一的 1/3 权重来进行聚合；而在 GAT 中，权重是通过所有邻居的注意力系数的 softmax 函数计算得出的。注意力系数是通过 leaky ReLU 激活函数对节点与邻居特征的连接与注意力向量的点积进行计算得出的

到目前为止，我们已经看到了在整个图上工作的算法。为了对给定节点进行分类，我们查看了它的所有邻居（第 1 层），邻居的邻居（第 2 层），以此类推。现实世界的图可以拥有数十亿个节点（如社交网络）。在使用这些 GNN 模型处理整个图时，可扩展性可能成为问题。

为了更高效地处理如此庞大的图数据集，多年来已经开发了许多图采样方法。GraphSAGE 就是其中之一，接下来我们将对此进行讨论。

6.3.3　执行图采样的 GraphSAGE

GraphSAGE[3]，全称为图采样和聚合，它随机且均匀地为给定节点采样邻居，并仅使用这些选定的邻居来提取图信息，且与使用所有邻居的 GCN 和 GAT 不同。因此，这种算法适用于大型和密集的图。图 6.12 展示了 GraphSAGE 在节点分类背景下的工作方式。

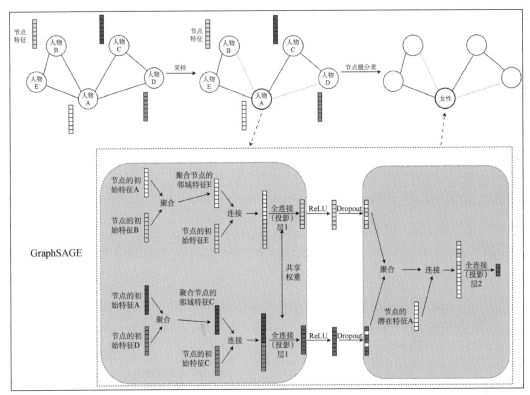

图 6.12　展示一个双层 GraphSAGE 模型用于节点分类的过程，包括节点采样步骤。对于节点 A，4 个邻居中随机采样出两个；对于这两个邻居，又分别采样了另外两个邻居，然后使用这个子图来执行节点分类，其原理是通过从邻居那里聚合信息，从而减少了模型的计算需求（与 GCN 和 GAT 相比）

在图 6.12 所示的例子中，对于节点 A，采样邻居的集合是{B, C, D, E}。GraphSAGE 从这些邻居中随机采样出{C, E}。在第二层连接（即第二级邻居）中（例如，对于节点 C 和 E），GraphSAGE 从两个可能的邻居中各采样两个（即{A, D}和{A, B}）。接下来，来自节点{A, D}的特征被聚合，并将此聚合与节点 C 的特征进行连接。

前馈神经网络层应用于特征拼接后，接着是 ReLU 激活函数和 Dropout 操作。在节点 E 的邻居节点{A, B}上执行相同的操作。

在 GraphSAGE 第一层的末端，我们得到了节点 C 和 E 的潜在表示。在模型的第二层，这些潜在表示进一步被聚合，并且将聚合结果与节点 A 的潜在特征进行拼接。在这个拼接后特征上应用前馈层，最终生成节点的类别概率。

对于图 6.12 中提到的聚合函数，原始 GraphSAGE 论文的作者们提及了以下 3 种不同的邻近节点特征聚合方法。

- 平均值聚合。
- 长短期记忆（LSTM）模型。
- 最大池化。

除了常规的平均值技术，我们可以重新排列邻居节点的顺序，并通过 LSTM 模型传递以生成输出嵌入。或者，每个邻居的特征向量通过前馈神经网络传递，产生 num_neighbors 数量级的输出特征向量，并从所有邻居中获取每个输出特征的最大值。

GraphSAGE 模型的一个里程碑式的后续模型是 PinSAGE，由 Pinterest 开发并用于他们的推荐系统，该系统包含超过 30 亿个节点（用户）和超过 180 亿条边。在结束了对一些知名图神经网络模型、底层架构和算法的简要讨论后，在接下来的章节中，我们将从图神经网络文献过渡到涉及常规神经网络、图卷积网络和图注意力网络的实践编码练习。

6.3.4 使用 PyTorch Geometric 构建图卷积网络模型

前述章节涵盖了大量的图神经网络（GNN）理论。本节将使用 PyTorch Geometric[4]——PyTorch 的图神经网络库，它具备以下特性。

- 优化的图数据加载/处理功能。
- 流行的图数据集仓库。
- 著名图神经网络架构的实现。
- 预训练的流行图神经网络模型权重。

我们将在著名的 CiteSeer 图数据集上构建自己的图卷积网络（GCN）模型。这是一个引用网络数据集，包含作为节点的科学出版物，这些节点基于引用相互连接。我们将执行图内节点级别的任务，将这些科学出版物分类到数据集中可用的 6 个类别之一。

首先，我们将使用 PyTorch Geometric 的数据 API 来探索和理解数据集。随后将构建一个基于神经网络的分类解决方案作为这项任务的基线。这个基线方法不会使用任何图信息，而只使用每个节点（出版物）的内在特征。之后，我们将构建、训练并评估同一个任务上的 GCN 模型，并考查这种方法是否通过利用图信息超越了基线。这一章的所有代码都可以从 GitHub 仓库[5]中访问。

6.3.5 加载和探索引用网络数据集

正如任何机器学习项目一样，一切都始于数据。本节将学习如何使用 PyTorch

Geometric 加载、处理和可视化 CiteSeer 图数据集，该数据集可以直接从 PyTorch Geometric 库中加载。在加载数据之前，我们需要从这个库中导入一些重要的模块。

```
from torch_geometric.nn import GCNConv
from torch_geometric.utils import to_networkx
from torch_geometric.datasets import Planetoid
```

第一行代码简单地导入了将用于快速开发 GCN 模型的 GCN 模型类。第二行代码导入了 to_networkx 函数，该函数将 PyTorch Geometric 数据集转换为 NetworkX 友好的图对象。NetworkX[6]是一个 Python 库，提供了大量用于创建、分析和可视化复杂网络/图及其属性的工具。最后一行代码导入了名为 Planetoid 的引用网络数据集。

现在，我们准备使用以下几行代码加载数据集并研究其关键属性。

```
dataset = Planetoid(root='data/Planetoid', name='CiteSeer')
print(f'Dataset: {dataset}:')
print('=====================')
print(f'Number of graphs: {len(dataset)}')
print(f'Number of features: {dataset.num_features}')
print(f'Number of classes: {dataset.num_classes}')
```

对应输出结果如下所示。

```
Dataset: CiteSeer():
=====================
Number of graphs: 1
Number of features: 3703
Number of classes: 6
```

首先需要注意的是，该数据集中只有一个图，不同于其他包含多个不相交图的数据集（见图 6.8）。其次，图中的每个节点都有 3703 个特征来表示。第三，我们可以看到该数据集中总共有 6 个节点类别。但是，这个数据集中有多少节点和边呢？让我们用以下代码找出答案。

```
data = dataset[0] # Get the first graph object.
print(data)
print('================================================')
print(f'Number of nodes: {data.num_nodes}')
print(f'Number of edges: {data.num_edges}')
```

```
...
print(f'Is undirected: {data.is_undirected()}')
```

输出结果如下所示。

```
Data(x=[3327, 3703], edge_index=[2, 9104], y=[3327], train_mask=[3327], val_
mask=[3327], test_mask=[3327])
============================================================
Number of nodes: 3327
Number of edges: 9104
Average node degree: 2.74
Number of training nodes: 120
Training node label rate: 0.04
Has isolated nodes: True
Has self-loops: False
Is undirected: True
```

首先在 data 变量下获取数据集中唯一的图。该图包含 3327 个节点和 9104 条边，其中 3327 个节点中有 120 个节点带有标签（6 个类别中的一个）。该数据集中没有孤立的节点，也没有节点与自身相连（自环）。最后，由于这是一个无向图，图中的边是双向的。

我们已经使用 PyTorch Geometric 的函数收集了有关引用图的一些信息。在该数据集上构建模型之前，让我们使用以下代码片段可视化这个图数据集。

```
def visualize_graph(G, color):
    plt.figure(figsize=(15,15))
    plt.xticks([])
    plt.yticks([])
    nx.draw_networkx(
        G, pos=nx.spring_layout(G), with_labels=False,
        node_color=color, cmap="Set2")
    plt.show()
G = to_networkx(data, to_undirected=True)
visualize_graph(G, color=data.y)
```

输出结果如图 6.13 所示。

如图 6.13 所示，图中有一个密集的出版物网络，还有多个较小的出版物子网络（在边缘）。既然已经加载、探索并可视化了 CiteSeer 图数据集，接下来我们将使用这个数据集构建一个基于神经网络的基线节点分类器。

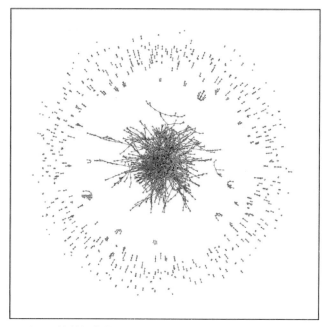

图 6.13　CiteSeer 引用网络数据集的可视化结果——不同的节点颜色代表 6 个不同的类别；
图中有一个密集连接的网络，还有一些较小的、分散的出版物子网络

6.3.6　构建一个简单的基于神经网络的节点分类器

　　本节将使用 PyTorch 在 CiteSeer 图数据集上构建并训练一个多层感知器（MLP）模型。首先使用随机权重实例化一个 MLP 模型，该模型以节点的特征作为输入，并将产生的节点类别作为输出。随后可视化由随机初始化的 MLP 模型生成的输出节点嵌入（大小为 6）。接下来在多类别分类任务上训练 MLP 模型。最后评估训练好的 MLP 模型，并可视化由训练模型生成的节点嵌入。

　　图 6.9 展示了用于节点分类的多层感知器（MLP）模型架构，包含一个输入层（与节点特征的数量相同大小）、一个有 16 个神经元的隐藏层，以及一个有 6 个神经元的输出层（对应 6 个不同的节点类别）。另外，我们在隐藏层使用 ReLU 激活函数和 Dropout。下面展示了实例化 MLP 模型的等效 PyTorch 代码。

```
class MLP(torch.nn.Module):
    def __init__(self, hidden_channels):
        super().__init__()
        torch.manual_seed(12345)
```

```
        self.lin1 = Linear(dataset.num_features, hidden_channels)
        self.lin2 = Linear(hidden_channels, dataset.num_classes)
    def forward(self, x):
        x = self.lin1(x)
        x = x.relu()
        x = F.dropout(x, p=0.5, training=self.training)
        x = self.lin2(x)
        return x
model = MLP(hidden_channels=16)
print(model)
```

输出结果如下所示。

```
MLP(
    (lin1): Linear(in_features=3703, out_features=16, bias=True)
    (lin2): Linear(in_features=16, out_features=6, bias=True)
)
```

我们可以看到，此模型有 3703 个输入特征和 6 个输出特征。现在我们将使用这个未训练的模型为数据集中的所有节点获取 6 个输出特征，并在这些 6 维特征嵌入上应用 t-分布随机邻域嵌入（t-SNE）算法，以找到一个有代表性的二维嵌入。t-SNE 是一种降维技术，用于在保留成对相似性的同时，将高维数据可视化到低维空间中。

读者可以在参考文献[7]中详细阅读有关 t-SNE 的信息。接下来我们将使用 t-SNE 嵌入，并将数据集中的所有节点绘制在二维图上。

```
def visualize(data, labels):
    tsne = TSNE(n_components=2, init='pca', random_state=7)
    tsne_res = tsne.fit_transform(data)
    v = pd.DataFrame(data,columns=[str(i) for i in range(data.shape[1])])
    v['color'] = labels
    v['label'] = v['color'].apply(lambda i: str(i))
    v["dim1"] = tsne_res[:,0]
    v["dim2"] = tsne_res[:,1]
    plt.figure(figsize=(12,12))
    sns.scatterplot(
        x="dim1", y="dim2",
        hue="color",
        palette=sns.color_palette(
            ["#52D1DC", "#8D0004", "#845218","#563EAA",
             "#E44658", "#63C100", "#FF7800"]),
        legend=False,
```

```
        data=v,
    )
model.eval()
out = model(data.x)
visualize(out.detach().cpu().numpy(), data.y)
```

输出结果如图 6.14 所示。

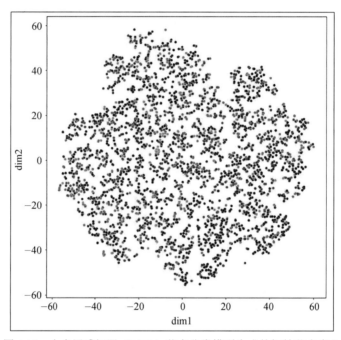

图 6.14　由多层感知器（MLP）节点分类模型生成的初始节点嵌入

如图 6.14 所示，所有属于不同类别的节点（由 6 种不同颜色表示）在这张 2D 分布图中随机分布。这是意料之中的结果，因为用来获得这些嵌入的 MLP 模型尚未被训练，并且权重是随机初始化的。

在可视化代码中，我们定义了一个 visualize 函数，它接收节点嵌入（MLP 输出）以及节点类别标签（6 个类别中的一个）。该函数使用 t-SNE 算法将大小为 6 的节点嵌入转换为大小为 2。我们使用该 visualize 函数来直观检查不同模型在将不同类别的节点分散到同质群集中的性能表现。目前，我们将使用以下代码在节点级特征上训练 MLP 模型。

```
criterion = torch.nn.CrossEntropyLoss()
optimizer = torch.optim.Adam(model.parameters(), lr=0.01, weight_decay=5e-3)
def train():
```

```
    model.train()
    optimizer.zero_grad()
    out = model(data.x)
    loss = criterion(out[data.train_mask], data.y[data.train_mask])
    loss.backward()
    optimizer.step()
    return loss
def test(mask):
    model.eval()
    out = model(data.x)
    pred = out.argmax(dim=1)
    correct = pred[mask] == data.y[mask]
    acc = int(correct.sum()) / int(mask.sum())
    return acc
for epoch in range(1, 101):
    loss = train()
    val_acc = test(data.val_mask)
    print(f'Epoch: {epoch:03d}, Loss: {loss:.4f}, Val: {val_acc:.4f}')
```

首先定义损失函数——用于多类别分类任务的 CrossEntropyLoss。接着将 Adam 定义为选择的优化器。随后定义训练函数,在该函数中,MLP 模型通过梯度下降和反向传播进行训练。此外还定义了一个测试函数来评估训练好的 MLP 模型的性能。测试函数有一个 mask 参数,可以接收如 train_mask、val_mask 或 test_mask 等变量作为输入,其中 mask 是一个长度等于图中节点总数的列表。mask 列表包含 0 和 1,分别表示在图中要忽略的节点和要选择的节点。如果图中有 3 个节点,其中第一个节点属于训练集,第二个属于验证集,第三个属于测试集,那么训练 mask 将是[1, 0, 0],验证 mask 将是[0, 1, 0],测试 mask 将是[0, 0, 1]。

最后,上述代码运行了一个 100 个周期的训练循环,并打印了模型在训练集和验证集上的性能。上述代码的输出结果如下所示。

```
Epoch: 001, Loss: 1.8052, Val: 0.1020
Epoch: 002, Loss: 1.7371, Val: 0.1540
Epoch: 003, Loss: 1.6468, Val: 0.1940
Epoch: 004, Loss: 1.5291, Val: 0.2820
Epoch: 005, Loss: 1.3691, Val: 0.3720
...
Epoch: 096, Loss: 0.2214, Val: 0.5720
Epoch: 097, Loss: 0.1520, Val: 0.5720
Epoch: 098, Loss: 0.2303, Val: 0.5740
Epoch: 099, Loss: 0.2675, Val: 0.5700
Epoch: 100, Loss: 0.2040, Val: 0.5620
```

　　训练日志显示，模型正在从训练集中学习，这一点从训练损失的减少中可以看出。另外，日志还显示，验证集的准确率从第 1 个周期的 10%增加到大约第 100 个周期的 56%～57%。现在，让我们使用以下代码检查训练好的模型（在第 100 个周期）在未触及的测试集上的性能。

```
test_acc = test(data.test_mask)
print(f'Test Accuracy: {test_acc:.4f}')
```

输出结果如下所示。

```
Test Accuracy: 0.5710
```

　　测试集上的准确率与训练集上的相似，这表明训练结果可以推广到图的未见部分。因此，可以假设已经成功地训练了一个基于 MLP 的节点分类器。现在回到基于 t-SNE 的可视化，使用训练好的 MLP 模型生成节点嵌入，并将它们在 2D 图上进行可视化，如下所示。

```
out = model(data.x)
visualize(out.detach().cpu().numpy(), data.y)
```

输出结果如图 6.15 所示。

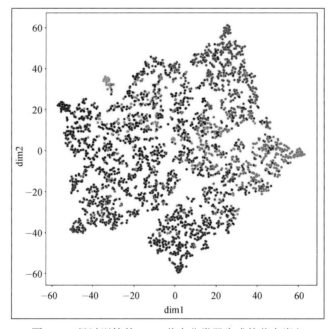

图 6.15　经过训练的 MLP 节点分类器生成的节点嵌入

图 6.15 显示了同色节点某种程度上聚集成 6 个独立的簇或组的情况。其中，节点簇有一些重叠，但从视觉上可以看出，训练后的 MLP 模型生成的嵌入在区分不同类别的节点方面，比未训练的 MLP 模型要好得多。因此，MLP 模型确实能够仅使用 3703 个节点级特征（无须任何图上下文），并以 57%的合理准确率对节点进行分类（记住，有 6 个类别的情况下，随机分类器的准确率将是 16.67%。）。但 57%是否足够？或者是否可以做得更好？是否充分利用了图数据集中可用于分类节点的全部信息？这里，我们使用了节点级特征，但邻近区域的上下文信息呢？这些信息是否有帮助？如何在构建节点分类器时使用这些信息？接下来我们将了解所有这些内容。

6.3.7　构建用于节点分类的 GCN 模型

在 6.3.6 节中，我们利用了 CiteSeer 图数据集的节点级特征，使用一个简单的多层感知器（MLP）模型对不同类型的节点进行分类。本节将超越节点级信息，进一步利用给定节点的邻域信息，使用图卷积网络（GCN）执行节点分类。其间将使用 PyTorch Geometric 构建并训练一个 GCN 模型。

（1）定义 GCN 模型架构以及模型的前向传播。

```python
class GCN(torch.nn.Module):
    def __init__(self, hidden_channels):
        super().__init__()
        torch.manual_seed(1234567)
        self.conv1 = GCNConv(dataset.num_features, hidden_channels)
        self.conv2 = GCNConv(hidden_channels, dataset.num_classes)
    def forward(self, x, edge_index):
        x = self.conv1(x, edge_index)
        x = x.relu()
        x = F.dropout(x, p=0.5, training=self.training)
        x = self.conv2(x, edge_index)
        return x
model = GCN(hidden_channels=16)
print(model)
```

输出结果如下所示。

```
GCN(
  (conv1): GCNConv(3703, 16)
  (conv2): GCNConv(16, 6)
)
```

上述代码定义并实例化了一个双层 GCN 模型。图中的所有节点在第一层从 3703 个输入特征转换为 16 个中间特征，在第二层/输出层从 16 个特征转换为 6 个输出类别，类似于图 6.10 中的演示。

（2）使用实例化的未训练 GCN 模型为数据集中的所有节点获取 6 个输出特征，并对 6 个特征应用 t-SNE 将它们转换为两个特征，然后使用以下代码将图数据集中的所有节点绘制在 2D 图上。

```
model.eval()
out = model(data.x, data.edge_index)
visualize(out.detach().cpu().numpy(), data.y)
```

输出结果如图 6.16 所示。

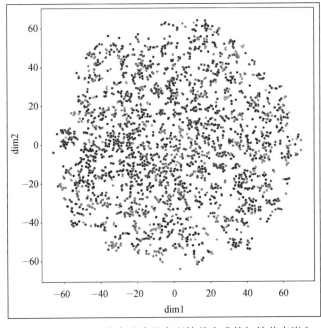

图 6.16　由 GCN 节点分类器在训练前生成的初始节点嵌入

类似于图 6.14，在图 6.16 中我们可以看到，所有属于不同类别的节点（由 6 种不同的颜色表示）是随机分布的。这是意料之中的结果，因为 GCN 模型的权重是随机初始化的。

（3）在定义了优化器、损失函数以及模型训练和评估程序之后，训练 GCN 模型 100 个周期，对应代码如下所示。

```
optimizer = torch.optim.Adam(model.parameters(), lr=0.01, weight_
```

```
decay=5e-3)
criterion = torch.nn.CrossEntropyLoss()
def train():
    model.train()
    optimizer.zero_grad()
    out = model(data.x, data.edge_index)
    loss = criterion(out[data.train_mask], data.y[data.train_mask])
    loss.backward()
    optimizer.step()
    return loss
def test(mask):
    model.eval()
    out = model(data.x, data.edge_index)
    pred = out.argmax(dim=1)
    correct = pred[mask] == data.y[mask]
    acc = int(correct.sum()) / int(mask.sum())
    return acc
for epoch in range(1, 101):
    loss = train()
    val_acc = test(data.val_mask)
    print(f'Epoch: {epoch:03d}, Loss: {loss:.4f}, Val: {val_acc:.4f}')
```

输出结果如下所示。

```
Epoch: 001, Loss: 1.7871, Val: 0.3620
Epoch: 002, Loss: 1.6260, Val: 0.4100
Epoch: 003, Loss: 1.4544, Val: 0.5100
Epoch: 004, Loss: 1.2277, Val: 0.5740
Epoch: 005, Loss: 1.0790, Val: 0.6200
. . .
Epoch: 096, Loss: 0.1098, Val: 0.6880
Epoch: 097, Loss: 0.1258, Val: 0.6940
Epoch: 098, Loss: 0.0871, Val: 0.6960
Epoch: 099, Loss: 0.1123, Val: 0.7000
Epoch: 100, Loss: 0.1076, Val: 0.7000
```

上述代码与之前的 MLP 模型训练代码的唯一区别在于前向传播，在前向传播中，除了提供节点级特征（data.x），我们还提供了邻接矩阵，该矩阵在 data.edge_index 下以紧凑格式表示，并列出了图中所有边作为节点索引对。这个额外的信息帮助 GCN 模型对每个节点运行计算图，如图 6.10 中的节点 A 所示。训练日志显示，训练损失低于 MLP 训练损失，验证集准确率高于 MLP 验证集准确率。

（4）训练好 GCN 模型后，我们使用与评估 MLP 模型相同的测试集来评估训练好的模型。

```
test_acc = test(data.test_mask)
print(f'Test Accuracy: {test_acc:.4f}')
```

输出结果如下所示。

```
Test Accuracy: 0.6960
```

我们可以看到，GCN 模型的准确率达到了 69.60%，与使用 MLP 模型获得的 57.10% 测试集准确率相比有了显著提升。对应结果较为直观，因为 GCN 模型除了使用 MLP 模型所使用的节点级特征，还利用了额外的图信息。

（5）使用训练好的 GCN 模型对所有图节点执行前向传播，生成 6 个输出概率，使用 t-SNE 将这些数字从 6 个维度转换为两个维度，并在 2D 图上进行可视化。

```
out = model(data.x, data.edge_index)
visualize(out.detach().cpu().numpy(), data.y)
```

输出结果如图 6.17 所示。

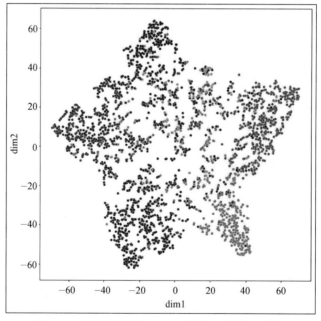

图 6.17　经过训练后的 GCN 模型生成的节点嵌入

图 6.17 进一步证实了我们已经训练了一个在节点分类任务上表现良好的 GCN 模型，可以看到，与图 6.16 中节点的随机分布相比，节点明显更好地聚集成 6 个类别。

此外，与图 6.15 中训练好的 MLP 模型产生的簇相比，图 6.17 甚至显示出更好的节点聚集。图 6.17 几乎形成了一个星状排列，其中 5 个节点类别指向星形的 5 个角，第 6 个类别则分散在中心。

　　GCN 模型已经设法利用额外的图信息将不同类别的节点推得更远。虽然我们现在已经使用了 GCN 模型对节点进行分类，既利用了节点级特征，也利用了图级（邻域）信息，但是我们能否进一步改进以提高节点分类的准确率？我们能否进一步优化模型——图学习算法？下一节我们将借助注意力机制提高节点分类性能。

6.4　使用 PyTorch Geometric 训练 GAT 模型

　　在 6.3 节中，我们使用图卷积网络（GCN）模型在节点分类任务上超越了多层感知器（MLP）的性能。本节通过将 GCN 模型替换为图注意力网络（GAT）模型进一步改进解决方案。本质上，我们将图 6.10 中所示的平均机制（从邻近节点聚合信息）替换为图 6.11 中所示的注意力机制。在 PyTorch Geometric 的帮助下，我们用几行代码将基于 GCN 的解决方案重构为基于 GAT 的解决方案，具体步骤如下。

（1）定义 GAT 模型架构及其前向传播函数。

```python
class GAT(torch.nn.Module):
    def __init__(self, hidden_channels, heads):
        super().__init__()
        torch.manual_seed(1234567)
        self.conv1 = GATConv(dataset.num_features,
                             hidden_channels, heads)
        self.conv2 = GATConv(hidden_channels * heads,
                             dataset.num_classes, heads=1)
    def forward(self, x, edge_index):
        x = F.dropout(x, p=0.6, training=self.training)
        x = self.conv1(x, edge_index)
        x = F.relu(x)
        x = F.dropout(x, p=0.6, training=self.training)
        x = self.conv2(x, edge_index)
        return x
model = GAT(hidden_channels=16, heads=8)
print(model)
```

输出结果如下所示。

```
GAT(
  (conv1): GATConv(3703, 16, heads=8)
```

```
(conv2): GATConv(128, 6, heads=1)
)
```

该模型的重点在于每个 GATConv 层的注意力头数量。在第 1 层，我们保留 8 个注意力头。这意味着将使用 8 个并行且独立的可训练注意力系数派生出 8 个邻近节点特征的并行聚合，如图 6.18 所示。

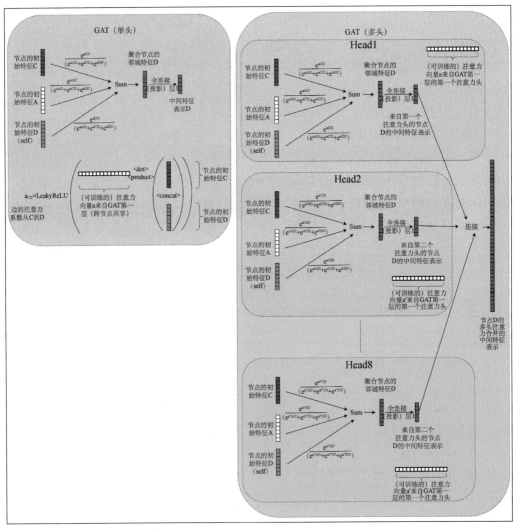

图 6.18　单头与多头 GAT 工作原理的对比演示——多头 GAT 简单地复制了 8x 的注意力头，并将这些头的结果进行拼接，以产生一个更加丰富的 8x 的节点嵌入

在第一个 GATConv 层的末端，8 个注意力头产生的特征向量（每个大小为 16）被拼接在一起，生成了大小为 128 的输出。第二个 GATConv 层由 1 个注意力头组成，输出 6 个节点类别。在该模型的前向传播中，我们使用多个 Dropout 来对抗由于模型复杂度增加（特别是有多个注意力头，为信息在图中的传递提供了更加细腻的途径）而可能产生的过拟合。

（2）正如对 MLP 和 GCN 模型所做的那样，现在将数据集中的所有节点通过刚刚定义的未训练的 GAT 模型运行，以产生 6 个节点类别的 6 个类别概率向量。然后对这些数字应用 t-SNE 将它们减少到两个特征，随后使用以下代码将图数据集中的所有节点绘制在 2D 表示中。

```
model.eval()
out = model(data.x, data.edge_index)
visualize(out.detach().cpu().numpy(), data.y)
```

输出结果如图 6.19 所示。

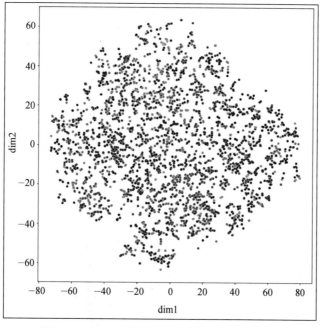

图 6.19　由 GAT 模型在训练前生成的节点嵌入

正如预期的那样，节点分布是随机的。现在，我们已准备好训练 GAT 模型。

接下来，在定义了优化器、损失函数以及模型训练和评估程序之后，我们将 GAT 模型训练 10 个周期，如下列代码所示。

```
# hyperparemeters inspired by torch geometric example on GAT
# https://colab.research.google.com/
# drive/14OvFnAXggxB8vM4e8vSURUp1TaKnovzX?usp=sharing
optimizer = torch.optim.Adam(
    model.parameters(), lr=0.0005, weight_decay=1e-1)
criterion = torch.nn.CrossEntropyLoss()
def train():
    model.train()
    optimizer.zero_grad()
    out = model(data.x, data.edge_index)
    loss = criterion(out[data.train_mask], data.y[data.train_mask])
    loss.backward()
    optimizer.step()
    return loss
def test(mask):
    model.eval()
    out = model(data.x, data.edge_index)
    pred = out.argmax(dim=1)
    correct = pred[mask] == data.y[mask]
    acc = int(correct.sum()) / int(mask.sum())
    return acc
for epoch in range(1, 101):
    loss = train()
    val_acc = test(data.val_mask)
    test_acc = test(data.test_mask)
    print(f'Epoch: {epoch:03d}, Loss: {loss:.4f}, Val: {val_acc:.4f}')
```

输出结果如下所示。

```
Epoch: 001, Loss: 1.7793, Val: 0.2180
Epoch: 002, Loss: 1.7874, Val: 0.2320
Epoch: 003, Loss: 1.7888, Val: 0.2480
Epoch: 004, Loss: 1.7795, Val: 0.2760
Epoch: 005, Loss: 1.7772, Val: 0.2980
. . .
Epoch: 096, Loss: 1.1057, Val: 0.7180
Epoch: 097, Loss: 1.1514, Val: 0.7200
Epoch: 098, Loss: 1.1342, Val: 0.7220
Epoch: 099, Loss: 1.1354, Val: 0.7220
Epoch: 100, Loss: 1.1131, Val: 0.7220
```

GAT 模型的训练和评估程序与 GCN 模型相同。从训练日志来看，在 100 个训练周期结束时，验证集的准确率（72.20%）似乎略高于 GCN 模型的验证集准确率（70.00%）。对此，我们可以通过评估测试集结果来确认这一趋势。

（3）使用训练好的 GAT 模型，通过以下代码评估其在测试集上的准确率.

```
test_acc = test(data.test_mask)
print(f'Test Accuracy: {test_acc:.4f}')
```

输出结果如下所示。

```
Test Accuracy: 0.7210
```

与使用 GCN 模型获得的 69.60% 准确率相比，使用 GAT 模型进一步提升了 2.50%。这是意料之中的结果，因为注意力层的强大特性，它为模型增加了更多的可训练参数，并为图模型提供了更大的灵活性，以学习不同邻近节点之间的定制关系。

（4）使用训练好的 GAT 模型对所有图节点进行预测，并将 6D 节点类别概率通过 t-SNE 转换为 2D。使用下列代码来可视化 2D 节点嵌入。

```
out = model(data.x, data.edge_index)
visualize(out.detach().cpu().numpy(), data.y)
```

输出结果如图 6.20 所示。

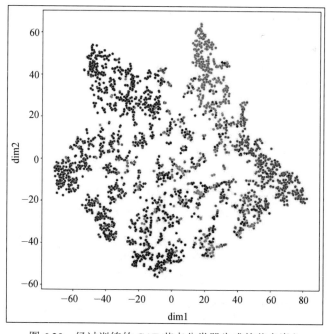

图 6.20　经过训练的 GAT 节点分类器生成的节点嵌入

　　首先，与图 6.19 相比，节点不再随机散布，而是清晰地聚集在一起，这表明模型确实被正确地训练了。但同时，该模型似乎比 GCN 模型学到了更好的节点表示，这一点可从图 6.20 中不同类别节点的更清晰的分离结果看出（与图 6.17 相比）。

　　至此，我们结束了使用 PyTorch Geometric 探索图神经网络（GNN）的过程。虽然我们已经介绍了在 CiteSeer 数据集上的基于 GCN 和 GAT 的节点分类模型，但 PyTorch Geometric 提供了广泛的功能，这里也建议读者对其进行深入理解[8]，如处理边分类和图分类任务，并使用一些其他模型类型（如 GraphSAGE），或者在这个库提供的不同的、可能更大的图数据集上工作，以进一步增强使用 PyTorch 的 GNN 技能。

6.5　本　章　小　结

　　本章首先对图神经网络（GNN）进行了简要概述，并了解了不同类型的图学习任务。接下来查看了一些知名的 GNN 模型。最后使用 PyTorch Geometric 库在 CiteSeer 图数据集上进行了一些实践练习。在这些练习中，我们在节点分类任务上训练了一个前馈神经网络模型。随后将前馈神经网络模型替换为 GCN 模型，这显著提高了分类准确率。最后，我们将 GCN 模型替换为 GAT 模型，以进一步提高模型性能。第 7 章我们将转换学习方向，并讨论如何使用 PyTorch 进行音乐和文本生成。

6.6　参　考　文　献

[1] GCNs：https://tkipf.github.io/graph-convolutional-networks/。

[2] GANs：https://arxiv.org/abs/1710.10903。

[3] 大型图上的归纳表示学习：https://cs.stanford.edu/people/jure/pubs/graphsage-nips17.pdf。

[4] PyG 文档：https://pytorch-geometric.readthedocs.io/en/latest/index.html。

[5] GitHub 1：https://github.com/arj7192/MasteringPyTorchV2/blob/main/Chapter06/GNN.ipynb。

[6] 复杂网络的软件：https://networkx.org/documentation/stable/index.html。

[7] 高效地使用 t-SNE：https://distill.pub/2016/misread-tsne/。

[8] Colab Notebooks 和视频教程：https://pytorch-geometric.readthedocs.io/en/latest/notes/colabs.html。

第7章　使用 PyTorch 生成音乐和文本

PyTorch 是研究深度学习模型和开发基于深度学习的应用的绝佳工具。前几章我们研究了不同领域和模型类型的模型架构。我们使用 PyTorch 从零开始构建这些架构，并使用了 PyTorch 模型库中的预训练模型。从本章开始，我们将转换思路，深入研究生成模型。

在前几章中，大多数示例和练习都是围绕开发用于分类的模型，这是一项监督学习任务。然而，深度学习模型在无监督学习任务方面也被证明极其有效，深度生成模型就是这样的一个例子，这些模型使用大量未标记的数据进行训练。一旦训练完成，模型就能生成类似的有意义数据。它通过学习输入数据中的底层结构和模式来实现这一点。

本章将开发文本和音乐生成器。为了开发文本生成器，我们将利用第 5 章中训练的基于 transformer 的语言模型，即混合高级模型。我们将使用 PyTorch 扩展 transformer 模型，使其充当文本生成器。此外我们还将展示如何在 PyTorch 中使用高级预训练的 transformer 模型，如 GPT-2 和 GPT-3，并仅用几行代码设置文本生成器。最后，我们将构建一个使用 PyTorch 并在 MIDI 数据集上训练的音乐生成器模型。

在本章结束时，读者应该能够在 PyTorch 中创建自己的文本和音乐生成模型。此外，读者还能够应用不同的采样或生成策略从这些模型中生成数据。

本章主要涉及下列主题。
- 使用 PyTorch 构建基于 transformer 的文本生成器。
- 使用 GPT 模型作为文本生成器。
- 使用 PyTorch 并通过 LSTM 生成 MIDI 音乐。

7.1　使用 PyTorch 构建基于 transformer 的文本生成器

在第 6 章中，我们使用 PyTorch 构建了一个基于 transformer 的语言模型。由于语言模型对给定词序列之后某个词的概率进行建模，因此我们已经完成了超过一半的文本生成器构建工作。本节我们将学习如何将这个语言模型扩展为一个深度生成模型，该模型可以在给定一个初始文本提示的前提下，生成任意但有意义的句子。

7.1.1　训练基于 transformer 的语言模型

在第 6 章中，我们对语言模型进行了 5 个周期的训练。在这一部分中，我们将遵循完全相同的步骤，但会进行更长时间的训练——50 个周期。我们的目标是获得一个表现更好的语言模型，然后能够生成真实的句子。注意，模型训练可能需要几个小时。因此，请在后台进行训练。例如，可以在整个夜间进行。为了遵循训练语言模型的步骤，请参考 GitHub[1] 上的完整代码。

经过 50 个周期的训练，我们得到了以下输出。

```
epoch 1, 100/1000 batches, training loss 8.81, training perplexity 6724.85
epoch 1, 200/1000 batches, training loss 7.35, training perplexity 1555.26
epoch 1, 300/1000 batches, training loss 6.90, training perplexity 991.85
epoch 1, 400/1000 batches, training loss 6.67, training perplexity 792.05
epoch 1, 500/1000 batches, training loss 6.54, training perplexity 694.65
epoch 1, 600/1000 batches, training loss 6.39, training perplexity 597.00
...
epoch 50, 600/1000 batches, training loss 4.45, training perplexity 86.05
epoch 50, 700/1000 batches, training loss 4.46, training perplexity 86.37
epoch 50, 800/1000 batches, training loss 4.33, training perplexity 76.17
epoch 50, 900/1000 batches, training loss 4.39, training perplexity 80.44
epoch 50, 1000/1000 batches, training loss 4.45, training perplexity 85.74
epoch 50, validation loss 5.07, validation perplexity 159.50
```

现在，我们已经成功训练了 50 个周期的 transformer 模型，接下来就可以进行实际练习了，将训练好的语言模型扩展为文本生成模型。

7.1.2　保存和加载语言模型

我们将在训练完成后简单地保存表现最佳的模型检查点。随后即可单独加载这个预训练的模型。

（1）一旦模型训练完成，最好将其本地保存，这样就避免了从头开始重新训练它。你可以按照以下方式保存。

```
mdl_pth = './transformer.pth'
torch.save(best_model_so_far.state_dict(), mdl_pth)
```

（2）加载保存的模型，以便将这个语言模型扩展为文本生成模型。

```
# load the best trained model
transformer_cached = Transformer(
    num_tokens, embedding_size, num_heads,
    num_hidden_params, num_layers, dropout).to(device)
transformer_cached.load_state_dict(torch.load(mdl_pth))
```

本节我们重新实例化了一个 transformer 模型对象，然后将预训练的模型权重加载到这个新模型对象中。接下来我们将使用这个模型来生成文本。

7.1.3　使用语言模型生成文本

既然模型已经被保存和加载，接下来可以通过扩展训练好的语言模型来生成文本。

（1）定义想要生成的目标单词数量，并提供一个初始的单词序列作为模型的提示。

```
ln = 5
sntc = 'They are _'
sntc_split = sntc.split()
mask_source = gen_sqr_nxt_mask(max_seq_len).to(device)
```

（2）在循环中逐个生成单词。在每次迭代中，可以将预测出的单词添加到输入序列中，这个扩展的序列成为下一次迭代中模型的输入，以此类推。另外，添加随机种子是为了确保一致性。通过改变种子，可以生成不同的文本，如下列代码块所示。

```
torch.manual_seed(34)
with torch.no_grad():
    for i in range(ln):
        sntc = ' '.join(sntc_split)
        txt_ds = Tensor(
            vocabulary(sntc_split)).unsqueeze(0).to(torch.long)
        num_b = txt_ds.size(0)
        txt_ds = txt_ds.narrow(0, 0, num_b)
        txt_ds = txt_ds.view(1, -1).t().contiguous().to(device)
        ev_X, _ = return_batch(txt_ds, i+1)
        sequence_length = ev_X.size(0)
        if sequence_length != max_seq_len:
            mask_source = mask_source[:sequence_length,
                                    :sequence_length]
        op = transformer_cached(ev_X, mask_source)
        op_flat = op.view(-1, num_tokens)
        res = vocabulary.get_itos()[op_flat.argmax(1)[0]]
        sntc_split.insert(-1, res)

print(sntc[:-2])
```

输出结果如下所示。

```
They are often used for the
```

可以看到，使用 PyTorch，我们可以训练一个语言模型（在这种情况下是基于 transformer 的模型），然后仅用几行额外的代码就可以用来生成文本，而且生成的文本看起来是有意义的。这种文本生成器的结果受限于底层语言模型训练的数据量，以及语言模型的强大程度。在本节中，我们基本上已经从头开始构建了一个文本生成器。

接下来我们将加载预训练的语言模型，并将其用作文本生成器。我们将使用 transformer 模型的高级后继者——生成式预训练 transformer（GPT-2 和 GPT-3）。我们将展示如何使用 PyTorch 在不到 10 行代码的情况下构建一个即用型的高级文本生成器。此外还将探讨从语言模型中生成文本的一些策略。

7.2　使用 GPT 模型作为文本生成器

使用像 Hugging Face 的 transformers 或 openai 这样的库并与 PyTorch 结合，可以加载大多数最新的高级 transformer 模型来执行各种任务，如语言建模、文本分类、机器翻译等。我们在第 5 章中展示了如何做到这一点。

本节我们首先将使用 transformers 加载 GPT-2 语言模型。随后将扩展这个拥有 15 亿参数的模型，以便可以使用它作为文本生成器。接下来将探索可以遵循的各种策略，从预训练的语言模型中生成文本，并使用 PyTorch 来演示这些策略。

最后我们将使用 openai 加载拥有 1750 亿参数的 GPT-3 模型，并展示其生成逼真的自然语言的能力。

7.2.1　使用 GPT-2 实现即用型文本生成

作为练习，我们将使用 transformers 库加载 GPT-2 语言模型，并将这个语言模型扩展为文本生成模型，用以生成任意但有意义的文本。这里仅会展示代码中的重要部分。为了获取完整代码，请访问 GitHub[2]。具体步骤如下。

（1）导入所需的库。

```
from transformers import GPT2LMHeadModel, GPT2Tokenizer
import torch
```

我们将导入 GPT-2 多头语言模型[3]以及相应的分词器[4]来生成词汇表。

（2）实例化 GPT2Tokenizer 和语言模型。随后将提供一个初始的单词集合作为模型的提示，如下所示。

```
torch.manual_seed(799)
tkz = GPT2Tokenizer.from_pretrained("gpt2")
mdl = GPT2LMHeadModel.from_pretrained('gpt2')
ln = 10
cue = "They"
gen = tkz(cue, return_tensors="pt")
to_ret = gen["input_ids"][0]
```

（3）使用语言模型迭代地预测给定单词序列的下一个单词。在每次迭代中，预测出的单词会被添加到单词输入序列中，以便下一次迭代使用。

```
prv=None
for i in range(ln):
    outputs = mdl(**gen)
    next_token_logits = torch.argmax(outputs.logits[-1, :])
    to_ret = torch.cat([to_ret, next_token_logits.unsqueeze(0)])
    gen = {"input_ids": to_ret}
seq = tkz.decode(to_ret)
print(seq)
```

输出结果如下所示。

```
They are not the only ones who are being targeted.
```

这种生成文本的方式也被称为贪婪搜索。下一节我们将更详细地了解贪婪搜索以及其他一些文本生成策略。

7.2.2　使用 PyTorch 的文本生成策略

当使用一个训练好的文本生成模型生成文本时，我们通常逐字进行预测，然后将预测出的单词序列整合为预测文本。当处于一个循环中并迭代地进行单词预测时，我们需要指定一种方法，根据前 k 个预测来找出/预测下一个单词。这些方法也被称为文本生成策略，我们将在本节中讨论一些知名的策略。

1. 贪婪搜索

该模型在当前迭代中选择概率最大的单词，而不管它们在前面还有多少个时间步，因此被命名为贪婪（greedy）策略。在这种策略下，模型可能会错过一个隐藏在低概率词后面的高概率词（在时间上更靠前），而这仅是因为模型在当前时间步没有选择低概率词。图 7.1

展示了贪婪搜索策略，它假定了在前面练习的第（3）步中可能发生的情况。在每个时间步中，文本生成模型都会输出可能的单词及其概率。

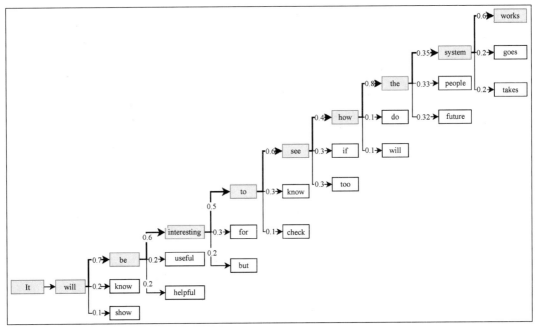

图 7.1　贪婪搜索

从图 7.1 中可以看到，在每一步中，贪婪搜索策略下的文本生成模型都会选择最高概率的单词。注意倒数第二步，模型以几乎相等的概率预测了单词 system、people 和 future。在贪婪搜索中，由于 system 的概率略高于其他词，因而它被选为下一个单词。然而，你可能会认为 people 或 future 可能会生成更好或更有意义的文本。

这便是贪婪搜索方法的核心局限。此外，由于缺乏随机性，贪婪搜索还会导致重复性结果。如果有人想艺术性地使用这样的文本生成器，仅因为其单调性，贪婪搜索并不是最佳方法。

在 7.2.1 节中，我们手动编写了文本生成循环。得益于 transformers 库，我们可以在 3 行代码中完成文本生成步骤。

```
ip_ids = tkz.encode(cue, return_tensors='pt')
op_greedy = mdl.generate(ip_ids, max_length=ln, pad_token_id=tkz.eos_token_id)
seq = tkz.decode(op_greedy[0], skip_special_tokens=True)
print(seq)
```

输出结果如下所示。

```
They are not the only ones who are being targeted
```

注意，代码生成的句子比使用手动文本生成循环生成的句子少一个标记（句号）。造成这种差异的原因是，在后者的代码中，max_length 参数包含了提示词。因此，如果我们有一个提示词，就只能预测出 9 个新词，这里就是这种情况。

2. 束搜索

贪婪搜索并不是生成文本的唯一方法。束搜索是贪婪搜索方法的一种发展，我们根据整体预测的序列概率而不仅是下一个词的概率来维护一个潜在的候选序列列表。候选序列的数量就是单词预测树上的束的数量。

图 7.2 展示了如何使用束搜索（束大小为 3）来生成 3 个候选序列（按总体序列概率排序），每个序列包含 5 个单词。

在每次迭代中，束搜索示例维护了 3 个最有可能的候选序列。随着序列的进一步展开，候选序列的可能数量呈指数增长。然而，我们只对前 3 个序列感兴趣。这样，我们就不会因为贪婪搜索而错过潜在的更好的序列。

在 PyTorch 中，可以在一行代码中直接使用束搜索。以下代码演示了基于束搜索的文本生成，并使用 3 个束生成 3 个最有可能的句子，每个句子包含 5 个单词。

```
op_beam = mdl.generate(
    ip_ids,
    max_length=5,
    num_beams=3,
    num_return_sequences=3,
    pad_token_id=tkz.eos_token_id
)
for op_beam_cur in op_beam:
    print(tkz.decode(op_beam_cur, skip_special_tokens=True))
```

生成结果如下所示。

```
They have a lot of
They have a lot to
They are not the only
```

束搜索仍然存在重复性或单调性问题。不同的运行会产生相同的结果集，因为它确定性地寻找总体概率最大的序列。下一节我们将探讨如何使生成的文本更具不可预测性或创造性。

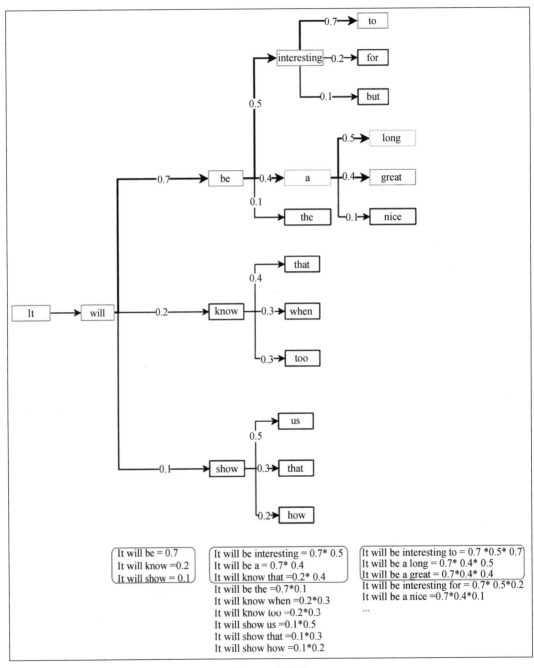

图 7.2　束搜索

3. top-k 和 top-p 采样

除了总是选择概率最高的下一个单词，还可以根据它们的相对概率，从可能的下一个单词集合中随机采样下一个单词。例如，在图 7.2 中，单词 be、know 和 show 的概率分别为 0.7、0.2 和 0.1。与其总是选择 be 而忽略 know 和 show，我们可以基于它们的概率随机选择这 3 个单词中的任何一个。如果重复这个练习 10 次以生成 10 个不同的文本，那么 be 大约会被选择 7 次，know 和 show 分别会被选择两次和一次。这为我们提供了太多不同可能的单词组合，而这些组合是束搜索或贪婪搜索永远不会生成的。

使用采样技术生成文本的两种最流行的方法被称为 top-k 和 top-p 采样。在 top-k 采样中，我们预先定义一个参数 k，这是在采样下一个单词时应考虑的候选单词的数量。所有其他单词都被丢弃，并且概率在 top-k 个单词中被归一化。在之前的例子中，如果 k 是 2，那么单词 show 将被丢弃，而单词 be 和 know 的概率（分别为 0.7 和 0.2）将分别被归一化为 0.78 和 0.22。

下列代码展示了 top-k 文本生成方法。

```
for i in range(3):
    torch.manual_seed(i+10)
    op = mdl.generate(
        ip_ids,
        do_sample=True,
        max_length=5,
        top_k=2,
        pad_token_id=tkz.eos_token_id
    )
    seq = tkz.decode(op[0], skip_special_tokens=True)
    print(seq)
```

输出结果如下所示。

```
They are the most important
They have a lot to
They are not going to
```

为了从所有可能的单词中采样，而不仅是 top-k 个单词，我们应该在代码中将 top_k 参数设置为 0。正如前面的代码输出所示，不同的运行会产生不同的结果，这与贪婪搜索不同，贪婪搜索每次运行都会产生完全相同的结果，如下列代码所示。

```
for i in range(3):
    torch.manual_seed(i+10)
```

```
op_greedy = mdl.generate(ip_ids, max_length=5,
pad_token_id=tkz.eos_token_id)
seq = tkz.decode(op_greedy[0], skip_special_tokens=True)
print(seq)
```

输出结果如下所示。

```
They are not the only
They are not the only
They are not the only
```

在 top-p 采样策略下，我们不是定义要查看的 top k 个单词，而是定义一个累积概率阈值（p），然后保留概率总和达到 p 的单词。在我们的示例中，如果 p 在 0.7 到 0.9 之间，则丢弃 know 和 show；如果 p 在 0.9 到 1.0 之间，则丢弃 show；如果 p 是 1.0，那么就保留所有 3 个单词，即 be、know 和 show。

top-k 策略有时在概率分布平坦的情况下可能会不公平。这是因为它剪切掉了几乎和保留单词一样可能的单词。在这些情况下，top-p 策略将保留更多的单词样本池，并在概率分布相当尖锐的情况下保留较少的单词池。

下列代码展示了 top-p 采样方法。

```
for i in range(3):
    torch.manual_seed(i+10)
    op = mdl.generate(
        ip_ids,
        do_sample=True,
        max_length=5,
        top_p=0.75,
        top_k=0,
        pad_token_id=tkz.eos_token_id
    )
    seq = tkz.decode(op[0], skip_special_tokens=True)
    print(seq)
```

输出结果如下所示。

```
They got them here in
They have also challenged foreign
They said it would be
```

我们可以同时设置 top-k 和 top-p 策略。在这个例子中，我们将 top_k 设置为 0，禁用 top-k 策略，并将 top_p 设置为 0.75。同样，这会在不同的运行中产生不同的结果，并且与贪婪搜索或束搜索相比，可以让我们得到更有创造性的文本。除此之外，还有许多其他的文本生成策略可用，这个领域正在被进行大量的研究。我们也鼓励读者进一步了解这方面的知识。

　　一个很好的起点是尝试 transformers 库中可用的文本生成策略。读者可以在博客文章[5]中了解更多信息。现在，让我们看看 GPT-2 的后继者——GPT-3，并使用 openai 库通过这个模型生成有意义的文本。

7.2.3　使用 GPT-3 实现文本生成

　　与前面的练习一样，我们将加载一个预先训练好的 GPT-3 模型，并将其用作文本生成器。这里我们将使用 openai 库提供的 API。OpenAI 是开发 GPT-2 和 GPT-3 模型的公司。要访问 GPT-3 模型，我们需要一个 OpenAI API 密钥[6]，这需要创建一个 OpenAI 账户。

　　获得 API 密钥后，即可开始我们的练习了，其代码在 GitHub[7]上提供。

（1）导入必要的库并设置环境变量。

```
import os
from openai import OpenAI
client = OpenAI(api_key = "<your-open-ai-api-key-here>")
```

（2）定义提示（就像之前做的那样）。

```
prompt = "They"
```

（3）通过一行代码提示 GPT-3 模型使用 OpenAI 的 Completion.create API 生成文本。

```
response = client.chat.completions.create(
  model="gpt-3.5-turbo-instruct",
  response_format={ "type": "json_object" },
  messages=[
    {"role": "user", "content": prompt}
  ],
  temperature=0.5,
  max_tokens=5,
  top_p=1.0,
  frequency_penalty=0.0,
  presence_penalty=0.0
)
```

temperature 和 top_p 是用来调整序列中下一个词的采样策略的参数，这两个参数中的任何一个取值较高时，都会增加采样结果的随机性。然而，建议只改变其中一个参数，而不是同时改变两者。读者可以在 OpenAI 的 API 参考文档[8]中详细了解这些参数。

这里使用的确切模型被称为 gpt-3.5-turbo-instruct，根据 OpenAI[9]的说法，这是能力最强的 GPT-3 模型之一。

（4）打印响应结果。

```
print(response.choices[0].message.content)
```

输出结果如下所示。

```
are an important part of
```

因为选择了 top_p=1，读者可能会观察到一个不同但有意义的结果。然而，根据 max_tokens 参数的设定，单词数量将限制在 5 个以内。

（5）读者可能在想，为什么仅生成一个以 they 开头的有意义的英文句子需要 1750 亿个参数。GPT-3 的功能远不止于此。这里有一个例子：

```
prompt = "Write a poem starting with they"
response = client.chat.completions.create(
  model="gpt-3.5-turbo-instruct",
  response_format={ "type": "json_object" },
  messages=[
    {"role": "user", "content": prompt}
  ],
  temperature=0.5,
  max_tokens=100,
  top_p=1.0,
)
```

输出结果如下所示。

```
They always say
That life is a mystery
And we will never really know
What happens after we die
But I think
That we can be pretty sure
That there is something
After this life
Something better
And we will finally be able
To rest in peace
```

希望这个示例能说明 GPT-3 模型的功能范围。

在提示这种功能强大的模型时，用户的创造力是无限的。事实上，针对如此强大的语言模型，出现了一门全新的学科，即提示工程学。OpenAI 的网站上发布了一份很好的指南，指导用户如何针对不同的使用案例提示 GPT-3 模型[10]。最后，笔者强烈推荐 Packt 出版社出版的 *Exploring-GPT-3*[11]一书，以进一步探索 GPT-3。

使用 PyTorch 生成文本的讨论到此结束。在 7.3 节中，我们将进行类似的练习，但这次是针对音乐而不是文本。具体想法是在音乐数据集上训练一个无监督模型，然后使用训练好的模型生成与训练数据集中相似的旋律。

7.3　使用 PyTorch 并通过 LSTM 生成 MIDI 音乐

本节将使用 PyTorch 创建一个机器学习模型，该模型能够创作类似古典音乐的作品。在 7.2 节中，我们通过 transformer 来生成文本。这里将使用长短期记忆（Long Short-Term Memory，LSTM）模型来处理顺序音乐数据。我们将在莫扎特的古典音乐作品中训练这个模型。

每首音乐作品本质上将被分解为一系列钢琴音符。我们将以音乐乐器数字接口（musical instruments digital interface，MIDI）文件的形式读取音乐数据，这是一种广为人知且常用的格式，可在不同设备和环境中便捷地读取和编写音乐数据。

将 MIDI 文件转换为钢琴音符序列（称之为钢琴卷轴）后，我们将使用它们来训练下一个钢琴音符的检测系统。在该系统中，将构建一个基于 LSTM 的分类器，它将预测给定的前序钢琴音符序列的下一个钢琴音符。总共有 88 个音符（根据标准的 88 个钢琴键）。

现在，我们将以练习的形式展示构建人工智能音乐作曲家的整个过程，并将重点关注用于数据加载、模型训练和生成音乐样本的 PyTorch 代码。注意，模型训练过程可能需要几个小时，因此建议在后台运行训练过程，例如，可以在夜间进行。

这里展示的代码为了保持文本简洁已经有所删减，处理 MIDI 音乐文件的细节则超出了本书的范围，尽管我们鼓励读者探索完整的代码，该代码可在 GitHub 上获得[12]。

7.3.1　加载 MIDI 音乐数据

首先将展示如何加载以 MIDI 格式提供的音乐数据。其间将简要提及处理 MIDI 数据的代码，然后展示如何将其制作成 PyTorch 数据加载器。

（1）导入重要的库。在当前练习中，我们将使用一些新库，如下所示。

```
import skimage.io as io
from struct import pack, unpack
from io import StringIO, BytesIO
```

其中，skimage 用于可视化模型生成的音乐样本序列。struct 和 io 用于处理将 MIDI 音乐数据转换为钢琴卷轴。

（2）编写辅助类和函数，用于加载 MIDI 文件并将其转换为可以输入到 LSTM 模型的钢琴音符序列（矩阵）。首先定义一些 MIDI 常量，以配置各种音乐控制，如音高、通道、序列的开始、序列的结束等。

```
NOTE_MIDI_OFF = 0x80
NOTE_MIDI_ON = 0x90
CHNL_PRESS = 0xD0
MIDI_PITCH_BND = 0xE0
...
```

随后将定义一系列类来处理 MIDI 数据的输入和输出流、MIDI 数据解析器等，如下所示。

```
class MOStrm:
# MIDI Output Stream
...
class MIFl:
# MIDI Input File Reader
...
class MOFl(MOStrm):
# MIDI Output File Writer
...
class RIStrFl:
# Raw Input Stream File Reader
...
class ROStrFl:
# Raw Output Stream File Writer
...
class MFlPrsr:
# MIDI File Parser
...
class EvtDspch:
# Event Dispatcher
...
class MidiDataRead(MOStrm):
```

```
# MIDI Data Reader
...
```

（3）完成所有与 MIDI 数据 I/O 相关的代码处理后，我们已准备好实例化自己的
PyTorch 数据集类。在此之前，必须定义两个关键函数，一个用于将读取的 MIDI 文件转换
为钢琴卷轴，另一个则使用空音符填充钢琴卷轴。这将标准化数据集中音乐作品的长度。

```
def md_fl_to_pio_rl(md_fl):
    md_d = MidiDataRead(md_fl, dtm=0.3)
    pio_rl = md_d.pio_rl.transpose()
    pio_rl[pio_rl > 0] = 1
    return pio_rl
def pd_pio_rl(pio_rl, mx_l=132333, pd_v=0):
    orig_rol_len = pio_rl.shape[1]
    pdd_rol = np.zeros((88, mx_l))
    pdd_rol[:] = pd_v
    pdd_rol[:, - orig_rol_len:] = pio_rl
    return pdd_rol
```

接下来可以定义 PyTorch 数据集类，如下所示。

```
class NtGenDataset(data.Dataset):
    def __init__(self, md_pth, mx_seq_ln=1491):
        ...
    def mx_len_upd(self):
        ...
    def __len__(self):
        return len(self.md_fnames_ful
    def __getitem__(self, index):
        md_fname_ful = self.md_fnames_ful[index]
        pio_rl = md_fl_to_pio_rl(md_fname_ful)
        seq_len = pio_rl.shape[1] - 1
        ip_seq = pio_rl[:, :-1]
        gt_seq = pio_rl[:, 1:]
        ...
        return (torch.FloatTensor(ip_seq_pad),
                torch.LongTensor(gt_seq_pad),
                torch.LongTensor([seq_len]))
```

（4）除了数据集类，还必须添加另一个辅助函数，用于将一批训练数据中的音乐序列
后处理成 3 个独立的列表。这些列表包括输入序列、输出序列以及序列长度，它们将根据
序列长度以降序排列。

```
def pos_proc_seq(btch):
    ip_seqs, op_seqs, lens = btch
    ...
    ord_tr_data_tups = sorted(tr_data_tups,
                              key=lambda c: int(c[2]),
                              reverse=True)
    ip_seq_splt_btch, op_seq_splt_btch, btch_splt_lens = \
        zip(*ord_tr_data_tups)
    ...
    return tps_ip_seq_btch, ord_op_seq_btch, list(
        ord_btch_lens_l)
```

（5）当前练习将使用莫扎特的一组作品。读者可以从钢琴-MIDI 网站[13]下载数据集。下载的文件夹包含 21 个 MIDI 文件，我们将它们分成 18 个训练集文件和 3 个验证集文件。下载的数据存储在./mozart/train 和./mozart/valid 目录下。下载完成后，即可读取数据并实例化自己的训练和验证数据集加载器。

```
training_dataset = NtGenDataset(
    './mozart/train', mx_seq_ln=None)
training_datasetloader = data.DataLoader(
    training_dataset, batch_size=5,shuffle=True,
    drop_last=True)
validation_dataset = NtGenDataset(
    './mozart/valid/', mx_seq_ln=None)
validation_datasetloader = data.DataLoader(
    validation_dataset, batch_size=3,
    shuffle=False, drop_last=False)
X_validation = next(iter(validation_datasetloader))
X_validation[0].shape
```

输出结果如下所示。

```
torch.Size([3, 1587, 88])
```

可以看到，第一批验证包括 3 个长度为 1587（音符）的序列，其中每个序列都被编码成 88 大小的向量。这里，88 是钢琴键的总数。对于那些受过专业训练的音乐家来说，图 7.3 是一个验证集音乐文件前几个音符的乐谱。

或者，我们可以将音符序列可视化为一个矩阵，该矩阵有 88 行，每行对应一个钢琴键。图 7.4 是前面旋律（1587 个音符中的前 300 个）的视觉矩阵表示。

下面我们将定义 LSTM 模型和训练过程。

图 7.3　莫扎特作品的乐谱

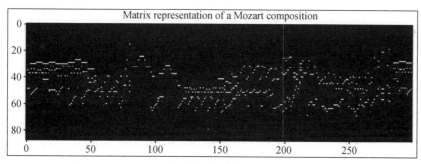

图 7.4　莫扎特作品的矩阵表示

7.3.2　定义 LSTM 模型和训练过程

迄今为止，我们已经成功地加载了一个 MIDI 数据集，并使用它来创建了自己的训练和验证数据加载器。本节我们将定义 LSTM 模型架构，以及在模型训练循环期间运行的训练和评估过程。

（1）定义模型架构。如前所述，我们将使用一个 LSTM 模型，它由一个编码器层组成，该层在序列的每个时间步将输入数据的 88 维表示编码为 512 维隐藏层表示。编码器后面是两个 LSTM 层，然后是一个全连接层，最后是一个 softmax 层，它为 88 个类别（钢琴键）产生 88 个概率。

（2）根据第 4 章中讨论的不同类型的循环神经网络（RNN），这是一个多对一的序列分类任务，其中输入是从时间步 0 到时间步 t 的整个序列，输出是时间步 t+1 的 88 个类别之一，如下所示。

```python
class MusicLSTM(nn.Module):
    def __init__(self, ip_sz, hd_sz, n_cls, lyrs=2):
        ...
        self.nts_enc = nn.Linear(in_features=ip_sz, out_features=hd_sz)
        self.bn_layer = nn.BatchNorm1d(hd_sz)
        self.lstm_layer = nn.LSTM(hd_sz, hd_sz, lyrs)
        self.fc_layer = nn.Linear(hd_sz, n_cls)

    def forward(self, ip_seqs, ip_seqs_len, hd=None):
        ...
        pkd = torch.nn.utils.rnn.pack_padded_sequence(
            nts_enc_ful, ip_seqs_len)
        op, hd = self.lstm_layer(pkd, hd)
        ...
        lgts = self.fc_layer(op_nrm_drp.permute(2,0,1))
        ...
        zero_one_lgts = torch.stack(
            (lgts, rev_lgts), dim=3).contiguous()
        flt_lgts = zero_one_lgts.view(-1, 2)
        return flt_lgts, hd
```

（3）一旦定义了模型架构，随后即可指定模型的训练过程。我们将使用 Adam 优化器，并采用梯度裁剪来避免过拟合。另一个已经实施以对抗过拟合的措施是使用 dropout 层，正如前一步所指定的那样。

```python
def lstm_model_training(
    lstm_model, lr, ep=10, val_loss_best=float("inf")):
    ...
    for curr_ep in range(ep):
        ...
        for batch in training_datasetloader:
            ...
            lgts, _ = lstm_model(ip_seq_b_v, seq_l)
```

```
            loss = loss_func(lgts, op_seq_b_v)
            ...
        if vl_ep_cur < val_loss_best:
            torch.save(lstm_model.state_dict(), 'best_model.pth')
            val_loss_best = vl_ep_cur
    return val_loss_best, lstm_model
```

（4）类似地，我们将定义模型评估过程。在该过程中，模型将进行前向传播，而其参数则保持不变。

```
def evaluate_model(lstm_model):
    ...
    for batch in validation_datasetloader:
        ...
        lgts, _ = lstm_model(ip_seq_b_v, seq_l)
        loss = loss_func(lgts, op_seq_b_v)
        vl_loss_full += loss.item()
        seq_len += sum(seq_l)
    return vl_loss_full/(seq_len*88)
```

下面我们将训练并测试音乐生成模型。

7.3.3 训练并测试音乐生成模型

本节我们将实际训练 LSTM 模型。随后将使用训练好的音乐生成模型来生成一段可以欣赏并分析的音乐样本。

（1）实例化模型并开始训练它。我们在这个分类任务中使用了类别交叉熵作为损失函数。我们以 0.01 的学习率训练模型，训练周期为 10 轮。

```
loss_func = nn.CrossEntropyLoss().cpu()
lstm_model = MusicLSTM(ip_sz=88, hd_sz=512, n_cls=88).cpu()
val_loss_best, lstm_model = lstm_model_training(lstm_model, lr=0.01, ep=10)
```

输出结果如下所示。

```
ep 0 , train loss = 2.3905489842096963
ep 0 , val loss = 3.8042128349324635e-06
ep 1 , train loss = 0.9679248531659445
ep 1 , val loss = 2.122019823561201e-06
ep 2 , train loss = 0.2935091306765874
ep 2 , val loss = 1.2749193585637908e-06
...
```

```
ep 7 , train loss = 0.16012300054232279
ep 7 , val loss = 1.2555179474370303e-06
ep 8 , train loss = 0.12387428929408391
ep 8 , val loss = 1.4818597425925305e-06
ep 9 , train loss = 0.13243193179368973
ep 9 , val loss = 1.6489400508525355e-06
```

（2）接下来是有趣的部分。一旦拥有了下一个音符预测器，即可将其用作音乐生成器。我们所需要做的仅是提供初始音符作为提示来启动预测过程。然后，模型就可以递归地为每个时间步的下一个音符进行预测，在时间步 t 的预测会被添加到时间步 $t+1$ 的输入序列中。

（3）我们将编写一个音乐生成函数，它将接收训练好的模型对象、预期生成的音乐长度、序列的起始音符以及温度值。其中，温度是一个标准的数学运算，用于对分类层的 softmax 函数进行操作。它被用来操纵 softmax 概率的分布，无论是通过扩大还是缩小 softmax 概率分布。相关代码如下所示。

```
def generate_music(lstm_model, ln=100, tmp=1, seq_st=None):
    ...
    for i in range(ln):
        op, hd = lstm_model(seq_ip_cur, [1], hd)
        probs = nn.functional.softmax(op.div(tmp), dim=1)
        ...
    gen_seq = torch.cat(op_seq, dim=0).cpu().numpy()
    return gen_seq
```

最终，可以使用这个函数来创作一首全新的音乐作品。

```
seq = generate_music(lstm_model, ln=100, tmp=0.8, seq_st=None)
midiwrite('generated_music.mid', seq, dtm=0.2)
```

（4）创建一部音乐作品，并将其作为 MIDI 文件保存在当前目录中。我们可以打开文件播放它，并查看模型的生成内容。此外还可以查看生成音乐的视觉矩阵表示，如图 7.5 所示。

图 7.6 显示了生成的音乐在乐谱中的样子。

这里，我们可以看到生成的旋律似乎没有莫扎特原创作品那么悦耳。尽管如此，模型已经学会了一些关键的和弦组合。此外，通过在更多数据上训练模型，以及训练更多周期，可以提高生成音乐的质量。

至此，我们利用机器学习生成音乐的练习就结束了。本节演示了如何使用现有音乐数据从头开始训练音符预测模型，并使用训练好的模型生成音乐。事实上，读者可以将使用生成模型的想法扩展到生成任何类型的数据样本。PyTorch 是一个非常有效的工具，尤其是在数据加载、模型构建/训练/测试以及将训练好的模型用作数据生成器方面，它提供了简单明了的应用程序接口。我们鼓励读者在不同的用例和数据类型中尝试更多此类任务。

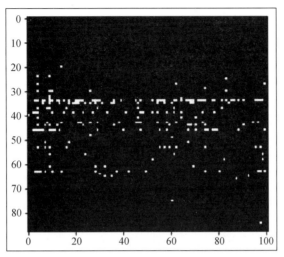

图 7.5　人工智能生成音乐样本的矩阵表示

图 7.6　人工智能生成的音乐样本的乐谱

7.4 本 章 小 结

本章使用 PyTorch 探索了生成模型。沿着同样的艺术脉络，第 8 章我们将学习如何使用机器学习将一种图像的风格转移到另一种图像上。有了 PyTorch 的帮助，我们将使用卷积神经网络（CNN）来学习各种图像的艺术风格，并将这些风格应用到不同图像上——这一任务更广为人知的名字是神经风格迁移。

7.5 参 考 文 献

[1] GitHub 代码库：https://github.com/arj7192/MasteringPyTorchV2/blob/main/Chapter07/text_generation.ipynb。

[2] GitHub 代码库（即开箱即用）：https://github.com/arj7192/MasteringPyTorchV2/blob/main/Chapter07/text_generation_out_of_the_box.ipynb。

[3] GPT-2 多头语言模型：https://huggingface.co/docs/transformers/model_doc/gpt2#transformers.GPT2LMHeadModel。

[4] 分词器：https://huggingface.co/docs/transformers/model_doc/gpt2#transformers.GPT2Tokenizer。

[5] Hugging Face Transformer 博客：https://huggingface.co/blog/how-to-generate。

[6] OpenAI API 密钥：https://platform.openai.com/account/api-keys。

[7] GitHub 代码库（文本生成 3）：https://github.com/arj7192/MasteringPyTorchV2/blob/main/Chapter07/text_generation_out_of_the_box_gpt3.ipynb。

[8] OpenAI API：https://platform.openai.com/docs/api-reference/completions/Create。

[9] OpenAI Davinci：https://platform.openai.com/docs/models/gpt-3。

[10] GPT-3 提示工程：https://platform.openai.com/docs/guides/completion。

[11] GPT-3：https://www.packtpub.com/product/exploring-gpt-3/9781800563193。

[12] GitHub 代码库（MIDI 音乐文件）：https://github.com/arj7192/MasteringPyTorchV2/blob/main/Chapter07/music_generation.ipynb。

[13] 钢琴-MIDI 网站：http://www.piano-midi.de/mozart.htm。

第 8 章　神经风格迁移

在第 7 章中，我们开始使用 PyTorch 探索生成模型，并构建了机器学习模型，这些模型可以通过无监督学习的方式，分别在文本和音乐数据上进行训练，从而生成文本和音乐。在这一章中，我们将继续探索生成建模，并将类似的方法应用于图像数据。

我们将混合两幅不同的图像 A 和图像 B，生成一幅结果图像 C，其中包含图像 A 的内容和图像 B 的风格。这项任务也被称为神经风格迁移，因为在某种程度上，我们正在将图像 B 的风格转移到图像 A 上，以实现图像 C，如图 8.1 所示。

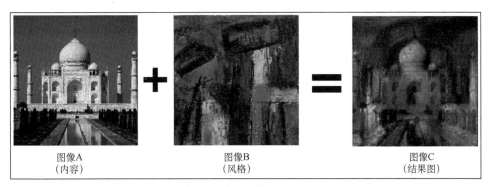

图 8.1　神经风格迁移示例

首先，我们将简要讨论如何解决这个问题并理解实现风格迁移背后的思想。随后我们将使用 PyTorch 实现自己的神经风格迁移系统，并将其实现在两幅图像上。通过该练习，我们还将尝试理解风格迁移机制中不同参数的效果。

在本章结束时，读者将理解神经风格迁移的概念，并能够使用 PyTorch 构建和测试自己的神经风格迁移模型。

本章主要涉及下列主题。
- 如何在图像之间迁移风格。
- 使用 PyTorch 实现神经风格迁移。

☑ 注意：

与本章相关的所有代码文件都可以在以下网址获得。

https://github.com/arj7192/MasteringPyTorchV2/tree/main/ Chapter08

下面我们将探讨神经风格迁移背后的思想和相关数学原理。

8.1　如何在图像之间迁移风格

第 2 章详细讨论了卷积神经网络（CNN）。卷积神经网络是处理图像数据任务（如图像分类和物体检测等）最成功的模型之一。这一成功背后的核心原因之一是卷积层学习空间表征的能力。

例如，在狗与猫的分类器中，CNN 模型本质上能够捕捉图像的内容，同时提取更高层次的特征，这有助于它区分二者特有的特征。我们将利用图像分类器 CNN 的这种能力来理解图像的内容。

正如在第 2 章中讨论的那样，VGG 是一个强大的图像分类模型，我们将使用 VGG 模型的卷积部分（不包括线性层）从图像中提取与内容相关的特征。

我们知道，每个卷积层会产生 N 个特征图，每个特征图的维数为 $X \times Y$。例如，假设有一幅大小为（3,3）的单通道（灰度）输入图像和一个卷积层，其中输出通道数（N）为 3，内核大小为（2,2），步长为（1,1），并且没有填充。这个卷积层将产生 3 (N) 个特征图，每个特征图的大小为 2×2，因此本例中 $X=2$ 和 $Y=2$。

我们可以将卷积层产生的 N 个特征图表示为一个尺寸为 $N \times M$ 的二维矩阵，其中 $M=X \times Y$。通过将每个卷积层的输出定义为一个二维矩阵，可以为每个卷积层定义一个与之关联的损失函数。

该损失函数称为内容损失，是卷积层期望输出和预测输出之间的平方损失，如图 8.2 所示，其中 $N=3$，$X=2$，$Y=2$。

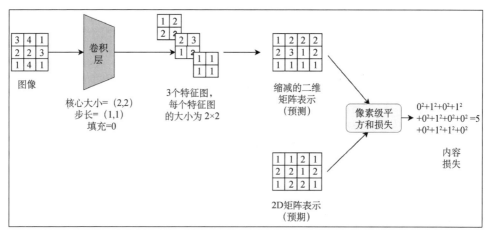

图 8.2　内容损失示意图

我们可以看到，在这个示例中，输入图像（按照在图 8.1 中的标记，为图像 C）通过卷积（conv）层被转换成 3 个特征图。这 3 个特征图，每个大小为 2×2，被格式化成一个 3×4 的矩阵。然后该矩阵与期望输出进行比较，期望输出是通过相同的流程传递图像 A（内容图像）获得的。接着计算像素级的平方和损失，我们称之为内容损失。

现在要从图像中提取风格，我们将使用格拉姆矩阵[1]，它来源于缩减的二维矩阵表示的行间内积，如图 8.3 所示。

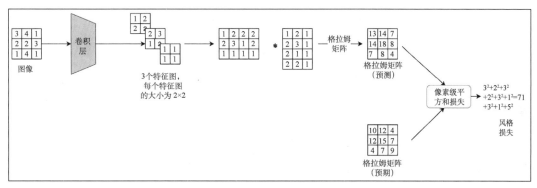

图 8.3 风格损失示意图

格拉姆矩阵承载了不同卷积特征图之间的相关性（在图 8.3 的示例中有 3 幅特征图）。如果预测的格拉姆矩阵接近期望的格拉姆矩阵，这意味着在两种情况下（期望和预测）的 3 个卷积特征图具有相似的相关性（非绝对值）。相关性代表了像素之间的关系，而不是绝对像素值。因此，格拉姆矩阵以风格或图像纹理的形式捕捉了这种关系。

与内容损失计算相比，格拉姆矩阵计算是此处唯一的额外步骤。同时，可以看到，像素级平方和损失的输出与内容损失相比是一个相当大的数字。因此，这个数字通过除以 $N \times X \times Y$ 来归一化；也就是说，特征图的数量（N）乘以长度（X）乘以宽度（Y）。这也有助于标准化不同卷积层的风格损失度量，这些层具有不同的 N、X 和 Y。实现的详细内容可以在介绍神经风格迁移的原始论文[2]中找到。

在了解了内容和风格损失的概念后，下面我们将讨论神经风格转移是如何工作的。

（1）对于给定的 VGG（或任何其他 CNN）网络，定义网络中哪些卷积层应附加内容损失。对风格损失重复这一步骤。

（2）有了这些列表后，即可将内容图像通过网络传递，并计算出需要计算内容损失的卷积层的预期卷积输出（二维矩阵）。

（3）通过网络传递样式图像，并在卷积层计算预期的格拉姆矩阵。如图 8.4 所示，这就是计算样式损失的地方。

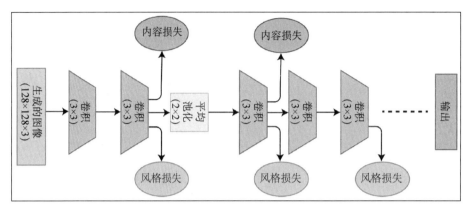

图 8.4　风格迁移架构示意图

例如，在图 8.4 中，内容损失将在第 2 和第 3 卷积层计算，而样式损失将在第 2、第 3 和第 5 卷积层计算。

现在，我们已经在确定的卷积层中获得了内容和风格目标，接下来就可以生成包含内容（内容图像）和风格（风格图像）的图像了。

初始化时，可以使用一个随机噪声矩阵作为生成图像的起点，或者直接使用内容图像作为开始。我们将这个图像通过网络传递，并在预先选定的卷积层计算风格和内容损失。我们将风格损失相加以得到总风格损失，并将内容损失相加以得到总内容损失。最后，通过加权的方式将这两个组成部分相加，从而得到总损失。

如果更多地强调风格部分，生成的图像将更多地反映出风格，反之亦然。我们使用梯度下降法将损失反向传播回输入，以更新生成的图像。经过几个周期后，生成的图像应该以这样的方式进化，它产生最小化各自损失的内容和风格表示，从而产生一张风格迁移的图像。

在图 8.4 中，池化层是基于平均池化的，而不是传统的最大池化。平均池化被特意用于风格转换，以确保平滑的梯度流。我们希望生成的图像像素之间不会有剧烈的变化。此外，值得注意的是，图 8.4 中的网络结束于计算最后一次风格或内容损失的层。因此，在这种情况下，由于原始网络的第 6 卷积层不存在相关损失，因此在风格转换的背景下，谈论第 5 卷积层以外的层是毫无意义的。

8.2 节我们将使用 PyTorch 实现自己的神经风格迁移系统。借助预训练的 VGG 模型，我们将利用本节讨论的概念来生成具有艺术风格的图像。此外还将探讨调整各种模型参数对生成图像的内容和纹理/风格的影响。

8.2　使用 PyTorch 实现神经风格迁移

在讨论完神经风格迁移系统的内部工作原理后，我们将使用 PyTorch 构建一个神经样式传输系统。作为一项练习，我们将加载一张风格图像和一张内容图像。随后将加载预训练的 VGG 模型。在确定计算风格和内容损失的层之后，我们将修剪模型，使其仅保留相关层。最后我们将训练神经风格迁移模型，逐个周期地优化生成的图像。

8.2.1　加载内容和风格图像

在练习中，我们将仅展示代码的重要部分，以供示范。要获取完整代码，请访问 GitHub 代码库[3]。具体步骤如下。

（1）导入所需的库。

```
from PIL import Image
import matplotlib.pyplot as plt
import torch
import torch.nn as nn
import torch.optim as optim
import torchvision
dvc = torch.device("cuda" if torch.cuda.is_available() else "cpu")
```

在其他库中，我们导入 torchvision 库来加载预训练的 VGG 模型以及其他计算机视觉相关的实用工具。

（2）需要一张风格图像和一张内容图像，我们将在 Unsplash 网站[4]下载每种类型的图像。下载的图像包含在本书的代码库中。下列代码将编写一个将图像加载为张量的函数。

```
def image_to_tensor(image_filepath, image_dimension=128):
    img = Image.open(image_filepath).convert('RGB')
    # display image
    ...
    torch_transformation = torchvision.transforms.Compose([
        torchvision.transforms.Resize(img_size),
        torchvision.transforms.ToTensor()])
    img = torch_transformation(img).unsqueeze(0)
    return img.to(dvc, torch.float)
style_image = image_to_tensor("./images/style.jpg")
content_image =image_to_tensor("./images/content.jpg")
```

unsqueeze 命令在张量的第 0 轴添加一个维度，将一个大小为(32,32)的张量转换为大小为(1, 32, 32)的张量。请随意将参数从 0 更改为 1，看看会发生什么。

上述代码的输出结果如图 8.5 所示。

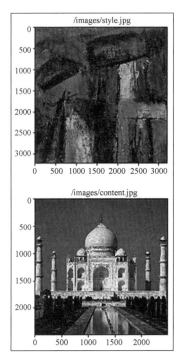

图 8.5　风格和内容图像

所以，内容图像是泰姬陵的真实照片，而风格图像是一幅艺术画作。通过风格迁移，我们希望生成一幅泰姬陵的艺术画作。然而，在此之前，需要加载并修剪 VGG19 模型。

8.2.2　加载并修剪预训练的 VGG19 模型

在这一部分练习中，我们将使用一个预训练的 VGG 模型，并保留其卷积层。我们将对模型进行一些微小的调整，使其适用于神经风格迁移。

（1）加载预训练的 VGG19 模型，并使用其卷积层生成内容和风格目标，分别产生内容和风格损失。

```
vgg19_model = torchvision.models.vgg19(pretrained=True).to(dvc)
print(vgg19_model)
```

输出结果如下所示。

```
VGG(
(features): Sequential(
    (0): Conv2d(3, 64, kernel_size=(3, 3), stride=(1, 1), padding=(1, 1))
    (1): ReLU(inplace=True)
    ...
    (35): ReLU(inplace=True)
    (36): MaxPool2d(kernel_size=2, stride=2, padding=0, dilation=1, ceil_
mode=False)
  )
  (avgpool): AdaptiveAvgPool2d(output_size=(7, 7))
  (classifier): Sequential(
    (0): Linear(in_features=25088, out_features=4096, bias=True)
    (1): ReLU(inplace=True)
    ...
    (5): Dropout(p=0.5, inplace=False)
    (6): Linear(in_features=4096, out_features=1000, bias=True)
  )
)
```

（2）此处不需要线性层，也就是说，只需要模型的卷积部分。在前面的代码中，这可以通过只保留 model 对象的 features 属性来实现，如下所示。

```
vgg19_model = vgg19_model.features
```

☑ 注意：

在这个练习中，我们不打算调整 VGG 模型的参数，唯一要调整的是生成图像的像素，正好位于模型的输入端。因此，我们将确保加载的 VGG 模型的参数是固定的。

（3）使用以下代码冻结 VGG 模型的参数。

```
for param in vgg19_model.parameters():
    param.requires_grad_(False)
```

（4）在加载了 VGG 模型的相关部分后，我们需要将最大池化层更改为平均池化层，正如前一节所讨论的。在这样做的同时，我们将记录卷积层在模型中的位置。

```
conv_indices = []
for i in range(len(vgg19_model)):
    if vgg19_model[i]._get_name() == 'MaxPool2d':
```

```
        vgg19_model[i] = \
            nn.AvgPool2d(
                kernel_size=vgg19_model[i].kernel_size,
                stride=vgg19_model[i].stride,
                padding=vgg19_model[i].padding)
    if vgg19_model[i]._get_name() == 'Conv2d':
        conv_indices.append(i)
conv_indices = dict(enumerate(conv_indices, 1))
print(vgg19_model)
```

输出结果如下所示。

```
Sequential(
  (0): Conv2d(3, 64, kernel_size=(3, 3), stride=(1, 1), padding=(1, 1))
  (1): ReLU(inplace=True)
  (2): Conv2d(64, 64, kernel_size=(3, 3), stride=(1, 1), padding=(1, 1))
...
  (34): Conv2d(512, 512, kernel_size=(3, 3), stride=(1, 1), padding=(1, 1))
  (35): ReLU(inplace=True)
  (36): AvgPool2d(kernel_size=2, stride=2, padding=0)
)
```

我们可以看到，线性层已被移除，最大池化层已被平均池化层所替代。

在前述步骤中，我们加载了一个预训练的 VGG 模型，并对其进行了修改，以便将其用作神经风格迁移模型。接下来我们将把这个修改后的 VGG 模型转换为神经风格迁移模型。

8.2.3　构建神经风格迁移模型

在这里可以定义要在哪些卷积层上计算内容损失和风格损失。在原始论文中，风格损失是在前 5 个卷积层上计算的，而内容损失仅在第 4 个卷积层上计算。

我们将遵循相同的惯例，并观察它们对生成图像的影响。具体步骤如下。

（1）列出需要计算风格和内容损失的层。

```
layers = {1: 's', 2: 's', 3: 's', 4: 'sc', 5: 's'}
```

这里，我们已经定义了 1～5 个卷积层，它们附加了风格损失，以及第 4 个卷积层，它附加了内容损失。注意，s 和 c 分别代表风格和内容损失。

（2）移除 VGG 模型中不必要的部分。我们将只保留到第 5 个卷积层，如下所示。

```
vgg_layers = nn.ModuleList(vgg19_model)
last_layer_idx = conv_indices[max(layers.keys())]
vgg_layers_trimmed = vgg_layers[:last_layer_idx+1]
neural_style_transfer_model = nn.Sequential(*vgg_layers_trimmed)
print(neural_style_transfer_model)
```

输出结果如下所示。

```
Sequential(
  (0): Conv2d(3, 64, kernel_size=(3, 3), stride=(1, 1), padding=(1, 1))
  (1): ReLU(inplace=True)
  (2): Conv2d(64, 64, kernel_size=(3, 3), stride=(1, 1), padding=(1, 1))
  ...
  (8): ReLU(inplace=True)
  (9): AvgPool2d(kernel_size=2, stride=2, padding=0)
  (10): Conv2d(128, 256, kernel_size=(3, 3), stride=(1, 1), padding=(1, 1))
)
```

可以看到，我们已经将具有 16 个卷积层的 VGG 模型转换为具有 5 个卷积层的神经风格迁移模型。

8.2.4　训练风格迁移模型

本节将开始处理生成的图像。我们可以用多种方式初始化这张图像，如使用一个随机噪声图像或者使用内容图像作为初始图像。目前将从随机噪声开始。稍后我们也会看到使用内容图像作为起点对结果有何影响。具体步骤如下。

（1）下列代码展示了如何使用随机数字初始化一个 torch 张量。

```
'''initialize as the content image
  ip_image = content_image.clone()
  initialize as random noise:'''
ip_image = torch.randn(content_image.data.size(), device=dvc)
plt.figure()
plt.imshow(ip_image.squeeze(0).cpu().detach().numpy().transpose(1,2,0).
clip(0,1));
```

输出结果如图 8.6 所示。

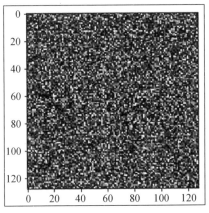

图 8.6　随机噪声图像

（2）启动模型训练循环。首先定义训练的周期数，为风格和内容损失分配相对权重，并实例化 Adam 优化器，用于基于梯度下降的优化，且学习率为 0.1。

```
num_epochs=180
wt_style=1e6
wt_content=1
style_losses = []
content_losses = []
opt = optim.Adam([ip_image.requires_grad_()], lr=0.1)
```

（3）在启动训练循环时，我们在每个周期的开始将风格和内容损失初始化为 0，然后为了数值稳定性，将输入图像的像素值限制在 0 和 1 之间。

```
for curr_epoch in range(1, num_epochs+1):
    ip_image.data.clamp_(0, 1)
    opt.zero_grad()
    epoch_style_loss = 0
    epoch_content_loss = 0
```

（4）在这个阶段，我们到达了训练迭代中的关键步骤。这里必须为每个预先定义的风格和内容卷积层计算风格和内容损失。

各个相应层的单独风格损失和内容损失被加在一起，以得到当前周期的总风格和内容损失。

```
for k in layers.keys():
    if 'c' in layers[k]:
        target = \
```

```
            neural_style_transfer_model[
                :conv_indices[k]+1)
                (content_image).detach()
        ip = \
            neural_style_transfer_model[
                :conv_indices[k]+1](ip_image)
        epoch_content_loss += \
            torch.nn.functional.mse_loss(ip, target)
    if 's' in layers[k]:
        target = gram_matrix(
        neural_style_transfer_model[
            :conv_indices[k]+1]
            (style_image)).detach()
        ip = \
            gram_matrix(
                neural_style_transfer_model[
                    :conv_indices[k]+1](ip_image))
        epoch_style_loss += \
            torch.nn.functional.mse_loss(ip, target)
```

在前述代码中，对于风格和内容损失，首先使用风格和内容图像计算风格和内容目标（真实值）。我们对目标使用.detach()方法，以表明这些不是可训练的，而是固定的标定值。接下来，根据作为输入的生成图像，在每个风格和内容层计算预测的风格和内容输出。最后计算风格和内容损失。

（5）对于风格损失，还需要使用预定义的格拉姆矩阵函数计算格拉姆矩阵，如下列代码所示。

```
def gram_matrix(ip):
    num_batch, num_channels, height, width = ip.size()
    feats = ip.view(num_batch * num_channels, width * height)
    gram_mat = torch.mm(feats, feats.t())
    return gram_mat.div(
        num_batch * num_channels * width * height)
```

如前所述，可以使用 torch.mm 函数计算内积。这将计算格拉姆矩阵，并通过将矩阵除以特征图的数量乘以每个特征图的宽度和高度来归一化矩阵。

（6）继续我们的训练循环，在计算了总的风格和内容损失后，需要使用之前定义的权重，将二者作为加权和来计算最终的总损失。

```
epoch_style_loss *= wt_style
epoch_content_loss *= wt_content
```

```
total_loss = epoch_style_loss + epoch_content_loss
total_loss.backward()
```

最后，在每 k 个周期结束时，可以通过查看损失以及生成的图像来观察训练的进展。图 8.7 展示了前述代码生成的风格迁移图像的演变过程，在总共 180 个周期中，每 20 个周期记录一次。

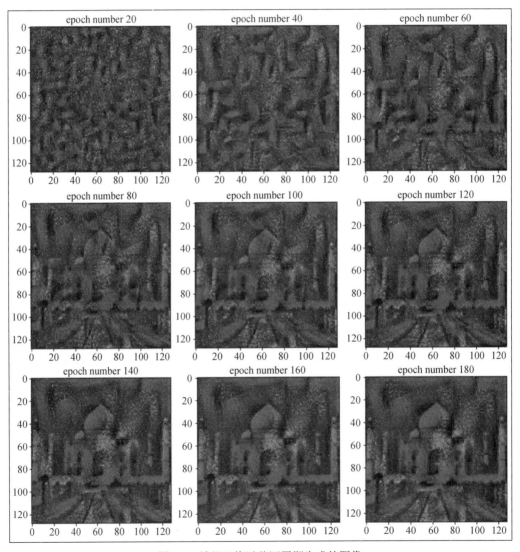

图 8.7　神经风格迁移逐周期生成的图像

显然，模型首先开始将风格图像的风格应用到随机噪声中。随着训练的进行，内容损失开始发挥作用，从而使风格化图像具有内容。到了 180 周期时，我们可以看到，生成的图像看起来像泰姬陵艺术画作的一个良好近似。图 8.8 展示了从 0 到 180 周期，风格和内容损失随周期递减的情况。

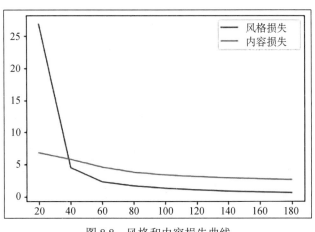

图 8.8　风格和内容损失曲线

注意，风格损失最初急剧下降，这在图 8.7 中也很明显，即最初的周期标志着图像上风格的影响大于内容。在训练的后期阶段，两种损失一起逐渐下降，最终生成的风格迁移图像，是在风格图像的艺术作品与相机拍摄照片的真实性之间的一个不错的折衷。

8.2.5　尝试风格迁移系统

在 8.2.4 节中我们成功训练了一个风格迁移系统，下面将考查系统对不同超参数设置的响应。具体步骤如下。

（1）在 8.2.4 节中，我们将内容权重设置为 1，风格权重设置为 1e6。这里进一步将风格权重增加 10 倍，即增加到 1e7，并观察它如何影响风格迁移的过程。在用新权重训练了 600 个周期后，我们得到了如图 8.9 所示的风格迁移结果。

可以看到，与前一个场景相比，最初需要更多的周期才能达到合理的结果。更重要的是，更高的风格权重确实对生成的图像有影响。当比较图 8.9 中的图像和图 8.7 中的图像时，我们发现前者与图 8.5 中显示的风格图像有更强的相似性。

（2）同样，将风格权重从 1e6 降低到 1e5 会产生一个更注重内容的结果，如图 8.10 所示。

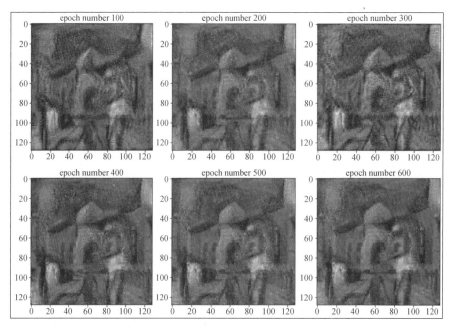

图 8.9　较高风格权重的风格迁移周期

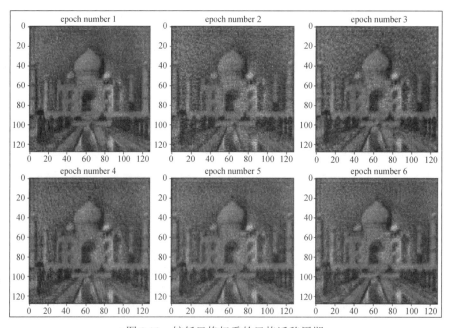

图 8.10　较低风格权重的风格迁移周期

与高风格权重的场景相比，使用低风格权重意味着，获得一个看起来合理的结果所需的周期要少得多。生成图像中的风格元素要少得多，且主要填充了内容图像数据。我们只针对这种情况训练了 6 个周期，因为之后的结果就饱和了。

（3）最后一个变化可能是使用内容图像而不是随机噪声来初始化生成的图像，而原始风格和内容权重分别为 1e6 和 1。图 8.11 显示了在这种场景下逐周期的进展。

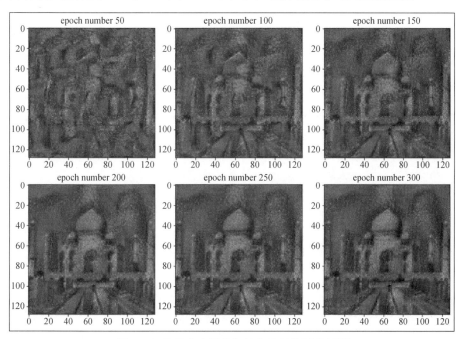

图 8.11　基于内容图像初始化的风格迁移周期

通过将图 8.11 与图 8.7 进行比较，我们可以发现，以内容图像为起点，可以通过不同的路径获得合理的风格迁移图像。与图 8.7 中先添加风格后添加内容相比，图 8.7 似乎是同时将内容和风格添加到生成的图像中。图 8.12 证实了这一假设。

可以看到，随着周期的推进，风格和内容损失都在同时下降，最终趋于饱和。尽管如此，图 8.17 和图 8.11，甚至图 8.9 和图 8.10 中的最终结果，都代表了泰姬陵合理的艺术印象。图 8.12 中的两条损失线与图 8.8 相比看起来间隔更远，这只是因为两条曲线的 y 轴范围不同。

我们已经成功地使用 PyTorch 构建了一个神经风格迁移模型，其间使用了一张内容图像（泰姬陵照片）和一张风格图像（帆布画），我们生成了泰姬陵艺术画作的一个合理近似。该应用可以扩展到各种其他组合。交换内容和风格图像也可能产生有趣的结果，并对模型的内部工作机制提供更多的洞察结果。

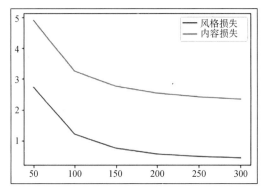

图 8.12　基于内容图像初始化的风格和内容损失曲线

建议读者尝试下列操作以扩展本章讨论的练习。

- 更改风格和内容层的列表。
- 使用更大的图像尺寸。
- 尝试更多风格和内容损失权重的组合。
- 使用其他优化器，如 SGD 和 LBFGS。
- 用不同的学习率进行更长时间的训练，观察所有方法在生成图像上的差异。

8.3　本章小结

在本章中，我们将生成式机器学习的概念应用于图像，并生成了一张包含图片内容和风格的图像，这一任务被称为神经风格迁移。第 9 章将扩展这一范式，其中将有一个生成器生成假数据和一个鉴别器来区分假数据和真实数据。这样的模型通常被称为生成对抗网络（GAN）。第 9 章将探索深度卷积生成对抗网络（DCGAN）。

8.4　参考文献

[1] 格拉姆矩阵：https://mathworld.wolfram.com/GramMatrix.html。

[2] Leon A. Gatys, Alexander S. Ecker, Matthias Bethge. 2015. *A Neural Algorithm of Artistic Style*：https://arxiv.org/pdf/1508.06576.pdf。

[3] 本书 GitHub 代码库链接：https://github.com/arj7192/MasteringPyTorchV2/blob/main/Chapter08/neural_style_transfer.ipynb。

[4] *Unsplash: Beautiful Free Images & Pictures*：https://unsplash.com/。

第 9 章 深度卷积 GAN

生成式神经网络已经成为研究和开发的一个热门且活跃的领域。这一趋势的很大一部分功劳归功于我们在本章要讨论的一类模型。这类模型被称为生成对抗网络（generative adversarial network，GAN），于 2014 年推出。自从基本 GAN 的模型推出以来，为了不同的应用，人们已经发明并正在发明各种类型的 GAN。

生成模型并不局限于生成对抗网络（GAN）。变分自编码器（VAE）是 OpenAI 的 DALL-E 的秘密武器，它们可以学习数据的基础分布，并通过从该分布中采样来生成新的样本；自回归模型（大型语言模型的秘密武器），它们一次生成一个数据元素，并以前面的元素为条件，也是一系列知名生成模型中的成员。GAN 利用它们的能力生成高度逼真且多样化的样本，这些样本类似于训练数据，且无须显式建模数据分布。

本质上，GAN 由两个神经网络组成，即生成器和鉴别器。让我们来看一个用于生成图像的 GAN 的例子。对于这样的 GAN，生成器的任务是生成看起来真实的假图像，而鉴别器的任务是区分真实图像和假图像。

在联合优化过程中，生成器最终将学会生成逼真的假图像，以至于鉴别器基本上无法将它们与真实图像区分开来。一旦这样的模型被训练，它的生成器部分就可以作为一个可靠的数据生成器使用。除了作为无监督学习的生成模型，GAN 也在半监督学习中证明了它们的有效性。

在图像示例中，例如，鉴别器模型学习到的特征可以用来提高在图像数据上训练的分类模型的性能。除了半监督学习，GAN 在强化学习中也被证明是有用的，这是第 11 章将讨论的主题。

本章将重点关注深度卷积生成对抗网络（DCGAN）。DCGAN 之所以称为"深度"，是因为它与浅层 GAN（具有较少层的简单架构）不同，其具有更复杂的多层架构，能够生成具有更复杂细节的高质量图像。DCGAN 本质上是一个无监督的卷积神经网络（CNN）模型。在 DCGAN 中，生成器和鉴别器都是纯粹的 CNN，没有全连接层。DCGAN 在生成逼真图像方面表现良好，并且可以作为从零开始学习如何构建、训练和运行 GAN 的良好起点。在这一章中，我们首先将理解 GAN 内部的各个组成部分，即生成器和鉴别器模型以及联合优化计划。随后我们将专注于使用 PyTorch 构建 DCGAN 模型，并使用图像数据集来训练和测试 DCGAN 模型的性能。我们将通过重新审视图像上的风格迁移概念，并探索 pix2pix GAN 模型来结束这一章，该模型可以高效地对任何给定的图像对实现风格迁移。

此外我们还将学习 pix2pix GAN 模型的各个组成部分与 DCGAN 模型的关系。完成本

章的学习后，读者将真正理解 GAN 的工作原理，并将能够使用 PyTorch 构建任何类型的
GAN 模型。

本章主要涉及下列主题。

- 定义生成器和鉴别器网络。
- 使用 PyTorch 训练 DCGAN。
- 使用 GAN 进行风格迁移。

注意：

与本章相关的所有代码文件都可以在以下网址获得。

https://github.com/arj7192/MasteringPyTorchV2/tree/main/Chapter09

9.1 定义生成器和鉴别器网络

如前所述，GAN 由两个部分构成，即生成器和鉴别器，二者本质上都是神经网络。具
有不同神经架构的生成器和鉴别器会产生不同类型的 GAN。读者可以在参考文献[1]中找到
不同类型的 GAN 及其 PyTorch 实现的列表。

在用于生成某种真实数据的任何 GAN 中，生成器通常以随机噪声为输入，并产生与
真实数据相同维度的输出。我们称这种生成的输出为假数据。另一方面，鉴别器充当二元
分类器，它以生成的假数据和真实数据（一次一个）为输入，并预测输入数据是真实还是
虚假的。图 9.1 展示了整个 GAN 模型的示意图。

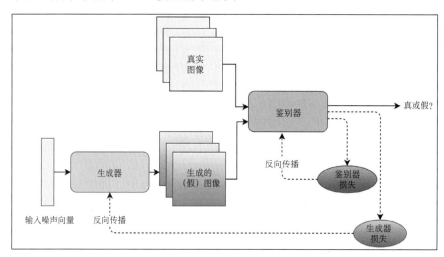

图 9.1 GAN 示意图

鉴别器网络像任何二元分类器一样被优化，即使用二元交叉熵函数。因此，鉴别器模型的作用是正确地将真实图像分类为真，将假图像分类为假。生成器网络的作用则完全相反。生成器损失在数学上表示为 -log($D(G(x))$)，其中 x 是输入到生成器模型 G 的随机噪声；$G(x)$ 是由生成器模型生成的假图像；$D(G(x))$ 是鉴别器模型 D 的输出概率，即图像为真实的概率。

因此，当鉴别器认为生成的假图像是真实的时，生成器损失最小。从本质上讲，在联合优化问题中，生成器正试图欺骗鉴别器。

在执行过程中，这两个损失函数交替进行反向传播。也就是说，在训练的每次迭代中，首先冻结鉴别器，然后通过从生成器损失反向传播梯度来优化生成器网络的参数。

然后，调整后的生成器被冻结，而鉴别器通过从鉴别器损失反向传播梯度来进行优化。这就是我们所说的联合优化。在原始的 GAN 论文[2]中，这也被称为等同于两玩家的 Minimax 游戏。

在 DCGAN 的特定情况下，让我们看看生成器和鉴别器模型的架构是什么样的。如前所述，它们都是纯粹的卷积模型。图 9.2 展示了 DCGAN 的生成器模型架构。所有层的维度都是特定于 DCGAN 实现的。

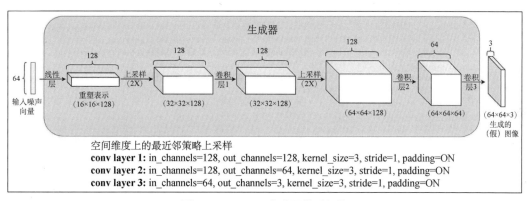

图 9.2 DCGAN 生成器模型架构

首先，大小为 64 的随机输入噪声向量被重塑并投影到每个大小为 16×16 的 128 个特征图中。该投影是使用线性层实现的。从那里开始，一系列上采样和卷积层紧随其后。

在 CNN 中，上采样指的是通过插入额外的 0 行和 0 列，或使用插值方法（如双线性或最近邻插值）来增加特征图的空间分辨率。这通常用于图像分割等任务中，其最终输出需要与输入图像具有相同的空间维度。

在当前模型中，第一上层采样层简单地使用最近邻上采样策略将 16×16 的特征图转换为 32×32 的特征图。接着是一个 2D 卷积层，其核心尺寸为 3×3，并输出 128 个特征图。这个卷积层输出的 128 个 32×32 的特征图进一步被上采样到 64×64 尺寸的特征图，然后是两个 2D 卷积层，最终生成大小为 64×64 的（假）RGB 图像。

注意：

在前面的架构表示中，我们省略了批量归一化和泄漏 ReLU 层，以避免混乱。下一节的 PyTorch 代码将提及并解释这些细节。

在了解了生成器模型后，接下来我们考查鉴别器模型。图 9.3 展示了鉴别器模型的架构。

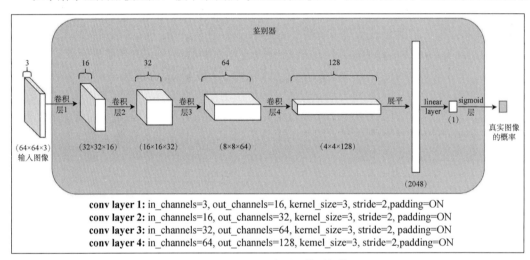

conv layer 1: in_channels=3, out_channels=16, kernel_size=3, stride=2,padding=ON
conv layer 2: in_channels=16, out_channels=32, kernel_size=3, stride=2, padding=ON
conv layer 3: in_channels=32, out_channels=64, kernel_size=3, stride=2, padding=ON
conv layer 4: in_channels=64, out_channels=128, kemel_size=3, stride=2,padding=ON

图 9.3　DCGAN 鉴别器模型架构

我们可以看到，这种架构中每个卷积层的步长为 2，这有助于降低空间维度；而深度（即特征图的数量）则持续增长。这里使用了经典的基于 CNN 的二元分类架构来区分真实图像和生成的假图像。

在理解了生成器和鉴别器网络的架构之后，现在我们可以根据图 9.1 的示意图构建完整的 DCGAN 模型，并在一个图像数据集上训练 DCGAN 模型。

9.2 节我们将使用 PyTorch 来完成这项任务。我们将详细讨论 DCGAN 模型的实例化、加载图像数据集、联合训练 DCGAN 生成器和鉴别器，以及从训练好的 DCGAN 生成器生成样本假图像。

9.2　使用 PyTorch 训练 DCGAN

本节我们将以练习的形式，使用 PyTorch 构建、训练和测试一个 DCGAN 模型。我们将使用一个图像数据集来训练模型,并测试训练后的 DCGAN 模型的生成器在生成假图像时的性能表现。

9.2.1　定义生成器

在以下练习中,我们将仅展示代码的重要部分,以供示范。为了访问完整代码,读者可以参考 GitHub 代码库[3]。

(1)按以下方式导入所需的库。

```
import os
import numpy as np
import torch
import torch.nn as nn
import torch.nn.functional as F
from torch.utils.data import DataLoader
from torch.autograd import Variable
import torchvision.transforms as transforms
from torchvision.utils import save_image
from torchvision import datasets
```

在该练习中,只需要 torch 和 torchvision 来构建 DCGAN 模型。

(2)在导入库之后,我们指定一些模型的超参数,如下列代码所示。

```
num_eps=10
bsize=32
lrate=0.001
lat_dimension=64
image_sz=64
chnls=1
logging_intv=200
```

我们将使用批量大小为 32、学习率为 0.001 来训练模型,训练周期为 10 轮。预期的图像大小是 64×64×3。latent_dimension 是随机噪声向量的长度,这基本上意味着将从 64 维的潜在空间中抽取随机噪声作为生成模型的输入。

(3)定义生成模型对象。下列代码直接对应于图 9.2 所示的架构。

```
class GANGenerator(nn.Module):
    def __init__(self):
        super(GANGenerator, self).__init__()
        self.inp_sz = image_sz // 4
```

```
        self.lin = nn.Sequential(nn.Linear(
            lat_dimension, 128 * self.inp_sz ** 2))
        self.bn1 = nn.BatchNorm2d(128)
        self.up1 = nn.Upsample(scale_factor=2)
        self.cn1 = nn.Conv2d(128, 128, 3, stride=1, padding=1)
        self.bn2 = nn.BatchNorm2d(128, 0.8)
        self.rl1 = nn.LeakyReLU(0.2, inplace=True)
        self.up2 = nn.Upsample(scale_factor=2)
        self.cn2 = nn.Conv2d(128, 64, 3, stride=1, padding=1)
        self.bn3 = nn.BatchNorm2d(64, 0.8)
        self.rl2 = nn.LeakyReLU(0.2, inplace=True)
        self.cn3 = nn.Conv2d(64, chnls, 3, stride=1, padding=1)
        self.act = nn.Tanh()
```

（4）在定义了_init_()方法之后，接下来将定义 forward()方法，该方法本质上只是以连续的方式调用各层。

```
def forward(self, x):
    x = self.lin(x)
    x = x.view(x.shape[0], 128, self.inp_sz, self.inp_sz)
    x = self.bn1(x)
    x = self.up1(x)
    x = self.cn1(x)
    x = self.bn2(x)
    x = self.rl1(x)
    x = self.up2(x)
    x = self.cn2(x)
    x = self.bn3(x)
    x = self.rl2(x)
    x = self.cn3(x)
    out = self.act(x)
    return out
```

当前练习使用了显式的逐层定义，而不是 nn.Sequential 方法。这是因为，如果出现问题，它会使调试模型变得更加容易。此外我们还可以看到代码中的批量归一化和泄漏 ReLU 层，这些在图 9.2 中均没有提及。

☑ 为什么要使用批量归一化？

批量归一化用于线性或卷积层之后，以加快训练过程，并减少对初始网络权重的敏感性。

为什么要使用泄漏 ReLU？

对于负值输入，ReLU 可能会丢失所有信息。设置为 0.2 负斜率的泄漏 ReLU 会给传入的负信息赋予 20%的权重，这有助于在训练 GAN 模型时防止梯度消失。

接下来我们将查看用于定义鉴别器网络的 PyTorch 代码。

9.2.2　定义鉴别器

与生成器类似，现在我们将按如下方式定义鉴别器模型。

（1）再次说明，下列代码是图 9.3 中所示模型架构的 PyTorch 等价物。

```
class GANDiscriminator(nn.Module):
    def __init__(self):
        super(GANDiscriminator, self).__init__()
        def disc_module(ip_chnls, op_chnls, bnorm=True):
            mod = [nn.Conv2d(ip_chnls, op_chnls, 3, 2, 1),
                    nn.LeakyReLU(0.2, inplace=True),
                    nn.Dropout2d(0.25)]
            if bnorm:
                mod += [nn.BatchNorm2d(op_chnls, 0.8)]
            return mod
        self.disc_model = nn.Sequential(
            *disc_module(chnls, 16, bnorm=False),
            *disc_module(16, 32),
            *disc_module(32, 64),
            *disc_module(64, 128),
        )
        # width and height of the down-sized image
        ds_size = image_sz // 2 ** 4
        self.adverse_lyr = nn.Sequential(nn.Linear(
            128 * ds_size ** 2, 1), nn.Sigmoid())
```

首先定义了一个通用的鉴别器模块，它是由卷积层、可选的批量归一化层、泄漏 ReLU 层和 dropout 层组成的级联。为了构建鉴别器模型，我们按顺序重复这个模块 4 次——每次都为卷积层设置不同的参数集。

我们的目标是输入一个 64×64×3 的 RGB 图像，并通过卷积层处理图像，增加深度（即通道数），同时减小图像的高度和宽度。

鉴别器模块的最终输出被展平，并通过对抗层。本质上，对抗层将展平的表示完全连接到最终模型输出（即二元输出）。然后，该模型输出通过一个 sigmoid 激活函数，以给出图像是真实的（或不是假的）概率。

（2）下列代码是鉴别器的 forward()方法，它以 64×64 RGB 图像作为输入，并产生真实图像的概率。

```
def forward(self, x):
    x = self.disc_model(x)
    x = x.view(x.shape[0], -1)
    out = self.adverse_lyr(x)
    return out
```

（3）定义了生成器和鉴别器模型之后，现在可以分别实例化它们。此外还可以将对抗损失函数定义为下列代码中的二元交叉熵损失函数。

```
# instantiate the discriminator and generator models
gen = GANGenerator()
disc = GANDiscriminator()
# define the loss metric
adv_loss_func = torch.nn.BCELoss()
```

对抗损失函数将在训练循环中稍后被用于定义生成器和鉴别器损失函数。从概念上讲，我们使用二元交叉熵作为损失函数，因为目标本质上是二元的，即真实图像或假图像。二元交叉熵损失是二元分类任务中非常适合的损失函数。

9.2.3　加载图像数据集

为了训练 DCGAN 以生成看起来逼真的假图像，我们将使用众所周知的 MNIST 数据集，其中包含从 0 到 9 的手写数字图像。通过 torchvision.datasets，我们可以直接下载 MNIST 数据集，并从中创建一个数据集和一个数据加载器实例。

```
# define the dataset and corresponding dataloader
dloader = torch.utils.data.DataLoader(
    datasets.MNIST(
        "./data/mnist/", download=True,
        transform=transforms.Compose(
            [transforms.Resize((image_sz, image_sz)),
            transforms.ToTensor(),
            transforms.Normalize([0.5], [0.5])]),),
        batch_size=bsize, shuffle=True,)
```

图 9.4 是一张来自 MNIST 数据集的真实图像示例。

到目前为止，我们已经定义了模型架构和数据管道。现在是时候实际编写 DCGAN 模型的训练过程了，这将在接下来的部分中完成。

图 9.4 从 MNIST 数据集中随机抽样的图像

9.2.4 DCGAN 的训练循环

本节将训练 DCGAN 模型。

（1）定义优化计划：在开始训练循环之前，我们将为生成器和鉴别器定义优化计划，并将为模型使用 Adam 优化器。在原始的 DCGAN 论文[5]中，Adam 优化器的 beta1 和 beta2 参数分别设置为 0.5 和 0.999，而不是通常的 0.9 和 0.999。

我们在练习中保留了 0.9 和 0.999 的默认值。然而，读者可以使用论文中提到的确切值以获得类似的结果。

```
# define the optimization schedule for both G and D
opt_gen = torch.optim.Adam(gen.parameters(), lr=lrate)
opt_disc = torch.optim.Adam(disc.parameters(), lr=lrate)
```

（2）训练生成器：最后可以运行训练循环来训练 DCGAN。由于我们将联合训练生成器和鉴别器，训练例程将包括两个步骤，即训练生成器模型和训练鉴别器模型，并以交替的方式进行。我们将从下列代码中的生成器训练开始。

```
os.makedirs("./images_mnist", exist_ok=True)
for ep in range(num_eps):
    for idx, (images, _) in enumerate(dloader):
        # generate ground truths for real and fake images
        good_img = Variable(torch.FloatTensor(
            images.shape[0], 1).fill_(1.0),
            requires_grad=False)
        bad_img = Variable(torch.FloatTensor(
            images.shape[0], 1) .fill_(0.0),
            requires_grad=False)
        # get a real image
        actual_images = Variable(
```

```
        images.type(torch.FloatTensor))
# train the generator model
opt_gen.zero_grad()
# generate a batch of images based on
# random noise as input
noise = Variable(torch.FloatTensor(
    np.random.normal(0, 1, (
        images.shape[0], lat_dimension))))
gen_images = gen(noise)
# generator model optimization - how well
# can it fool the discriminator
generator_loss = adv_loss_func(
    disc(gen_images), good_img)
generator_loss.backward()
opt_gen.step()
```

上述代码首先为真实图像和假图像生成真实标签。真实图像被标记为 1，假图像被标记为 0。这些标签将作为目标输出，用于鉴别器模型，该模型是一个二元分类器。

接下来从 MNIST 数据集加载器加载一批真实图像，并使用生成器以随机噪声为输入生成一批假图像。

最后定义生成器损失为以下两者之间的对抗损失。

● 　鉴别器模型预测的假图像（由生成器模型产生）的真实性概率。

● 　真实标签的值为 1。

本质上讲，如果鉴别器被欺骗并将假图像视为真实图像，那么生成器就成功地发挥了其作用，生成器损失将会很低。一旦制定了生成器损失，我们就可以使用它来对生成器模型进行反向传播，以调整其参数。

在生成器模型的前述优化步骤中，我们没有改变鉴别器模型的参数，只是简单地对鉴别器模型进行了前向传递。

（3）训练鉴别器：将完成相反的事情，即保持生成器模型的参数不变，并训练鉴别器模型。

```
# train the discriminator model
opt_disc.zero_grad()
# calculate discriminator loss as average of
# mistakes(losses) in confusing real images
# as fake and vice versa
actual_image_loss = adv_loss_func(disc(
    actual_images), good_img)
fake_image_loss = adv_loss_func(disc(
```

```
        gen_images.detach()), bad_img)
discriminator_loss = (
    actual_image_loss + fake_image_loss) / 2
# discriminator model optimization
discriminator_loss.backward()
opt_disc.step()
batches_completed = ep * len(dloader) + idx
if batches_completed % logging_intv == 0:
    print(f"epoch number {ep} \
            | batch number {idx} \
            | generator loss = \
            {generator_loss.item()}\
            | discriminator loss = \
            {discriminator_loss.item()}")
    save_image(
        gen_images.data[:25],
        f"images_mnist/{batches_completed}.png",
        nrow=5, normalize=True)
```

请记住，我们持有一批真实图像和假图像。为了训练鉴别器模型，二者不可或缺。我们简单地将鉴别器损失定义为对抗损失或二元交叉熵损失，就像对任何二元分类器所做的那样。

我们计算真实图像和假图像批次的鉴别器损失，将真实图像批次的目标值设为1，假图像批次的目标值设为0。随后使用这两个损失的平均值作为最终的鉴别器损失，并用这个损失来反向传播梯度，以调整鉴别器模型的参数。

在每个周期和批次之后，我们会记录模型的性能结果，即生成器损失和鉴别器损失。对于上述代码，类似的输出结果如下所示。

```
epoch number 0 | batch number 0 | generator loss = 0.7016811370849609 |
discriminator loss = 0.691551923751831
epoch number 0 | batch number 200 | generator loss = 0.6610271334648132 |
discriminator loss = 0.649569034576416
epoch number 0 | batch number 400 | generator loss = 1.4007172584533691 |
discriminator loss = 0.3584232032299042
...
epoch number 9 | batch number 1325 | generator loss = 2.019848585128784 |
discriminator loss = 0.7362138032913208
epoch number 9 | batch number 1525 | generator loss = 6.319630146026611 |
discriminator loss = 0.10377539694309235
epoch number 9 | batch number 1725 | generator loss = 1.8041318655014038
| discriminator loss = 0.6188918352127075
```

　　注意，损失值会有一些波动。因为联合训练机制的对抗性质，这通常会发生在 GAN 模型的训练过程中。除了输出日志，我们还定期保存一些网络生成的图像。图 9.5 展示了前几个周期中的生成图像。

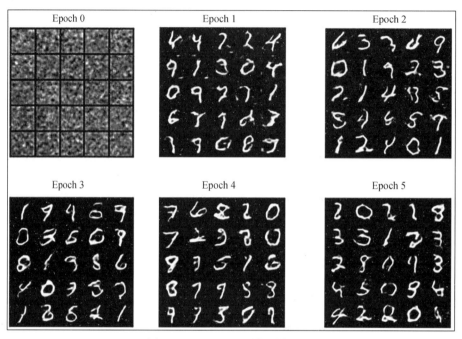

图 9.5　DCGAN 逐周期图像生成

　　如果将后期周期的结果与图 9.4 中的原始 MNIST 图像进行比较，看起来 DCGAN 已经较好地学会了如何生成看起来逼真的手写数字的假图像。

　　我们已经学习了如何使用 PyTorch 从头开始构建一个 DCGAN 模型。原始的 DCGAN 论文包含一些微妙的细节内容，如生成器和鉴别器模型层参数的归一化初始化、使用特定的 beta1 和 beta2 值对 Adam 优化器进行设置等。为了专注于 GAN 代码的主要部分，我们省略了这些细节。这些微妙的变化可能会影响模型训练期间的优化空间，从而影响模型训练时间以及最终达到的最优损失。我们鼓励读者考查这些细节内容，并查看最终的结果。

　　此外，练习中只使用了 MNIST 数据库。然而，我们可以使用任何图像数据集来训练 DCGAN 模型。我们鼓励读者尝试在其他图像数据集上使用这个模型。一个用于 DCGAN 训练的流行的图像数据集是名人面孔数据集[6]。

　　使用这个模型训练的 DCGAN 可以用来生成不存在的名人面孔。ThisPersonDoesNotExist[7] 就是这样一个项目，它生成不存在的人的面孔。令人毛骨悚然？是的。这就是 DCGAN 和

GAN 的强大之处。另外，得益于 PyTorch，现在通过几行代码即可构建自己的 GAN。

　　9.3 节我们将超越 DCGAN，并简要介绍另一种类型的 GAN，即 pix2pix 模型。pix2pix 模型可以用来泛化图像中的风格迁移任务，是图像到图像的转变任务。我们将讨论 pix2pix 模型的架构及其生成器和鉴别器，并使用 PyTorch 来定义生成器和鉴别器模型。此外还将从架构和实现的角度对比 pix2pix 与 DCGAN。

9.3　使用 GAN 进行风格迁移

　　到目前为止，我们已经详细介绍了 DCGAN 的细节。目前，已经有数百种不同类型的 GAN 模型存在，此外还有更多的模型正在开发中。这些 GAN 变体在它们所服务的应用、基础模型架构，或者优化策略上存在差异，如修改损失函数。又如，超分辨率 GAN（SRGAN）用于提高低分辨率图像的分辨率。循环 GAN 使用两个生成器而不是一个，并且生成器由类似 ResNet 的块组成。最小二乘 GAN（LSGAN）使用均方误差作为鉴别器损失函数，而不是大多数 GAN 中使用的常规交叉熵损失。

　　在一章甚至一本书中讨论所有这些 GAN 变体是不可能的。然而，本节将探索另一种与上一节讨论的 DCGAN 模型和第 8 章中的神经风格迁移模型相关的 GAN 模型。这种特殊的 GAN 泛化了图像间的风格迁移任务，并且进一步提供了一个通用的图像到图像的转变框架。它被称为 pix2pix，我们将简要探索它的架构，以及它的生成器和鉴别器组件在 PyTorch 中的实现。

9.3.1　pix2pix 架构

　　回忆一下，在第 8 章中，一个完全训练好的神经风格迁移模型仅适用于给定的一对图像。pix2pix 是一个更通用的模型，一旦被成功训练，就可以在任意一对图像之间迁移风格。实际上，该模型不仅用于风格迁移，还可以用于任何图像到图像的转变应用，如背景遮罩（从图像或视频中移除背景以隔离感兴趣的前景对象）、调色板补全（根据输入中现有的颜色信息，自动为图像或视频生成一套完整的颜色）等。

📝 **注意：**

　　pix2pix 是一种条件生成对抗网络（conditional GAN），它与常规的 GAN 不同，因为它在训练期间使用成对的输入/输出数据，这使得它能够学习输入和输出图像之间的直接映射，从而生成具有精细细节的高质量图像，而其他 GAN 由于缺乏成对的训练数据，在这一点上可能会遇到困难。此外，pix2pix 可以生成满足特定约束或要求的图像，使其适用于图像到图像的转换和图像编辑等任务。

本质上，pix2pix 的工作原理与任何 GAN 模型一样。它涉及一个生成器和一个鉴别器。与图 9.1 所示的输入随机噪声并生成图像不同，pix2pix 模型中的生成器接收一张真实图像作为输入，并尝试生成该图像的变化版本。如果相关任务是风格迁移，那么生成器将尝试生成一张经过风格迁移的图像。

随后，鉴别器查看一对图像而不是像图 9.1 中那样只查看单张图像。一张真实图像及其等效的转变图像被输入到鉴别器中。如果转换图像是真实的，那么鉴别器应该输出 1；如果转换图像是由生成器生成的，那么鉴别器应该输出 0。

图 9.6 展示了 pix2pix 模型的示意图。

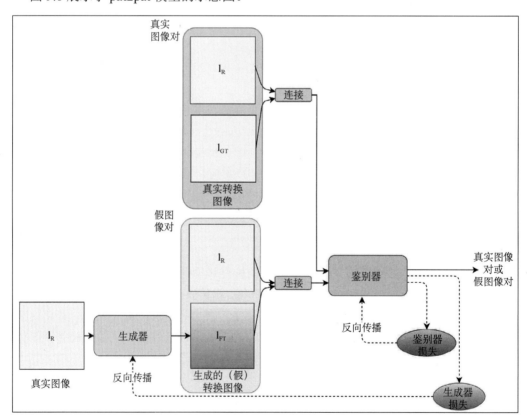

图 9.6　pix2pix 模型示意图

图 9.6 与图 9.1 有显著的相似之处，这意味着其背后的理念与常规的 GAN 相同。唯一

的区别在于，向鉴别器提出的真假问题是基于一对图像，而不是单张图像。

9.3.2 pix2pix 生成器

pix2pix 模型中使用的生成器子模型是一种用于图像分割的著名 CNN——UNet。图 9.7 展示了 UNet 的架构，它被用作 pix2pix 模型的生成器。

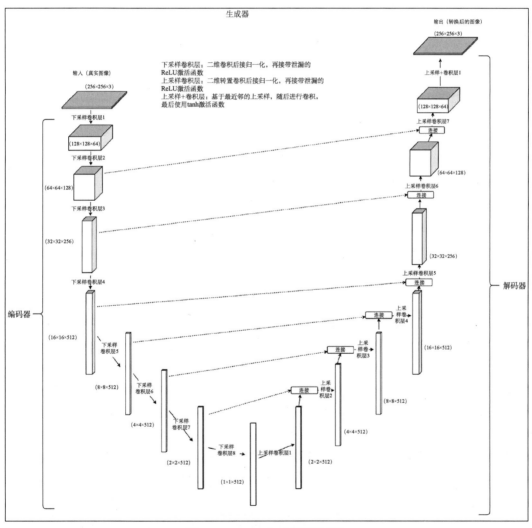

图 9.7　pix2pix 生成器模型架构

首先，UNet 这个名字来源于网络的 U 形结构，如图 9.7 所示。该网络包含两个主要部分，如下所示。

- 从左上角到底部是网络的编码器部分，它将 256×256 RGB 输入图像编码为一个 512 维的特征向量。
- 从右上角到底部是网络的解码器部分，它从 512 维的嵌入向量生成图像。

UNet 的一个关键特性是跳跃连接，即将编码器部分的特征（沿深度维度）与解码器部分的特征进行连接，如图 9.7 中的虚线箭头所示。

☑ UNet 中为何存在编码器-解码器跳跃连接？

编码器部分的特征有助于解码器在每个上采样步骤更好地定位高分辨率信息。

从本质上讲，编码器部分是一系列下采样卷积块，每个下采样卷积块本身是 2D 卷积层、实例归一化层和泄漏 ReLU 激活层的序列。同样，解码器部分由一系列上采样卷积块组成，每个块是 2D 转置卷积层、实例归一化层和 ReLU 激活层的序列。

UNet 生成器架构的最后一部分是基于最近邻的上采样层，接着是 2D 卷积层，最后是 tanh 激活函数。接下来我们考查基于 UNet 生成器的 PyTorch 代码。

（1）基于 UNet 的生成器架构的等效 PyTorch 代码如下所示。

```python
class UNetGenerator(nn.Module):
    def __init__(self, chnls_in=3, chnls_op=3):
        super(UNetGenerator, self).__init__()
        self.down_conv_layer_1 = DownConvBlock(
            chnls_in, 64, norm=False)
        self.down_conv_layer_2 = DownConvBlock(64, 128)
        self.down_conv_layer_3 = DownConvBlock(128, 256)
        self.down_conv_layer_4 = DownConvBlock(
            256, 512, dropout=0.5)
        self.down_conv_layer_5 = DownConvBlock(
            512, 512, dropout=0.5)
        self.down_conv_layer_6 = DownConvBlock(
            512, 512, dropout=0.5)
        self.down_conv_layer_7 = DownConvBlock(
            512, 512, dropout=0.5)
        self.down_conv_layer_8 = DownConvBlock(
            512, 512, norm=False, dropout=0.5)
        self.up_conv_layer_1 = UpConvBlock(
            512, 512, dropout=0.5)
        self.up_conv_layer_2 = UpConvBlock(
            1024, 512, dropout=0.5)
```

```
        self.up_conv_layer_3 = UpConvBlock(
            1024, 512, dropout=0.5)
        self.up_conv_layer_4 = UpConvBlock(
            1024, 512, dropout=0.5)
        self.up_conv_layer_5 = UpConvBlock(1024, 256)
        self.up_conv_layer_6 = UpConvBlock(512, 128)
        self.up_conv_layer_7 = UpConvBlock(256, 64)
        self.upsample_layer = nn.Upsample(scale_factor=2)
        self.zero_pad = nn.ZeroPad2d((1, 0, 1, 0))
        self.conv_layer_1 = nn.Conv2d(128, chnls_op, 4, padding=1)
        self.activation = nn.Tanh()
```

可以看到，存在 8 个下卷积层和 7 个上卷积层。上卷积层包含两个输入，一个来自前一个上卷积层的输出，另一个来自相应的下卷积层的输出，如图 9.7 中的虚线所示。

（2）我们使用了 UpConvBlock 和 DownConvBlock 类来定义 UNet 模型的层。下列代码是这些块的定义，并从 UpConvBlock 类开始。

```
class UpConvBlock(nn.Module):
    def __init__(self, ip_sz, op_sz, dropout=0.0):
        super(UpConvBlock, self).__init__()
        self.layers = [
            nn.ConvTranspose2d(ip_sz, op_sz, 4, 2, 1),
            nn.InstanceNorm2d(op_sz), nn.ReLU(),]
        if dropout:
            self.layers += [nn.Dropout(dropout)]
    def forward(self, x, enc_ip):
        x = nn.Sequential(*(self.layers))(x)
        op = torch.cat((x, enc_ip), 1)
        return op
```

上卷积块中的转置卷积层由一个 4×4 的核心组成，且步长为 2，这本质上使其输出的空间维度比输入翻了 1 倍。

在这个转置卷积层中，4×4 内核会穿过输入图像中的每一个像素（由于步长为 2）。在每个像素上，像素值会与 4×4 核心中的 16 个值相乘。

然后，将核心乘法结果的重叠值在整个图像上求和，得到的输出图像的长度和宽度都是输入图像的两倍。另外，在上述 forward()方法中，在通过上卷积块完成前向传递后执行了连接操作。

（3）下面是定义 DownConvBlock 类的 PyTorch 代码。

```
class DownConvBlock(nn.Module):
```

```
def __init__(self, ip_sz, op_sz, norm=True, dropout=0.0):
    super(DownConvBlock, self).__init__()
    self.layers = [nn.Conv2d(ip_sz, op_sz, 4, 2, 1)]
    if norm:
        self.layers.append(nn.InstanceNorm2d(op_sz))
    self.layers += [nn.LeakyReLU(0.2)]
    if dropout:
        self.layers += [nn.Dropout(dropout)]
def forward(self, x):
    op = nn.Sequential(*(self.layers))(x)
    return op
```

下卷积块内的卷积层存在一个大小为 4×4 的核心，步长为 2，并且激活了填充。由于步长的值为 2，这一层的输出是其输入的空间维度的一半。

出于与 DCGAN 相似的原因，这里使用了泄漏 ReLU 激活，并能够处理负输入，这也有助于缓解梯度消失问题。

到目前为止，我们已经考查了基于 UNet 的生成器的 __init__() 方法。在此之后，forward() 方法是相当直接的。

```
def forward(self, x):
    enc1 = self.down_conv_layer_1(x)
    enc2 = self.down_conv_layer_2(enc1)
    enc3 = self.down_conv_layer_3(enc2)
    enc4 = self.down_conv_layer_4(enc3)
    enc5 = self.down_conv_layer_5(enc4)
    enc6 = self.down_conv_layer_6(enc5)
    enc7 = self.down_conv_layer_7(enc6)
    enc8 = self.down_conv_layer_8(enc7)
    dec1 = self.up_conv_layer_1(enc8, enc7)
    dec2 = self.up_conv_layer_2(dec1, enc6)
    dec3 = self.up_conv_layer_3(dec2, enc5)
    dec4 = self.up_conv_layer_4(dec3, enc4)
    dec5 = self.up_conv_layer_5(dec4, enc3)
    dec6 = self.up_conv_layer_6(dec5, enc2)
    dec7 = self.up_conv_layer_7(dec6, enc1)
    final = self.upsample_layer(dec7)
    final = self.zero_pad(final)
    final = self.conv_layer_1(final)
    return self.activation(final)
```

在讨论了 pix2pix 模型的生成器部分之后，接下来我们将讨论鉴别器模型。

9.3.3　pix2pix 鉴别器

在这种情况下，鉴别器模型也是一个二元分类器——就像 DCGAN 中那样。唯一的区别在于，这个二元分类器接收两个图像作为输入。两个输入沿深度维度进行连接。图 9.8 展示了鉴别器模型的高级架构。

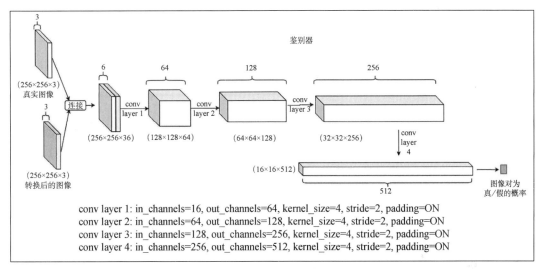

图 9.8　pix2pix 鉴别器模型架构

这是一个卷积神经网络，其中最后 3 个卷积层后面跟着一个归一化层以及一个泄漏 ReLU 激活函数。定义该鉴别器模型的 PyTorch 代码如下所示。

```
class Pix2PixDiscriminator(nn.Module):
    def __init__(self, chnls_in=3):
        super(Pix2PixDiscriminator, self).__init__()
        def disc_conv_block(chnls_in, chnls_op, norm=1):
            layers = [nn.Conv2d(chnls_in, chnls_op, 4, stride=2, padding=1)]
            if normalization:
                layers.append(nn.InstanceNorm2d(chnls_op))
            layers.append(nn.LeakyReLU(0.2, inplace=True))
            return layers
        self.lyr1 = disc_conv_block(chnls_in * 2, 64, norm=0)
        self.lyr2 = disc_conv_block(64, 128)
        self.lyr3 = disc_conv_block(128, 256)
        self.lyr4 = disc_conv_block(256, 512)
```

可以看到，4 个卷积层在每一步都将空间表示的深度翻倍。第 2、3 和 4 层在卷积层之后增加了归一化层，并且在每个卷积块的末尾应用了带有 0.2 负斜率的泄漏 ReLU 激活。下面是 PyTorch 中鉴别器模型类的 forward()方法。

```
def forward(self, real_image, translated_image):
    ip = torch.cat((real_image, translated_image), 1)
    op = self.lyr1(ip)
    op = self.lyr2(op)
    op = self.lyr3(op)
    op = self.lyr4(op)
    op = nn.ZeroPad2d((1, 0, 1, 0))(op)
    op = nn.Conv2d(512, 1, 4, padding=1)(op)
    return op
```

首先，输入图像被连接起来并经过 4 个卷积块，最终引导至一个单一的二元输出，它告诉我们一对图像是否真实或假造（即由生成器模型生成）。通过这种方式，pix2pix 模型在运行时被训练，以便 pix2pix 模型的生成器可以接收任何图像作为输入，并应用它在训练期间学到的图像转换函数。

转换函数的一个例子是使用边缘作为输入来绘制完整的图像作为输出。图 9.9 展示了这样一个例子，其中 pix2pix 模型从草图中生成了一张看起来逼真的猫的图像。读者还可以通过参考文献[8]中的链接查看其他的 pix2pix 演示。

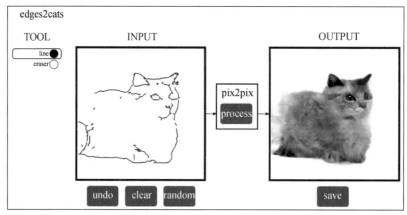

图 9.9　pix2pix 从边缘到完整图像的生成示例（图片由 https://affinelayer.com/pixsrv/提供）

如果生成的假转换图像难以与原始图像的真实转换版本区分开来，那么 pix2pix 模型将被视为成功。

原则上，pix2pix 的整体模型示意图与 DCGAN 模型非常相似。这两种模型的鉴别器网络都是基于 CNN 的二元分类器。pix2pix 模型的生成器网络是由 UNet 图像分割模型启发的稍微复杂一些的架构。

总的来说，我们已经能够使用 PyTorch 成功定义 DCGAN 和 pix2pix 的生成器和鉴别器模型，并理解了这两种 GAN 变体的内部工作机制。

完成本节后，读者应该能够开始编写许多其他 GAN 变体的 PyTorch 代码。使用 PyTorch 构建和训练各种 GAN 模型可以是一个很好的学习经历，当然也是一个有趣的练习。我们鼓励读者利用本章的信息，使用 PyTorch 开展自己的 GAN 项目。

9.4　本 章 小 结

生成对抗网络（GAN）自 2014 年诞生以来，一直是研究和开发的活跃领域。本章探讨了 GAN 背后的理念，包括其组成部分——生成器和鉴别器。其间讨论了这些组成部分的架构以及 GAN 模型的整体示意图。

第 10 章我们将进一步探索生成模型。我们将讨论如何使用尖端的深度学习技术从文本生成图像。

9.5　参 考 文 献

[1] PyTorch GAN：https://github.com/eriklindernoren/PyTorch-GAN。

[2] 生成对抗网络：https://arxiv.org/pdf/1406.2661.pdf。

[3] GitHub：https://github.com/PacktPublishing/Mastering-PyTorch/blob/master/Chapter08/dcgan.ipynb。

[4] MNIST 数字分类数据集：https://keras.io/api/datasets/mnist/。

[5] 深度卷积生成对抗网络的无监督表示学习：https://arxiv.org/pdf/1511.06434.pdf。

[6] CelebA 数据集：http://mmlab.ie.cuhk.edu.hk/projects/CelebA.html。

[7] This Is Not A Person：https://this-person-does-not-exist.com/。

[8] 图像到图像演示：https://affinelayer.com/pixsrv/。

第 10 章　利用扩散生成图像

第 9 章学习了如何使用 GAN 生成图像。本章我们将探索一种近期的图像生成方法，即扩散技术。扩散背后的思想非常简单直观。我们首先将理解扩散是如何工作的。然后将使用 PyTorch 从头开始训练一个扩散模型，以生成逼真的图像。我们将进一步理解如何使用扩散从文本生成图像。最后将使用 PyTorch 和 Hugging Face，通过一个预训练的扩散模型从文本生成一些高质量、逼真的图像。

在本章结束时，读者将理解大多数尖端计算机视觉生成 AI 模型的核心思想，如 Stable Diffusion、DALL-E、Imagen、Midjourney 等。读者将学习如何使用 PyTorch 从头开始训练一个扩散模型，以及如何在 Hugging Face 的帮助下使用高级的扩散模型。

本章主要涉及下列主题。

- 理解使用扩散的图像生成。
- 训练一个用于图像生成的扩散模型。
- 使用扩散的文本到图像生成。
- 使用 Stable Diffusion 模型从文本生成图像。

10.1　理解使用扩散的图像生成

图 10.1 看起来是否正常？

图 10.1　AI 生成的图像，使用扩散技术，展示了印度的泰姬陵紧邻法国的埃菲尔铁塔

埃菲尔铁塔和泰姬陵位于两个不同的国家。然而，这张 AI 生成的图像在平行世界中将它们置于彼此旁边。如图 10.2 所示，这张图像是从随机噪声开始，并通过一个称为扩散的过程生成的。

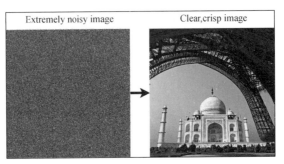

图 10.2　从纯噪声中使用扩散生成逼真的图像

在生成 AI 的背景下，扩散是一个逐步的过程。在该过程中，简单的噪声经过多次变换以创造多样化的真实数据，通过迭代地细化噪声直到它类似于所需数据，从而产生高质量的样本生成，如图 10.3 所示。

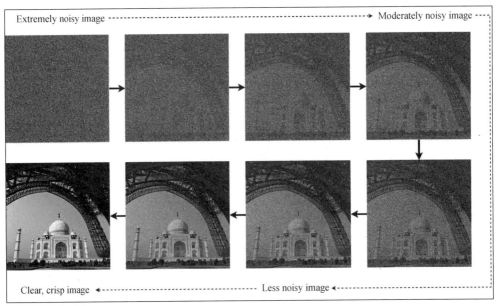

图 10.3　作为一个逐步的过程，扩散将初始的噪声图像去噪成一张逼真的照片图像

但扩散是如何工作的呢？我们如何从纯噪声得到有意义的图像？接下来我们将对此加以讨论。

10.1.1　扩散的工作方式

如图 10.2 所示，从纯噪声中提取真实图像的目的，可以概括为从噪声较大的图像中提取噪声较小的图像，如图 10.3 中任意两幅连续图像所示。如图 10.4 所示，要从噪声较大的图像中提取噪声较小的图像，首先要训练一个目标略为相反的深度学习模型，学习噪声图像中包含的纯噪声，称为前向扩散。

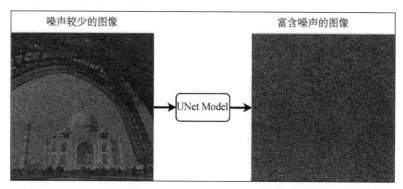

图 10.4　使用 UNet 模型仅学习噪声图像中包含的噪声

这里使用的深度学习模型是 UNet 模型，它能够生成与输入具有相同空间维度的输出，正如第 9 章讨论的那样，它是 pix2pix 模型的一部分（见图 9.8）。从图 10.4 中可以立即看出两个问题。

（1）如何训练这样一个 UNet 模型？

（2）为什么要学习噪声图像中的噪声？它对生成逼真的图像有何帮助？

下面让我们先来了解一下如何训练 UNet 模型。

10.1.2　训练一个前向扩散模型

为此类模型准备数据集是相当直观的。让我们以印度泰姬陵的图像为例。

读者可以在 GitHub[1] 上找到这个图像文件。通过以下几行代码，可以向图像添加噪声。

```
from PIL import Image
import numpy as np
img = Image.open("./taj.png")
# 256 is the max px value, 3 is num_channels
noise = 256*np.random.rand(*img.size, 3)
noisy_img = ((img + noise)/2).astype(np.uint8)
```

```
Image.fromarray(noisy_img)
```

输出结果如图 10.5 所示。

图 10.5 中的图像成为 UNet 的输入样本，如图 10.4 所示。

☑ **注意：**

本节展示的向图像添加噪声的方法是为了演示整体概念。下一节中我们将在使用 PyTorch 构建实际模型的过程中学习向图像添加噪声的具体细节。

至于输出图像，我们只需要噪声本身。

```
Image.fromarray(noise.astype(np.uint8))
```

输出结果如图 10.6 所示。

图 10.5　通过向无噪声图像添加噪声　　图 10.6　使用 NumPy 的 random.rand 函数
　　　生成的噪声图像　　　　　　　　　　　生成的纯噪声图像

类似于图 10.5 和图 10.6 中分别生成的输入和输出图像对，可以通过使用不同的真实图像并为它们添加噪声，来为 UNet 模型生成大量的数据集样本。

☑ **注意：**

对于每张图像，我们使用不同的种子生成随机噪声，以便在不同的图像上添加各种噪声信号，从而使 UNet 模型学会从输入数据中预测各种噪声模式。

此外，添加的噪声量也可以变化，以使数据集更加多样化。为了生成图 10.5 中的图像，可将原始图像和噪声以等比例（各占 50%）相加。我们可以重复向图像添加噪声，或者增加（或减少）噪声量，以生成更多含噪声的 UNet 输入样本，如下列代码所示。

```
noisy_img = ((img + 3*noise)/4).astype(np.uint8)
Image.fromarray(noisy_img)
```

输出结果如图 10.7 所示。

图 10.7　添加了 75%噪声和 25%原始图像生成的噪声图像

在介绍了如何为 UNet 模型生成数据集后，接下来将转向模型的训练，这一过程非常直接，如图 10.8 所示。

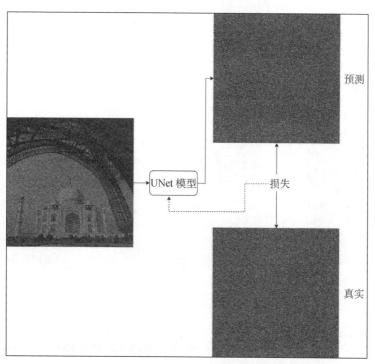

图 10.8　训练一个 UNet 模型以从噪声图像中学习噪声

　　我们将在下一节使用 PyTorch 训练这个模型。目前将解决与 UNet 相关的第二个问题，即如何使用这个模型生成逼真的图像。

10.1.3　执行反向扩散或去噪

　　到目前为止，我们已经完成了正向扩散过程。为了获得逼真的图像，我们需要执行去噪或反向扩散操作。更准确地说，使用训练有素的 UNet 模型预测包含在富含噪声图像中的噪声信号，然后从富含噪声的图像中减去这个预测的噪声，以得到一个噪声较少的图像，如图 10.9 所示。

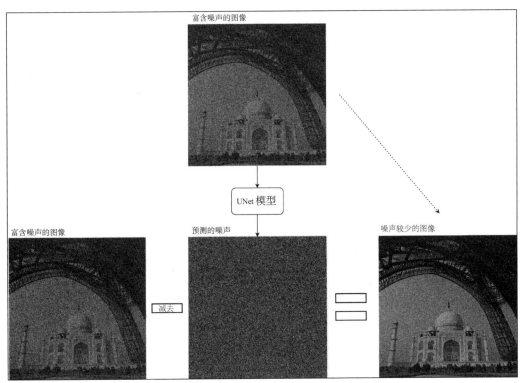

图 10.9　去噪或反向扩散过程：从噪声图像中减去（预测的）噪声，以创建一个噪声较少的图像

　　如果从纯噪声开始，并多次重复反向扩散步骤，最终将生成一个高质量的逼真图像，如图 10.10 所示。这些都是通过小幅度递增实现的。图 10.10 中的最上层图像包含了一个有意义的画面，但覆盖了极其大量的噪声，使得图像看起来几乎像纯噪声。训练有素的 UNet 模型知道如何从富含噪声的图像中提取纯噪声，因为它正是为了这一精确目标而训练的。

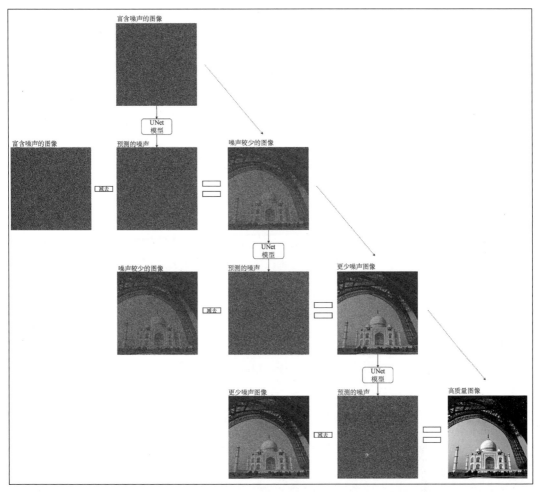

图 10.10　对输入噪声执行多个去噪步骤，以生成高质量、逼真的图像

☑ **注意：**

　　在原始噪声图像上运行 UNet，使用不同的随机种子将得到略有不同的结果，这些结果在成百上千次迭代中会逐渐累积，最终导致生成不同的图像。

　　从极度嘈杂的原始图像中减去 UNet 提取的噪声，可以得到一个噪声较少的图像。重复这一过程成百上千次，最终会产生一个几乎不含噪声的图像，剩下的就是有意义的画面和内容。

　　注意，图 10.10 更深入地展示了图 10.3 中的演示过程是如何工作的。从噪声到生成逼真的图像，图 10.10 执行了 4 个去噪步骤。实际上，为了获得高质量的图像，会执行更多的去噪步骤（如 50 步）。图 10.10 中所描述的过程，即从噪声到逼真图像的转变，构成了所谓的去噪扩散概率模型（DDPM）[2]。我们将在下一节中使用 DDPM 从头开始构建一个扩散模型，该模型使用 PyTorch 编写，并从噪声开始生成图像。

10.2　训练一个用于图像生成的扩散模型

本节将使用 PyTorch 从头开始实现一个扩散模型。到结束时，该模型将能够生成逼真的、高质量的图像。除了 PyTorch，我们将使用 Hugging Face（一个提供多样化 AI 工具的开源平台，并且是一个分享和获取预训练 AI 模型和数据集的协作中心）来加载图像数据集。除了数据集，还将使用 Hugging Face 的 diffusers 库[3]，它为 UNet 和 DDPM 等模型提供了实现。此外还将使用 Hugging Face 的 accelerate 库[4]，通过利用图形处理单元（GPU）来加速扩散训练过程。第 19 章将更多地介绍 Hugging Face。

☑ 注意：

如果没有现成的 GPU 可用，可以通过 Google Colab 访问 GPU：https://colab.google/。

这一节的所有代码都可以在 GitHub[5] 上找到。在继续编写代码之前，我们需要安装以下依赖项。

```
pip install torch torchvision datasets diffusers accelerate
```

10.2.1　使用 Hugging Face 数据集加载数据集

我们将从 Hugging Face 加载一个包含动漫人物面部的图像数据集，称为 selfie2anime 数据集。顾名思义，该数据集最初是为了训练能够根据真实面部预测动漫人物面部的模型。然而，我们将只使用数据集中的动漫图像部分。作为替代，也可以使用真实面部图像。为了加载数据集，我们编写了以下几行代码。

```
from datasets import load_dataset
dataset = load_dataset("huggan/selfie2anime", split="train")
```

如果打印 dataset 对象，将看到以下内容。

```
Dataset({
    features: ['imageA', 'imageB'],
```

```
    num_rows: 3400
})
```

这表明该数据集中总共有 3400 张图像。此外还可以使用 Hugging Face 网站[6]来检查数据集，如图 10.11 所示。

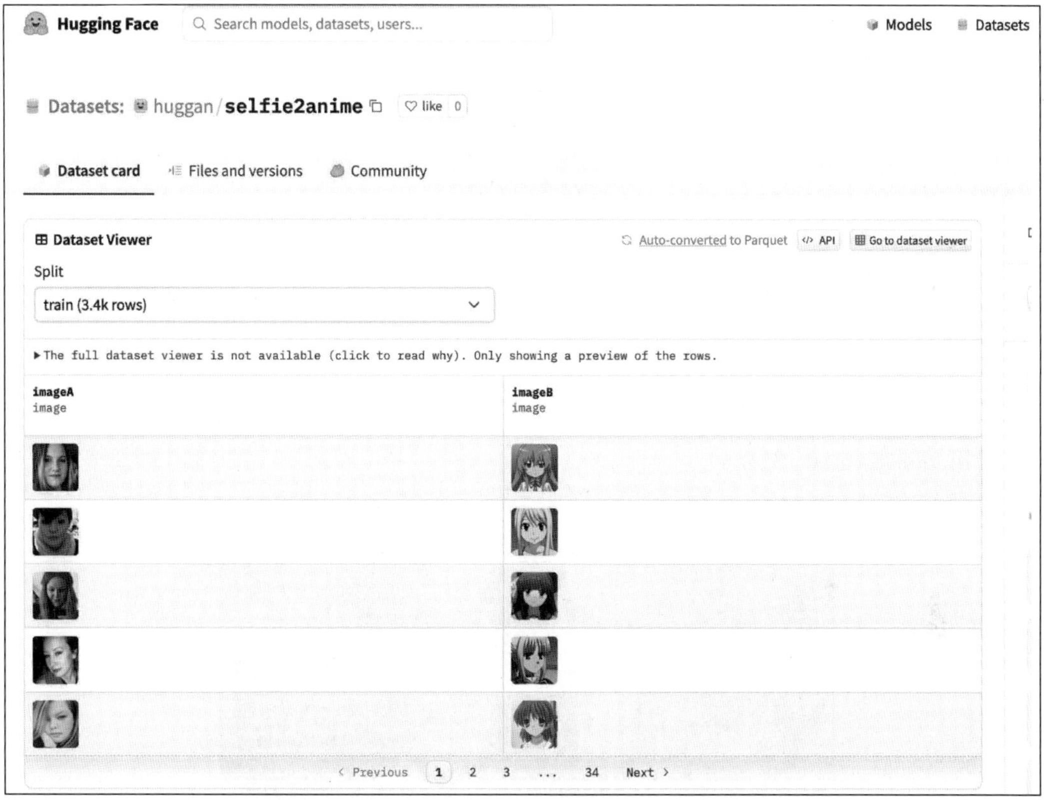

图 10.11　Hugging Face 网站上的 selfie2anime 数据集页面

从图 10.11 可以看到，imageB 指的是我们感兴趣的动漫图像。我们可以使用以下命令从 dataset 对象中访问它们。

```
dataset["imageB"]
```

输出结果如下所示。

```
[<PIL.PngImagePlugin.PngImageFile image mode=RGB size=256x256>,
… (3400 repetitions)
 <PIL.PngImagePlugin.PngImageFile image mode=RGB size=256x256>]
```

　　数据集本质上是一系列 PIL.Image 对象的列表，每个图像的大小为 256×256×3（3 是因为 RGB 通道）。让我们用以下几行代码检查列表中的一张图像。

```
img = dataset["imageB"][0]
img
```

输出结果如图 10.12 所示。

图 10.12　来自动漫数据集的一个样本图像

通过 diffusers 库中的一个实用函数，可以使用以下代码显示这些图像的 4×4 网格。

```
from diffusers.utils import make_image_grid
make_image_grid(dataset["imageB"][:16], rows=4, cols=4)
```

输出结果如图 10.13 所示。

图 10.13　来自动漫数据集的样本图像的 4×4 网格

在加载了数据集后，让我们回顾一下想要用这个数据集执行的任务——能够从纯噪声生成逼真的动漫面孔，如图 10.14 所示。

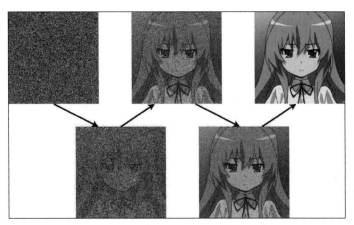

图 10.14　动漫数据集中的样本图像所组成的 4×4 网格

在定义和训练扩散模型之前，我们需要处理数据集。

10.2.2　使用 torchvision 转换处理数据集

通过以下代码，我们对动漫图像数据集应用一些转换，使其可用于训练 UNet 模型。

```python
from torchvision import transforms
IMAGE_SIZE = 128
# add horizontal flipping to augment data as it
# still retains the facial structure while producing new image

# normalizing pixel values ensure that the mean pixel
# value is 0.5, with a standard deviation of 0.5
preprocess = transforms.Compose(
    [
        transforms.Resize((IMAGE_SIZE, IMAGE_SIZE)),
        transforms.RandomHorizontalFlip(),
        transforms.ToTensor(),
        transforms.Normalize([0.5], [0.5]),
    ]
)
def transform(examples):
    images = [preprocess(image) for image in examples["imageB"]]
```

```
    return {"images": images}
dataset.set_transform(transform)
```

我们使用 torchvision.transforms API 来转换动漫图像。首先将 256×256×3 大小的图像调整为 128×128×3，以便能够在使用较少的 GPU（或 CPU）内存和更短时间内训练一个扩散模型。

☑ 注意：

本章讨论的代码可以在 GPU 和 CPU 上运行。但是，这里更推荐使用 GPU，因为仅在 CPU 上训练可能需要过长时间（几天）。

随后执行一种数据增强技术，即随机水平翻转动漫图像，因为水平翻转它们仍然会保留面部结构和方向，同时产生与原始图像不同的图像。接着，我们将 PIL.Image 对象转换为 PyTorch 张量，并使用像素值的均值 0.5 和标准差 0.5 来归一化像素值。这些转换借助于 set_transform 方法内调用的 transform 函数，应用于 Hugging Face 数据集对象的每个图像。均值和标准差值确保归一化的像素值各自有一个限定的均值和标准差（0.5），这有助于模型训练的稳定性。

在将 PIL 图像转换为 PyTorch 张量后，我们准备用以下几行代码创建训练数据加载器。

```
import torch
BSIZE = 16 # batch size
train_dataloader = torch.utils.data.DataLoader(
    dataset, batch_size=BSIZE, shuffle=True)
```

我们定义的批量大小为 16，并得益于 Hugging Face 数据集库，我们能够迅速地将创建的 Hugging Face 数据集对象转换为 PyTorch 数据加载器。现在，我们已经将所有 3400 张动漫图像转换成预期的 PyTorch 格式，接下来为这些图像添加噪声，以创建 UNet 模型的训练样本。

10.2.3　使用 diffusers 为图像添加噪声

Hugging Face 的 diffusers 库提供了工具和预构建的模型，并使用扩散过程创建生成式 AI 模型。本节我们将使用 diffusers 工具包中的一个工具，通过向图像添加噪声对动漫图像执行正向扩散。我们向不同的图像添加不同程度的噪声，如图 10.5 和图 10.7 所示。对此，需要使用以下几行代码创建一个噪声调度器[7]。

```
from diffusers import DDPMScheduler
noise_scheduler = DDPMScheduler(num_train_timesteps=1000)
```

时间步数表示想要与原始动漫图像混合的噪声级别或层数。时间步数越多，在图像上迭代添加的噪声就越多。我们可以用以下几行代码测试这个功能。

```
clean_images = next(iter(train_dataloader))["images"]
# Sample noise to add to the images
noise = torch.randn(clean_images.shape, device=clean_images.device)
bs = clean_images.shape[0] # batch size
# Get timesteps from 10 to 160 for each of the 16 images
timesteps = torch.range(10, 161, 10, dtype=torch.int64)
# Add noise to the clean images according to the noise
# magnitude at each timestep
# (this is the forward diffusion process)
noisy_images = noise_scheduler.add_noise(clean_images, noise, timesteps)
```

首先获取 16 张经过张量化处理的动漫图像。随后初始化一个与动漫图像张量尺寸相同的随机噪声信号。接下来为这 16 个不同的图像定义了 16 个不同的时间步长，从 10 开始到 160。

☑ **注意:**

整批 16 幅图像的噪声信号保持不变，变化的只是噪声增加的程度。在不同的批次中，我们会得到不同的噪声分布，以帮助模型学习各种噪声模式。

接着，根据各自的时间步，对 16 张不同的图像应用噪声。第 1 张图像以 10 个时间步迭代添加噪声，第 2 张图像以 20 个时间步迭代添加噪声，第 16 张图像以 160 个时间步迭代添加噪声，依此类推。然后，使用以下几行代码可视化原始图像张量和生成的噪声图像张量。

```
# visualize original images
make_image_grid([transforms.ToPILImage()(clean_image) for clean_image in
clean_images], rows=4, cols=4)
# visualize noisy images
make_image_grid([transforms.ToPILImage()(noisy_image) for noisy_image in noisy_
images], rows=4, cols=4)
```

在两个不同的 notebook cell 中运行上述两行代码，应该会生成与图 10.15 所示图像类似的输出。

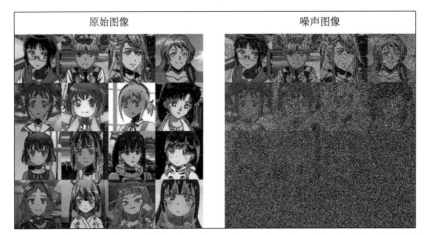

图 10.15　通过使用噪声调度器向动漫图像张量添加噪声。噪声调度器在每个时间步迭代地增加更多的噪声。从左上角的图像（10）到右下角的图像（160）逐步增加时间步

　　上述代码使用了递增的时间步范围进行演示，但实际上，我们获取了 16 个 1 到 1000 之间的不同随机时间步，以便对 16 张不同图像应用不同的噪声水平，如下所示。

```
# Sample a random timestep for each image
timesteps = torch.randint(
    0, noise_scheduler.config.num_train_timesteps, (bs,),
    device=clean_images.device, dtype=torch.int64
)
```

　　了解了在模型训练循环中生成训练数据集批次的机制后，接下来我们将创建 UNet 模型。

10.2.4　定义 UNet 模型

　　得益于 Hugging Face 的 diffusers 库，我们可以用几行代码定义 UNet 模型，如下所示。

```
from diffusers import UNet2DModel
model = UNet2DModel(
    sample_size=IMAGE_SIZE, # the target image resolution
    in_channels=3, # the number of input channels, 3 for RGB images
    out_channels=3,        # the number of output channels
    layers_per_block=2,    # how many ResNet layers to use per UNet block
    # the number of output channels for each UNet block
    block_out_channels=(128, 128, 256, 256, 512, 512),
    down_block_types=(
        "DownBlock2D",       # a regular ResNet downsampling block
```

```
        "DownBlock2D",
        "DownBlock2D",
        "DownBlock2D",
        "AttnDownBlock2D",    # a ResNet downsampling block
                              # with spatial self-attention
        "DownBlock2D",
    ),
    up_block_types=(
        "UpBlock2D",          # a regular ResNet upsampling block
        "AttnUpBlock2D",      # a ResNet upsampling block
                              # with spatial self-attention
        "UpBlock2D",
        "UpBlock2D",
        "UpBlock2D",
        "UpBlock2D",
    ),
)
```

要回顾这种模型架构的外观，请参考第 9 章中的图 9.8。上述代码指定了输入和输出维度，在本例中，输入和输出维度是相同的，因为我们要生成与输入形状相同的输出。以上代码指定了下采样块和上采样块的数量，以及每个块内的特征映射（或通道）的数量。

我们已经定义了模型，训练数据集也已就绪。下一步就是训练模型。

10.2.5　训练 UNet 模型

本节首先设置 UNet 模型训练组件，如优化器和学习率。随后设置 Hugging Face 的 accelerate 依赖项以加速模型训练。最后运行模型训练循环。

1. 定义优化器和学习计划

在进入模型训练循环之前，需要定义优化器和学习计划来训练 UNet 模型。

```
from diffusers.optimization import get_cosine_schedule_with_warmup
# hyperparameters inspired from
# https://huggingface.co/docs/diffusers/en/tutorials/basic_training
NUM_EPOCHS = 20
LR = 1e-4
LR_WARMUP_STEPS = 500
optimizer = torch.optim.AdamW(model.parameters(), lr=LR)
lr_scheduler = get_cosine_schedule_with_warmup(
    optimizer=optimizer,
```

```
        num_warmup_steps=LR_WARMUP_STEPS,
        num_training_steps=(len(train_dataloader) * NUM_EPOCHS),
)
```

上述代码定义了训练 UNet 模型的历时周期次数,并定义了一个特定的学习计划,称为基于预热的余弦计划[8]。该计划可直接从 diffusers 库中获取。从本质上讲,它的学习率从值 0 开始,在前 500 步(热身)中线性提升到定义的学习率值(LR=1e-4),然后从 1e-4 降到 0,从第 501 步到 4250 步遵循余弦行为,其中 4250 是 213(训练数据加载器的长度,即 3400 个样本除以 16 个批处理大小)与 20(周期的数量)的乘积。我们本节稍后部分将观察 TensorBoard 在训练模型时的学习率行为。

除了学习率计划,还定义了模型优化器为 AdamW[9],这是带有权重衰减方法的 Adam 优化器。接下来将定义模型训练加速器。

2. 使用 Hugging Face Accelerate 加速训练

我们需要一个 GPU 在合理的时间内(少于一天)训练模型,因为仅使用 CPU 可能需要几天时间。为了在训练 UNet 模型时利用 GPU,可以使用 Hugging Face 的另一个库,称为 Accelerate[10]。该库使任何 PyTorch 训练代码都能最大限度地利用可用的硬件,无论是一个或多个 CPU、GPU 还是张量处理单元(TPU)。第 19 章将更详细地讨论 Accelerate。目前只需要简单地使用以下几行代码设置一个加速器对象。

```
import os
from accelerate import Accelerator
MODEL_SAVE_DIR = "anime-128"
# Initialize accelerator and tensorboard logging
accelerator = Accelerator(
    mixed_precision="fp16",
    log_with="tensorboard",
    project_dir=os.path.join(MODEL_SAVE_DIR, "logs"),
)
```

可以看到,Accelerate 库还提供了额外的功能,如混合精度和 TensorBoard 集成。我们将在第 12 章中更多地了解混合精度。

接下来将执行更多步骤,如创建模型保存目录,并将模型和数据集分配给定义的加速器。

```
if accelerator.is_main_process:
    if MODEL_SAVE_DIR is not None:
        os.makedirs(MODEL_SAVE_DIR, exist_ok=True)
    accelerator.init_trackers("train_example")
model, optimizer, train_dataloader, lr_scheduler = accelerator.prepare(
```

```
    model, optimizer, train_dataloader, lr_scheduler
)
```

在设置了加速器对象后，接下来将训练 UNet 模型。

3. 运行模型训练循环

我们用以下几行代码运行模型训练循环。

```
global_step = 0
for epoch in range(NUM_EPOCHS):
    for step, batch in enumerate(train_dataloader):
        clean_images = batch["images"]
        ...
        noisy_images = noise_scheduler.add_noise(clean_images,
                                                 noise, timesteps)
        with accelerator.accumulate(model):
            # Predict the noise residual
            noise_pred = model(noisy_images, timesteps, return_dict=False)[0]
            loss = F.mse_loss(noise_pred, noise)
            accelerator.backward(loss)
            accelerator.clip_grad_norm_(model.parameters(), 1.0)
            optimizer.step()
            lr_scheduler.step()
            optimizer.zero_grad()
        logs = {"loss": loss.detach().item(),
                "lr": lr_scheduler.get_last_lr()[0], "step": global_step}
        accelerator.log(logs, step=global_step)
        global_step += 1
```

模型训练循环中最重要的部分是从预测噪声残差开始的代码行。我们使用 UNet 模型从训练批次中的 16 张噪声动漫图像预测噪声信号。然后计算预测噪声和实际添加到动漫图像中的噪声之间的均方误差损失。接下来，该损失通过 UNet 模型进行反向传播，以更新模型参数，如图 10.8 所示。这段代码应该会产生如下所示的输出结果。

```
Epoch 0: 100%|          | 213/213 [02:52<00:00, 1.24it/s, loss=0.0501,
lr=4.26e-5, step=212]
...
Epoch 20: 100%|          | 213/213 [02:49<00:00, 1.26it/s, loss=0.00908,
lr=9.97e-5, step=4472]
```

在终端窗口中，可以运行以下命令来启动 TensorBoard 会话。

```
tensorboard --logdir anime-128/logs/
```

这应该会在终端中输出以下类似内容。

```
Serving TensorBoard on localhost; to expose to the network, use a proxy or pass
--bind_all
TensorBoard 2.15.1 at http://localhost:6006/ (Press CTRL+C to quit)
```

打开网络浏览器，查看 http://localhost:6006 上的情况。读者会看到一个与图 10.16 类似的 TensorBoard 页面。

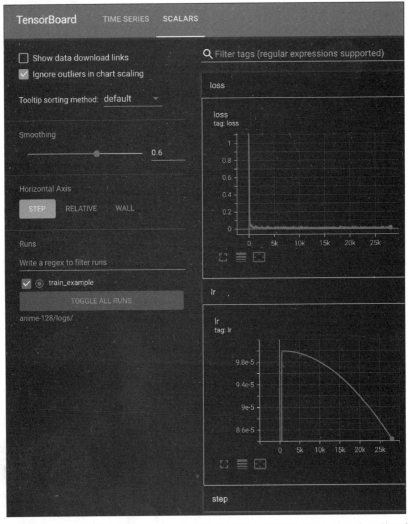

图 10.16　TensorBoard 页面展示了在 UNet 模型训练过程中用于扩散过程的损失和学习率的演变

图 10.16 确认了用于学习率的余弦预热计划，因为学习率首先增加到指定的值（1e-4），然后以余弦方式减少到 0。此外，训练损失似乎在急剧下降，这表明 UNet 模型确实在学习如何从噪声图像中预测噪声信号。

扩散问题的剩余部分是能够使用 UNet 模型从纯噪声中生成逼真的（动漫）图像。下一节我们将使用 diffusers 库来执行最后一步。

4. 使用（反向）扩散生成逼真的动漫图像

diffusers 库提供了 DDPMPipeline API，它可以帮助我们使用训练好的 UNet 模型构建所需的去噪管道（见图 10.10）。在模型训练循环中，每个周期结束时，我们运行以下几行代码，使用训练好的 UNet 模型生成逼真的动漫图像。

```
RANDOM_SEED = 42
pipeline = DDPMPipeline(unet=accelerator.unwrap_model(model),
scheduler=noise_scheduler)
if (epoch + 1) % SAVE_ARTIFACT_EPOCHS == 0 or epoch == NUM_EPOCHS - 1:
    images = pipeline(
        batch_size=BSIZE,
        generator=torch.manual_seed(RANDOM_SEED),
    ).images
    # Make a grid out of the images
    image_grid = make_image_grid(images, rows=4, cols=4)
    # Save the images
    test_dir = os.path.join(MODEL_SAVE_DIR, "samples")
    os.makedirs(test_dir, exist_ok=True)
    image_grid.save(f"{test_dir}/{epoch:04d}.png")
    pipeline.save_pretrained(MODEL_SAVE_DIR)
```

上述代码使用 UNet 模型逐步检测并从初始富含噪声的图像中减去噪声，以生成逼真的动漫图像。在每个周期结束时，使用固定的随机种子生成噪声，并保存一批 16 张这样的生成图像。固定种子确保在每个周期生成相同的 16 张图像，以便可以比较不同周期的 DDPM 性能。图 10.17 显示了 UNet 和 DDPM 训练管道的演变过程。

在周期为 0 时，我们基本上只看到噪声；而经过 20 个周期后，DDPM 管道正在产生类似动漫的图像。注意图 10.17 与图 10.3 之间的相似性。至此，我们已成功构建了一个基于扩散的生成式 AI 模型来生成（动漫）图像。

下一节我们将向扩散混合中添加文本。其间将学习如何通过提供所需图像的文本描述来引导图像生成过程。我们将不再只是从纯噪声生成逼真的图像，而是从纯噪声加文本中生成图像。

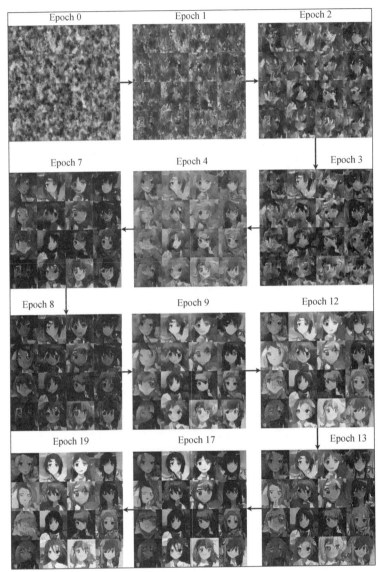

图 10.17　DDPM 管道在生成逼真动漫图像方面的逐周期进展

10.3　使用扩散的文本到图像生成

回忆一下，图 10.8 展示了使用扩散生成图像的 UNet 模型的训练过程。我们训练 UNet

模型从输入的噪声图像中学习噪声。为了便于文本到图像的生成，需要将文本作为额外的输入添加到这个 UNet 模型中，如图 10.18 所示（与图 10.8 相对照）。

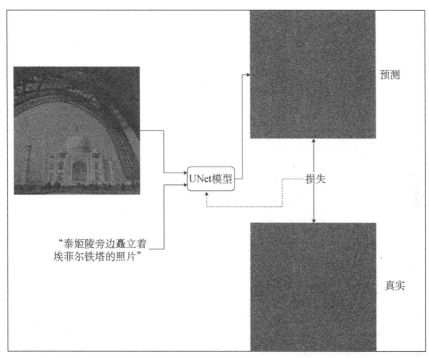

图 10.18　在输入（噪声）图像和文本上训练 UNet，以预测噪声图像中的噪声

这种 UNet 模型称为条件 UNet 模型，或者更准确地说，是文本条件 UNet 模型，因为该模型是根据输入文本生成图像的条件。那么如何训练这样的模型呢？

这一问题的答案涵盖两个部分。首先需要将输入文本编码成一个嵌入向量，以便可以被 UNet 模型处理。然后需要以嵌入的输入文本形式稍微修改 UNet 模型，以适应额外传入的数据（除了图像）。下面让我们首先探讨文本编码。

10.3.1　将文本输入编码为嵌入向量

我们需要一个独立的模型，它接收输入文本并为该文本输出一个 n 维向量。同时，我们希望这个向量能代表这段文本在视觉上所描述的内容。这很重要，因为我们最终要在 UNet 模型中使用这些向量实现图像的条件生成。一个能够提供此类嵌入的模型是 CLIP（contranstive language-image pre-training，对比语言-图像预训练）模型[11]。该模型是在大量来自网络的图像及其标题上训练的。模型包含两个组件，即一个图像编码器和一个文本编码器。这里，我们对后者感兴趣。图 10.19 展示了 CLIP 模型是如何训练的。

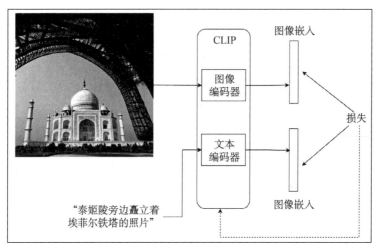

图 10.19　CLIP 模型训练过程的高级示意图

将图像和标题对输入到两个不同的编码器中，以产生两个不同的嵌入向量。然后对这些编码器进行训练，以便为给定的图像和标题对产生相似的嵌入。这产生了一个文本编码器，它可以捕获任何给定文本背后的视觉含义。这是一个很好的候选者，用于在将文本输入到 UNet 模型之前对其进行编码。

现在我们已经解决了文本编码问题，接下来将讨论 UNet 模型如何适应这些额外的数据。

10.3.2　在（条件）UNet 模型中摄入额外的文本数据

当传统的 UNet 模型接收图像作为输入，并产生与输入相同大小的输出图像时，条件 UNet 模型会接收额外的文本输入，并结合图像输入一起产生输出图像（与输入图像大小相同）。那么，条件 UNet 模型有哪些变化呢？

UNet 模型包含一系列下采样卷积层，后面是上采样卷积层，并在下采样和上采样组件之间存在残差连接，这可以在第 9 章的图 9.8，以及 10.2.4 节的 UNet 模型定义代码中看到。

在条件 UNet 模型中，为了处理输入文本（嵌入）并允许 UNet 学习其产生的输出像素与传入的文本嵌入向量之间的相关性，我们在现有的卷积层之间添加了注意力层。回忆一下，第 4 章和第 5 章曾讨论了注意力机制和注意力层。图 10.20 展示了在添加文本输入和注意力层之后，条件 UNet 在高层次上的外观。

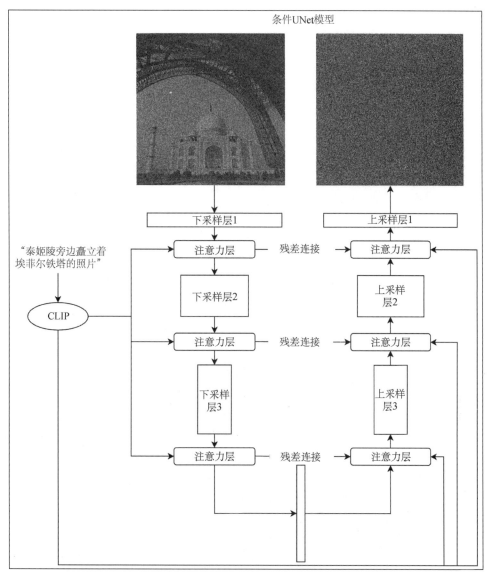

图 10.20　条件 UNet 模型接收 CLIP 编码的文本输入以及原始图像输入，
以产生与输入图像大小相同的输出

　　一旦训练了条件 UNet 模型，图像生成过程的其余部分与图 10.10 中所示的 DDPM 相同。唯一的区别是使用条件 UNet，而不是常规 UNet，并且在时间步长中迭代地将文本和图像作为输入传递给模型，如图 10.21 所示。

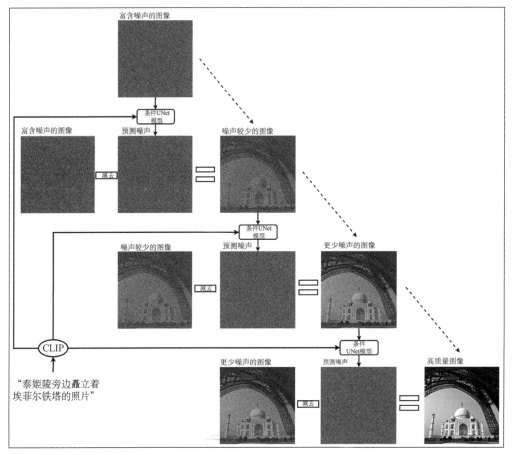

图 10.21　使用条件 UNet 模型上的 DDPM 管道实现文本到图像生成

　　相信读者已经理解了 Stable Diffusion[12]的工作原理。这种文本到图像的生成过程是计算机视觉领域大多数生成式 AI 模型的基本构建块。在此基础上，读者将能够轻松理解 DALL-E[13]、Imagen[14]、Midjourney[15]等的内部工作细节。

　　10.4 节将把这种文本到图像的 DDPM 管道付诸实践。我们将在 Hugging Face 的 diffusers 库的帮助下，使用预训练的 Stable Diffusion 模型生成一些逼真的图像。

10.4　使用 Stable Diffusion 模型从文本生成图像

　　diffusers 库提供了几种预训练的、基于扩散的文本到图像生成模型，其中之一是 Stable

Diffusion V1.5。本节将使用这个模型并通过几行代码生成高质量图像。本节的所有代码都可以在 GitHub[16]上找到。

首先使用以下几行代码加载 Stable Diffusion 模型。

```
from diffusers import AutoPipelineForText2Image
import torch
pipeline = AutoPipelineForText2Image.from_pretrained(
    "runwayml/stable-diffusion-v1-5", torch_dtype=torch.float16,
variant="fp16"
)
pipeline = pipeline.to("cuda")
```

上述代码定义了一个 DDPM 文本到图像的管道。您可以使用以下代码行访问底层的条件 UNet 模型。

```
pipeline.unet
```

输出结果如下所示。

```
UNet2DConditionModel(
  (conv_in): Conv2d(4, 320, kernel_size=(3, 3), stride=(1, 1), padding=(1, 1))
  ...
  (down_blocks): ModuleList(
    (0): CrossAttnDownBlock2D(
      (attentions): ModuleList(
...
(conv_norm_out): GroupNorm(32, 320, eps=1e-05, affine=True)
  (conv_act): SiLU()
  (conv_out): Conv2d(320, 4, kernel_size=(3, 3), stride=(1, 1), padding=(1, 1))
)
```

上述 UNet 模型是图 10.20 中概述的条件 UNet 模型。现在将使用 DDPM 管道，并通过输入文本（在生成式 AI 术语中也称为提示）来生成一张高质量、逼真的图像。

```
generator = [torch.Generator(device="cuda").manual_seed(42)]
image = pipeline(
    "Fictional photograph of Taj Mahal on Mars", generator=generator
).images[0]
image
```

这将生成如图 10.22 所示的输出结果。

图 10.22　由 Stable Diffusion 模型生成的（假设性的）火星上的泰姬陵图像。
该图像通过固定种子生成，因此是可复现的

　　注意，模型在了解火星上的红色表面和大气的同时，还能记住泰姬陵的细节内容。另外，这里使用了固定种子来生成这张图像，以保持这一图像在生成过程中的可复现性。此外也可以移除生成器，以观察在不同运行中产生的不同图像。图 10.23 显示了在不使用固定种子生成器的情况下生成"月球上的泰姬陵与地球"图像的示例。

图 10.23　由 Stable Diffusion 模型生成的月球上的泰姬陵图像。其中，
地球也出现于视野中，且没有使用固定种子

　　至此，我们对利用简单的噪声扩散过程生成高质量超现实图像的人工智能生成模型的

探索就告一段落了。学完本章后，读者应该能够理解最先进的扩散模型的内部工作原理，并能训练和运行自定义扩散模型，从而根据文本或纯噪声生成美丽的图像。

第 11 章我们将讨论深度学习中最令人兴奋和即将到来的领域之一——深度强化学习。深度学习的这一分支仍在不断成熟。我们将探讨 PyTorch 已经提供了哪些功能，以及它是如何帮助深度学习这一充满挑战的领域取得进一步发展的。

10.5　本　章　小　结

本章首先学习了扩散在图像生成中的工作原理。随后使用 PyTorch 和 Hugging Face 在动漫图像数据集上训练了一个自定义的扩散模型。接下来通过学习从文本到图像的生成，进一步扩展了我们对扩散模型的理解。最后使用了 Hugging Face 提供的 Stable Diffusion V1.5 模型，并从文本生成了高质量的图像。

10.6　参　考　文　献

[1] GitHub 1：https://github.com/arj7192/MasteringPyTorchV2/blob/main/Chapter10/taj.png。

[2] 去噪扩散概率模型：https://arxiv.org/abs/2006.11239。

[3] Hugging Face Diffusers 库：https://huggingface.co/docs/diffusers/index。

[4] Hugging Face Accelerate 库：https://huggingface.co/docs/accelerate/index。

[5] GitHub 2：https://github.com/arj7192/MasteringPyTorchV2/blob/main/Chapter10/image_generation_using_diffusion.ipynb。

[6] Hugging Face huggan/selfie2anime：https://huggingface.co/datasets/huggan/selfie2anime。

[7] Hugging Face DDPMScheduler：https://huggingface.co/docs/diffusers/api/schedulers/ddpm。

[8] 余弦预热计划：https://huggingface.co/docs/transformers/main_classes/optimizer_schedules#transformers.get_constant_schedule_with_warmup。

[9] 将模型优化器定义为 AdamW：https://pytorch.org/docs/stable/generated/torch.optim.AdamW.html。

[10] Hugging Face 条件 UNet 模型：https://huggingface.co/docs/diffusers/api/models/unet2d-cond。

[11] CLIP 模型：https://openai.com/research/clip。

[12] Stable Diffusion：https://stability.ai/news/stable-diffusion-public-release。

[13] DALL-E 3：https://openai.com/dall-e-3。

[14] Imagen 2：https://deepmind.google/technologies/imagen-2/。

[15] Midjourney：https://mid-journey.ai/midjourney-v6-release/。

[16] GitHub 3：https://github.com/arj7192/MasteringPyTorchV2/blob/main/Chapter10/text_to_image_generation_using_stable_diffusion_v1_5.ipynb。

第 11 章　深度强化学习

机器学习通常被划分为不同的范式，如监督学习、无监督学习、半监督学习、自监督学习以及强化学习（reinforcement learning，RL）。监督学习需要标记过的数据，并且目前是最广泛使用的机器学习范式。然而，基于无监督和半监督学习的应用，这些应用需要很少或不需要标签，且一直在稳定增长，特别是在生成式模型的形式下。更进一步讲，大型语言模型（large language model，LLM）的兴起表明，自监督学习（数据内隐含标签）是一个更有前景的机器学习范式。

另一方面，强化学习是机器学习的另一个分支，被认为是在模仿人类学习方式方面所能达到的最接近人类的学习方式。它是一个活跃的研究和开发领域，目前正处于早期阶段，并取得了一些令人鼓舞的成果。一个突出的例子是著名的 AlphaGo 模型，它由谷歌的 DeepMind 打造，并击败了世界上最好的围棋选手。

在监督学习中，我们通常会向模型输入原子输入和输出数据对，并希望模型能将输出作为输入的函数来学习。在强化学习中，我们并不热衷于学习这种单个输入到单个输出的函数。相反，我们感兴趣的是学习一种策略（或政策），能够从输入（状态）开始，采取一系列步骤（或行动），以获得最终输出或实现最终目标。

观察一张照片并判断它是猫还是狗，是一个原子化的输入-输出学习任务，可以通过监督学习来解决。然而，观察棋盘并决定下一步棋以赢得比赛则需要策略，我们需要强化学习来完成这类任务。

前述章节曾讨论了监督学习的例子，如使用 MNIST 数据集构建一个分类器来对手绘数字进行分类。此外还探索了无监督学习，同时构建了一个使用未标记文本语料库的文本生成模型。

本章将揭示强化学习（RL）和深度强化学习（DRL）的一些基本概念。随后将专注于一种特定且流行的 DRL 模型类型——深度 Q 学习网络（DQN）模型。利用 PyTorch，我们将构建一个 DRL 应用程序。我们将训练一个 DQN 模型，学习如何与计算机对手（或者称为机器人）玩 Pong 游戏。

本章结束时，读者将掌握在 PyTorch 中开发自己的 DRL 项目所需的全部背景知识。此外还将获得为实际问题构建 DQN 模型的实践经验。在本章中获得的技能将有助于解决其他类似的 RL 问题。

本章主要涉及下列主题。

- 回顾强化学习概念。
- 探讨 Q 学习。
- 深度 Q 学习。
- 在 PyTorch 中构建 DQN 模型。

☑ **注意**：

与本章相关的所有代码文件都可以在以下网址获得。

https://github.com/arj7192/MasteringPyTorchV2/tree/main/ Chapter11

11.1　回顾强化学习概念

从某种程度上说，强化学习可以被定义为从奖励中学习。与监督学习不同，监督学习对每个数据实例都有反馈，强化学习的反馈是在一系列动作之后收到的。

图 11.1 显示了一个强化学习系统的高级示意图。

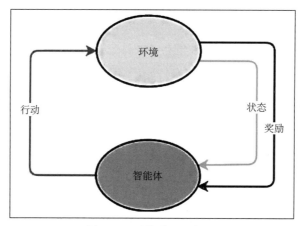

图 11.1　强化学习示意图

在强化学习环境中，通常有一个执行学习任务的智能体，该智能体学习如何根据决策做出选择并采取行动。智能体在一个提供的环境中运行，该环境可以被视为一个有限的世界，智能体在其中生存、采取行动并从其行动中学习。这里的行动简单地说就是智能体基于所学知识做出决策的实施过程。

如前所述，与监督学习不同，强化学习并不是针对每个输入都有对应的输出；也就是说，智能体不一定每个行动都能收到明确的反馈。相反，智能体在状态中工作，并且最好能够统计出在达到最终目标（奖励）之前经历的状态数量。假设它从初始状态 S0 开始，然后它采取一个行动，如 a0。

对应行动将智能体的状态从 S0 转变为 S1，之后智能体采取另一个行动 a1，这样的循环持续进行，如图 11.2 所示。

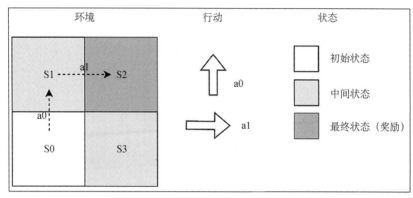

图 11.2　强化学习环境中的示例，状态和行动

偶尔，智能体会根据其状态获得奖励。智能体经历的状态和行动序列也被称为轨迹。假设智能体在状态 S2 获得了奖励，则在这种情况下，导致此奖励的轨迹将是 S0, a0, S1, a1, S2。

📝 **注意**：

奖励既可以是正面的，也可以是负面的。

根据奖励，智能体学习并调整其行为，以便以一种能够最大化长期奖励的方式采取行动，这是强化学习的核心。关于如何最优地采取行动（即最大化奖励），智能体会根据给定的状态和奖励学习一种策略。

视频游戏是展示强化学习的最佳例子之一。以视频游戏 Pong 为例，它是一种虚拟的乒乓球游戏，如图 11.3 所示。

想象一下，右侧的玩家是智能体，由一条短的垂直线表示。注意，这里有一个明确定义的环境，环境由游戏区域组成，由棕色像素表示。环境中还有一个球，由白色像素表示。除此之外，环境还包括游戏区域的边界，由灰色条纹和边缘表示，球体可能会从这些边界反弹。最后，也是最重要的，环境中包括一个对手，看起来像智能体，但是位于左侧，且与智能体相对。

在强化学习的设定中，通常（但不是总是）智能体在任何给定状态下都有一组有限的可能行动，这被称为离散行动空间（与连续行动空间相对）。在当前例子中，智能体在所有状态下都有两个可能的行动，即向上移动或向下移动，但存在两个例外情况。首先，当它处于最顶端的位置（状态）时，只能向下移动；其次，当它处于最底部的位置（状态）时，只能向上移动。

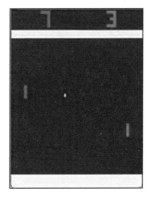

图 11.3　Pong 视频游戏

在这种情况下，奖励的概念可以直接映射到实际乒乓球比赛中发生的情况。如果你没能接住球，你的对手就会得到 1 分。首先获得 21 分的选手赢得比赛并获得正面奖励。输掉比赛则意味着负面奖励。得分或失分还会导致较小的中间正面和负面奖励。从 0-0 开始的一系列比赛，直到任一玩家得分达到 21 分，这被称为一个回合。

使用强化学习训练 Pong 游戏的智能体，相当于从头开始训练某人打乒乓球。训练的结果是智能体在游戏中遵循的策略。在任何特定情况下，包括球的位置、对手的位置、记分牌以及之前的奖励，一个训练有素的智能体会向上或向下移动，以最大化其赢得比赛的机会。

到目前为止，我们已经通过一个例子讨论了强化学习背后的基本概念，其间反复提到了策略、政策和学习等术语。但智能体实际上是如何学习政策的呢？答案是通过一个基于预定义算法工作的强化学习模型。接下来我们将探索不同类型的强化学习算法。

11.1.1　算法类型

本节将根据文献查看强化学习算法的类型。随后将探讨这些类型中的一些子类型。广义上讲，强化学习算法可以被归类为以下两种之一。

- 基于模型的强化学习算法。
- 无模型的强化学习算法

下面我们将逐一对其进行讨论。

11.1.2　基于模型的强化学习算法

顾名思义，在基于模型的算法中，智能体了解环境的模型。这里的模型指的是可以用来估计奖励，以及环境内状态如何转移的数学表述。因为智能体对环境有一定的了解，这有助于减少其选择下一个行动的样本空间，从而有助于提高学习的效率。

然而，在现实中，大多数情况下并没有直接可用的模型化环境。如果仍然想使用基于模型的方法，需要让智能体根据自己的经验学习环境模型。在这种情况下，智能体很可能学习到一个有偏差的模型表示，并在真实环境中表现不佳。因此，基于模型的方法在实现强化学习系统时较少使用。本书将不会详细讨论基于这种方法的模型，但以下是一些例子。

- 基于模型的深度强化学习与无模型微调（MBMF）。
- 用于高效无模型强化学习的基于模型的值估计（MBVE）。
- 增强想象力的智能体（I2A），用于深度强化学习。
- AlphaZero，著名的人工智能机器人，击败了国际象棋和围棋冠军。

现在，让我们看看另一组以不同理念运作的强化学习算法。

11.1.3　无模型的强化学习算法

无模型方法不需要环境的任何模型，并且目前在强化学习的研究和开发中更受欢迎。在无模型强化学习环境中，智能体的训练主要有以下两种方式。

- 策略优化。
- Q 学习。

1. 策略优化

在这种方法中，我们将策略表述为给定当前状态下行动的函数形式，如式（11.1）所示。

$$策略 = F_\beta(a|S) \tag{11.1}$$

在这里，β 表示这个函数的内部参数，通过梯度上升法更新以优化策略函数。目标函数是使用策略函数和奖励来定义的。在某些情况下，也可以使用目标函数的近似值进行优化。此外，在某些情况下，优化过程中可以使用策略函数的近似值代替实际的策略函数。

通常，在这种方法下执行的优化是基于策略的，这意味着参数是根据使用最新策略版本收集的数据进行更新的。以下是一些基于策略优化的强化学习算法的例子。

- 策略梯度：这是最基本的策略优化方法，我们直接使用梯度上升法优化策略函数。

策略函数在每个时间步骤输出下一步要采取的不同动作的概率。

- 演员-评论家：由于策略梯度算法下的优化具有基于策略的特性，算法的每次迭代都需要更新策略。这需要很多时间。演员-评论家方法引入了价值函数和策略函数。演员模拟策略函数，评论家模拟价值函数。

通过使用评论家，策略更新过程变得更快。我们将在下一节更详细地讨论价值函数。然而，本书将不会深入讨论演员-评论家方法的数学细节。

- 信任域策略优化（TRPO）：与策略梯度方法类似，TRPO 由基于策略的优化方法组成。在策略梯度方法中，我们使用梯度来更新策略函数参数 β。由于梯度是一阶导数，它可能在函数的尖锐曲率处产生噪声。这可能导致我们进行大幅度的策略更改，从而可能破坏智能体的学习轨迹的稳定性。

为防止这种情况，TRPO 提出了一个信任域。它定义了在给定更新步骤中策略可能发生的变化的上限。这确保了优化过程的稳定性。

- 近端策略优化（PPO）：与 TRPO 类似，PPO 旨在稳定优化过程。在梯度上升过程中，使用策略梯度方法针对每个数据样本执行更新。然而，PPO 使用了一个替代目标函数，这有助于对数据样本批次执行更新。这导致更保守地估计梯度，从而提高了梯度上升算法收敛的机会。

策略优化函数直接作用于优化策略，因此其是非常直观的算法。然而，由于这些算法大多数具有基于策略的特性，因此在更新策略后，每一步都需要重新采样数据。这可能是解决强化学习问题的制约因素。

接下来我们将讨论另一种被称为 Q 学习的无模型算法，它具有更高的样本效率。

2. Q 学习

与策略优化算法不同，Q 学习依赖于价值函数而非策略函数。从这里开始，本章将专注于 Q 学习。下一节我们将详细探讨 Q 学习的基础知识。

11.2　探讨 Q 学习

策略优化和 Q 学习之间的关键区别在于，在后者中，我们不是直接优化策略。相反，我们优化一个价值函数。价值函数是什么？我们已经了解到强化学习是关于智能体学习在穿越一系列状态和行动的过程中获得最大累积奖励。价值函数是智能体当前所在给定状态的函数，这个函数输出智能体在当前回合（episode）结束时预期会收到的奖励总和。

在 Q 学习中，我们优化一种特殊类型的价值函数，称为动作-价值函数，它取决于当前状态和行动。在给定状态 S 下，动作-价值函数决定了智能体采取行动 a 将获得的长期奖励（直到回合结束的奖励）。这个函数通常表示为 $Q(S, a)$，因此也被称为 Q 函数。动作价值也被称为 Q 值。

Q 值可以针对每一个状态-行动对存储在表格中，其中两个维度是状态和行动。例如，如果有 4 种可能的状态（即 S_1、S_2、S_3 和 S_4），以及两种可能的行动（即 a_1 和 a_2），那么 8 个 Q 值将存储在 4×2 的表格中。因此，Q 学习的目标是创建这个 Q 值表。一旦有了这个表格，智能体就可以查找给定状态下所有可能行动的 Q 值，并采取具有最大 Q 值的行动。然而，这里的问题是，我们从哪里得到 Q 值呢？答案是使用贝尔曼方程，其数学表达式如下所示。

$$Q(S_t, a_t) = R + \gamma * Q(S_{t+1}, a_{t+1}) \tag{11.2}$$

贝尔曼方程是一种递归计算 Q 值的方法。方程中的 R 是在状态 S_t 下采取行动 a_t 所获得的奖励，而 γ 是折扣因子，是一个介于 0 和 1 之间的标量值。基本上，这个方程表明当前状态 S_t 和行动 a_t 的 Q 值等于在状态 S_t 下采取行动 a_t 所获得的奖励 R，加上从下一个状态 S_{t+1} 采取的最优化行动 a_{t+1} 产生的 Q 值，再乘以一个折扣因子。折扣因子定义了对即时奖励与长期未来奖励的权重分配。

在定义了 Q 学习背后的大部分概念后，让我们通过一个例子来演示 Q 学习是如何工作的。图 11.4 展示了一个由 5 个可能状态组成的环境.

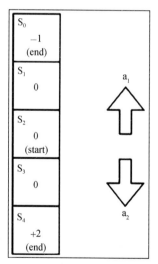

图 11.4 Q 学习示例环境

有两种不同的可能行动，即向上移动（a_1）或向下移动（a_2）。从状态 S_4 的+2 到状态 S_0 的-1，在不同状态下有不同的奖励。这个环境中的每一个回合都从状态 S_2 开始，以 S_0 或 S_4 结束。因为有 3 个状态和两种可能的行动，Q 值可以存储在一个 5×2 的表格中。下列代码片段显示了如何在 Python 中编写奖励和 Q 值。

```
rwrds = [-1, 0, 0, 0, 2]
Qvals = [[0.0, 0.0],
         [0.0, 0.0],
         [0.0, 0.0],
         [0.0, 0.0],
         [0.0, 0.0]]
```

我们把所有的 Q 值初始化为 0。此外，因为有特定的两个终止状态，需要以列表的形式指定它们，如下所示。

```
end_states = [1, 0, 0, 0, 1]
```

这基本上表示状态 S_0 和 S_4 是终止状态。在运行完整的 Q 学习循环之前，我们需要考查最后一点。在 Q 学习的每一步，智能体在采取下一个行动时有以下两个选择。

● 采取具有最高 Q 值的行动。

● 随机选择下一个行动。

这里的问题是，智能体为什么要随机选择行动呢？

回忆一下，在第 7.2.2 节中，我们讨论了贪婪搜索和束搜索如何导致重复结果，因此引入随机性，进而有助于产生更好的结果。同样地，如果智能体总是基于 Q 值选择下一个行动，那么它可能会陷入重复选择一个在短期内给予即时高奖励的行动。因此，偶尔随机采取行动将帮助智能体摆脱这种次优状态。

我们已经确定了智能体在每一步都有两种可能的行动方式，因此需要决定智能体采取哪种方式。这就是 epsilon 贪婪行动机制发挥作用的地方。图 11.5 展示了它的工作原理。

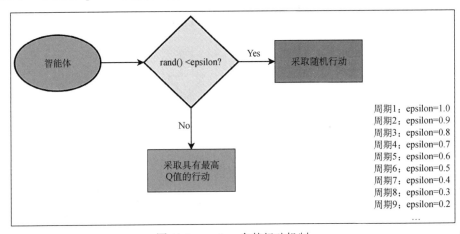

图 11.5　epsilon 贪婪行动机制

在这种机制下，每一回合都会预先决定一个 epsilon 值，这是一个 0 到 1 之间的标量值。在给定的一个回合中，对于采取的每一个下一个行动，智能体生成一个介于 0 到 1 之间的随机数。如果生成的数字小于预先定义的 epsilon 值，则智能体就从可用的下一步行动集合中随机选择下一个行动。否则，就从 Q 值表中检索每个可能的下一步行动的 Q 值，并选择具有最高 Q 值的行动。epsilon 贪婪行动机制的 Python 代码如下所示。

```python
def eps_greedy_action_mechanism(eps, S):
    rnd = np.random.uniform()
    if rnd < eps:
        return np.random.randint(0, 2)
    else:
        return np.argmax(Qvals[S])
```

通常，我们在第一回合开始时将 epsilon 值设为 1，然后随着回合的进行线性减小它。这里的想法是，我们希望智能体最初能够探索不同的选项。然而，随着学习过程的进行，智能体不太可能陷入收集短期奖励的困境，因此它可以更好地利用 Q 值表。

现在可以编写 Q 学习循环的 Python 代码，如下所示。

```python
n_epsds = 100
eps = 1
gamma = 0.9
for e in range(n_epsds):
    S_initial = 2 # start with state S2
    S = S_initial
    while not end_states[S]:
        a = eps_greedy_action_mechanism(eps, S)
        R, S_next = take_action(S, a)
        if end_states[S_next]:
            Qvals[S][a] = R
        else:
            Qvals[S][a] = R + gamma * max(Qvals[S_next])
        S = S_next
    eps = eps - 1/n_epsds
```

首先，我们定义智能体将被训练 100 集。我们从 epsilon 值 1 开始，并定义折扣因子（gamma）为 0.9。接下来运行 Q 学习循环，该循环遍历回合的数量。在每次循环的迭代中，我们都会完整地运行一个回合。在每一个回合中，首先将智能体的状态初始化为 S_2。

随后运行另一个内部循环，只有当智能体达到终止状态时才会中断。在这个内部循环中，我们使用 epsilon 贪婪行动机制为智能体决定下一个行动。然后智能体采取相应的行动，这将使智能体转换到新状态，并可能产生奖励。take_action 函数的实现如下所示。

```
def take_action(S, a):
    if a == 0: # move up
        S_next = S - 1
    else:
        S_next = S + 1
    return rwrds[S_next], S_next
```

一旦获得了奖励和下一个状态，我们使用式（11.2）更新当前状态-行动对的 Q 值。下一个状态现在成为当前状态，并且该过程会重复。在每一回合的最后，epsilon 值会线性减少。一旦整个 Q 学习循环结束，我们就会得到一个 Q 值表。这张表本质上是智能体在该环境中操作以获得最大长期收益所需的全部信息。。

理想情况下，对于这个例子中训练有素的智能体，它将总是向下移动，以在 S_4 获得最大奖励+2，并会避免向 S_0 移动，因为 S_0 包含了−1 的负面奖励。

关于 Q 学习的讨论到此结束。前述代码可以帮助读者在简单的环境中开始 Q 学习。对于视频游戏等更复杂、更逼真的环境，这种方法将不起作用。为什么？

可以看到，Q 学习的本质在于创建 Q 值表。在当前示例中，我们只有 5 个状态和 2 个行动，因此表格大小为 10，这是可控的。但在像 Pong 这样的视频游戏中，可能存在的状态数量较多。这使得 Q 值表格大小激增，导致 Q 学习算法在内存使用上变得极其密集和不切实际。

幸运的是，有一个解决方案可以让我们继续使用 Q 学习的概念，而不至于让我们的机器耗尽内存。该解决方案结合了 Q 学习和深度神经网络，提供了一种非常流行的强化学习算法，即 DQN。下一节我们将讨论 DQN 的基础知识以及它的一些新颖特性。

11.3　深度 Q 学习

深度 Q 网络（DQN）不创建 Q 值表，而是使用深度神经网络（DNN），该网络为给定的状态-行动对输出一个 Q 值。DQN 可用于像视频游戏这样的复杂环境，这些环境中的状态较多，且无法在 Q 值表中管理。视频游戏的当前帧图像用于表示当前状态，并与当前行动一起作为输入提供给底层的 DNN 模型。

深度神经网络为每组这样的输入输出一个标量 Q 值。在实践中，不是只传递当前的图像帧，而是在给定时间窗口内传递 N 个相邻的图像帧作为模型的输入。

我们正在使用深度神经网络来解决强化学习（RL）问题。这里有一个内在的问题。在使用 DNN 时，我们总是使用独立同分布（iid）数据样本。然而，在强化学习中，每一个当前输出都会影响下一个输入。例如，在 Q 学习中，贝尔曼方程本身就表明 Q 值依赖于另一个 Q 值；也就是说，下一个状态-行动对的 Q 值影响当前状态对的 Q 值。

这意味着我们正在处理一个不断变化的目标，并且目标和输入之间存在高度相关性。DQN 通过以下两个新颖的特性来解决这些问题。

- 使用两个独立的深度神经网络。
- 经验回放缓冲区

11.3.1　使用两个独立的 DNN

针对 DQN，下面重写贝尔曼方程。

$$Q(S_t, a_t, \theta) = R + \gamma * Q(S_{t+1}, a_{t+1}, \theta) \tag{11.3}$$

式（11.3）大体上与 Q 学习相同，除了引入了一个新项 θ。其中，θ 用于表示 DQN 模型使用的深度神经网络（DNN）的权重以获得 Q 值。但该公式有些奇怪之处。

请注意，θ 被放置在等式的左侧和右侧。这意味着每一步我们都在使用同一个神经网络来获取当前状态-行动对以及下一个状态-行动对的 Q 值。也就是说，我们正在追逐一个非静态目标，因为每一步，θ 将被更新，这将改变下一步等式的左侧和右侧，而导致学习过程中的不稳定性。

通过查看损失函数可以看到，DNN 将使用梯度下降尝试最小化损失函数。损失函数如下所示。

$$L = E[(R + \gamma * Q(S_{t+1}, a_{t+1}, \theta) - Q(S_t, a_t, \theta))^2] \tag{11.4}$$

这种损失称为时间差分损失，是 DQN 的基础概念之一。如果暂时不考虑奖励 R，让完全相同的网络为当前和下一个状态-行动对生成 Q 值，将导致损失函数的波动，因为这两项都会不断变化。为解决这个问题，DQN 使用两个独立的网络——主 DNN 和目标 DNN。两个 DNN 具有完全相同的架构。

主 DNN 用于计算当前状态-行动对的 Q 值，而目标 DNN 用于计算下一个（或目标）状态-行动对的 Q 值。然而，尽管主 DNN 的权重在每个学习步骤中都会更新，但目标 DNN 的权重是固定的。每经过 K 次梯度下降迭代后，主网络的权重会复制到目标网络中。这种机制保持了训练过程的相对稳定性。相应地，权重复制机制确保了目标网络的准确预测。

11.3.2　经验回放缓冲区

由于 DNN 期望以独立同分布的数据作为输入，我们简单地将最新的 X 个步骤（视频游戏的帧）缓存到缓冲存储器中，然后从缓冲区随机采样数据批次。这些批次数据随后作为输入提供给 DNN。由于批次由随机采样的数据组成，其分布看起来类似于独立同分布数据样本的分布。这有助于稳定 DNN 的训练过程。

⚑ 注意：

> 如果没有采用缓冲技巧，DNN 将接收到相关联的数据，这将导致优化结果不佳。

这两种技巧已被证明对 DQN 的成功有着重要的贡献。现在我们已经基本了解了 DQN 模型的工作原理及其新颖特性，稍后将实现自己的 DQN 模型。通过 PyTorch，我们将构建一个基于 CNN 的 DQN 模型，该模型将学习操控 Atari 视频游戏 Pong，并有可能学会如何战胜计算机对手。

11.4　在 PyTorch 中构建 DQN 模型

上一节我们讨论了 DQN 背后的理论。本节将采取实践方法并使用 PyTorch，构建一个基于 CNN 的 DQN 模型，该模型将训练一个智能体来操控一个名为 Pong 的视频游戏。该练习的目标是展示如何使用 PyTorch 开发深度强化学习应用程序。

11.4.1　初始化主 CNN 模型和目标 CNN 模型

在该练习中，出于演示目的，我们只展示代码的重要部分。获取完整代码，读者可访问 GitHub 库[1]。

（1）导入必要的库。

```
# general imports
import cv2
import math
import numpy as np
import random
# reinforcement learning related imports
import re
import atari_py as ap
from collections import deque
from gym import make, ObservationWrapper, Wrapper
from gym.spaces import Box
# pytorch imports
```

```
import torch
import torch.nn as nn
from torch import save
from torch.optim import Adam
```

在该练习中，除了与 Python 和 PyTorch 相关的导入，我们还使用了名为 gym 的 Python 库。这是一个由 OpenAI[2]制作的 Python 库，它提供了一套用于构建深度强化学习应用程序的工具。基本上，导入 gym 消除了编写强化学习系统内部所有框架代码的需要。除此之外，它还涵盖内置环境，包括将在当前练习中使用的视频游戏 Pong 的环境。由于 gym 需要 Python 版本 3.7（或更低），而 PyTorch v2 与 Python 3.7 不兼容，因此我们将在该练习中使用 PyTorch v1.12。

（2）在导入库之后，必须为 DQN 模型定义 CNN 架构。该 CNN 模型本质上接收当前状态输入，并输出所有可能行动的概率分布。智能体选择概率最高的行动作为下一步行动。这里没有使用回归模型预测每个状态-行动对的 Q 值，而是巧妙地将这个问题转化为分类问题。

Q 值回归模型必须针对所有可能的行动分别运行，我们将选择预测 Q 值最高的行动。不过，使用这种分类模型可以将计算 Q 值和预测最佳下一步行动的任务结合起来。

```
class ConvDQN(nn.Module):
    def __init__(self, ip_sz, tot_num_acts):
        super(ConvDQN, self).__init__()
        self._ip_sz = ip_sz
        self._tot_num_acts = tot_num_acts
        self.cnv1 = nn.Conv2d(ip_sz[0], 32, kernel_size=8, stride=4)
        self.activation = nn.ReLU()
        self.cnv2 = nn.Conv2d(32, 64, kernel_size=4, stride=2)
        self.cnv3 = nn.Conv2d(64, 64, kernel_size=3, stride=1)
        self.fc1 = nn.Linear(self.feat_sz, 512)
        self.fc2 = nn.Linear(512, tot_num_acts)
```

我们可以看到，该模型由 3 个卷积层 cnv1、cnv2 和 cnv3，以及它们之间的 ReLU 激活函数组成，随后是两个全连接层。现在，让我们看看该模型的前向传播包含哪些内容。

```
def forward(self, x):
    op = self.cnv1(x)
    op = self.activation(op)
    op = self.cnv2(op)
    op = self.activation(op)
    op = self.cnv3(op)
```

```
    op = self.activation(op).view(x.size()[0], -1)
    op = self.fc1(op)
    op = self.activation(op)
    op = self.fc2(op)
    return op
```

forward()方法简单地展示了模型的前向传播，其中输入通过卷积层并被展平，最后被送入全连接层。接下来让我们看看其他模型方法。

```
@property
def feat_sz(self):
    x = torch.zeros(1, *self._ip_sz)
    x = self.cnv1(x)
    x = self.activation(x)
    x = self.cnv2(x)
    x = self.activation(x)
    x = self.cnv3(x)
    x = self.activation(x)
    return x.view(1, -1).size(1)
def perf_action(self, stt, eps, dvc):
    if random.random() > eps:
        stt=torch.from_numpy(
            np.float32(stt)).unsqueeze(0).to(dvc)
        q_val = self.forward(stt)
        act = q_val.max(1)[1].item()
    else:
        act = random.randrange(self._tot_num_acts)
    return act
```

在上述代码片段中，feat_size()方法仅是用来计算在展平最后一个卷积层输出后特征向量的大小。最后，perf_action()方法与之前讨论的 take_action()方法相同。

（3）定义一个函数来实例化主神经网络和目标神经网络。

```
def models_init(env, dvc):
    mdl = ConvDQN(
        env.observation_space.shape,
        env.action_space.n).to(dvc)
    tgt_mdl = ConvDQN(
        env.observation_space.shape,
        env.action_space.n).to(dvc)
    return mdl, tgt_mdl
```

这两个模型是同一个类的实例，因此共享相同的架构。然而，它们是两个独立的实例，因此将随着不同权重集的更新而不同地发展。

11.4.2　定义经验回放缓冲区

如前所述，经验回放缓冲区是 DQN 的一个重要特性。借助这个缓冲区，可以存储数千个游戏转换（帧），然后随机采样这些视频帧来训练 CNN 模型。以下是定义回放缓冲区的代码。

```
class RepBfr:
    def __init__(self, cap_max):
        self._bfr = deque(maxlen=cap_max)
    def push(self, st, act, rwd, nxt_st, fin):
        self._bfr.append((st, act, rwd, nxt_st, fin))
    def smpl(self, bch_sz):
        idxs = np.random.choice(len(self._bfr), bch_sz, False)
        bch = zip(*[self._bfr[i] for i in idxs])
        st, act, rwd, nxt_st, fin = bch
        return (np.array(st), np.array(act),
                np.array(rwd, dtype=np.float32),
                np.array(nxt_st), np.array(fin, dtype=np.uint8))
    def __len__(self):
        return len(self._bfr)
```

这里的 cap_max 用于定义的缓冲区大小，即存储在缓冲区中的视频游戏状态转换的数量。smpl()方法在 CNN 训练循环中使用，用于采样存储的转换并生成训练数据批次。

11.4.3　设置环境

到目前为止，我们主要集中在 DQN 的神经网络方面。本节将专注于构建强化学习问题的基本原理之一——环境。

（1）定义一些与视频游戏环境初始化相关的函数。

```
def gym_to_atari_format(gym_env):
    ...
def check_atari_env(env):
    ...
```

通过 gym 库，可以访问一个预先构建的 Pong 视频游戏环境。但这里将通过一系列步骤增强环境，这些步骤将包括对视频游戏图像帧进行下采样、将图像帧推送到经验回放缓冲区、将图像转换为 PyTorch 张量等。

（2）以下内容是定义的类，它们实现了每个环境控制步骤。

```
class ClassicControl(Wrapper):
    ...
class FrameDownSample(ObservationWrapper):
    ...
class MaxAndSkipEnv(Wrapper):
    ...
class FireResetEnv(Wrapper):
    ...
class FrameBuffer(ObservationWrapper):
    ...
class Image2PyTorch(ObservationWrapper):
    ...
class NormalizeFloats(ObservationWrapper):
    ...
```

这些类现在将被用来初始化和增强视频游戏环境。

（3）一旦定义了与环境相关的类，我们必须定义一个最终的方法，该方法以原始的 Pong 视频游戏环境作为输入，并增强环境，如下所示。

```
def wrap_env(env_ip):
    env = make(env_ip)
    is_atari = check_atari_env(env_ip)
    env = ClassicControl(env, is_atari)
    env = MaxAndSkipEnv(env, is_atari)
    try:
        env_acts = env.unwrapped.get_action_meanings()
        if "FIRE" in env_acts:
            env = FireResetEnv(env)
    except AttributeError:
        pass
    env = FrameDownSample(env)
    env = Image2PyTorch(env)
    env = FrameBuffer(env, 4)
    env = NormalizeFloats(env)
    return env
```

在这一步中，部分代码已被省略，因为我们的重点是练习 PyTorch 方面。请参考本书的 GitHub 仓库[1]获取完整代码。

11.4.4　定义 CNN 优化函数

本节将定义训练 DRL 模型的损失函数，并定义每个模型训练迭代结束时需要执行的操作。

（1）11.4.1 节中的第（3）步初始化了主模型和目标模型。现在我们已经定义了模型架构，接下来将定义 loss() 函数，模型将被训练以最小化这个损失函数。

```python
def calc_temp_diff_loss(mdl, tgt_mdl, bch, gm, dvc):
    st, act, rwd, nxt_st, fin = bch
    st = torch.from_numpy(np.float32(st)).to(dvc)
    nxt_st = torch.from_numpy(np.float32(nxt_st)).to(dvc)
    act = torch.from_numpy(act).to(dvc)
    rwd = torch.from_numpy(rwd).to(dvc)
    fin = torch.from_numpy(fin).to(dvc)
    q_vals = mdl(st)
    nxt_q_vals = tgt_mdl(nxt_st)
    q_val = q_vals.gather(1, act.unsqueeze(-1)).squeeze(-1)
    nxt_q_val = nxt_q_vals.max(1)[0]
    exp_q_val = rwd + gm * nxt_q_val * (1 - fin)
    loss = (q_val -exp_q_val.data.to(dvc)).pow(2).mean()
    loss.backward()
```

这里定义的损失函数（时间差分损失）源自式（11.4）。

（2）现在神经网络架构和损失函数已经就绪，我们将定义模型 update() 函数，该函数在神经网络训练的每次迭代中被调用。

```python
def upd_grph(mdl, tgt_mdl, opt, rpl_bfr, dvc, log):
    if len(rpl_bfr) > INIT_LEARN:
        if not log.idx % TGT_UPD_FRQ:
            tgt_mdl.load_state_dict(mdl.state_dict())
        opt.zero_grad()
        bch = rpl_bfr.smpl(B_S)
        calc_temp_diff_loss(mdl, tgt_mdl, bch, G, dvc)
        opt.step()
```

该函数从经验回放缓冲区中采样一批数据，计算这批数据的时间差分损失，并在每 TGT_UPD_FRQ 次迭代后将主神经网络的权重复制到目标神经网络。TGT_UPD_FRQ 稍后将被赋予一个值。

11.4.5　管理和运行回合

现在，让我们学习如何定义 epsilon 值。

（1）定义一个函数，该函数将在每个回合（episode）之后更新 epsilon 值。

```
def upd_eps(epd):
    last_eps = EPS_FINL
    first_eps = EPS_STRT
    eps_decay = EPS_DECAY
    eps = last_eps + (first_eps - last_eps) * math.exp(
        -1 * ((epd + 1) / eps_decay))
    return eps
```

该函数与 Q 学习循环中的 epsilon 更新步骤相同。该函数的目标是按回合线性减少 epsilon 值。

（2）下一个函数是定义在回合结束时会发生什么。如果在当前剧集中获得的总奖励是迄今为止取得的最好成绩，我们将保存 CNN 模型权重并打印奖励值。

```
def fin_epsd(mdl, env, log, epd_rwd, epd, eps):
    bst_so_far = log.upd_rwds(epd_rwd)
    if bst_so_far:
        print(f"checkpointing current model weights.
            highest running_average_reward of\
            {round(log.bst_avg, 3)} achieved!")
        save(mdl.state_dict(), f"{env}.dat")
    print(f"episode_num {epd}, curr_reward: {epd_rwd}, best_reward:
{log.bst_rwd},\running_avg_reward: {round(log.avg, 3)}, curr_epsilon:
{round(eps, 4)}")
```

在每个回合结束时，我们还记录回合编号、当前回合结束时的奖励、过去几个回合奖励值的运行平均值，以及当前的 epsilon 值。

（3）指定 DQN 循环，这是定义在一个回合中要执行的步骤的地方。

```
def run_epsd(
    env, mdl, tgt_mdl, opt, rpl_bfr, dvc, log, epd):
    epd_rwd = 0.0
    st = env.reset()
    while True:
        eps = upd_eps(log.idx)
```

```
act = mdl.perf_action(st, eps, dvc)
env.render()
nxt_st, rwd, fin, _ = env.step(act)
rpl_bfr.push(st, act, rwd, nxt_st, fin)
st = nxt_st
epd_rwd += rwd
log.upd_idx()
upd_grph(mdl, tgt_mdl, opt, rpl_bfr, dvc, log)
if fin:
    fin_epsd(mdl, ENV, log, epd_rwd, epd, eps)
    break
```

在每个回合开始时，奖励和状态都会重置。随后运行一个无限循环，只有在智能体达到结束状态之一时才会中断。在该循环中，每次迭代执行以下步骤。

- 根据线性折旧方案修改 epsilon 值。
- 主 CNN 模型预测下一个行动并执行此行动，产生下一个状态和奖励。这种状态转换被记录在经验回放缓冲区中。
- 下一个状态变成当前状态，我们计算时间差分损失，该损失用于更新主 CNN 模型，同时保持目标 CNN 模型不变。
- 如果新的当前状态是一个结束状态，那么中断循环（即结束回合）并记录这一回合的结果。

（4）我们在整个训练过程中提到了记录结果。为了存储关于奖励和模型表现的各种指标，必须定义一个训练元数据类，它将包含各种指标作为属性。

```
class TrMetadata:
    def __init__(self):
        self._avg = 0.0
        self._bst_rwd = -float("inf")
        self._bst_avg = -float("inf")
        self._rwds = []
        self._avg_rng = 100
        self._idx = 0
```

稍后，当训练完模型后，我们将使用这些指标来可视化模型的性能。

（5）将上一步中的模型度量属性存储为私有成员，并公开其相应的 getter 函数。

```
@property
def bst_rwd(self):
    ...
@property
```

```
def bst_avg(self):
    ...
@property
def avg(self):
    ...
@property
def idx(self):
    ...
...
```

idx 属性对于决定何时从主 CNN 复制权重到目标 CNN 至关重要，而 avg 属性则有助于计算过去几个回合中收到的奖励的运行平均值。

11.4.6　训练 DQN 模型以学习 Pong

现在，我们已经拥有了开始训练 DQN 模型的所有必要成分。

（1）以下是训练包装器函数，它将执行所需的操作。

```
def train(env, mdl, tgt_mdl, opt, rpl_bfr, dvc):
    log = TrMetadata()
    for epd in range(N_EPDS):
        run_epsd(env, mdl, tgt_mdl, opt, rpl_bfr, dvc, log, epd)
```

本质上，我们初始化一个记录器，然后只需为预定义的回合数量运行 DQN 训练系统。

（2）在实际运行训练循环之前，需要定义如下所示超参数值。

● 　每次梯度下降迭代的批量大小，以调整 CNN 模型。

● 　环境，在这种情况下是 Pong 视频游戏。

● 　第一回合的 epsilon 值。

● 　最后一回合的 epsilon 值。

● 　epsilon 值的折旧率。

● 　Gamma，即折扣因子。

● 　保留用于推送数据到回放缓冲区的初始迭代次数。

● 　学习率。

● 　经验回放缓冲区的大小或容量。

● 　训练智能体的总回合数。

● 　从主 CNN 复制权重到目标 CNN 的迭代次数。

我们可以在以下代码片段中实例化所有这些超参数。

```
B_S = 64
ENV = "Pong-v4"
EPS_STRT = 1.0
EPS_FINL = 0.005
EPS_DECAY = 100000
G = 0.99
INIT_LEARN = 10000
LR = 1e-4
MEM_CAP = 20000
N_EPDS = 2000
TGT_UPD_FRQ = 1000
```

这些值是实验性的，我们鼓励读者尝试对其进行修改，并观察它们对结果产生的影响。

（3）这是练习的最后一步，我们将实际执行深度 Q 网络（DQN）的训练过程，具体如下所示。

● 实例化游戏环境。

● 定义训练设备——根据可用性选择 CPU 或 GPU。

● 实例化主 CNN 模型和目标 CNN 模型。此外还定义了 Adam 作为 CNN 模型的优化器。

● 实例化一个经验回放缓冲区。

● 开始训练主 CNN 模型。一旦训练过程结束，关闭实例化的环境。

以下是相应的代码。

```
env = wrap_env(ENV)
dvc = torch.device("cuda") if torch.cuda.is_available() else torch.
device("cpu")
mdl, tgt_mdl = models_init(env, dvc)
opt = Adam(mdl.parameters(), lr=LR)
rpl_bfr = RepBfr(MEM_CAP)
train(env, mdl, tgt_mdl, opt, rpl_bfr, dvc)
env.close()
```

输出结果如下所示。

```
checkpointing current model weights. highest running_average_reward of
-21.0 achieved!
episode_num 0, curr_reward: -21.0, best_reward: -21.0, running_avg_
reward: -21.0, curr_epsilon: 0.9972
```

```
episode_num 1, curr_reward: -21.0, best_reward: -21.0, running_avg_
reward: -21.0, curr_epsilon: 0.9947
episode_num 2, curr_reward: -21.0, best_reward: -21.0, running_avg_
reward: -21.0, curr_epsilon: 0.992
episode_num 3, curr_reward: -21.0, best_reward: -21.0, running_avg_
reward: -21.0, curr_epsilon: 0.9892
...
episode_num 2496, curr_reward: 15.0, best_reward: 21.0, running_avg_
reward: 9.76, curr_epsilon: 0.005
episode_num 2497, curr_reward: 19.0, best_reward: 21.0, running_avg_
reward: 9.76, curr_epsilon: 0.005
episode_num 2498, curr_reward: -1.0, best_reward: 21.0, running_avg_
reward: 9.76, curr_epsilon: 0.005
episode_num 2499, curr_reward: 8.0, best_reward: 21.0, running_avg_
reward: 9.88, curr_epsilon: 0.005
episode_num 2500, curr_reward: 12.0, best_reward: 21.0, running_avg_
reward: 9.84, curr_epsilon: 0.005
```

此外，图 11.6 展示了当前奖励、最佳奖励和平均奖励随回合进展的变化情况。

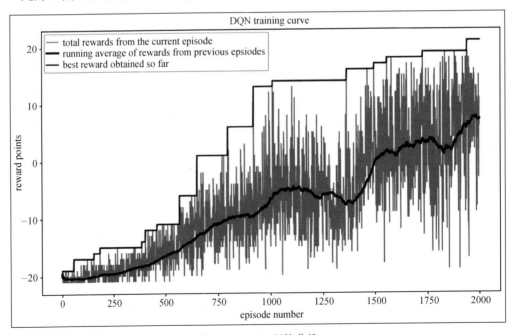

图 11.6　DQN 训练曲线

图 11.7 展示了在训练过程中，epsilon 值随回合的递减情况。

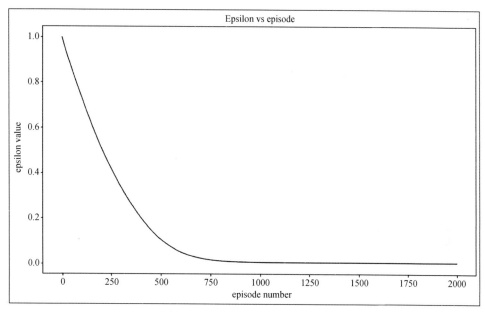

图 11.7　回合中 Epsilon 值的变化

注意，在图 11.6 中，回合中奖励的移动平均值（红色曲线）起初为−20，这表示在游戏中智能体得分为 0 分，而对手得分为 20 分的情况。随着回合的进展，平均奖励持续增加，到了第 1500 回合时，它跨越了零点。这意味着经过 1500 回合的训练后，智能体已经与对手达到了同一水平。

从此以后，平均奖励值变为正数，这表明智能体在平均情况下击败了对手。我们仅训练到 2000 回合，这已经导致智能体以超过 7 个平均点的优势击败对手。我们鼓励读者继续训练，看看智能体是否能够获得全部分数，并以 20 分的优势绝对压倒对手。

DQN 在强化学习（RL）领域取得了巨大成功并广受欢迎，对于有兴趣进一步探索该领域的人来说，它绝对是一个极佳的起点。PyTorch 结合 gym 库是一个极好的资源，它使我们能够在各种强化学习环境中工作，并与不同类型的深度强化学习（DRL）模型打交道。

虽然本章只关注了 DQN，但我们学到的内容可以转移到其他 Q 学习模型和深度强化学习算法上。

11.5　本 章 小 结

强化学习（RL）是机器学习基础分支之一，目前是最热门的研究与发展领域之一。基于 RL 的人工智能变革，如谷歌 DeepMind 的 AlphaGo，进一步激发了人们对该领域的热情和兴趣。本章提供了 RL 和深度强化学习（DRL）的概述，并通过实践练习，使用 PyTorch 构建了一个 DQN 模型。

　　RL 是一个广阔的领域，一章内容不足以涵盖所有内容。我们鼓励读者利用本章的高层次讨论来探索那些细节内容。第 12 章我们将专注于 PyTorch 的实用技能，如模型部署、并行训练、自动化机器学习等。第 12 章将讨论如何在 CPU 和 GPU 上使用分布式训练，以及在 GPU 上使用混合精度训练，以有效训练 PyTorch 模型。

11.6　参　考　文　献

[1] GitHub：https://github.com/arj7192/MasteringPyTorchV2/blob/main/Chapter11/pong.ipynb。

[2] gym 库：https://github.com/openai/gym。

第 12 章　模型训练优化

在深入讨论第 13 章之前，我们需要先训练好预训练的机器学习模型。在第 2~6 章中，我们讨论了深度学习模型架构的应用范围，这些架构日益复杂。如此庞大的模型通常拥有数百万甚至数十亿的参数。例如，最近（在本书编写时）的 Pathways 语言模型（PaLM）可以拥有多达 5400 亿个参数，使用反向传播来调整这么多的参数需要巨大的内存和计算能力。即便如此，模型训练也可能需要数天时间才能完成。

本章将探索通过在机器之间以及机器内部进程间分配训练任务来加速模型训练过程。我们将学习 PyTorch 提供的分布式训练 API——torch.distributed、torch.multiprocessing 以及 torch.utils.data.DistributedSampler，它们使得分布式训练看起来简单易行。

我们还将学习如何使用 torch.cuda.amp.autocast 和 torch.cuda.amp.GradScaler 等 API 进行混合精度训练，以减少训练深度学习模型时的内存占用，并加快训练速度。以第 1 章中的手写数字分类为例，我们将展示使用 PyTorch 的分布式训练和自动混合精度（AMP）工具在 CPU 和 GPU 上进行训练时的速度提升和内存消耗降低情况。

本章主要涉及下列主题。

- PyTorch 分布式训练。
- CUDA 在 GPU 上进行分布式训练。

在本章结束时，读者将能够充分利用所拥有的硬件进行模型训练。对于训练极大的模型，本章讨论的工具将至关重要。

12.1　PyTorch 分布式训练

在本书之前的所有练习中，我们隐含地假设模型训练发生在一台机器上，并在该机器上的单个 Python 进程中进行。本节将重新审视第 1 章中的练习，并将模型训练过程从常规训练转变为分布式训练。在该过程中，我们将探索 PyTorch 在分布式训练过程中所提供的工具，从而使其更快且更高效地利用硬件。

12.1.1　以常规方式训练 MNIST 模型

第 1 章建立的手写数字分类模型是以 Jupyter notebook 的形式呈现的。这里，我们首先将 Jupyter notebook 代码整合成一个单独的 Python 脚本文件。完整代码可以在 GitHub 上找到[1]。在接下来的步骤中，我们将回顾模型训练代码的不同部分。

（1）在 Python 脚本中，导入相关的库。

```
import torch
...
import argparse
```

（2）定义 CNN 模型架构。

```
class ConvNet(nn.Module):
    def __init__(self):
        ...
    def forward(self, x):
        ...
```

（3）定义模型的训练程序。为了与后续的分布式训练模式形成对比，此处特意完整地写出了训练代码。

```
def train(args):
    train_dataloader = torch.utils.data.DataLoader(
        datasets.MNIST(
            '../data', train=True, download=True,
                transform=transforms.Compose([
                    transforms.ToTensor(),
                    transforms.Normalize((0.1302,),
                                         (0.3069,))])),
        batch_size=128, shuffle=True)
    model = ConvNet()
    optimizer = optim.Adadelta(model.parameters(), lr=0.5)
    model.train()
```

在函数的前半部分，我们使用 PyTorch 训练数据集定义了 PyTorch 训练数据加载器。我们实例化了深度学习模型——卷积神经网络（ConvNet），并定义了优化模块。

```
for epoch in range(args.epochs):
    for b_i, (X, y) in enumerate(train_dataloader):
```

```
        X, y = X.to(device), y.to(device)
        pred_prob = model(X)
        # nll is the negative likelihood loss
        loss = F.nll_loss(pred_prob, y)
        optimizer.zero_grad()
        loss.backward()
        optimizer.step()
        if b_i % 10 == 0:
            print('epoch: {} [{}/{} ({:.0f}%)]\t training loss:
{:.6f}'.format(
                epoch, b_i, len(train_dataloader),
                100. * b_i / len(train_dataloader),
                loss.item()))
```

函数的后半部分运行一个训练循环，该循环运行一个预定的周期数。在循环内部，我们以一个预定的批次大小（本例中为 128）分批次地遍历了整个训练数据集。对于每个包含 128 个训练数据点的批次，我们运行模型的前向传播来计算预测概率。然后使用预测结果和真实标签计算批次损失，并使用这个损失来计算梯度，以便通过反向传播调整模型参数。

（4）在拥有了所有必需的组件后，我们将它们全部整合在 main() 函数中。

```
def main():
    parser = argparse.ArgumentParser()
    parser.add_argument('--epochs', default=1, type=int)
    args = parser.parse_args()
    start = time.time()
    train(args)
    print(f"Finished training in {time.time()-start} secs")
```

我们使用参数解析器，它可以帮助我们从命令行运行 Python 训练程序时输入超参数，如周期数量。除此之外，我们还为训练程序计时，以便日后与分布式训练程序进行比较。

（5）Python 脚本的最后一个部分是确保从命令行执行该脚本时，main() 函数能够运行。

```
if __name__ == '__main__':
    main()
```

（6）现在，可以通过在命令行上运行以下命令来执行 Python 脚本。

```
python convnet_undistributed.py --epochs 1
```

我们只运行了一个周期的训练，因为重点不在于模型的准确性，而在于模型训练时间。输出结果如下所示。

```
epoch: 0 [0/469 (0%)] training loss: 2.314504
epoch: 0 [10/469 (2%)] training loss: 1.530702
epoch: 0 [20/469 (4%)] training loss: 0.880540
epoch: 0 [30/469 (6%)] training loss: 0.571244
...
epoch: 0 [430/469 (92%)] training loss: 0.057890
epoch: 0 [440/469 (94%)] training loss: 0.141672
epoch: 0 [450/469 (96%)] training loss: 0.063366
epoch: 0 [460/469 (98%)] training loss: 0.087559
Finished training in 38.82406210899353 secs
```

大约需要 39 秒来训练 1 个周期，这相当于 469 个批次，每个批次有 128 个数据点，除了最后一个批次，它比常规少 32 个数据点（因为总共有 60000 个数据点）。这个训练时间会根据用于模型训练的硬件而有所不同。

在这一点上，了解模型正在哪种机器上训练是很重要的，以便有一个参考的上下文。

```
Hardware Overview:
    Model Name: MacBook Pro
    Model Identifier: MacBookPro16,1
    Processor Name: 8-Core Intel Core i9
    Processor Speed: 2.3 GHz
    Number of Processors: 1
    Total Number of Cores: 8
    L2 Cache (per Core): 256 KB
    L3 Cache: 16 MB
    Hyper-Threading Technology: Enabled
    Memory: 32 GB
```

上述信息是通过在 Mac 终端上运行以下命令获得的。

```
Volumes/Macintosh\ HD/usr/sbin/system_profiler SPHardwareDataType
```

从上述硬件规格中需要特别注意的一点是，这台机器配备了 8 个 CPU 核心和 32GB RAM。我们在接下来讨论并行化训练程序时，这个信息非常有用。

12.1.2　分布式训练 MNIST 模型

基本上，我们将重复 12.1.1 节的 6 个步骤，但这次将对代码进行一些编辑，以实现分布式训练，这应该比之前执行的常规训练更快。我们将看到，即使在跨进程或机器重复传递数据的附加开销下，使用 PyTorch 提供的分布式处理 API，模型训练也会变得更快。这个分布式训练 Python 脚本的完整代码可以在 GitHub[2]上找到。

（1）导入必需的库。这次将有额外的一对导入项。

```
import torch
...
import torch.multiprocessing as mp
import torch.distributed as dist
...
import argparse
```

当使用 torch.multiprocessing 时，它有助于在一台机器内生成多个 Python 进程（通常可能会根据机器中的 CPU 核心数量生成相应数量的进程），而 torch.distributed 则实现了不同机器之间的通信，它们共同致力于模型的训练。在执行过程中，我们需要明确地从每台机器中启动模型训练脚本。

然后，PyTorch 内置的通信后端之一，如 Gloo，将负责这些机器之间的通信。在每台机器内部，多进程处理将负责进一步在多个进程中并行化训练任务。这里，建议读者阅读参考文献[3][4]，以详细了解多进程和分布式有关的信息。

（2）模型架构定义步骤保持不变。

```
class ConvNet(nn.Module):
    def __init__(self):
        ...
    def forward(self, x):
        ...
```

（3）定义 train()函数，大部分魔法都在这里发生。以下加粗显示的是新增内容的代码，以便于实现分布式训练。

```
def train(cpu_num, args):
    rank = args.machine_id * args.num_processes + cpu_num
    dist.init_process_group(
        backend='gloo',
        init_method='env://',
        world_size=args.world_size,
        rank=rank)
    torch.manual_seed(0)
    device = torch.device("cpu")
```

我们可以看到，在最开始有两行附加的代码。首先，计算一个 rank。这实际上是整个分布式系统中进程的序数 ID。例如，如果使用两台机器，每台有 4 个 CPU 核心，为了充分利用硬件，我们可能想要启动 8 个进程，每台机器 4 个。在这种情况下，我们需要以某种方式标记这 8 个进程，以便稍后记住每个进程的身份。我们通过给两台机器分配 ID 0 和 1，然后给每台机器中的 4 个进程分配 ID 0 到 3 来实现。最后，第 n 台机器上的第 k 个进程的等级由以下公式给出：

$$\text{rank} = n \times 4 + k \tag{12.1}$$

第二行新增的代码使用了 torch.distributed 模块的 init_process_group()方法，对于每个启动的进程，指定了以下内容。

- 用于机器间通信的后端（本例中为 gloo）。
- 参与分布式训练的总进程数（由 args.world_size 给出），也称为 world_size。
- 正在启动的进程的等级（rank）。

init_process_group()方法可确保阻止每个进程采取进一步行动，直到所有机器上的进程都使用该方法启动。

关于后端，PyTorch 为分布式训练提供了以下 3 种内置后端。

- Gloo。
- NCCL。
- MPI。

简而言之，对于基于 CPU 的分布式训练，可使用 Gloo；对于基于 GPU 的训练，则使用 NCCL。读者可以在参考文献[5]中详细了解这些通信后端。

```
train_dataset = datasets.MNIST(
    '../data', train=True, download=True,
    transform=transforms.Compose([
        transforms.ToTensor(),
        transforms.Normalize((0.1302,), (0.3069,))]))
''' 0.1302, 0.3069 are mean and std
deviation computed on MNIST training dataset '''
train_sampler = \
    torch.utils.data.distributed.DistributedSampler(
        train_dataset,
        num_replicas=args.world_size,
        rank=rank)
train_dataloader = torch.utils.data.DataLoader(
    dataset=train_dataset,
    batch_size=args.batch_size,
    shuffle=False,
    num_workers=0,
    sampler=train_sampler)
```

```
model = ConvNet()
optimizer = optim.Adadelta(model.parameters(), lr=0.5)
model = nn.parallel.DistributedDataParallel(model)
model.train()
```

　　与非分布式的训练练习相比，我们现在已将 MNIST 数据集实例化与数据加载器（dataloader）实例化分开。在这两个步骤之间，插入了一个数据采样器 torch.utils.data. distributed.DistributedSampler。采样器的任务是将训练数据集划分为 world_size 数量的分区，以便分布式训练会话中的所有进程都能平等地处理数据部分。注意，我们在数据加载器实例化时将 shuffle 设置为 False，是因为我们使用采样器来分配数据。

　　代码中另一个新增部分是 nn.parallel.DistributedDataParallel 函数，它被应用于模型对象。这可能是本代码最重要的部分，因为 DistributedDataParallel 是一个关键组件 / API，它以分布式方式促进梯度下降算法。以下是其背后的工作原理。

- 分布式领域中生成的每个进程都拥有自己的模型副本。
- 每个进程中的每个模型都维护自己的优化器，并与全局迭代同步进行局部优化步骤。
- 每次分布式训练迭代中，都会在每个进程中计算单独的损失，因此梯度也会在各个进程中计算，然后这些梯度会在进程间被平均化。
- 平均梯度随后被普遍反向传播到每个模型副本，从而调整它们的参数。
- 由于普遍的反向传播步骤，所有模型参数在每次迭代中都是相同的，因此它们自动同步。

　　DistributedDataParallel 确保每个 Python 进程在一个独立的 Python 解释器上运行，从而消除了在同一个解释器下用多个线程实例化多个模型时可能遇到的 GIL（全局解释器锁）限制。

☑ **注意:**

　　如果对 Python 的多进程处理和 GIL 不熟悉，读者可以在参考文献[6]中找到相应的解释。

　　这进一步提升了性能，特别是对于那些需要大量 Python 特定处理的模型。

```
for epoch in range(args.epochs):
    for b_i, (X, y) in enumerate(train_dataloader):
        X, y = X.to(device), y.to(device)
        pred_prob = model(X)
        # nll is the negative likelihood loss
        loss = F.nll_loss(pred_prob, y)
        optimizer.zero_grad()
        loss.backward()
```

```
        optimizer.step()
        if b_i % 10 == 0 and cpu_num==0:
            print('epoch: {} [{}/{} ({:.0f}%)]\t training loss:
{:.6f}'.format(
                epoch, b_i, len(train_dataloader),
                100. * b_i / len(train_dataloader),
                loss.item()))
```

最终，训练循环几乎与之前相同。唯一的区别是我们限制等级为 0 的进程记录日志。这样做是因为等级为 0 的机器用于建立所有通信。因此，我们概念上使用等级为 0 的进程作为参考来追踪模型训练性能。如果不加以限制，我们会得到与进程数量一样多的日志行数。

（4）从 train()函数到 main()函数，可以看到代码中增加了很多内容。

```
def main():
    parser = argparse.ArgumentParser()
    parser.add_argument(
        '--num-machines', default=1, type=int)
    parser.add_argument(
        '--num-processes', default=1, type=int)
    parser.add_argument('--machine-id', default=0, type=int)
    parser.add_argument('--epochs', default=1, type=int)
    parser.add_argument(
        '--batch-size', default=128, type=int)
    args = parser.parse_args()
    args.world_size = args.num_processes * args.num_machines
    os.environ['MASTER_ADDR'] = '127.0.0.1'
    os.environ['MASTER_PORT'] = '8892'
    start = time.time()
    mp.spawn(train, nprocs=args.num_processes, args=(args,))
    print(f"Finished training in {time.time()-start} secs")
```

首先，我们注意到以下几个额外的参数。

- num_machines：机器的数量。
- num_processes：每台机器上要生成的进程数。
- machine_id：当前机器的序数 ID。记住，这个 Python 脚本需要在每台机器上分别启动。
- batch_size：批次中的数据点数量。为什么突然需要这个参数？正如之前提到的：
  ➢ 所有进程都将拥有自己的梯度，这些梯度将被平均以得到每次迭代的总体梯度。
  ➢ 完整的训练数据集被划分为 world_size 数量的单独数据集。

因此，在每次迭代中，完整的数据批次需要被划分为 world_size 数量的子批次数据，每个进程处理一部分。由于 batch_size 现在与 world_size 相关联，我们将其作为输入参数，以便更轻松地实现训练接口设计。

在这些额外参数之后，我们计算了导出参数 world_size。随后指定了以下两个重要的环境变量。

- MASTER_ADDR：运行等级为 0 进程的机器的 IP 地址。
- MASTER_PORT：运行等级为 0 进程的机器上的一个可用端口。

如第（3）步中提到的，等级为 0 的机器建立所有的后端通信，因此对于整个系统来说，随时能够定位到该主机是很重要的。这就是为什么要提供它的 IP 地址和端口。在这个例子中，训练将在单个本地机器上运行，因此使用本地主机地址就足够了。然而，在远程服务器上跨机器运行训练时，我们需要提供 0 等级服务器的确切 IP 地址和一个空闲端口。

最后的改动是使用多进程在一个机器上生成 num_processes 数量的进程，而不是简单地运行一个单一的训练进程。分配参数传递给每个生成的进程，以便在模型训练运行期间，进程和机器能够相互协调。

（5）分布式训练代码的最后一部分与之前相同。

```
if __name__ == '__main__':
    main()
```

（6）现在可以启动分布式训练脚本了。我们将首先使用类分布式脚本进行一次非分布式运行。相应地，只需将机器数量和进程数量设置为 1 即可。

```
python convnet_distributed.py --num-machines 1 --num-processes 1
--machine-id 0 --batch-size 128
```

注意，由于训练只使用了一个进程，与之前的练习相比，批次大小（batch_size）保持不变。输出结果如下所示。

```
epoch: 0 [0/469 (0%)] training loss: 2.310591
epoch: 0 [10/469 (2%)] training loss: 1.276356
epoch: 0 [20/469 (4%)] training loss: 0.693506
epoch: 0 [30/469 (6%)] training loss: 0.666963
...
epoch: 0 [430/469 (92%)] training loss: 0.088113
epoch: 0 [440/469 (94%)] training loss: 0.139962
epoch: 0 [450/469 (96%)] training loss: 0.138155
epoch: 0 [460/469 (98%)] training loss: 0.120145
Finished training in 38.07329821586609 secs
```

如果将这个结果与前一节中作分布式训练的输出进行比较，训练时间几乎相同，大约在 38~39 秒。训练损失的演变也类似。

（7）现在将进行一次真正的分布式训练，使用两个进程而不是 1 个。相应地，我们将批次大小从 128 减半到 64。

```
python convnet_distributed.py --num-machines 1 --num-processes 2
--machine-id 0 --batch-size 64
```

输出结果如下所示。

```
epoch: 0 [0/469 (0%)] training loss: 2.309349
epoch: 0 [10/469 (2%)] training loss: 1.524054
epoch: 0 [20/469 (4%)] training loss: 0.993495
epoch: 0 [30/469 (6%)] training loss: 0.777370
...
epoch: 0 [430/469 (92%)] training loss: 0.070469
epoch: 0 [440/469 (94%)] training loss: 0.065329
epoch: 0 [450/469 (96%)] training loss: 0.036549
epoch: 0 [460/469 (98%)] training loss: 0.166292
Finished training in 25.349677085876465 secs
```

我们可以看到，训练时间从 38 秒大幅减少到 25 秒。训练损失的演变似乎没有受到影响，这表明分布式训练可以在不损失模型准确性的情况下加快训练速度。

（8）进一步使用 4 个进程代替 2 个进程，相应地，将批次大小从 64 减少到 32。

```
python convnet_distributed.py --num-machines 1 --num-processes 4
--machine-id 0 --batch-size 32
```

输出结果如下所示。

```
epoch: 0 [0/469 (0%)] training loss: 2.314902
epoch: 0 [10/469 (2%)] training loss: 1.642720
epoch: 0 [20/469 (4%)] training loss: 0.802527
epoch: 0 [30/469 (6%)] training loss: 0.664064
...
epoch: 0 [430/469 (92%)] training loss: 0.079896
epoch: 0 [440/469 (94%)] training loss: 0.265193
epoch: 0 [450/469 (96%)] training loss: 0.033737
epoch: 0 [460/469 (98%)] training loss: 0.117078
Finished training in 18.8058762550354 secs
```

训练时间从 25 秒进一步减少到 19 秒。训练损失的演变仍然与之前的运行相似。到目前为止，借助分布式训练，我们已经将训练时间从 38 秒减少到 19 秒，并提高了 2 倍。

（9）进一步使用 8 个进程代替 4 个进程，并相应地将批次大小从 32 减少到 16。

```
python convnet_distributed.py --num-machines 1 --num-processes 8
--machine-id 0 --batch-size 16
```

输出结果如下所示。

```
epoch: 0 [0/469 (0%)] training loss: 2.312518
epoch: 0 [10/469 (2%)] training loss: 1.371002
epoch: 0 [20/469 (4%)] training loss: 1.176817
epoch: 0 [30/469 (6%)] training loss: 0.883302
...
epoch: 0 [430/469 (92%)] training loss: 0.063177
epoch: 0 [440/469 (94%)] training loss: 0.047881
epoch: 0 [450/469 (96%)] training loss: 0.113552
epoch: 0 [460/469 (98%)] training loss: 0.047556
Finished training in 23.093057870864868 secs
```

与预期相反，训练时间不仅没有进一步缩短，反而略有增加，并从 19 秒增加到 23 秒。这时，我们需要回顾一下之前检查过的硬件规格，这台机器有 8 个 CPU 内核，所有内核各占用 1 个进程。由于该会话是在本地机器上运行的，因此也有其他进程在运行（如 Google Chrome 浏览器），它们可能会与一个或多个分布式训练进程争夺资源。实际上，以分布式方式训练模型是在远程机器上完成的，而远程机器的唯一任务就是训练模型，因此在这些机器上最好使用与 CPU 内核数量相同（甚至更多）的进程。

（10）最后要说明的是，由于在本练习中只使用了一台机器，因此只需启动一个 Python 脚本即可开始训练。但是，如果在多台机器上进行训练，除了按照步骤（4）的建议更改 MASTER_ADDR 和 MASTER_PORT，还需要在每台机器上启动一个 Python 脚本。例如，如果有两台机器，那么在机器 1 上运行：

```
python convnet_distributed.py --num-machines 2 --num-processes 2
--machine-id 0 --batch-size 32
```

并在机器 2 上运行：

```
python convnet_distributed.py --num-machines 2 --num-processes 2
--machine-id 1 --batch-size 32
```

关于在 CPU 上使用 PyTorch 以分布式方式训练深度学习模型并显著提高速度的实践讨论到此结束。只需添加几行代码，一般的 PyTorch 模型训练脚本就能变成分布式训练模型。上面的练习针对的是一个简单的卷积网络，而由于我们甚至没有触及模型架构代码，因此上述练习可以很容易地扩展到更复杂的学习模型中，在这些模型中，收益会更明显，也更有必要。在下一节中，我们将简要讨论如何应用类似的代码来促进在 GPU 上的分布式训练。

12.2　CUDA 在 GPU 上进行分布式训练

在本书的各种练习中，您可能注意到了 PyTorch 代码中有一个共同的代码行：

```
device = torch.device('cuda' if torch.cuda.is_available() else 'cpu')
```

这段代码的主要作用是查找可用的计算设备，并优先选择 CUDA（GPU）而非 CPU。其原因在于，GPU 能够在常规神经网络操作（如矩阵乘法和加法）中通过并行化提供计算加速。本节将探讨如何通过在 GPU 上进行分布式训练来进一步加速。我们将继续在前一个练习的基础上进行开发，且大部分代码看起来是相同的。在下面的步骤中，我们将加粗显示更改的部分。执行脚本则留给读者作为一个练习。完整代码可在 GitHub[7] 上找到。

（1）虽然导入和模型架构定义代码与之前完全相同，但 train() 函数中包含一些细微变化。

```
def train(gpu_num, args):
    rank = args.machine_id * args.num_processes + gpu_num
    dist.init_process_group(
    backend='nccl',
    init_method='env://',
    world_size=args.world_size,
    rank=rank)
    torch.manual_seed(0)
    model = ConvNet()
    torch.cuda.set_device(gpu_num)
    model.cuda(gpu_num)
    # nll is the negative likelihood loss
    criterion = nn.NLLLoss().cuda(gpu_num)
```

如前一练习的第（3）步所讨论的，NCCL 是使用 GPU 时首选的通信后端。模型和损失函数都需要放置在 GPU 设备上，以确保利用 GPU 提供的加速并行矩阵操作。

```
train_dataset = ...
train_sampler = ...
train_dataloader = torch.utils.data.DataLoader(
```

```
    dataset=train_dataset,
    batch_size=args.batch_size,
    shuffle=False,
    num_workers=0,
    pin_memory=True,
    sampler=train_sampler)
optimizer = optim.Adadelta(model.parameters(), lr=0.5)
model = nn.parallel.DistributedDataParallel(
    model, device_ids=[gpu_num])
model.train()
```

DistributedDataParallel API 接收了一个额外的参数 device_ids，它接收调用它的 GPU 进程的等级。另外可以注意到，在数据加载器（dataloader）下有一个额外的参数 pin_memory，它被设置为 True。这有助于在模型训练期间，数据从主机（此例中为 CPU，数据集加载的位置）更快地传输到各种设备（GPU）。

该参数启用数据加载器将数据固定在 CPU 内存中，换句话说，将数据样本分配到固定的页锁定在 CPU 内存槽中。然后，在训练期间将这些槽中的数据复制到相应的 GPU 中。读者可以在参考文献[8]中阅读有关固定策略的更多信息。pin_memory=True 机制与 non_blocking=True 参数协同工作，如下所示的代码。

```
for epoch in range(args.epochs):
        for b_i, (X, y) in enumerate(train_dataloader):
            X, y = X.cuda(non_blocking=True), y.cuda(non_blocking=True)
            pred_prob = model(X)
            ...
```

通过调用 pin_memory 和 non_blocking 两个参数，我们实现了这两个参数之间的重叠。
- CPU 向 GPU 传输数据。
- GPU 模型训练计算（或 GPU 内核执行）。

这基本上提高了整个 GPU 训练过程的效率（速度更快）。

（2）除了 train()函数中的改动，我们还修改了 main()函数中的几行代码。

```
def main():
    ...
    parser.add_argument('--num-gpu-processes', default=1, type=int)
    ...
    args.world_size = \
        args.num_gpu_processes * args.num_machines
    ...
    mp.spawn(train, nprocs=args.num_gpu_processes, args=(args,))
```

我们现在使用的是 num_gpu_processes，而不是 num_processes。代码的其他部分也会相应改变。GPU 代码的其余部分与之前相同。通过执行以下命令，即可在 GPU 上运行分布式训练。

```
python convnet_distributed_cuda.py --num-machines 1 --num-gpu-processes 2
--machine-id 0 --batch-size 64
```

至此，我们对使用 PyTorch 在 GPU 上进行分布式模型训练的简要讨论就告一段落了。正如上一节所述，针对上述示例提出的代码修改建议应该可以扩展到其他深度学习模型。在 GPU 上使用分布式训练实际上是大多数最新深度学习模型的训练方式。这应该能让你开始使用 GPU 训练自己的模型。

此外，Horovod、DeepSpeed 和 PyTorch Lightning 等库提供了优雅的 API 来促进 PyTorch 模型的分布式训练。建议除了上述讨论，读者还应进一步查看这些库。现在，我们将探讨另一种优化模型训练的方法。

12.2.1　自动混合精度训练

大多数深度学习模型使用 float32 张量来表示输入、权重等。这些 float32 张量由 32 位数据组成，因此具有较高的精度。尽管在保持敏感深度学习操作（如损失计算[9]）的数值稳定性方面，这种高精度非常重要，但许多操作可以利用精度较低的 float16 张量[10] 来完成，而不影响模型训练期间的性能提升。现代 GPU 经优化后，运行 float16 张量的操作比 float32 张量更快，同时使用的内存也更少[11]。在模型训练过程中结合使用 float16 与 float32 类型张量，可使过程更快且更节省内存，这被称为混合精度训练。

本节将首先重新审视非分布式 MNIST 训练代码，但使用 GPU 而非 CPU，然后将在此基础上应用混合精度训练，以观察其在内存利用和速度方面的提升。

12.2.2　在 GPU 上的常规模型训练

使用 GPU 在 MNIST 数据集上的非分布式训练代码可在 GitHub[12]上找到。该 Python 脚本与 12.1.1 节中编写的代码相同，除了以下两处改动。

（1）将 device = torch.device("cpu")替换为 device = torch.device("cuda")。

（2）在模型实例化之后立即编写 model.to(device)以将模型加载到 GPU 上。对于 CPU，这是默认执行的，但无论如何，明确指定这一语句都是一个好习惯。

我们可以通过在命令行上运行以下命令来执行 Python 脚本。

```
python convnet_undistributed_cuda.py --epochs 1
```

输出结果如下所示。

```
epoch: 0 [0/469 (0%)]   training loss: 2.317266
epoch: 0 [10/469 (2%)]  training loss: 1.474984
epoch: 0 [20/469 (4%)]  training loss: 0.836410
epoch: 0 [30/469 (6%)]  training loss: 0.681523
...
epoch: 0 [430/469 (92%)]        training loss: 0.094629
epoch: 0 [440/469 (94%)]        training loss: 0.123775
epoch: 0 [450/469 (96%)]        training loss: 0.099774
epoch: 0 [460/469 (98%)]        training loss: 0.152699
Finished training in 17.14671039581299 secs
```

使用 GPU 进行训练每个周期需要 17 秒，而使用 CPU 每个周期则需要 39 秒。我们在这个练习中使用了 1 个 NVIDIA Tesla T4 GPU。如果读者使用的是不同等级的 GPU，则可能会经历不同的训练时间。例如，更强大的 NVIDIA A100 将在不到 17 秒的时间内完成训练。

除了训练日志，还可以在训练期间监控 GPU 的使用情况。为此，我们将使用 nvidia-smi 命令。如果在终端上执行此命令，应该会看到类似以下内容：

```
+-----------------------------------------------------------------------------+
| NVIDIA-SMI 470.141.03 Driver Version: 470.141.03 CUDA Version: 11.4        |
|-------------------------------+----------------------+----------------------+
| GPU Name        Persistence-M| Bus-Id        Disp.A | Volatile Uncorr. ECC |
| Fan Temp Perf   Pwr:Usage/Cap|          Memory-Usage | GPU-Util Compute M. |
|                               |                      |               MIG M. |
|===============================+======================+======================|
| 0 Tesla T4           Off | 00000000:00:05.0 Off |                    0 |
| N/A 41C   P8    9W /  70W |      0MiB / 15109MiB |      0%      Default |
|                               |                      |                  N/A |
+-------------------------------+----------------------+----------------------+

+-----------------------------------------------------------------------------+
| Processes:                                                                  |
|  GPU GI CI      PID Type Process name                          GPU Memory |
|      ID ID                                                      Usage      |
|=============================================================================|
| No running processes found                                                  |
+-----------------------------------------------------------------------------+
```

☑ **注意：**

如果 nvidia-smi 命令不起作用，则需要查找 nvidia 驱动程序在系统中的安装位置。通常情况下，nvidia-smi 二进制文件位于/usr/local/nvidia/bin/nvidia-smi 下，需要将其添加到系统 PATH 变量中，以便能够执行 nvidia-smi 命令。NVIDIA 的 CUDA 安装页面[13]提供了所有相关信息，包括支持的 Linux 发行版[14]。

当训练运行时，可以使用以下命令来监视 nvidia-smi 的输出。

```
watch -n0.1 nvidia-smi
```

这将展示实时（每 0.1 秒）的 GPU 使用率指标。在 GPU 上训练 MNIST 模型时，上述命令捕获的快照如下所示。

```
+-----------------------------------------------------------------------------+
| NVIDIA-SMI 470.141.03   Driver Version: 470.141.03   CUDA Version: 11.4      |
|-------------------------------+----------------------+----------------------+
| GPU  Name        Persistence-M| Bus-Id        Disp.A | Volatile Uncorr. ECC |
| Fan  Temp  Perf  Pwr:Usage/Cap|         Memory-Usage | GPU-Util  Compute M. |
|                               |                      |               MIG M. |
|===============================+======================+======================|
|   0  Tesla T4            Off  | 00000000:00:05.0 Off |                    0 |
| N/A   43C    P0    30W /  70W |   1112MiB / 15109MiB |     19%      Default |
|                               |                      |                  N/A |
+-------------------------------+----------------------+----------------------+

+-----------------------------------------------------------------------------+
| Processes:                                                                  |
|  GPU   GI   CI        PID   Type   Process name                  GPU Memory |
|        ID   ID                                                   Usage      |
|=============================================================================|
+-----------------------------------------------------------------------------+
```

其中，GPU 内存利用率为 1112 MB，GPU 利用率百分比为 19%。接下来我们将在 GPU 上使用混合精度在 MNIST 数据集上训练相同的模型，并观察这些关键指标的变化，包括训练速度、GPU 内存和处理器利用率。

12.2.3　在 GPU 上进行混合精度训练

PyTorch 提供了 torch.cuda.amp.autocast API，它可以决定不同 GPU 运算的精度级别（float32 或 float16），从而在保持模型训练稳定性和模型准确性的同时提高性能。借助这个 API，我们只需在常规训练代码中做一些修改，就能启用混合精度训练。本练习的代码可在 GitHub 上获取[15]。该 Python 脚本与在 GPU 上的常规模型训练部分[12]中编写的代码相同，除了以下改动。之前的模型前馈和损失计算步骤如下所示。

```
pred_prob = model(X)
loss = F.nll_loss(pred_prob, y) # nll is the negative likelihood loss
```

当前内容如下所示。

```
with torch.cuda.amp.autocast():
    pred_prob = model(X)
    loss = F.nll_loss(pred_prob, y)
    # nll is the negative likelihood loss
```

本质上，我们让 autocast 决定输入（X）、参数（model）和输出（y）的精度为 float32 或 float16。我们可以执行以下命令来运行混合精度训练脚本。

```
python convnet_undistributed_cuda_amp.py --epochs 1
```

输出结果如下所示。

```
epoch: 0 [0/469 (0%)]  training loss: 2.317255
epoch: 0 [10/469 (2%)]  training loss: 1.468484
epoch: 0 [20/469 (4%)]  training loss: 0.890393
epoch: 0 [30/469 (6%)]  training loss: 0.573039
...
epoch: 0 [430/469 (92%)]      training loss: 0.101214
epoch: 0 [440/469 (94%)]      training loss: 0.137581
epoch: 0 [450/469 (96%)]      training loss: 0.082024
epoch: 0 [460/469 (98%)]      training loss: 0.168907
Finished training in 16.81143617630005 secs
```

同时，如果在第二个终端窗口/标签中运行以下命令：

```
watch -n0.1 nvidia-smi
```

则输出结果如下所示。

```
+-----------------------------------------------------------------------------+
| NVIDIA-SMI 470.141.03 Driver Version: 470.141.03 CUDA Version: 11.4         |
|-------------------------------+----------------------+----------------------+
| GPU Name        Persistence-M| Bus-Id        Disp.A | Volatile Uncorr. ECC |
| Fan Temp Perf Pwr:Usage/Cap|          Memory-Usage | GPU-Util  Compute M. |
|                               |                      |               MIG M. |
|===============================+======================+======================|
|   0  Tesla T4            Off  | 00000000:00:05.0 Off |                    0 |
```

```
| N/A  46C    P0    32W /  70W |   986MiB / 15109MiB |     27%          Default |
|                             |                     |                      N/A |
+-----------------------------+---------------------+---------------------------+

+---------------------------------------------------------------------------------+
| Processes:                                                                      |
| GPU  GI  CI        PID  Type  Process name                        GPU Memory    |
|      ID  ID                                                        Usage         |
|=================================================================================|
+---------------------------------------------------------------------------------+
```

这里，需要关注的 3 个关键数字分别是训练时间、GPU 内存消耗和 GPU 使用率百分比。训练时间从 17.1 秒减少到 16.8 秒，GPU 内存消耗从 1112MB 下降到 986MB。GPU 使用率从 19%上升到 27%，这表明 autocast 确实在利用 GPU 进行 float16 操作。

虽然在这一练习中性能提升较小，但这种提升往往会随着深度学习模型的规模和 GPU 的友好性而扩大。在训练日志中，可以观察到混合精度的引入并不会影响训练进度和稳定性。不过，如果出现这种情况，PyTorch 的 torch.cuda.amp.GradScaler 可以通过最大限度地减少梯度下溢来提供帮助。极小的梯度值（如 1e-27）会在 float16 表示中归零，导致梯度下溢。在使用混合精度训练时，GradScaler 可以帮助避免这种情况。借助这个 API，我们只需替换涉及梯度更新步骤的代码即可。之前这些代码如下所示。

```
loss.backward()
optimizer.step()
optimizer.zero_grad()
```

使用 GradScaler 时，这些代码看起来如下所示。

```
scaler.scale(loss).backward()
scaler.step(optimizer)
scaler.update()
optimizer.zero_grad()
```

在开始训练循环之前，我们还需要实例化这个 scaler。

```
scaler = torch.cuda.amp.GradScaler()
```

此处鼓励读者尝试在 MNIST 模型训练代码中应用这些变化，并观察模型训练时间、GPU 内存消耗和 GPU 使用率的变化。当使用 torch.cuda.amp.autocast 和 torch.cuda.amp. GradScaler 这两个 API 时，我们可以修改任何 PyTorch 模型训练代码，以实现自动混合精度（AMP）训练。AMP 可以在 CPU 和 GPU 上执行，但由于 float16 相对于 float32 的特定硬件优化，后者的收益则更高。虽然我们练习中是在 GPU 上演示的 AMP，但用于 AMP 的 torch API 在 CPU 上的工作原理类似。唯一的区别是 float32 被转换为 bfloat16 而不是 float16，因为在本书编写时[16]，CPU 模式下只支持 torch.bfloat16（bfloat16 和 float16 都是 16 位表示，但略有不同[17]）。

　　Torch 网站是获取有关 AMP 的更多信息[18]以及更多 AMP 示例[19]的好资源。关于使用混合精度优化模型训练性能的讨论到此结束。这将帮助读者提高现有深度学习模型训练代码的性能，并可以在未来编写更高效的训练代码。

12.3　本　章　小　结

　　本章介绍了机器学习的一项重要实践内容，即如何优化模型训练过程。我们探讨了使用 PyTorch 进行分布式训练，包括在 CPU 和 GPU 上的应用。随后学习了如何利用混合精度训练进一步优化模型训练过程。

　　第 13 章中我们将专注于与生产环境中的 PyTorch 协作。我们将讨论如何将训练好的模型部署到生产系统中、将 PyTorch 模型转换为 ONNX 等通用格式，以及将 Python 编写的 PyTorch 代码翻译成 C++代码并创建可执行的二进制文件。

12.4　参　考　文　献

　　[1] Python 脚本代码：https://github.com/arj7192/MasteringPyTorchV2/blob/main/Chapter12/convnet_undistributed.py。

　　[2] 分布式训练脚本：https://github.com/arj7192/MasteringPyTorchV2/blob/main/Chapter12/convnet_distributed.py。

　　[3] PyTorch 多进程处理：https://pytorch.org/docs/stable/multiprocessing.html。

　　[4] PyTorch 分布式通信：https://pytorch.org/docs/stable/distributed.html。

　　[5] 通信后端：https://pytorch.org/tutorials/intermediate/dist_tuto.html#communication-backends。

　　[6] PyTorch 多进程处理和 GIL：https://superfastpython.com/multiprocessing-pool-gil/。

　　[7] GPU 上的分布式训练代码：https://github.com/PacktPublishing/Mastering-PyTorch/blob/master/11_distributed_training/convnet_distributed_cuda.py。

　　[8] CUDA 中的数据传输优化：https://developer.nvidia.com/blog/how-optimizedata-transfers-cuda-cc/。

[9] float32 自动转换操作：https://pytorch.org/docs/master/amp.html#cuda-ops-that-canautocast-to-float32。

[10] float16 自动转换操作：https://pytorch.org/docs/master/amp.html#cuda-ops-that-canautocast-to-float16。

[11] 混合精度训练：https://developer.nvidia.com/automatic-mixedprecision。

[12] MNIST 上的非分布式训练：https://github.com/arj7192/MasteringPyTorchV2/blob/main/Chapter12/convnet_undistributed_cuda.py。

[13] Nvidia CUDA 安装文档：https://docs.nvidia.com/cuda/cuda-installation-guidelinux/index.html。

[14] CUDA 支持的 Linux 发行版：https://docs.nvidia.com/cuda/cuda-installationguide-linux/index.html#overview。

[15] GPU 上的混合精度训练：https://github.com/arj7192/MasteringPyTorchV2/blob/main/Chapter12/convnet_undistributed_cuda_amp.py。

[16] PyTorch 自动混合精度包：https://pytorch.org/docs/master/amp.html。

[17] Bfloat16 和 float16：https://github.com/stas00/ml-ways/blob/master/numbers/bfloat16-vs-float16-study.ipynb。

[18] Torch AMP 信息：https://pytorch.org/tutorials/recipes/recipes/amp_recipe.html。

[19] Torch AMP 示例：https://pytorch.org/docs/stable/notes/amp_examples.html。

第 13 章 将 PyTorch 模型投入生产

到目前为止，本书已经涵盖了如何使用 PyTorch 训练和测试不同类型的机器学习模型。我们首先回顾了 PyTorch 的基本元素，这些元素能够高效地处理深度学习任务。随后探索了使用 PyTorch 编写的深度学习模型架构和应用。

本章将侧重于将这些模型投入生产。基本上，我们会讨论将经过训练和测试的模型（对象）引入一个独立环境的不同方法，在该环境中，模型可以用来对传入数据进行预测或推断。这就是所谓的模型的生产化，因为模型被部署到了一个生产系统中。

其间，我们将讨论一些常见的方法，读者可以采用这些方法在生产环境中部署 PyTorch 模型，从定义一个简单的模型推断函数开始，一直到使用模型微服务。随后我们将考查 TorchServe，这是一个由 AWS 和 Facebook 共同开发的可扩展的 PyTorch 模型服务框架。

随后我们将深入探讨如何使用 TorchScript 导出 PyTorch 模型，并通过序列化使模型独立于 Python 生态系统，例如，可以在基于 C++ 的环境中加载。此外还将在 Torch 框架和 Python 生态系统的基础上探索 ONNX——一种用于机器学习模型的开源通用格式，这将帮助我们将训练好的 PyTorch 模型导出到非 PyTorch 和非 Python 环境中。

最后，我们将简要讨论如何使用 PyTorch 在一些知名的云平台上进行模型服务，如亚马逊网络服务（AWS）、谷歌云和微软 Azure。

在这一章中，我们将使用第 1 章中训练的手写数字图像分类卷积神经网络（CNN）模型作为参考，并展示如何使用本章讨论的不同方法部署和导出该训练模型。

本章主要涉及下列主题。
- PyTorch 中的模型服务。
- 使用 TorchServe 提供 PyTorch 模型服务。
- 导出使用 TorchScript 和 ONNX 的通用 PyTorch 模型。
- 在云端部署 PyTorch 模型。

13.1 PyTorch 中的模型服务

本节将首先构建一个简单的 PyTorch 推理管道，它可以根据一些输入数据以及之前训练并保存好的 PyTorch 模型的位置进行预测。之后将把这个推理管道放置在一个模型服务器上，该服务器可以监听传入的数据请求并返回预测结果。最后，我们将从开发模型服务器进阶到使用 Docker 创建模型微服务。

13.1.1　创建 PyTorch 模型推理管道

我们将使用第 1 章中构建的手写数字图像分类 CNN 模型，在 MNIST 数据集上进行操作。通过这个训练好的模型，我们将构建一个推理管道，该管道能够对给定的手写数字输入图像预测介于 0～9 的数字。

有关构建和训练模型的过程，请参考第 1 章中的相关内容。另外，读者可访问本书的 GitHub 代码库[1]以查看当前练习的完整代码。

13.1.2　保存和加载训练模型

本节将演示如何高效加载保存的预训练 PyTorch 模型，该模型稍后将用于服务请求。

我们已经使用第 1 章中的 Jupyter notebook 代码训练了一个模型，并根据测试数据样本对其进行了评估。在现实生活中，我们希望关闭 Jupyter notebook，但仍然能够使用训练出来的模型，对手写数字图像进行推断。这就是"模型服务"这一概念的由来。

自此我们就可以在一个单独的 Jupyter notebook 中使用之前训练好的模型，而无须进行任何（重新）训练。关键的下一步是将模型对象保存到一个文件中，以便以后可以还原/反序列化。对此，PyTorch 提供了以下两种主要的方法。

（1）不太推荐的方法是保存整个模型对象，如下所示。

```
torch.save(model, PATH_TO_MODEL)
```

保存好的模型稍后可以按照以下方式读取。

```
model = torch.load(PATH_TO_MODEL)
```

虽然这种方法看起来最直接，但在某些情况下可能会出现问题。这是因为我们不仅保存了模型参数，还保存了源代码中使用的模型类和目录结构。如果类签名或目录结构以后发生变化，再加载模型时可能会以无法修复的方式失败。

（2）更推荐的方式是仅保存模型参数，如下所示。

```
torch.save(model.state_dict(), PATH_TO_MODEL)
```

稍后，当需要恢复模型时，可实例化一个空的模型对象，然后将模型参数加载到该模型对象中，如下所示。

```
model = ConvNet()
model.load_state_dict(torch.load(PATH_TO_MODEL))
```

我们将使用推荐的方式来保存模型，如下列代码所示。

```
PATH_TO_MODEL = "./convnet.pth"
torch.save(model.state_dict(), PATH_TO_MODEL)
```

在这一点上，我们可以安全地关闭正在工作的 Notebook，并且打开另一个可用的 Notebook，该 Notebook 位于 GitHub 仓库[2]中。convnet.pth 文件本质上是一个包含模型参数的 pickle 文件。

（1）导入相关库。

```
import torch
```

（2）再次实例化一个空的 CNN 模型。理想情况下，第（1）步中完成的模型定义会写入一个 Python 脚本中（如 cnn_model.py），随后只需要编写以下内容：

```
from cnn_model import ConvNet
model = ConvNet()
```

然而，由于我们在这个练习中是在 Jupyter notebook 中操作，因此我们将重写模型定义，然后按如下方式实例化它。

```
class ConvNet(nn.Module):
    def __init__(self):
        ...
    def forward(self, x):
        ...
model = ConvNet()
```

（3）现在可以将保存的模型参数恢复到这个实例化的模型对象中，如下所示。

```
PATH_TO_MODEL = "./convnet.pth"
model.load_state_dict(torch.load(
    PATH_TO_MODEL, map_location="cpu"))
```

输出结果如下所示。

```
<All keys matched successfully>
```

这基本上意味着参数加载成功。也就是说，实例化的模型与保存了参数并正在恢复的模型具有相同的结构。我们指定在 CPU 设备而不是 GPU 上加载模型。

（4）指定不更新或更改已加载模型的参数值，我们将通过下面一行代码来实现。

```
model.eval()
```

输出结果如下所示。

```
ConvNet(
    (cn1): Conv2d(1, 16, kernel_size=(3, 3), stride=(1, 1)
    (cn2): Conv2d(16, 32, kernel_size=(3, 3), stride=(1, 1))
    (dp1): Dropout2d(p=0.1, inplace=False)
    (dp2): Dropout2d(p=0.25, inplace=False)
    (fc1): Linear(in_features=4608, out_features=64, bias=True)
    (fc2): Linear(in_features=64, out_features=10, bias=True))
```

这再次验证了我们确实是在使用训练过的相同模型（架构）。

13.1.3 构建推理管道

在 13.1.2 节中我们成功地在新环境中加载了预训练模型，现在将构建模型推理管道，并使用它来运行模型预测。

（1）此时已经完全恢复了之前训练好的模型对象。现在我们将加载一个图像，并使用以下代码在模型上运行预测。

```
image = Image.open("./digit_image.jpg")
```

图像文件应该在练习文件夹中可用，如图 13.1 所示。

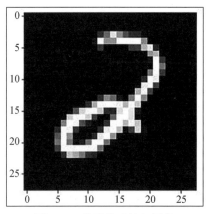

图 13.1　模型推理输入图像

在当前练习中，并不是必须要使用这张特定的图像。读者可以使用任何想要的图像，以检查模型对它的反应。

（2）在任何推理管道中，其核心都有 3 个主要组成部分：数据预处理组件、模型推理（在神经网络的情况下是一个前向传递），以及后处理步骤。

我们将从第一部分开始定义一个函数，该函数接收一个图像并将其转换为张量，以便作为输入提供给模型，如下所示。

```
def image_to_tensor(image):
    gray_image = transforms.functional.to_grayscale(image)
    resized_image = transforms.functional.resize(gray_image, (28, 28))
    input_image_tensor = \
        transforms.functional.to_tensor(resized_image)
    input_image_tensor_norm = \
        transforms.functional.normalize(input_image_tensor,
                                        (0.1302,), (0.3069,))
    return input_image_tensor_norm
```

这可以被看作是一系列步骤：

- 将 RGB 图像转换为灰度图像。
- 将图像调整大小为 28 像素×28 像素，因为这是模型训练时使用的图像尺寸。
- 图像数组被转换成一个 PyTorch 张量。
- 张量中的像素值使用与模型训练期间相同的均值和标准差值进行归一化处理。

定义好这个函数后，我们调用它将加载的图像转换成一个张量。

```
input_tensor = image_to_tensor(image)
```

（3）定义模型推理功能。这是模型以张量作为输入并输出预测的地方。在这种情况下，预测结果将是 0 到 9 之间的任意数字，输入张量将是输入图像的张量化形式。

```
def run_model(input_tensor):
    model_input = input_tensor.unsqueeze(0)
    with torch.no_grad():
        model_output = model(model_input)[0]
    model_prediction = \
        model_output.detach().numpy().argmax()
    return model_prediction
```

model_output 包含模型的原始预测结果，其中包含了每张图像的预测列表。因为输入中只有一张图像，该预测列表在索引 0 处只会有一个条目。索引 0 处的原始预测本质上是一个张量，包含了按顺序排列的数字 0～9 的 10 个概率值。这个张量被转换成一个 NumPy

数组，最终，我们选择概率最高的数字。

（4）现在可以使用这个函数生成模型的预测。以下代码使用第（3）步中的 run_model 模型推理函数为给定的输入数据 input_tensor 生成模型预测。

```
output = run_model(input_tensor)
print(output)
print(type(output))
```

输出结果如下所示。

```
2
<class 'numpy.int64'>
```

我们可以看到，模型输出了一个 NumPy 整数。根据图 13.1 所示的图像，模型的输出似乎是正确的。

（5）除了仅输出模型预测，还可以编写一个调试函数来更深入地了解原始预测概率等指标，如下所示。

```
def debug_model(input_tensor):
    model_input = input_tensor.unsqueeze(0)
    with torch.no_grad():
        model_output = model(model_input)[0]
    model_prediction = model_output.detach().numpy()
    return np.exp(model_prediction)
```

该函数与 run_model() 函数完全相同，只不过它返回的是每个数字的原始概率列表。模型最初返回的是 softmax 输出的对数，因为在模型中使用了 log_softmax 层作为最后一层（参见本练习的第（2）步）。

因此，我们需要将这些数字进行指数运算以返回 softmax 输出，这等同于模型的预测概率。通过这个调试函数，我们可以更详细地查看模型的表现，如概率分布是平坦的还是有明显的峰值。

```
print(debug_model(input_tensor))
```

输出结果如下所示。

```
[2.8729193e-05 8.9301517e-07 9.9742997e-01 1.4874781e-04 3.4777480e-05
 1.3298497e-07 3.3950466e-06 8.8254643e-07 2.3501222e-03 2.3531520e-06]
```

我们可以看到，列表中的第 3 个概率是最高的，这与数字 2 相对应。

（6）对模型预测进行后处理，以便它可以被其他应用程序使用。在当前例子中，我们只是将模型预测的数字从整数类型转换为字符串类型。

在其他场景中，后处理步骤可能会更加复杂。例如，在语音识别中，我们可能想要通过平滑处理、去除异常值等方式来处理输出波形。

```
def post_process(output):
    return str(output)
```

由于字符串是可序列化的格式，这使得模型预测能够轻松地在服务器和应用程序之间进行通信。我们可以检查最终处理后的数据是否符合预期。

```
final_output = post_process(output)
print(final_output)
print(type(final_output))
```

输出结果如下所示。

```
2
<class 'str'>
```

不出所料，输出现在是字符串类型。

至此，我们完成了加载已保存的模型架构、恢复其训练过的权重，以及使用加载的模型对样本输入数据（图像）进行预测的练习。我们加载了一张样本图像，对其进行预处理以将其转换为 PyTorch 张量，将其作为输入传递给模型以获得模型预测，并对预测进行后处理以生成最终输出。

这是朝着具有明确定义输入和输出界面的服务化训练模型方向迈进的一步。在这个练习中，输入是外部提供的一个图像文件，输出是生成的一个字符串，包含 0～9 的一个数字。这样的系统可以通过复制和粘贴提供的代码嵌入到任何需要手写数字识别功能的应用程序中。

下一节将更深入地探讨模型服务，我们的目标是构建一个系统，任何应用程序都可以通过与之交互来使用数字化功能，而无须复制和粘贴任何代码。

13.2　构建基础模型服务器

到目前为止，我们已经构建了一个模型推理管道，它包含了独立执行预训练模型预测所需的所有代码。这里，我们将致力于构建第一个模型服务器，它本质上是一台机器，托管模型推理管道，通过接口积极监听任何传入的输入数据，并通过接口对任何输入数据输出模型预测。

13.2.1 使用 Flask 编写基础应用程序

为了开发服务器，我们将使用一个流行的 Python 库 Flask[3]。Flask 将使我们能够用几行代码构建模型服务器。下列代码展示了一个工作示例。

```python
from flask import Flask
app = Flask(__name__)
@app.route('/')
def hello_world():
    return 'Hello, World!'
if __name__ == '__main__':
    app.run(host='localhost', port=8890)
```

假设将这个 Python 脚本保存为 example.py，并通过终端运行它。

```
python example.py
```

这将在终端中生成如图 13.2 所示的输出结果。

```
* Serving Flask app "example" (lazy loading)
* Environment: production
  WARNING: This is a development server. Do not use it in a production deployment.
  Use a production WSGI server instead.
* Debug mode: off
* Running on http://localhost:8898/ (Press CTRL+C to quit)
```

图 13.2　Flask 示例应用程序启动

基本上，它将启动一个 Flask 服务器，该服务器将提供一个名为 example 的应用程序。让我们打开浏览器并访问以下 URL。

```
http://localhost:8890/
```

这将在浏览器中生成如图 13.3 所示的输出结果。

图 13.3　Flask 实例应用程序测试

基本上，Flask 服务器正在监听端点 A 的 IP 地址 0.0.0.0（localhost）上的 8890 端口。一旦在浏览器的搜索栏中输入 localhost:8890/并按下 Enter 键，这个服务器就会收到一个请求。然后服务器运行 hello_world 函数，该函数根据 example.py 中提供的函数定义，返回字符串"Hello, World!"。

13.2.2　使用 Flask 构建我们的模型服务器

利用前一节演示的运行 Flask 服务器的原则，现在将使用上一节构建的模型推理管道创建第一个模型服务器。在这个练习的最后，我们将启动服务器，它将监听传入的请求（图像数据输入）。此外还将编写另一个 Python 脚本，通过发送图 13.1 所示的样本图像向这个服务器发出请求。Flask 服务器将在这张图像上运行模型推理，并输出处理后的预测结果。

该练习的全部代码可在 GitHub 上找到，包括 Flask 服务器代码[4]和客户端（请求生成者）代码[5]。

1. 为 Flask 服务设置模型推理

这一部分将加载一个预训练模型并编写模型推理管道代码。

（1）构建 Flask 服务器。对此，导入所需的库。

```
from flask import Flask, request
import torch
```

flask 和 torch 是完成这项任务的基本内容，除此之外还需要 numpy 和 json 等其他库。
（2）定义模型类（架构）。

```
class ConvNet(nn.Module):
    def __init__(self):
    def forward(self, x):
```

（3）在定义了空的模型类后，接下来可以实例化一个模型对象，并将预训练的模型参数加载到这个模型对象中，如下所示。

```
model = ConvNet()
PATH_TO_MODEL = "./convnet.pth"
model.load_state_dict(
    torch.load(PATH_TO_MODEL, map_location="cpu"))
model.eval()
```

（4）我们将重用 13.1.3 节第（3）步中定义的 run_model()函数。

```
def run_model(input_tensor):
    ...
    return model_prediction
```

注意，该函数接收张量化的输入图像，并输出模型预测，即 0～9 的任意数字。

（5）重用 13.1.3 节第（6）步中定义的 post_process()函数。

```
def post_process(output):
    return str(output)
```

这将把 run_model()函数的整数输出转换成字符串。

2. 构建 Flask 应用以服务模型

我们在上一节中建立了推理管道，现在将构建自己的 Flask 应用程序，并使用它来服务已加载的模型。

（1）按照下列代码行实例化 Flask 应用程序。

```
app = Flask(__name__)
```

这创建了一个 Flask 应用程序，其名称与 Python 脚本相同，在当前例子中是 server.py。

（2）定义 Flask 服务器的终端功能。

我们将公开一个/test 终端，并定义向服务器上的该端点发出 POST 请求时会发生的情况，如下所示。

```
@app.route("/test", methods=["POST"])
def test():
    data = request.files['data'].read()
    md = json.load(request.files['metadata'])
    input_array = np.frombuffer(data, dtype=np.float32)
    input_image_tensor = \
        torch.from_numpy(input_array).view(md["dims"])
    output = run_model(input_image_tensor)
    final_output = post_process(output)
    return final_output
```

下面让我们逐一介绍这些步骤。

- 为函数添加一个装饰器 test。只要向/test 端点发出 POST 请求，该装饰器就会通知 Flask 应用程序运行该函数。
- 定义 test 函数内部确切的执行内容。首先从 POST 请求中读取数据和元数据。由于数据是序列化形式，我们需要将其转换为数字格式。此处将其转换为一个 numpy 数组。随后将 numpy 数组迅速转换为 PyTorch 张量。
- 使用元数据中提供的图像尺寸来重塑张量。
- 使用这个张量对之前加载的模型进行前向传递。这样就得到了模型预测结果，然后对其进行后处理，并由测试函数返回。

（3）我们已经具备了启动 Flask 应用程序所需的所有要素。我们将在 Python 脚本 server.py 中添加最后两行代码，如下所示。

```
if __name__ == '__main__':
    app.run(host='0.0.0.0', port=8890)
```

这表明 Flask 服务器的托管 IP 地址为 0.0.0.0（也称为 localhost）、端口号为 8890。现在我们可以保存 Python 脚本，并在新的终端窗口中简单地执行以下命令。

```
python server.py
```

这将运行前几步编写的整个脚本，输出结果如图 13.4 所示。

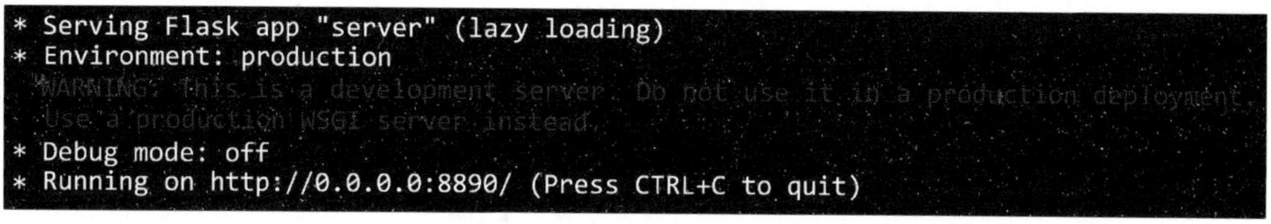

```
* Serving Flask app "server" (lazy loading)
* Environment: production
  WARNING: This is a development server. Do not use it in a production deployment.
  Use a production WSGI server instead.
* Debug mode: off
* Running on http://0.0.0.0:8890/ (Press CTRL+C to quit)
```

图 13.4　Flask 服务器启动

这看起来与图 13.2 中演示的例子类似。唯一的区别是应用程序的名称。

13.2.3　使用 Flask 服务器运行预测

我们已经成功地启动了模型服务器，它正在"积极"地监听请求。下面将处理一个请求，我们将编写一个单独的 Python 脚本来完成这项工作。具体步骤如下。

（1）导入以下库。

```
import requests
from PIL import Image
from torchvision import transforms
```

requests 库向 Flask 服务器发出实际的 POST 请求。Image 库使我们能够读取一个样本输入图像文件，而 transforms 库将预处理输入图像数组。

（2）读取一个图像文件。

```
image = Image.open("./digit_image.jpg")
```

这里读取的图像是 RGB 图像，可能具有任意尺寸（不一定符合模型所需的输入尺寸 28×28）。

（3）定义一个预处理函数，将读取的图像转换为模型可读的格式（在创建模型推理管道时编写的同一函数）。

```
def image_to_tensor(image):

    return input_image_tensor_norm
```

定义了函数后，随后即可执行该函数。

```
image_tensor = image_to_tensor(image)
```

image_tensor 是需要发送到 Flask 服务器的输入数据。

（4）将数据打包发送。我们需要发送图像的像素值以及图像的形状（28×28），以便接收端的 Flask 服务器知道如何将像素值流重构为图像。

```
dimensions = io.StringIO(json.dumps(
    {'dims': list(image_tensor.shape)}))
data = io.BytesIO(bytearray(image_tensor.numpy()))
```

我们将张量的形状转换为字符串，并将图像数组转换为字节，以实现全部可序列化。

（5）这是客户端代码中最关键的步骤。这里，我们实际生成了 POST 请求。

```
r = requests.post('http://localhost:8890/test',
                  files={'metadata': dimensions,
                         'data' : data})
```

使用 requests 库，我们在 URL localhost:8890/test 上发出 POST 请求。这就是 Flask 服务器监听请求的地方。我们以字典形式发送实际的图像数据（作为字节）和元数据（作为字符串）。

（6）上述代码中的 r 变量将接收来自 Flask 服务器的请求响应。该响应应该包含处理过的模型预测。我们现在将读取该输出结果。

```
response = json.loads(r.content)
```

response 变量基本上将包含 Flask 服务器的输出，即一个介于 0 到 9 之间的数字字符串。

（7）我们可以打印响应以确保一切正常。

```
print("Predicted digit :", response)
```

此时，可以将这个 Python 脚本保存为 make_request.py，并在终端执行以下命令。

```
python make_request.py
```

输出结果如下所示。

```
Predicted digit : 2
```

根据输入图像（见图 13.1），响应似乎是正确的。

因此，我们已经成功构建了一个独立的模型服务器，它可以为手写数字图像生成预测。这组相同的步骤可以轻松地扩展到任何其他机器学习模型，因此这为使用 PyTorch 和 Flask 创建机器学习应用开辟了无限的可能性。

到目前为止，我们已经从简单地编写推理函数，发展到创建可远程托管并通过网络渲染预测结果的模型服务器。在下一个模型服务项目中，我们将更上一层楼。读者可能已经注意到，要完成前两个练习中的步骤，需要考虑一些固有的依赖关系。我们需要安装某些库，在特定位置保存和加载模型，读取图像数据等。所有这些手动步骤都会减慢模型服务器的开发速度。

通过使用微服务，可以避免每次为模型提供服务时重复这些手动步骤。接下来我们将创建一个模型微服务，只需一条命令即可启动并在多台机器上复制。

13.3　创建模型微服务

假设你对机器学习模型的训练一无所知，但却想使用一个已经训练好的模型，而无须亲自动手编写任何 PyTorch 代码。这就是机器学习模型微服务[6]等范例发挥作用的地方。

机器学习模型微服务可以看作是一个黑盒子，你向它发送输入数据，它就会向你发回预测结果。此外，只需几行代码就能在指定机器上轻松启动这个黑盒子。最重要的是，它可以毫不费力地扩展。用户可以通过使用更大的机器（更大的内存、更强的处理能力）来纵向扩展微服务，也可以通过在多台机器上复制微服务来横向扩展微服务。

如何将机器学习模型部署为微服务？得益于之前使用 Flask 和 PyTorch 完成的练习，我们已经领先了几个步骤。我们已经使用 Flask 构建了一个独立的模型服务器。

本节将把这个想法进一步推进，并使用 Docker 构建一个独立的模型服务环境。Docker 有助于容器化软件，这基本上意味着它有助于虚拟化整个操作系统（OS），包括软件库、配置文件，甚至是数据文件。

☑ **注意：**

Docker 本身是一个非常广泛的话题。然而，因为本书专注于 PyTorch，我们只会涵盖 Docker 的基本概念及其使用方式。如果读者对进一步了解 Docker 感兴趣，则可以参考 Docker 文档[7]。

在我们的例子中，到目前为止，我们在构建模型服务器时使用了以下库。

- Python。
- PyTorch。
- Pillow（用于图像输入输出）。
- Flask。

此外，我们使用了以下数据文件：预训练模型检查点文件（convnet.pth）。

我们将通过安装库并将文件放到当前工作目录中来手动安排这些依赖关系。如果我们要在新机器上重新做这些工作，则必须手动安装库，并再次复制和粘贴文件。这种工作方式既不高效也不可靠，因为我们可能会在不同的机器上安装不同版本的库。

为了解决这个问题，我们希望创建一个操作系统级的蓝图，并可以在不同的机器上重复使用。这就是 Docker 的用武之地。Docker 可以让我们以 Docker 镜像的形式创建该蓝图。

该镜像可以在任何空机器上构建，无须假设预装 Python 库或已有模型。

让我们使用 Docker 为数字分类模型创建这样一个蓝图。此处将以练习的形式，从基于 Flask 的独立模型服务器到基于 Docker 的模型微服务。在深入练习之前，你需要安装 Docker[8]。

（1）列出 Flask 模型服务器所需的 Python 库。具体需求（及其版本）如下所示。

```
torch==1.5.0
torchvision==0.5.0
Pillow==6.2.2
Flask==1.1.1
```

按照一般做法，我们将这个列表保存为一个文本文件 requirements.txt。该文件也可以在 GitHub 代码库[9]中找到。这个列表将有助于在任何给定环境中一致地安装库。

（2）直接进入蓝图，按照 Docker 的术语，这将是 Dockerfile。Dockerfile 是一个脚本，本质上是一系列指令的列表。运行 Dockerfile 的机器需要执行文件中列出的指令。这将产生一个 Docker 镜像，这一过程被称为构建镜像。

这里的镜像是一个系统快照，可以在任何机器上实现，前提是该机器拥有最低限度的必要硬件资源（例如，仅安装 PyTorch 就需要若干 GB 的磁盘空间）。

接下来查看 Dockerfile，并尝试一步一步理解它的作用。Dockerfile 的完整代码可以在 GitHub 代码库[10]中找到。

- FROM 关键字指示 Docker 获取一个内置了 Python 3.8 的标准 Linux 操作系统。

```
FROM python:3.8-slim
```

这将确保我们安装 Python。

- 安装 wget，这是一个 UNIX 命令行工具，用于通过命令行从互联网下载资源。

```
RUN apt-get -qy update && apt-get -q install -y wget
```

&&符号表示按顺序执行符号前后的命令。

- 将两个文件从本地开发环境复制到当前虚拟环境中。

```
COPY ./server.py ./
COPY ./requirements.txt ./
```

我们复制了第（1）步中讨论的需求文件，以及在之前练习中处理的 Flask 模型服务器代码。

- 下载预训练的 PyTorch 模型检查点文件。

```
RUN wget -q https://github.com/arj7192/MasteringPyTorchV2/raw/
main/Chapter13/convnet.pth
```

这是 13.1.2 节保存的同一个模型检查点文件。

- 安装 requirements.txt 下列出的所有相关库。

```
RUN pip install -r requirements.txt
```

这个 txt 文件即是在第（1）步中编写的文件。

- 为 Docker 客户端提供 root 访问权限。

```
USER root
```

这一步在本练习中非常重要，因为它确保了客户端具有执行所有必要操作的权限，如将模型推理日志保存到磁盘上。

☑ 注意：

通常，根据数据安全中的最小权限原则[11]，建议不要赋予客户端 root 权限。

- 在执行完所有前面的步骤之后，Docker 应该执行命令 python server.py。

```
ENTRYPOINT ["python", "server.py"]
```

这将确保在虚拟机中启动 Flask 模型服务器。

（3）运行 Dockerfile。换句话说，使用第（2）步中的 Dockerfile 构建一个 Docker 镜像。在当前工作目录中，在命令行上只需运行以下命令。

```
docker build -t digit_recognizer .
```

我们为 Docker 镜像分配一个名为 digit_recognizer 的标签。输出结果如图 13.5 所示。

图 13.5　构建 Docker 镜像

图 13.5 显示了按步骤（2）中提到的步骤顺序执行。运行这一步可能需要一些时间，这取决于网络连接，因为它会下载整个 PyTorch 库，以及其他库来构建镜像。

（4）在此阶段，我们已经有了一个名为 digit_recognizer 的 Docker 镜像，并且已经准备好在任何机器上部署该镜像。要在自己的机器上部署镜像，只需运行以下命令。

```
docker run -p 8890:8890 digit_recognizer
```

通过这个命令，我们实际上是在使用 digit_recognizer Docker 镜像在机器内启动了一台虚拟机。因为原始的 Flask 模型服务器被设计为监听端口 8890，我们已通过-p 参数将实际机器的端口 8890 转发到虚拟机的端口 8890。运行该命令应该会输出如图 13.6 所示的结果。

```
* Serving Flask app "server" (lazy loading)
* Environment: production
  WARNING: This is a development server. Do not use it in a production deployment.
  Use a production WSGI server instead.
* Debug mode: off
* Running on http://0.0.0.0:8890/ (Press CTRL+C to quit)
```

图 13.6 运行 Docker 实例

图 13.6 与之前练习中的图 13.4 非常相似，这并不奇怪，因为 Docker 实例运行的正是之前练习中手动运行的 Flask 模型服务器。

（5）现在，可以用 Docker 化的 Flask 模型服务器（模型微服务）来进行模型预测，以测试它是否按预期运行。我们将再次使用上一个练习中使用的 make_request.py 文件向模型发送预测请求。在当前本地工作目录下，执行以下命令：

```
python make_request.py
```

输出结果如下所示。

```
Predicted digit : 2
```

微服务似乎正在执行任务，因此我们已成功地使用 Python、PyTorch、Flask 和 Docker 构建并测试了自己的机器学习模型微服务。

（6）在成功完成前述步骤后，可以通过按图 13.6 中指示的 Ctrl＋C 组合键关闭第（4）步中启动的 Docker 实例。一旦运行中的 Docker 实例被停止，则可以通过运行以下命令来删除该实例。

```
docker rm $(docker ps -a -q | head -1)
```

该命令基本上移除了最近一个不活跃的 Docker 实例，在我们的实例中，就是刚刚停止的那个 Docker 实例。

（7）通过运行以下命令来删除在第（3）步中构建的 Docker 镜像。

```
docker rmi $(docker images -q "digit_recognizer")
```

这基本上会移除带有 digit_recognizer 标记的镜像。

我们首先设计了一个本地模型推理系统。我们利用这个推理系统，在其周围封装了一个基于 Flask 的模型服务器，从而创建了一个独立的模型服务系统。

最后，我们在 Docker 容器中使用了基于 Flask 的模型服务器，基本上创建了一个模型服务微服务。利用本节讨论的理论和练习，读者应该能够开始在不同的用例、系统配置和环境中托管/服务训练好的模型。

13.4 节我们将继续探讨模型服务主题，但将讨论一个专门为服务 PyTorch 模型而开发的工具：TorchServe。此外还将完成一个快速练习，并演示如何使用这一工具。

13.4　使用 TorchServe 提供 PyTorch 模型服务

TorchServe 是于 2020 年 4 月发布的一款专用的 PyTorch 模型服务框架。利用 TorchServe 提供的功能，我们可以同时服务多个模型，同时保持低预测延迟，且无须编写大量自定义代码。此外，TorchServe 提供了模型版本控制、指标监控以及数据预处理和后处理等功能。

与上一节中开发的模型微服务相比，TorchServe 可视为更先进的模型服务替代方案。不过，对于复杂的机器学习管道来说，定制模型微服务仍然是一个强大的解决方案（这种情况比我们想象的更为常见）。

本节我们将继续使用手写数字分类模型，演示如何使用 TorchServe 来提供服务。阅读完本节后，读者应该能够开始使用 TorchServe，并进一步利用其完整的功能集。

13.4.1　安装 TorchServe

在开始练习之前，需要安装 Java 11 SDK。对于 Linux 操作系统，可运行以下命令。

```
sudo apt-get install openjdk-11-jdk
```

对于 macOS，则需要在命令行中运行以下命令。

```
brew tap AdoptOpenJDK/openjdk
brew install --cask adoptopenjdk11
```

之后，需要运行以下命令来安装 torchserve。

```
pip install torchserve==0.6.0 torch-model-archiver==0.6.0
```

有关详细安装说明，请参阅 TorchServe 文档[12]。如果读者使用的是 Windows 操作系统，则可以根据参考文献[13]提供的说明安装 TorchServe。

注意，我们还安装了一个名为 torch-model-archiver 的库[14]。该存档器旨在创建一个模型文件，该文件将以独立的序列化格式（.mar 文件）同时包含模型参数和模型架构定义。

13.4.2　启动并使用 TorchServe 服务器

在安装了所需的一切内容后，即可开始整合之前练习中现有的代码，以使用 TorchServe

来部署模型。接下来我们将通过一系列步骤进行练习。

（1）将现有的模型架构代码放置在一个名为 convnet.py 的模型文件中。

```
========================convnet.py========================
import torch
import torch.nn as nn
import torch.nn.functional as F
class ConvNet(nn.Module):
    def __init__(self):
        ...
    def forward(self, x):
        ...
```

我们需要将该模型文件作为 torch-model-archiver 的输入之一，以生成统一的.mar 文件。读者可以在 GitHub 代码库中找到完整的模型文件[15]。

回忆一下，模型推理管道包含 3 个部分：数据预处理、模型预测和后处理。TorchServe 提供了处理程序，用于处理常用机器学习任务的预处理和后处理部分：image_classifier、image_segmenter、object_detector 和 text_classifier。

这份列表将来可能会有所增加，因为本书编写时，TorchServe 还处于开发中。

（2）对于我们的任务，我们将创建一个自定义图像处理器，该处理器继承自默认的图像分类器处理器。我们选择创建一个自定义处理器，因为与通常处理颜色（RGB）图像的图像分类模型不同，我们的模型处理的是特定尺寸（28×28）的灰度图像。以下是自定义处理器的代码，读者也可以在 GitHub 代码库中找到它[16]。

```
========================convnet_handler.py=================
from torchvision import transforms
from ts.torch_handler.image_classifier import ImageClassifier
class ConvNetClassifier(ImageClassifier):
    image_processing = transforms.Compose([
        transforms.Grayscale(), transforms.Resize((28, 28)),
        transforms.ToTensor(), transforms.Normalize(
            (0.1302,), (0.3069,))])
    def postprocess(self, output):
        return output.argmax(1).tolist()
```

首先，我们导入了 image_classifer 默认处理程序，它将提供大部分基本的图像分类推理管道处理功能。接下来，我们继承 ImageClassifer 处理程序类，并定义自定义 ConvNetClassifier 处理程序类。

自定义代码包含两个模块。

● 数据预处理步骤，我们将对数据进行一系列转换，这与 13.1.3 节第（3）步中所做的完全相同。

● 后处理步骤定义在 postprocess()方法中，我们从所有类别的预测概率列表中提取预测的类别标签。

（3）在 13.1.2 节中，我们已经在创建模型推理管道时生成了 convnet.pth 文件。使用 convnet.py、convnet_handler.py 和 convnet.pth，最终可以通过运行以下命令使用 torch model-archiver 创建.mar 文件。

```
torch-model-archiver --model-name convnet --version 1.0 --model-file ./
convnet.py --serialized-file ./convnet.pth --handler ./convnet_handler.py
```

该命令应该生成一个 convnet.mar 文件，并将其写入当前工作目录。

我们指定了一个 model_name 参数，它命名了.mar 文件。此外还指定了一个 version 参数，这将有助于我们在同时处理多个模型变体时进行模型版本控制。

我们使用 model_file、serialized_file 和 handler 参数，分别指定了 convnet.py（模型架构）、convnet.pth（模型权重）和 convnet_handler.py（预处理和后处理）文件的位置。

（4）在当前工作目录中创建一个新目录，并在命令行中运行以下命令，将步骤（3）中创建的 convnet.mar 文件移动到该目录。

```
mkdir model_store
mv convnet.mar model_store/
```

为了遵循 TorchServe 框架的设计要求，我们必须这样做。

（5）使用 TorchServe 启动模型服务器，在命令行中只需运行以下命令。

```
torchserve --start --ncs --model-store model_store --models convnet.mar
```

这将静默启动模型推理服务器，用户将在屏幕上看到一些日志信息，包括以下内容。

```
Number of GPUs: 0
Number of CPUs: 8
Max heap size: 4096 M
Python executable: /Users/ashish.jha/opt/anaconda/bin/python
Config file: N/A
Inference address: http://127.0.0.1:8080
Management address: http://127.0.0.1:8081
Metrics address: http://127.0.0.1:8082
```

我们可以看到，TorchServe 会检测机器上可用的设备等详细信息。它为推理、管理和指标分配了 3 个独立的 URL。为了检查启动的服务器是否确实在为模型提供服务，可以使用以下命令向管理服务器发起 ping 请求。

```
curl http://localhost:8081/models
```

输出结果如下所示。

```
{
    "models": [
        {
            "modelName": "convnet",
            "modelUrl": "convnet.mar"
        }
    ]
}
```

这验证了 TorchServe 服务器确实托管了模型。

（6）通过发起推理请求来测试 TorchServe 模型服务器。这一次不需要编写 Python 脚本，因为处理器已经能够处理任何输入图像文件。因此，可以运行下列命令直接使用 digit_image.jpg 示例图像文件发起请求。

```
curl http://127.0.0.1:8080/predictions/convnet -T ./digit_image.jpg
```

这应该在终端输出 2，确实是正确的预测，如图 13.1 所示。

（7）一旦完成了模型服务器的使用，可以通过在命令行运行以下命令来停止它。

```
torchserve --stop
```

关于如何使用 TorchServe 启动自己的 PyTorch 模型服务器并用其进行预测，相关话题暂告一段落。这里还有许多更深入的内容需要探讨，如模型监控（指标）、日志记录、版本控制、基准测试等。TorchServe 的官方网站是详细学习这些高级主题的好去处[17]。

完成本节内容后，读者应该能够使用 TorchServe 来部署自己的模型。我们鼓励读者为特定的用例编写自定义处理器，探索 TorchServe 的各种配置设置[18]，并尝试 TorchServe 的其他高级功能[19]。

☑ 注意：

TorchServe 正在不断发展且前景广阔。笔者的建议是密切关注 PyTorch 这一领域的快速更新。

在 13.5 节我们将探讨如何导出 PyTorch 模型，以便它们能够在不同的环境、编程语言和深度学习库中使用。

13.5　导出使用 TorchScript 和 ONNX 的通用 PyTorch 模型

我们已经在本章前几节中广泛讨论了如何提供 PyTorch 模型的服务，这或许是将 PyTorch 模型在生产系统中投入使用最关键的方面。本节将关注另一个重要方面——导出 PyTorch 模型。我们已经学习了如何在传统的 Python 脚本环境中保存 PyTorch 模型并从磁盘加载它们。但是，我们还需要更多导出 PyTorch 模型的方法。

首先，Python 解释器通过全局解释器锁（GIL）只允许一个线程同时运行，这限制了并行化操作的能力。其次，Python 可能并不支持运行模型的每一个系统或设备。为了解决这些问题，PyTorch 提供了相应的支持，可以将模型导出为一种高效的格式，并且以一种与平台或语言无关的方式，使得模型可以在不同于其训练环境的其他环境中运行。

我们将首先探讨 TorchScript，它能让我们将序列化和优化过的 PyTorch 模型导出为中间表示（intermediate representation），然后在独立于 Python 的程序（如 C++ 程序）中运行。

下面我们将了解 ONNX 以及它如何以通用格式保存 PyTorch 模型，然后将其加载到其他深度学习框架和不同的编程语言中。

13.5.1　理解 TorchScript 的实用性

TorchScript 是将 PyTorch 模型投入生产的关键工具，其重要性主要有以下两个原因。

- PyTorch 采用的是即时执行（eager execution）机制，正如第 1 章中讨论的那样。这种方式有其优点，如更易于调试。然而，通过逐个编写和读取中间结果来执行步骤或操作，可能会造成较高的推理延迟，同时限制了在整体操作优化方面的可能性。

  为了解决这个问题，PyTorch 提供了自己的即时编译器（JIT compiler），该编译器基于以（Python 的）PyTorch 为中心的部分。

  即时编译器将 PyTorch 模型进行编译而非解释执行，这相当于通过一次性查看所有操作来创建整个模型的单一复合图。JIT 编译后的代码是 TorchScript 代码，它基本上是 Python 的静态类型子集。这种编译带来了多项性能提升和优化，如消除全局解释器锁（GIL），从而使得多线程成为可能。

- PyTorch 本质上是为使用 Python 编程语言而构建的。记住，我们几乎在本书的全部内容中都使用了 Python。然而，当涉及模型的生产化时，还有一些比 Python 性能更优越（即更快、更节省内存）的语言，如 C++。此外，我们可能还希望将训练好的模型部署在不兼容 Python 的系统或设备上。

这就是 TorchScript 发挥作用的地方。一旦将 PyTorch 代码编译成 TorchScript 代码，即 PyTorch 模型的中间表示，我们就可以使用 TorchScript 编译器将这个表示序列化成 C++友好的格式。之后，这个序列化文件可以在 C++模型推理程序中使用 LibTorch（PyTorch 的 C++ API）来读取。

本节多次提到了 PyTorch 模型的即时编译。现在，让我们看看将 PyTorch 模型编译成 TorchScript 格式的两种选项。

13.5.2　使用 TorchScript 进行模型追踪

使用 TorchScript 进行模型追踪是将 PyTorch 代码转换为 TorchScript 的一种方法。追踪需要 PyTorch 模型对象以及一个模型的示例输入。顾名思义，追踪机制会追踪这个示例输入在模型（神经网络）中的流动，记录各种操作，并生成 TorchScript 中间表示（IR），这个中间表示既可以以图形的形式可视化，也可以以 TorchScript 代码的形式展示。

我们将通过手写数字分类模型来演示如何追踪 PyTorch 模型。练习的完整代码可以在 GitHub 代码库中找到[20]。

练习的前 5 个步骤与 13.1.2 节和 13.1.3 节中的步骤相同，其中构建了模型推理管道。

（1）我们将从导入库开始，并运行以下代码。

```
import torch
...
```

（2）定义并实例化 model 对象。

```
class ConvNet(nn.Module):
    def __init__(self):
        ...
    def forward(self, x):
        ...
model = ConvNet()
```

（3）使用以下代码恢复模型权重。

```
PATH_TO_MODEL = "./convnet.pth"
model.load_state_dict(torch.load(PATH_TO_MODEL, map_location="cpu"))
model.eval()
```

（4）加载一个样本图像。

```
image = Image.open("./digit_image.jpg")
```

（5）定义数据预处理函数（与构建模型推理管道时编写的函数相同）。

```
def image_to_tensor(image):

    ...
    return input_image_tensor_norm
```

然后将预处理函数应用于样本图像。

```
input_tensor = image_to_tensor(image)
```

（6）除了第（3）步中的代码，还需要执行以下代码。

```
for p in model.parameters():
    p.requires_grad_(False)
```

如果不这样做，跟踪模型的所有参数都需要梯度，我们将不得不在 torch.no_grad()上下文中加载模型。

（7）我们已经加载了带有预训练权重的 PyTorch 模型对象，并且已经准备好用一个虚拟输入跟踪模型，如下所示。

```
demo_input = torch.ones(1, 1, 28, 28)
traced_model = torch.jit.trace(model, demo_input)
```

这里，虚拟输入是一个所有像素值都设置为 1 的图像。

（8）通过运行以下代码查看追踪模型图。

```
print(traced_model.graph)
```

输出结果如下所示。

```
graph(%self.1 : __torch__.ConvNet,
      %x.1 : Float(1, 1, 28, 28, strides=[784, 784, 28, 1], requires_
grad=0, device=cpu)):
  %fc2 : __torch__.torch.nn.modules.linear.___torch_mangle_2.Linear =
prim::GetAttr[name="fc2"](%self.1)
    %dp2 : __torch__.torch.nn.modules.dropout.___torch_mangle_1.Dropout2d
= prim::GetAttr[name="dp2"](%self.1)
...
    %95 : NoneType = prim::Constant()
    %96 : Float(1, 10, strides=[10, 1], requires_grad=0, device=cpu) =
aten::log_softmax(%128, %94, %95) # /Users/ashish.jha/opt/anaconda3/
envs/mastering_pytorch_7_chaps/lib/python3.9/site-packages/torch/nn/
```

```
functional.py:1923:0
return (%96)
```

直观来看，输出结果中的前几行内容显示了该模型各层的初始化，如 fc2、dp2 等。接近末尾时，我们看到了最后一层，即 softmax 层。显然，该图是用一种低级语言编写的，具有静态类型变量，并且与 TorchScript 语言非常相似。

（9）除了图，还可以通过运行以下代码来查看追踪模型背后的确切 TorchScript 代码。

```
print(traced_model.code)
```

这应该输出以下类似 Python 的代码行，这些代码定义了模型的前向传播方法。

```
def forward(self, x: Tensor) -> Tensor:
    fc2 = self.fc2
    dp2 = self.dp2
    fc1 = self.fc1
    dp1 = self.dp1
    cn2 = self.cn2
    cn1 = self.cn1
    input = torch.relu((cn1).forward(x, ))
    input0 = torch.relu((cn2).forward(input, ))
    input1 = torch.max_pool2d(
        input0, [2, 2], annotate(List[int], []),
        [0, 0], [1, 1])
    input2 = torch.flatten((dp1).forward(input1, ), 1)
    input3 = torch.relu((fc1).forward(input2, ))
    _0 = (fc2).forward((dp2).forward(input3, ), )
    return torch.log_softmax(_0, 1)
```

这正是使用 PyTorch 在第（2）步中编写的代码的 TorchScript 等价物。

（10）接下来将导出或保存追踪的模型。

```
torch.jit.save(traced_model, 'traced_convnet.pt')
```

（11）加载保存后的模型。

```
loaded_traced_model = torch.jit.load('traced_convnet.pt')
```

注意，不需要分别加载模型架构和参数。

（12）使用这个模型进行推理。

```
loaded_traced_model(input_tensor.unsqueeze(0))
```

输出结果如下所示。

```
tensor([[-1.0458e+01, -1.3929e+01, -2.5733e-03, -8.8133e+00, -1.0267e+01,
-1.5833e+01, -1.2593e+01, -1.3940e+01, -6.0533e+00, -1.2960e+01]])
```

我们可以通过对原始模型重新运行模型推理来检查这些结果。

```
model(input_tensor.unsqueeze(0))
```

这应该产生与第（12）步相同的输出，从而验证了追踪的模型工作正常。

您可以使用追踪的模型代替原始的 PyTorch 模型对象来构建更高效的 Flask 模型服务器和 Docker 化的模型微服务，这得益于 TorchScript 没有全局解释器锁（GIL）这一特性。

虽然追踪是即时编译 PyTorch 模型的一个可行选项，但它也有一些缺点。

例如，如果模型的前向传播包含诸如 if 和 for 语句的控制流，那么追踪将只渲染流程中多种可能路径之一。为了在这些情况下准确地将 PyTorch 代码转换为 TorchScript 代码，我们将使用另一种编译机制，称为脚本化。

13.5.3　使用 TorchScript 进行模型脚本化

请按照之前练习的第（1）～（6）步进行操作，然后继续按照本练习给出的步骤进行。完整代码可以在 GitHub 代码库中找到[21]。

（1）对于脚本化，不需要为模型提供任何虚拟输入，以下代码可以直接将 PyTorch 代码转换为 TorchScript 代码。

```
scripted_model = torch.jit.script(model)
```

（2）通过运行以下代码行来查看脚本化模型图。

```
print(scripted_model.graph)
```

这应该以类似于追踪模型图的方式输出脚本化模型图，如下所示。

```
graph(%self : __torch__.ConvNet,
  %x.1 : Tensor):
  %51 : Function = prim::Constant[name="log_softmax"]()
  %49 : int = prim::Constant[value=3]()
  %33 : int = prim::Constant[value=-1]()
  %26 : Function = prim::Constant[name="_max_pool2d"]()
...
  %fc2 : __torch__.torch.nn.modules.linear.___torch_mangle_2.Linear =
```

```
prim::GetAttr[name="fc2"](%self)
  %x.45 : Tensor = prim::CallMethod[name="forward"](%fc2, %x.41) # /var/
folders/gs/mjlw0j210yz02z4yrv9gshdm0000gq/T/ipykernel_13610/2721400238.
py:22:12
  %op.1 : Tensor = prim::CallFunction(%51, %x.45, %32, %49, %19) # /var/
folders/gs/mjlw0j210yz02z4yrv9gshdm0000gq/T/ipykernel_13610/2721400238.
py:23:13
  return (%op.1)
```

同样，我们可以看到类似于追踪模型图的详细、低级脚本，它按行列出了图的各种边。注意，这里的图与之前练习第（8）步中的图不同，这表明在使用追踪而非脚本化时，代码编译策略存在差异。

（3）可以通过运行以下代码来查看等价的 TorchScript 代码。

```
print(scripted_model.code)
```

输出结果如下所示。

```
def forward(self,x: Tensor) -> Tensor:
  _0 = __torch__.torch.nn.functional._max_pool2d
  _1 = __torch__.torch.nn.functional.log_softmax
  cn1 = self.cn1
  x0 = (cn1).forward(x, )
  x1 = __torch__.torch.nn.functional.relu(x0, False, )
  cn2 = self.cn2
  x2 = (cn2).forward(x1, )
  x3 = __torch__.torch.nn.functional.relu(x2, False, )
  x4 = _0(x3, [2, 2], None, [0, 0],
          [1, 1], False, False, )
  dp1 = self.dp1
  x5 = (dp1).forward(x4, )
  x6 = torch.flatten(x5, 1)
  fc1 = self.fc1
  x7 = (fc1).forward(x6, )
  x8 = __torch__.torch.nn.functional.relu(x7, False, )
  dp2 = self.dp2
  x9 = (dp2).forward(x8, )
  fc2 = self.fc2
  x10 = (fc2).forward(x9, )
  return _1(x10, 1, 3, None, )
```

本质上，流程与之前练习的第（9）步相似。然而，由于编译策略的不同，代码签名存在微妙的差异。

（4）同样地，脚本化模型可以按以下方式导出并重新加载。

```
torch.jit.save(scripted_model, 'scripted_convnet.pt')
loaded_scripted_model = \
    torch.jit.load('scripted_convnet.pt')
```

（5）使用脚本化模型进行推理，并使用如下方法。

```
loaded_scripted_model(input_tensor.unsqueeze(0))
```

这应该产生与之前练习第（12）步完全相同的结果，验证了脚本化模型按预期工作。

与追踪类似，脚本化的 PyTorch 模型不受全局解释器锁（GIL）的限制，因此在使用 Flask 或 Docker 时可以提高模型服务的性能。表 13.1 快速比较了模型追踪和脚本化方法。

表 13.1　追踪和脚本化

追　　踪	脚　本　化
<ul><li>需要虚拟输入</li><li>通过将虚拟输入传递给模型，记录一系列固定的数学运算</li><li>无法处理模型前向传播中的多个控制流（如 if-else）</li><li>即使模型包含 TorchScript 不支持的 PyTorch 功能，也能正常工作（https://pytorch.org/docs/stable/jit_unsupported.html）</li></ul>	<ul><li>无须使用虚拟输入</li><li>通过检查 PyTorch 代码中的 nn.Module 内容，生成 TorchScript 代码/图</li><li>适用于处理所有类型的控制流</li><li>只有当 PyTorch 模型不包含 TorchScript 不支持的任何功能时，脚本化才能工作</li></ul>

到目前为止，我们已经展示了如何将 PyTorch 模型转换并序列化为 TorchScript 模型。下一节我们将暂时摆脱 Python，并演示如何使用 C++加载 TorchScript 序列化的模型。

13.6　在 C++中运行 PyTorch 模型

Python 有时可能会有所限制，或者可能无法运行使用 PyTorch 和 Python 训练的机器学习模型。本节将使用前一节中导出的序列化 TorchScript 模型对象（使用追踪和脚本化）在 C++代码中运行模型推理。

☑ 注意：

本节假定读者已具备基本的 C++工作知识，读者可以在参考文献[22]中阅读 C++基础知识。本节特别讨论了大量关于 C++代码编译的内容，读者可以在参考文献[23]中复习 C++代码编译的概念。

对于当前练习，我们需要安装 CMake，并按照参考文献[24]中提到的步骤进行操作，以便能够构建 C++代码。之后将在当前工作目录中创建一个名为 cpp_convnet 的文件夹，并从该目录开始工作。

（1）编写运行模型推理管道的 C++文件。完整的 C++代码可以在 GitHub 代码库[25]中找到。

```
#include <torch/script.h>
...
int main(int argc, char **argv) {
    Mat img = imread(argv[2], IMREAD_GRAYSCALE);
```

首先，使用 OpenCV 库将.jpg 图像文件读取为灰度图像。这里，需要根据操作系统需求（Mac[26]、Linux[27]或 Windows[28]）安装 OpenCV 库。

（2）将灰度图像调整大小至 28 像素×28 像素，这是 CNN 模型的要求。

```
resize(img, img, Size(28, 28));
```

（3）图像数组被转换为 PyTorch 张量。

```
auto input_ = torch::from_blob(img.data, { img.rows, img.cols, img.
channels() }, at::kByte);
```

对于本步骤中所有与 torch 相关的操作，我们使用 libtorch 库，这是所有 torch C++相关 API 的核心。如果已经安装了 PyTorch，则无须单独安装 LibTorch。

（4）由于 OpenCV 以(28, 28, 1)的维度读取灰度图像，我们需要将其转换为(1, 28, 28)以满足 PyTorch 的要求。然后，张量被重塑为形状(1,1,28,28)，其中第一个 1 是推理的 batch_size，第二个 1 是通道数，对于灰度图像来说就是 1。

```
    auto input = input_.permute({2,0,1}).unsqueeze_(0).reshape({1, 1,
img.rows, img.cols}).toType(c10::kFloat).div(255);
    input = (input - 0.1302) / 0.3069;
```

由于 OpenCV 读取的图像像素值范围为 0～255，我们需要将这些值归一化到 0～1 的范围内。之后，按照前一节（请参阅 13.1.3 节中的第（2）步）的做法，使用均值 0.1302 和标准差 0.3069 对图像进行标准化。

（5）加载在前一个练习中导出的即时编译（JIT）的 TorchScript 模型对象。

```
auto module = torch::jit::load(argv[1]);
std::vector<torch::jit::IValue> inputs;
inputs.push_back(input);
```

（6）进行模型预测。此处使用加载的模型对象对提供的输入数据（在这种情况下是一张图像）进行前向传播。

```
auto output_ = module.forward(inputs).toTensor();
```

输出变量 output_ 包含了每个类别的概率列表。下面提取具有最高概率的类别标签并对其进行打印。

```
auto output = output_.argmax(1);
cout << output << '\n';
```

最后，成功退出 C++ 例程。

```
    return 0;
}
```

（7）尽管步骤（1）～（6）涵盖了 C++ 代码的各个部分，但还需要在相同的工作目录中编写一个 CMakeLists.txt 文件。该文件的完整代码可以在 GitHub 代码库中找到[29]。

```
cmake_minimum_required(VERSION 3.0 FATAL_ERROR)
project(cpp_convnet)
find_package(Torch REQUIRED)
find_package(OpenCV REQUIRED)
add_executable(cpp_convnet cpp_convnet.cpp)
...
```

该文件基本上是库的安装和构建脚本，类似于 Python 项目中的 setup.py。除了这段代码，还需要将 OpenCV_DIR 环境变量设置为创建 OpenCV 构建工件的路径，如下列代码块所示。

```
export OpenCV_DIR=/Users/ashish.jha/code/personal/MasteringPyTorchV2/
Chapter13/cpp_convnet/build_opencv/
```

（8）实际运行 CMakeLists 文件来创建构建工件。为此，我们需要在当前工作目录下创建一个新目录，并在其中运行构建过程。在命令行中，我们只需运行以下命令。

```
mkdir build
cd build
cmake -DCMAKE_PREFIX_PATH=/Users/ashish.jha/opt/anaconda3/envs/mastering_
pytorch/lib/python3.9/site-packages/torch/share/cmake/ ..
cmake --build . --config Release
```

在第 3 行中，需要提供 LibTorch 的路径。要找到自己的路径，请打开 Python 并执行以下命令。

```
import torch; torch.__path__
```

对于笔者来说，这将生成下列输出结果。

```
['/Users/ashish.jha/opt/anaconda3/envs/mastering_pytorch/lib/python3.9/
site-packages/torch']_
```

执行第 3 行代码将输出如图 13.7 所示的内容。

```
-- The C compiler identification is AppleClang 13.1.6.13160021
-- The CXX compiler identification is AppleClang 13.1.6.13160021
-- Detecting C compiler ABI info
-- Detecting C compiler ABI info - done
-- Check for working C compiler: /Library/Developer/CommandLineTools/usr/bin/cc - skipped
-- Detecting C compile features
-- Detecting C compile features - done
-- Detecting CXX compiler ABI info
-- Detecting CXX compiler ABI info - done
-- Check for working CXX compiler: /Library/Developer/CommandLineTools/usr/bin/c++ - skipped
-- Detecting CXX compile features
-- Detecting CXX compile features - done
-- Performing Test CMAKE_HAVE_LIBC_PTHREAD
-- Performing Test CMAKE_HAVE_LIBC_PTHREAD - Success
-- Found Threads: TRUE
-- MKL_ARCH: None, set to ` intel64` by default
-- MKL_ROOT /Users/ashish.jha/opt/anaconda3/envs/mastering_pytorch_7_chaps
-- MKL_LINK: None, set to ` dynamic` by default
-- MKL_INTERFACE_FULL: None, set to ` intel_ilp64` by default
-- MKL_THREADING: None, set to ` intel_thread` by default
-- MKL_MPI: None, set to ` mpich` by default
CMake Warning at /Users/ashish.jha/opt/anaconda3/envs/mastering_pytorch_7_chaps/lib/python3.9/site-packages/torch/share/cmake/Torch/TorchConfig.cmake:22 (message):
  static library kineto_LIBRARY-NOTFOUND not found.
Call Stack (most recent call first):
  /Users/ashish.jha/opt/anaconda3/envs/mastering_pytorch_7_chaps/lib/python3.9/site-packages/torch/share/cmake/Torch/TorchConfig.cmake:127 (append_torchlib_if_found)
  CMakeLists.txt:3 (find_package)


-- Found Torch: /Users/ashish.jha/opt/anaconda3/envs/mastering_pytorch_7_chaps/lib/python3.9/site-packages/torch/lib/libtorch.dylib
-- Found OpenCV: /Users/ashish.jha/code/personal/Mastering-PyTorch/Chapter13/cpp_convnet/build_opencv (found version "4.6.0")
-- Configuring done
-- Generating done
-- Build files have been written to: /Users/ashish.jha/code/personal/Mastering-PyTorch/Chapter13/cpp_convnet/build
```

图 13.7　C++ CMake 输出

执行第 4 行代码应该会得到如图 13.8 所示的输出结果。

```
Scanning dependencies of target cpp_convnet
[ 50%] Building CXX object CMakeFiles/cpp_convnet.dir/cpp_convnet.cpp.o
[100%] Linking CXX executable cpp_convnet
[100%] Built target cpp_convnet
```

图 13.8　C++模型构建

（9）在成功完成前一步后，将生成一个名为 cpp_convnet 的 C++编译二进制文件。现在是执行这个二进制程序的时候了。换句话说，现在可以针对推理向 C++模型提供一张样本图像。我们可以使用脚本化模型作为输入。

```
./cpp_convnet ../../scripted_convnet.pt ../../digit_image.jpg
```

或者，也可以使用追踪模型作为输入。

```
./cpp_convnet ../../traced_convnet.pt ../../digit_image.jpg
```

输出结果如下所示。

```
2
[ CPULongType{1} ]
```

根据图 13.1 所示，C++模型似乎工作正常。因为我们在 C++中使用了不同的图像处理库（即 OpenCV），与 Python 中的 PIL 相比，像素值的编码略有不同，这将导致预测概率略有差异，但如果正确应用了归一化处理，两种语言中的最终模型预测结果不应有显著差异。

至此，我们对使用 C++进行 PyTorch 模型推理的探索就结束了。该练习可将 PyTorch 编写和训练的深度学习模型转移到 C++环境中，这应该会使得预测更加高效，并且也增加了在不含 Python 的环境中部署模型的可能性（如某些嵌入式系统、无人机等）。

下一节我们将讨论一种通用的神经网络建模格式 ONNX，它使得模型能够跨越深度学习框架、编程语言和操作系统。我们将在 TensorFlow 中加载一个训练好的 PyTorch 模型进行推理。

13.7　使用 ONNX 导出 PyTorch 模型

在生产系统中，大多数已经部署的机器学习模型是使用特定的深度学习库编写的，如 TensorFlow，它拥有自己复杂的模型服务基础设施。然而，如果某个模型是使用 PyTorch 编写的，我们希望它可以在 TensorFlow 中运行，以符合服务策略。这是 ONNX 等框架的众多用例之一。

ONNX 是一种通用格式，它将深度学习模型中的基本操作（如矩阵乘法和激活函数）标准化，这些操作在不同的深度学习库中可能有不同的编写方式。它使我们能够互换使用不同的深度学习库、编程语言，甚至操作系统环境来运行同一个深度学习模型。

这里将展示如何在 TensorFlow 中运行一个使用 PyTorch 训练的模型。我们首先将 PyTorch 模型导出为 ONNX 格式，然后在 TensorFlow 代码中加载 ONNX 模型。

我们将使用 tensorflow==2.15.0 版，并安装 onnx==1.15.0 和 onnx2tf==1.19.11 库。本练习的完整代码可在 GitHub 代码库中找到[30]。请按照 13.5.2 节中的步骤（1）～（11）进行操作，然后再跟进本练习中给出的步骤。

（1）与模型跟踪类似，我们再次通过加载的模型传递一个虚拟输入。

```
demo_input = torch.ones(1, 1, 28, 28)
torch.onnx.export(model, demo_input, "convnet.onnx")
```

这应该会保存一个模型的 onnx 文件。在幕后，序列化模型使用的是与模型追踪相同的机制。

（2）加载保存的 onnx 模型并将其转换为 TensorFlow 模型。

```
onnx2tf.convert(
    input_onnx_file_path="convnet.onnx",
    output_folder_path="convnet_tf",
    non_verbose=True)
```

（3）加载序列化的 TensorFlow 模型以解析模型图。这将验证模型架构是否被正确加载，以及识别图中的输入和输出节点。

```
model = tf.saved_model.load("./convnet_tf/")print(model)
```

输出结果如下所示。

```
<ConcreteFunction (inputs_0: TensorSpec(shape=(1, 28, 28, 1), dtype=tf.
float32, name='inputs_0')) -> TensorSpec(shape=(1, 10), dtype=tf.float32,
name='unknown') at 0x2F71EEBB0>
```

（4）从模型对象中，可以看到输入和输出节点分别被标记为 inputs_0 和 unknown。最后在 TensorFlow 模型上运行推理，并为样本图像生成预测。

```
output = model(input_tensor.unsqueeze(-1))
print(output)
```

输出结果如下所示。

```
[[-9.35050774e+00 -1.20893326e+01 -2.23922171e-03 -8.92477798e+00
-9.81972313e+00 -1.33498535e+01 -9.04598618e+00 -1.44924192e+01
-6.30233145e+00 -1.22827682e+01]]
```

你可以看到，与 13.5.2 节中的第（12）步相比，TensorFlow 和 PyTorch 版本的模型预测结果完全相同。这验证了 ONNX 框架的成功运作。我们鼓励读者进一步剖析 TensorFlow 模型，理解 ONNX 如何通过模型图中的基础数学运算，在不同的深度学习库中帮助重建完全相同的模型。

关于导出 PyTorch 模型的不同方法的讨论到此结束。这里介绍的技术对于在生产系统中部署 PyTorch 模型以及跨平台工作都很有用。随着深度学习库、编程语言甚至操作系统不断推出新版本，这一领域也将随之迅速发展。

因此，建议读者密切关注发展动态，确保使用最新、最有效的方法导出模型并将其应用到生产中。

到目前为止，我们已经在本地机器上实现了 PyTorch 模型的服务和导出工作。下一节将简要地讨论在一些知名的云平台上部署 PyTorch 模型，如亚马逊 AWS、谷歌云和微软 Azure。

13.8　在云端部署 PyTorch 模型

深度学习在计算上是昂贵的，因此需要强大而复杂的计算硬件。并非每个人都能够访问到拥有足够 CPU 和 GPU 的本地机器，以便在合理的时间内训练庞大的深度学习模型。此外，我们无法保证用于推理的本地机器能够 100%可用。

由于这些原因，云计算平台对于训练和部署深度学习模型来说是一个至关重要的替代方案。

本节我们将讨论如何将 PyTorch 与一些受欢迎的云平台 AWS、Google Cloud 和 Microsoft Azure 结合使用。我们将探索在这些平台上部署训练好的 PyTorch 模型的不同方法。本章前面小节讨论的模型部署练习是在本地机器上执行的。本节的目标是使用户能够使用云中的虚拟机（VM）执行类似的练习。

13.8.1　使用 PyTorch 与 AWS

AWS 是历史悠久且最受欢迎的云计算平台之一，它与 PyTorch 有着深度的集成。我们已经通过 TorchServe 看到了这一点，TorchServe 是由 AWS 和 Facebook 共同开发的。

本节将探讨使用 AWS 部署 PyTorch 模型的一些常见方式。首先将学习如何将 AWS 实例作为本地机器（笔记本电脑/台式机）的替代品来部署 PyTorch 模型。随后将简要介绍 Amazon SageMaker，这是一个完全专用的云机器学习平台。此外还将简要讨论如何将 TorchServe 与 SageMaker 结合使用进行模型部署。

☑ 注意:

本节假定读者对 AWS 有基本的了解。因此，我们不会详细讨论 AWS EC2 实例、AMIs、如何创建实例等主题。读者可以通过参考文献[31]复习 AWS 的基础知识。相反，我们将专注于与 PyTorch 相关的 AWS 组件。

13.8.2　使用 AWS 实例部署 PyTorch 模型

本节将展示如何在虚拟机内使用 PyTorch，在这种情况下是 AWS 实例。阅读完本节后，读者将能够在 AWS 实例内执行在 13.1 节中讨论的练习。

首先，如果尚未创建 AWS 账户，则需要创建一个 AWS 账户[32]。创建账户需要一个电子邮件地址和一种支付方式（信用卡）。

一旦拥有了 AWS 账户，即可登录并进入 AWS 控制台[33]。从这里开始，我们基本上需要实例化一个虚拟机，在这种情况下是 AWS 实例。其中，我们可以开始使用 PyTorch 进行模型训练和部署。相应地，创建虚拟机需要做出两项选择。

- 选择虚拟机的硬件配置，也称为 AWS 实例类型。
- 选择 Amazon Machine Image（AMI），它包含所有必需的软件，如操作系统（Ubuntu 或 Windows）、Python、PyTorch 等。

读者可以在参考文献[34]中阅读有关前述两个组件之间交互的更多信息。通常，当提到 AWS 实例时，我们指的是一个弹性云计算实例，也称为 EC2 实例。

根据虚拟机（VM）的计算需求（RAM、CPU 和 GPU），我们可以在 AWS 提供的 EC2 实例列表中进行选择[35]。由于 PyTorch 极大地利用了 GPU 的计算能力，建议使用包含 GPU 的 EC2 实例，尽管它们通常比仅含 CPU 的实例成本更高。

关于 AMI，有两种选择 AMI 的方法。用户可以选择一个仅安装了操作系统（如 Ubuntu Linux）的精简 AMI。在这种情况下，可以手动安装 Python[36]，然后安装 PyTorch[37]。

另一种更推荐的方式是从一个已经预装了 PyTorch 的 AMI 开始。AWS 提供了深度学习 AMI，这使得在 AWS 上开始使用 PyTorch 的过程更加快速和容易[38]。

成功启动实例后，可以使用各种可用方法之一连接到该实例[39]。

SSH 是连接实例的常见方式之一。一旦进入实例，它的布局将与在本地机器上工作相同。那么，接下来的一个逻辑步骤将是测试 PyTorch 能否在机器内正常工作。

要进行测试，首先需要在命令行中输入 python 打开一个 Python 交互式会话。随后执行以下代码行。

```
import torch
```

如果执行无误，这意味着您已经在系统上安装了 PyTorch。

此时，只需获取前述小节中编写的所有模型服务代码即可。在主目录的命令行中，只需运行以下命令来克隆本书的 GitHub 代码库：

```
git clone https://github.com/arj7192/MasteringPyTorchV2.git
```

接下来，在 Chapter13 子文件夹中，您将拥有之前小节中讨论过的 MNIST 模型服务的所有代码。基本上，读者可以再次运行这些练习，这一次是在 AWS 实例上而不是本地计算机上。

回忆一下，在 AWS 上使用 PyTorch 需要执行下列步骤。

（1）创建 AWS 账户。

（2）登录到 AWS 控制台。

（3）在控制台中单击 Launch a virtual machine 按钮。

（4）选择一个 AMI。例如，选择深度学习 AMI（Ubuntu）。

（5）选择一个 AWS 实例类型。例如，选择 p2.xlarge，因为它包含一个 GPU。

（6）单击 Launch 按钮。

（7）单击 Create a new key pair 按钮。为密钥对命名并下载到本地。

（8）通过在命令行中运行以下命令来修改密钥对文件的权限。

```
chmod 400 downloaded-key-pair-file.pem
```

（9）在控制台中，单击 View Instances 以查看启动实例的详细信息，特别注意要记录实例的公网 IP 地址。

（10）使用 SSH，通过在命令行中运行以下命令连接实例。

```
ssh -i downloaded-key-pair-file.pem ubuntu@<Public IP address>
```

公网 IP 地址应与前一步骤中获得的相同。

（11）连接成功后，启动 Python shell，并在 shell 中运行 import torch 确保 PyTorch 在实例上正确安装。

（12）通过在实例的命令行中运行以下命令，克隆本书的 GitHub 存储库。

```
git clone https://github.com/arj7192/MasteringPyTorchV2.git
```

（13）访问资源库中的 chapter13 文件夹，开始本章前几节所涉及的各种模型服务练习。

本节到此结束，我们基本上学会了如何在远程 AWS 实例上使用 PyTorch。有关 PyTorch+AWS 的更多信息，读者可阅读参考文献[40]。如果不想从头开始构建一切，AWS 也提供了一个完全托管的替代方案。接下来我们将介绍 AWS 的专用云机器学习平台 Amazon SageMaker。

13.8.3　使用 TorchServe 与 Amazon SageMaker

前述内容我们详细讨论了 TorchServe。众所周知，TorchServe 是由 AWS 和 Facebook 开发的 PyTorch 模型服务库。用户不必手动定义模型推理管道、模型服务 API 和服务，它提供了所有功能。

另一方面，Amazon SageMaker 是一个云机器学习平台，提供了诸如训练大型深度学习模型以及在自定义实例上部署和托管训练模型等功能。在与 SageMaker 协作时，需要执行下列操作。

- 指定要为模型提供服务的 AWS 实例的类型和数量。
- 提供存储的预训练模型对象的位置。

我们不需要使用 TorchServe 手动连接到实例并为模型提供服务，SageMaker 会处理所有工作。AWS 网站上有一些有用的博客，介绍如何开始使用 SageMaker 和 TorchServe，并以工业规模服务 PyTorch 模型[41]。其他 AWS 博客也提供了亚马逊 SageMaker 在使用 PyTorch 时的一些用例[42]。

像 SageMaker 这样的工具在模型训练和部署期间对于可扩展性来说非常有用。然而，在使用这些一键式工具时，往往会失去一些灵活性和可调试性。因此，需要您来决定哪种工具组合最适合您的用例。在结束了使用 AWS 作为云平台与 PyTorch 一起工作的讨论后，接下来我们将考查另一个云平台 Google Cloud。

13.8.4　在 Google Cloud 上部署 PyTorch 模型

与 AWS 类似，如果读者还没有 Google 账户（*@gmail.com），则首先需要创建一个 Google 账户。此外，为了能够登录 Google Cloud 控制台[43]，用户需要添加一种支付方式（信用卡信息）。

📝 **注意：**

我们不会在这里介绍 Google Cloud 的基础知识，读者可以在参考文献[44]中阅读相关内容。本节将专注于在虚拟机内使用 Google Cloud 来部署 PyTorch 模型。

一旦进入控制台，我们需要遵循类似于 AWS 的步骤来启动一个虚拟机（VM）。在该虚拟机上，可以部署 PyTorch 模型。您可以从最基本的虚拟机开始，并手动安装 PyTorch。但我们将会使用 Google 的深度学习虚拟机镜像[45]，它已经预装了 PyTorch。以下是在 Google Cloud 上启动虚拟机并使用它来部署 PyTorch 模型的相关步骤。

（1）通过 Google Cloud Marketplace[46]启动深度学习虚拟机镜像。

（2）在命令窗口中输入部署名称。该名称（后面加上-vm 作为后缀）将作为启动的虚拟机的名称。虚拟机内的命令提示符如下所示。

```
<user>@<deployment-name>-vm:~/
```

这里，user 是连接到虚拟机的客户端，而 deployment-name 是在这一步中选择的虚拟机名称。

（3）在下一个命令窗口中选择 PyTorch 作为框架。这将通知平台在虚拟机中预安装 PyTorch。

（4）为这台机器选择一个区域，最好选择地理位置上最近的区域。此外，不同的区域有不同的硬件提供（虚拟机配置），因此您可能希望为特定的机器配置选择一个特定的区域。

（5）在第（3）步中指定了软件要求后，随后将指定硬件要求。在命令窗口的 GPU 部分，需要指定 GPU 类型，随后是虚拟机中要包含的 GPU 数量。

Google Cloud 提供了各种 GPU 设备/配置[47]。在 GPU 部分，还要勾选复选框，以自动安装利用 GPU 进行深度学习所必需的 NVIDIA 驱动程序。

（6）类似地，在 CPU 部分，我们需要提供机器类型。这些机器配置的列表可以在参考文献[48]中找到。关于第（5）步和第（6）步，请留意不同的区域提供不同类型的机器和 GPU，以及不同组合的 GPU 类型和 GPU 数量。

（7）单击 Deploy 按钮启动虚拟机，并将用户引导到一个页面，该页面将提供从本地计算机连接到虚拟机所需的所有说明。

（8）此时用户可以连接虚拟机，并尝试在 Python shell 中导入 PyTorch，以确保 PyTorch 正确安装。一旦验证无误，即可克隆本书的 GitHub 存储库。访问 Chapter13 文件夹，并开始在这台虚拟机上进行模型服务练习。

读者可以在 Google Cloud 博客[49]上阅读更多关于创建 PyTorch 深度学习虚拟机镜像的信息。

至此结束了关于使用 Google Cloud 作为云平台进行 PyTorch 模型服务的讨论。读者可能已经注意到，该过程与使用 AWS 的过程非常相似。下一节我们将简述如何使用微软的云平台 Azure 来处理 PyTorch。

13.8.5　使用 Azure 部署 PyTorch 模型

再次强调，与 AWS 和 Google Cloud 类似，Azure 需要一个微软认可的电子邮件 ID 进行注册，以及一种有效的支付方式。

☑ 注意：

本节内容假定读者对微软 Azure 云平台有基本的了解。如果读者想复习这些概念，参考文献[50]可视为一个很好的资源。

一旦可以访问 Azure 门户网站[51]，这里主要推荐两种使用 Azure 上的 PyTorch 的方法。

- 数据科学虚拟机（DSVM）。
- Azure 机器学习服务

接下来我们将简要讨论这些方法。

13.8.6　使用 Azure 的 DSVM

与 Google Cloud 的深度学习虚拟机镜像类似，Azure 提供了自己的 DSVM 镜像[52]，这些镜像是专门为数据科学和机器学习（包括深度学习）提供的完全专用的虚拟机镜像。这些镜像适用于 Windows[53]以及 Linux/Ubuntu[54]。

使用这些镜像创建 DSVM 实例的步骤与 Google Cloud 为 Windows[55]和 Linux/Ubuntu[56]所涉及的步骤非常相似。

一旦创建了 DSVM，即可启动 Python shell 并尝试导入 PyTorch 库，以确保它已正确安装。此外还可以进一步测试 DSVM 中为 Linux[57]和 Windows[58]提供的功能。

最后，可以在 DSVM 实例中克隆本书的 GitHub 代码库，并使用 Chapter13 文件夹中的代码来处理本章讨论的 PyTorch 模型服务练习。

13.8.7　Azure 机器学习服务

与亚马逊的 SageMaker 类似（并且更早推出），Azure 提供了一个端到端的云机器学习平台。Azure 机器学习服务（AMLS）包含以下组件（仅举几例）。

- Azure 机器学习虚拟机。
- 笔记本。
- 虚拟环境。
- 数据存储。
- 跟踪机器学习实验。
- 数据标注。

AMLS 虚拟机与 DSVM 的一个关键区别在于，前者是完全托管的。例如，它们可以根据模型训练或服务需求进行扩展或缩减[59]。

就像 SageMaker 一样，AMLS 对于训练大规模模型以及部署和提供这些模型的服务都非常有用。Azure 网站提供了一个很好的教程，用于在 AMLS 上训练 PyTorch 模型，以及在 AMLS 上为 Windows[60]和 Linux[61]部署 PyTorch 模型。

AMLS 旨在为用户提供所有机器学习任务的一键式界面。因此，重要的是要记住灵活性的权衡。尽管我们没有涵盖有关 AML 的所有细节，但 Azure 的网站是进一步阅读的较好资源[62]。

至此，关于 Azure 作为云平台为使用 PyTorch 所提供的服务，这一话题将暂告一段落。有关 PyTorch+Azure 的更多信息，请见参考文献[63]。

关于使用 PyTorch 在云上提供模型服务的讨论到此结束。其间讨论了 AWS、Google Cloud 和 Microsoft Azure。尽管还有更多的云平台可供选择，但它们提供的服务性质以及在这些平台上使用 PyTorch 的方式与这里所讨论的内容类似。本节将帮助读者开始在云中的虚拟机上运行 PyTorch 项目。

13.9　本 章 小 结

本章探索了如何将训练好的 PyTorch 深度学习模型部署到生产系统中。

第 14 章将学习如何在不同的移动操作系统——Android 和 iOS 上部署训练好的 PyTorch 模型。

13.10　参 考 文 献

[1] 创建 PyTorch 模型推理管道练习的完整代码：https://github.com/PacktPublishing/Mastering-PyTorch/blob/master/Chapter10/mnist_pytorch.ipynb。

[2] 创建 PyTorch 模型推理管道练习的 Notebook：https://github.com/PacktPublishing/Mastering-PyTorch/blob/master/Chapter10/run_inference.ipynb。

[3] Flask 库：https://flask.palletsprojects.com/en/1.1.x/。

[4] 使用 Flask 构建模型服务器练习的完整代码：https://github.com/PacktPublishing/Mastering-PyTorch/blob/master/Chapter10/server.py。

[5] Flask 服务器代码：https://github.com/PacktPublishing/Mastering-PyTorch/blob/master/Chapter10/make_request.py。

[6] *What are Microservices*：https://opensource.com/resources/what-are-microservices。

[7] Docker 文档：https://docs.docker.com/get-started/overview/。

[8] Docker 安装指南：https://docs.docker.com/engine/install/。

[9] 创建模型微服务练习的 GitHub 代码库：https://github.com/PacktPublishing/Mastering-PyTorch/blob/master/Chapter10/requirements.tx。

[10] Dockerfile 完整代码：https://github.com/PacktPublishing/Mastering-PyTorch/blob/master/Chapter10/Dockerfile。

[11] Docker 安全最佳实践：https://snyk.io/blog/10-docker-image-security-bestpractices/。

[12] TorchServe 文档：https://github.com/pytorch/serve/blob/master/README.md#install-torchserve。

[13] TorchServe Windows 安装指南：https://pytorch.org/serve/torchserve_on_win_native.html。

[14] Torch 模型归档器，读者可以在此处详细阅读有关归档器的信息：https://pytorch.org/serve/model-archiver.html。

[15] 完整的模型文件：https://github.com/PacktPublishing/Mastering-PyTorch/blob/master/Chapter10/convnet.pth

[16] 自定义处理程序代码：https://github.com/PacktPublishing/Mastering-PyTorch/blob/master/10_operationalizing_pytorch_models_into_production/convnet_handler.py。

[17] 模型指标：https://pytorch.org/serve/。

[18] TorchServe 配置设置：https://pytorch.org/serve/configuration.html。

[19] TorchServe 高级特性：https://pytorch.org/serve/server.html#advanced-features。

[20] 模型追踪与 TorchScript 练习的完整代码：https://github.com/PacktPublishing/Mastering-PyTorch/blob/master/Chapter10/model_tracing.ipynb。

[21] 模型脚本化与 TorchScript 练习的完整代码：https://github.com/PacktPublishing/Mastering-PyTorch/blob/master/Chapter10/model_scripting.ipynb。

[22] C++编程入门：https://www.learncpp.com/。

[23] C++代码编译：https://www.toptal.com/c-plus-plus/c-plus-plusunderstanding-compilation。

[24] CMake 安装指南：https://cmake.org/install/。

[25] 在 C++中运行 PyTorch 模型练习的完整代码：https://github.com/PacktPublishing/Mastering-PyTorch/blob/master/Chapter10/cpp_convnet/cpp_convnet.cpp。

[26] C++ Mac：https://docs.opencv.org/master/d0/db2/tutorial_macos_install.html。

[27] C++ Linux：https://docs.opencv.org/3.4/d7/d9f/tutorial_linux_install.html。

[28] C++ Windows：https://docs.opencv.org/master/d3/d52/tutorial_windows_install.html。

[29] CMakeLists.txt 文件的完整代码：https://github.com/PacktPublishing/Mastering-PyTorch/blob/master/Chapter10/cpp_convnet/CMakeLists.txt。

[30] 使用 ONNX 导出 PyTorch 模型练习的完整代码：https://github.com/PacktPublishing/Mastering-PyTorch/blob/master/Chapter10/onnx.ipynb。

[31] AWS 入门指南：https://aws.amazon.com/getting-started/。

[32] 创建 AWS 账户：https://aws.amazon.com/premiumsupport/knowledge-center/createand-activate-aws-account/。

[33] AWS 控制台：https://aws.amazon.com/console/。

[34] AWS 实例和 AMI 指南：https://docs.aws.amazon.com/AWSEC2/latest/UserGuide/ec2-instances-and-amis.html。

[35] AWS EC2 实例类型：https://aws.amazon.com/ec2/instance-types/。

[36] Linux Python 安装指南：https://docs.python-guide.org/starting/install3/linux/。

[37] PyTorch Linux 文档：https://pytorch.org/get-started/locally/#linuxprerequisites。

[38] AWS EC2 实例博客：https://aws.amazon.com/blogs/machine-learning/getstarted-with-deep-learning-using-the-aws-deep-learning-ami/。

[39] EC2 实例访问指南：https://docs.aws.amazon.com/AWSEC2/latest/UserGuide/AccessingInstances.html。

[40] 在 AWS 上使用 PyTorch：https://pytorch.org/get-started/cloud-partners/#aws-quickstart。

[41] 批量部署 PyTorch 模型：https://aws.amazon.com/blogs/machine-learning/deploying-pytorch-models-for-inference-at-scale-using-torchserve/。

[42] Amazon SageMaker 用例：https://docs.aws.amazon.com/sagemaker/latest/dg/pytorch.html。

[43] Google Cloud 控制台：https://console.cloud.google.com。

[44] Google Cloud 入门指南：https://console.cloud.google.com/getting-started。

[45] Google 深度学习 VM：https://cloud.google.com/deep-learning-vm。

[46] Google 的深度学习虚拟机启动程序：https://console.cloud.google.com/marketplace/product/click-to-deploy-images/deeplearning。

[47] Google Cloud GPU 文档：https://cloud.google.com/compute/docs/gpus。

[48] Google Cloud 机器类型：https://cloud.google.com/compute/docs/machine-types。

[49] Google Cloud 博客（PyTorch 深度学习 VM）：https://cloud.google.com/ai-platform/deep-learning-vm/docs/pytorch_start_instance。

[50] Azure 入门指南：https://azure.microsoft.com/en-us/get-started/。

[51] Azure 门户网站：https://portal.azure.com/。

[52] Azure DSVMs：https://azure.microsoft.com/en-us/services/virtual-machines/datascience-virtual-machines/。

[53] Azure DSVM Windows 镜像：https://azuremarketplace.microsoft.com/en-us/marketplace/apps/microsoft-dsvm.dsvm-win-2019?tab=Overview。

[54] Azure DSVM Linux 镜像：https://azuremarketplace.microsoft.com/en-us/marketplace/

apps/microsoft-dsvm.ubuntu-1804?tab=Overview。

[55] 在 Windows 中创建 Azure DSVM：https://docs.microsoft.com/en-gb/azure/machinelearning/ data-science-virtual-machine/provision-vm。

[56] 在 Linux 中创建 Azure DSVM：https://docs.microsoft.com/en-gb/azure/machinelearning/ data-science-virtual-machine/dsvm-ubuntu-intro。

[57] Linux DSVM 教程：https://docs.microsoft.com/en-gb/azure/machine-learning/data-science-virtual-machine/linux-dsvm-walkthrough。

[58] Windows DSVM 教程：https://docs.microsoft.com/en-gb/azure/machinelearning/data-science-virtual-machine/vm-do-ten-things。

[59] Azure ML VMs 与 DSVMs：https://docs.microsoft.com/en-gb/azure/machine-learning/ data-science-virtual-machine/overview。

[60] 在 AMLS 上训练 PyTorch 模型：https://docs.microsoft.com/en-us/azure/machinelearning/ how-to-train-pytorch。

[61] 在 AMLS 上部署 PyTorch 模型：https://docs.microsoft.com/en-us/azure/machinelearning/ how-to-deploy-and-where?tabs=azcli。

[62] Azure ML 深入阅读：https://docs.microsoft.com/en-us/azure/machine-learning/overview-what-is-azure-ml。

[63] PyTorch 与 Azure 协作指南：https://azure.microsoft.com/en-us/develop/pytorch/。

第 14 章　移动设备上的 PyTorch

在第 13 章中，我们学习了如何在生产系统中将 PyTorch 模型作为服务来运行。虽然将机器学习（ML）模型作为云服务进行部署仍然是最受欢迎的 ML 部署形式，但有一些用例要求将模型部署在移动设备上，例如：

- 用户数据保护。移动模式不需要第三方数据传输，因为处理工作是在最初获取数据的地方完成的。
- 减少延迟。移动模型为我们节省了云网络 I/O 时间。
- 更好的用户体验。与从云端远程运行模型相比，移动模型能以更低的延迟提供实时用户交互。
- 利用专用移动硬件和软件进行机器学习（如 coreML），手机制造商正越来越多地将这些硬件和软件添加到他们的产品中。

本章我们将学习如何使用 PyTorch Mobile[1]在移动设备上部署 PyTorch 模型。PyTorch Mobile 是为移动和嵌入式平台设计的 PyTorch 的一个子集。它允许开发者在智能手机、平板电脑和物联网设备等边缘设备上运行 PyTorch 模型。在底层，PyTorch Mobile 优化了模型执行和内存使用，以实现在移动和嵌入式硬件上的高效和快速性能。

注意：

> 与基于云的解决方案相比，在移动设备上运行 ML 模型面临着计算能力有限、内存容量减少和能源限制等挑战，因此需要对模型进行大量优化和轻量级架构调整。这些限制使得对模型进行优化以实现高效的设备性能变得至关重要，从而确保了应用程序功能的响应性和可持续性。

我们将使用 PyTorch Mobile 来优化本书第 1 章训练的 MNIST 模型，然后将这个优化后的模型部署在两个主要的移动操作系统 Android 和 iOS 上。根据拥有的移动设备（Android 和/或 iOS），读者将能够在设备上尝试这些部署。在该过程中，我们还将学习如何构建基于摄像头的应用程序，无论是在 Android 还是 iOS 上，这些应用程序都可以捕捉图像（手写数字），并使用 MNIST 模型对这些图像进行预测。

本章主要涉及下列主题。

- 在 Android 上部署 PyTorch 模型。
- 在 iOS 上构建 PyTorch 应用。

14.1　在 Android 上部署 PyTorch 模型

本节将创建一个 Android 应用程序，该程序允许用户使用手机相机捕捉图像并对捕获的图像进行预测（图像分类）。在本书的第 1 章中，我们训练了一个修订的国家标准和技术研究所（MNIST）模型对手写数字进行分类。在第 13 章中，我们使用追踪技术将训练好的 MNIST 模型从原始的 PyTorch 格式转换为中间表示（IR）。对于 Android 应用程序，首先将使用 PyTorch Mobile 优化这个经过追踪的 MNIST 模型，然后使用优化后的模型对捕获的图像进行预测（手写数字分类）。本节的所有代码都可以在 GitHub 上找到[2]。

14.1.1　将 PyTorch 模型转换为适合移动设备的格式

PyTorch Mobile 提供了一个函数 optimize_for_mobile()，它可以将追踪的 PyTorch 模型对象转换为适合移动设备的轻量级格式。这可以通过以下代码实现。

```
import torch
from torch.utils.mobile_optimizer import optimize_for_mobile
traced_model = torch.jit.load('MasteringPyTorchV2/Chapter13/traced_
convnet.pt')
optimized_traced_model = optimize_for_mobile(traced_model)
optimized_traced_model._save_for_lite_interpreter("./app/src/main/assets/
optimized_for_mobile_traced_model.pt")
```

读者可以在 GitHub 上找到这段代码[3]。上述代码首先加载追踪的 PyTorch 模型，将其转换为移动优化模型，并将其保存到 assets 文件夹中。Android 应用程序将加载此优化模型以对相机捕获的图像进行预测。

PyTorch 中的 optimize_for_mobile()函数旨在提高移动设备上机器学习模型的性能。它执行一系列优化，如通过融合操作和修剪不必要的组件来减小模型大小，改善内存使用，并提高执行速度。这确保了模型在典型的移动环境有限的硬件资源上高效运行。

接下来我们开始构建 Android 应用程序。

14.1.2　设置 Android 应用程序开发环境

为了构建 Android 应用程序，我们需要下载 Android Studio。Android Studio 是官方的 Android 应用程序开发集成开发环境（IDE），并由 Google 开发，它拥有强大且用户友好的界面。Android Studio 提供了设计、编码、测试和调试 Android 应用程序的工具和特性。读者可以从 Android Studio 的官方网站[4]下载。

注意：

Android 应用程序需要 3.5.1（或更高版本）的 Android Studio 才能成功运行。此版本的 Android Studio 也便于通过 Android Studio 界面安装 Android SDK（软件开发工具包）和 Android NDK（原生开发工具包），这些工具包对于此项目是必需的。

在 Android Studio 中，需要使用 Android 文件夹[2]作为项目路径来打开一个新项目。

注意：

Android SDK 需要 Java 语言的支持，因此需要安装 Java 开发工具包（JDK）。如果尚未安装，请按照参考文献[5]中的说明进行操作。

图 14.1 显示了相应的 IDE 窗口。

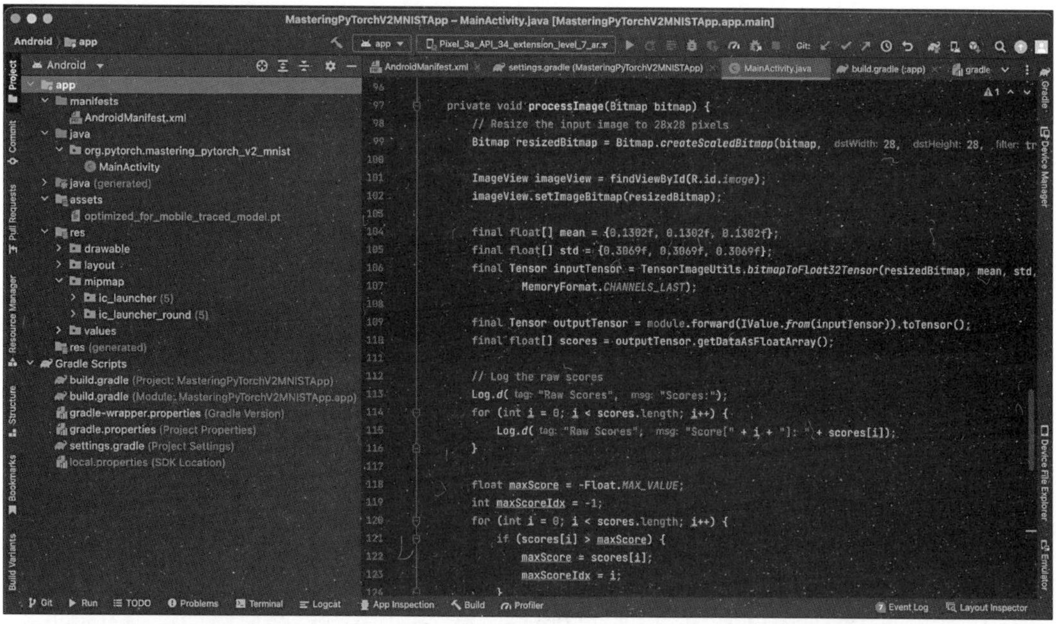

图 14.1　Android Studio 窗口显示的 Android 项目——MasteringPyTorchV2MNISTApp

在图 14.1 中，读者可能会注意到项目名称是 MasteringPyTorchV2MNISTApp。我们已在 settings.gradle 文件[6]中设置了此名称，该文件包含以下代码行。

```
include ':app'
rootProject.name='MasteringPyTorchV2MNISTApp'
```

上述配置代码基本上定义了 Android 应用程序（或项目）的名称，并指向了位于 app 文件夹内的 Android 应用程序的源代码。

☑ 注意：

Gradle 是一个开源的构建自动化工具，用于构建、自动化和管理软件项目的构建过程。它在 Java 和 Android 开发社区中特别受欢迎，尽管它也可以用于构建其他编程语言的项目。

在图 14.1 中，可以看到一个 build.gradle 文件[7]，它充当 MakeFile，包含了应用程序的所有构建指令。该文件的内容如下所示。

```
apply plugin: 'com.android.application'
android {
    compileSdkVersion 28
    buildToolsVersion "29.0.2"
    defaultConfig {
        applicationId "org.pytorch.mastering_pytorch_v2_mnist"
        minSdkVersion 21
        targetSdkVersion 28
        versionCode 1
        versionName "1.0"
    }
...
dependencies {
    implementation 'androidx.appcompat:appcompat:1.1.0'
    implementation 'org.pytorch:pytorch_android_lite:1.12.2'
    implementation 'org.pytorch:pytorch_android_torchvision_lite:1.12.2'
}
```

我们可以看到，该文件包含了各种配置信息，如 Android 应用程序的名称和版本、支持的最低和目标 SDK 版本（API 级别），以及不同的依赖项（应用程序正常运行所需的库）。不难发现，PyTorch Android 被列为依赖项（与 AndroidX 一起）。其中 org.pytorch:pytorch_android_lite 是主要的 PyTorch Android API 依赖项，包含 Android 的 libtorch 原生库；而 org.pytorch:pytorch_android_torchvision 提供了将 Android 应用程序捕获的图像（android. media.Image 和 android.graphics.Bitmap 等格式）转换为张量的函数。

☑ 注意：

AndroidX 是一个开源的 Android 软件库和开发平台，它提供了一套库、工具和架构组件，以简化 Android 应用的开发。它是 Android Support Library 的现代替代品，具有多项增强功能和额外特性。

在图 14.1 中，我们还可以看到优化后的 MNIST 模型文件显示在 assets 文件夹下。虽然我们已经拥有了机器学习模型，但为了完成 Android 应用程序，还需要构建以下两个组件。

● 　相机捕获。
● 　使用捕获的图像进行机器学习模型推理。

在开始处理捕获的图像进行模型推理（如图 14.1 中 processImage()函数所示）之前，下一节我们将讨论 Android 代码中的重要方面，这些内容使应用程序能够使用手机相机捕获图像，并将这些捕获的图像渲染以供进一步使用。

14.2　在 Android 应用程序中使用手机相机捕捉图像

当构建一个 Android 应用程序时，需要决定应用程序需要访问手机硬件和软件的哪些方面。在开始编写任何应用程序代码之前，首先需要在 AndroidManifest.xml 文件中填写这些访问需求，该文件位于 app 文件夹内的 src/main/子文件夹中。相应的清单文件[8]如下所示。

```xml
<?xml version="1.0" encoding="utf-8"?>
<manifest xmlns:android="http://schemas.android.com/apk/res/android"
    package="org.pytorch.mastering_pytorch_v2_mnist">
...
    <uses-permission android:name="android.permission.CAMERA" />
    <uses-feature android:name="android.hardware.camera" />
    <uses-feature android:name="android.hardware.camera.autofocus" />
</manifest>
```

在文件的最初几行中，我们指定了 Android 应用程序的名称和版本，而在文件的末尾，我们为这个应用程序请求了相机访问权限以使其正常工作。除了权限，该文件还指定了应用程序所使用的额外手机功能——手机相机以及手机相机中的自动对焦功能。

现在我们已经在清单文件中设置了访问权限，接下来将访问 Android 应用源代码的主文件 MainActivity.java。该文件[9]位于 src/main/java/org/pytorch/mastering_pytorch_v2_mnist 文件夹中，包含了在 MainActivity 类下运行的所有逻辑，如下列代码所示。

```java
package org.pytorch.mastering_pytorch_v2_mnist;
import android.content.Context;
import android.Manifest;
```

```
...
public class MainActivity extends AppCompatActivity {
    private static final int CAMERA_PERMISSION_CODE = 101;
    private static final int CAMERA_REQUEST_CODE = 102;
    private Module module;
    @Override
    protected void onCreate(Bundle savedInstanceState) {...}
    @Override
    public void onRequestPermissionsResult(int requestCode, @NonNull String[]
permissions, @NonNull int[] grantResults) {...}
    @Override
    protected void onActivityResult(int requestCode, int resultCode, Intent
data) {...}
    private void openCamera() {...}
    private void processImage(Bitmap bitmap) {...}
    // Helper method to get asset file path
    private String assetFilePath(Context context, String assetName) throws
IOException {...}
```

代码首先声明了包（app），然后导入了所需的模块（依赖项），如 android.content.Context
和 android.Manifest。随后定义了 MainActivity 类，它首先初始化了一些常量，然后定义了
一系列方法，这些方法将处理 Android 应用的重要方面和功能。接下来我们将查看其中一
些对于相机捕捉功能很重要的方法。

14.2.1　在应用启动时启用相机

当应用程序启动时，需要检查应用是否有权限访问手机相机。如果有，那么相机就会
打开，应用程序启动时立即出现图像捕捉屏幕。对应的 onCreate() 方法如下所示。

```
    protected void onCreate(Bundle savedInstanceState) {
        super.onCreate(savedInstanceState);
        setContentView(R.layout.activity_main);
        // Check for camera permission
        if (ContextCompat.checkSelfPermission(this, Manifest.permission.CAMERA)
!= PackageManager.PERMISSION_GRANTED) {
            ActivityCompat.requestPermissions(this, new String[]{Manifest.
permission.CAMERA}, CAMERA_PERMISSION_CODE);
        } else {
            openCamera();
        }
```

```
    ...
}
```

如果应用程序没有访问手机相机的权限，上述方法会请求用户允许访问相机，如图 14.2 所示。

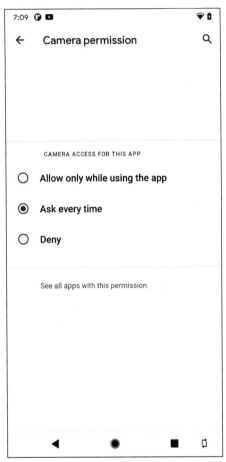

图 14.2　Android 应用程序请求用户允许访问相机以捕捉图像

如果用户在使用应用时允许使用相机，则下次用户启动该应用时不会出现此弹出窗口。但如果用户选择了 Ask every time 选项，则每次启动应用时都会显示此弹出窗口。而且，如果用户选择 Deny，则应用将无法正常工作，并显示诸如 Cannot connect to the camera 的错误信息。接下来我们将查看代码中的另一种方法，该方法处理用户对图 14.2 中显示的弹出窗口的响应。

1. 处理 Android 中的相机权限

一旦用户在图 14.2 中做出选择，相应地，代码需要处理该用户的操作。这是通过 onRequestPermissionsResult()方法完成的，对应代码如下所示。

```
    public void onRequestPermissionsResult(int requestCode, @NonNull String[]
permissions, @NonNull int[] grantResults) {
        super.onRequestPermissionsResult(requestCode, permissions,
grantResults);
        if (requestCode == CAMERA_PERMISSION_CODE) {
            if (grantResults.length > 0 && grantResults[0] == PackageManager.
PERMISSION_GRANTED) {
                openCamera();
            } else {
                // Permission denied, handle accordingly
                Toast.makeText(this, "Camera permission denied. Cannot open the
camera.", Toast.LENGTH_SHORT).show();
            }
        }
    }
```

基本上，如果用户授予访问相机的权限，我们就会打开相机，否则会向用户显示一条错误消息，告知他们无法打开相机。

2. 开启相机进行图像捕捉

一旦应用程序确认它有权限访问手机相机，则下列方法就会在应用程序内打开相机以方便进行图像捕捉。

```
private void openCamera() {
        Intent cameraIntent = new Intent(MediaStore.ACTION_IMAGE_CAPTURE);
        if (cameraIntent.resolveActivity(getPackageManager()) != null) {
            startActivityForResult(cameraIntent, CAMERA_REQUEST_CODE);
        }
    }
```

此时我们应该能够看到一个类似于图 14.3 所示的屏幕。

图像捕捉屏幕允许用户拍摄一张照片，并让机器学习模型对其进行推断。在图 14.3 所示的示例中，相机对准了一个手写数字。一旦捕捉到这张照片，它将由 MNIST 模型进行分析。接下来我们将了解代码中与相机相关的最后一个方法，也就是处理用户在图像捕捉屏幕上单击拍照时的场景。

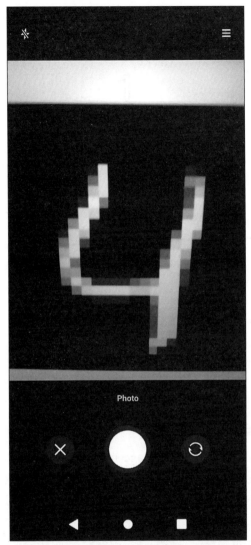

图 14.3 在图像捕捉屏幕中，应用程序访问相机，并包含不同的按钮，如闪关灯（左上方）、退出屏幕（左下方）、捕捉图像（中心底部）、切换相机（右下方）以及更多选项（右上方）

3. 使用手机相机捕捉图像

当用户使用图 14.3 中显示的图像捕捉拍摄照片时，需要将捕获的图像存储为图像对象的形式。在 Android 开发中，该对象是 android.graphics.Bitmap 对象。以下方法将相机捕获的图像转换为 Bitmap 对象。

```
    protected void onActivityResult(int requestCode, int resultCode, Intent
data) {
        super.onActivityResult(requestCode, resultCode, data);
        if (requestCode == CAMERA_REQUEST_CODE && resultCode == RESULT_OK) {
            if (data != null && data.getExtras() != null) {
                Bitmap capturedBitmap = (Bitmap) data.getExtras().get("data");
                if (capturedBitmap != null) {
                    processImage(capturedBitmap);
                }
            }
        }
    }
```

上述代码检查图像捕获是否返回了非空的数据流。如果是,那么这些数据将被转换为一个 Bitmap 对象 capturedBitmap。最后,如果这个对象不为空,那么图像将通过 processImage() 方法进行传递,在这个过程中将对捕获的图像运行模型推理。下一节中我们将详细讨论移动机器学习模型推理的细节。

14.2.2　在相机捕获的图像上运行机器学习模型推理

本节我们将专注于在 Android 应用程序中获取机器学习模型的预测,假设已经使用手机相机捕获了图像。我们确保在项目代码中所需位置存在相应的机器学习模型文件,并加载机器学习模型,然后处理捕获的图像以产生机器学习模型的预测结果。

1. 验证机器学习模型二进制文件路径

在讨论进行 ML 模型推理的 processImage() 方法之前,首先回顾一下 onCreate() 方法,该方法会在应用程序启动时检查相机权限。除了检查相机访问权限,该方法还确认移动优化的机器学习模型二进制文件是否在 src/main/assets 文件夹内可用,如下列代码所示。

```
protected void onCreate(Bundle savedInstanceState) {
        super.onCreate(savedInstanceState);
        setContentView(R.layout.activity_main);
...
        try {
            module = LiteModuleLoader.load(assetFilePath(this, "optimized_for_
mobile_traced_model.pt"));
        } catch (IOException e) {
            Log.e("MasteringPyTorchV2MNIST", "Error reading assets", e);
            finish();
```

```
        }
    }
```

机器学习模型在 module 变量下被加载。上述代码使用了一个辅助函数 assetFilePath()，该函数也在 MainActivity.java 文件中被定义，如下所示。

```
// Helper method to get asset file path
    private String assetFilePath(Context context, String assetName) throws
IOException {
        File file = new File(context.getFilesDir(), assetName);
        if (!file.exists()) {
            try (InputStream is = context.getAssets().open(assetName)) {
                try (OutputStream os = new FileOutputStream(file)) {
                    byte[] buffer = new byte[4 * 1024];
                    int read;
                    while ((read = is.read(buffer)) != -1) {
                        os.write(buffer, 0, read);
                    }
                    os.flush();
                }
            }
        }
        return file.getAbsolutePath();
    }
```

现在模型已经被确认存在于预期的位置，接下来我们将处理使用手机相机捕获的图像，以产生 MNIST 模型预测。

2. 在相机捕获的图像上执行图像分类

我们终于到达了 Android 应用源代码中最重要的部分。这里，我们将编写相应的逻辑，使用 processImage()方法在捕获的图像上生成机器学习模型预测，如下所示。

```
private void processImage(Bitmap bitmap) {
        // Resize the input image to 28x28 pixels
        Bitmap resizedBitmap = Bitmap.createScaledBitmap(bitmap, 28, 28, true);
        ImageView imageView = findViewById(R.id.image);
        imageView.setImageBitmap(resizedBitmap);
        // declare MNIST training dataset mean and std pixel values as we
        // did while training MNIST model in chapter 1
        // (https://github.com/arj7192/MasteringPyTorchV2/blob/main/Chapter01/
        // mnist_pytorch.ipynb)
        final float[] mean = {0.1302f, 0.1302f, 0.1302f};
```

```
        final float[] std = {0.3069f, 0.3069f, 0.3069f};
        final Tensor inputTensor = TensorImageUtils.
bitmapToFloat32Tensor(resizedBitmap, mean, std,
            MemoryFormat.CHANNELS_LAST);
        final Tensor outputTensor = module.forward(IValue.from(inputTensor)).
toTensor();
        final float[] scores = outputTensor.getDataAsFloatArray();
        // Log the raw scores
        Log.d("Raw Scores", "Scores:");
        for (int i = 0; i < scores.length; i++) {
            Log.d("Raw Scores", "Score[" + i + "]: " + scores[i]);
        }
        float maxScore = -Float.MAX_VALUE;
        int maxScoreIdx = -1;
        for (int i = 0; i < scores.length; i++) {
            if (scores[i] > maxScore) {
                maxScore = scores[i];
                maxScoreIdx = i;
            }
        }
        String className = String.valueOf(maxScoreIdx);
        TextView textView = findViewById(R.id.text);
        textView.setText(className);
        // Add "Retake Photo" button logic here
        Button retakeButton = findViewById(R.id.retake_button);
        retakeButton.setVisibility(View.VISIBLE); // Show the retake button
        retakeButton.setOnClickListener(new View.OnClickListener() {
            @Override
            public void onClick(View v) {
                openCamera();
                // Call the openCamera method again to capture a new image
            }
        });
    }
```

该方法中包含以下 3 个重要元素。

（1）将捕获的图像（Bitmap 对象）预处理成张量：首先将位图图像调整为 (28, 28) 像素大小，并根据 MNIST 数据集的 R、G、B 通道的均值和标准差值对像素值进行归一化。然后，将归一化的 Bitmap 对象转换为 float32 张量。

（2）对图像张量运行机器学习模型推理：将生成的张量传入已加载的机器学习模型进行推理，为所有 10 个类别（数字 0 到 9）产生类别得分。得分最高的类别（数字）被显示为捕获图像的模型预测结果。所有类别得分都会被记录，以便于调试。

（3）请求用户重新拍摄照片以进行另一次模型预测：一旦模型产生了预测结果，在屏幕底部会弹出一个按钮，提供给用户重新拍摄照片的机会。如果用户单击该按钮，则应用程序将重新打开相机并返回图像捕捉屏幕。

图 14.4 展示了端到端的流程，从用户捕捉并确认图像，到机器学习模型返回该图像的数字预测，以及应用程序询问用户是否想要重新拍摄照片。

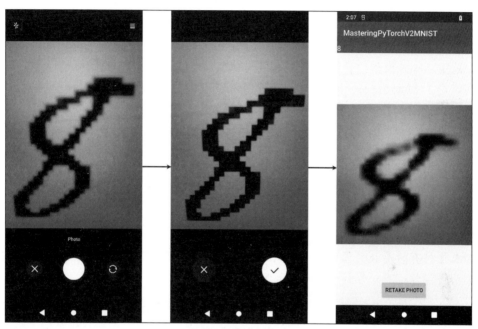

图 14.4 端到端 MasteringPyTorchV2MNISTApp 流程，从图像捕捉到机器学习模型推理

在图 14.4 中最右侧的屏幕上，当机器学习模型被触发时，类别 logit 会在 Android Studio IDE 底部被记录，对于数字 8 这个示例，相关日志如下所示。

```
D/Raw Scores: Scores:
D/Raw Scores: Score[0]: -2.8765326
D/Raw Scores: Score[1]: -7.383335
D/Raw Scores: Score[2]: -2.4631808
D/Raw Scores: Score[3]: -3.6827347
D/Raw Scores: Score[4]: -5.9684258
D/Raw Scores: Score[5]: -3.177271
D/Raw Scores: Score[6]: -4.41477
D/Raw Scores: Score[7]: -8.842412
```

```
D/Raw Scores: Score[8]: -0.26049972
D/Raw Scores: Score[9]: -5.1912117
```

我们可以看到，数字 8 的 logit 值最高，因此它被显示为模型预测结果，如图 14.4 中右侧屏幕所示。

✔ 注意：

logit 值越高，概率也就越大，反之亦然。

值得注意的是，当从图 14.4 中的中间屏幕过渡到最右边的屏幕时，由于对捕捉到的图像进行了重塑（方形图像）和大小调整（每边调整为 28 像素），因此捕捉到的图像会略微失真。这里，输入模型的是图 14.4 最右侧屏幕上显示的图像。

在讨论了 MainActivity.java 文件中的所有必要方法后，接下来我们将在设备上启动并实时使用该应用程序。

14.2.3　在 Android 移动设备上启动应用程序

本节我们将在 Android 移动设备上运行此应用程序。用户应该通过 USB 数据线将 Android 设备（版本 10 或更高）连接到笔记本电脑，并在设备设置中启用 Developer Options。

✔ 注意：

如果您持有的是 iOS 设备而不是 Android 设备，则可以简单地阅读本节内容，然后在下一节亲自操作。下一节将专门介绍 iOS。

一旦连接成功，用户应该能够在 Android Studio 的 Available devices 下拉菜单中选择设备（参见图 14.1 中的 Pixel_3a_API_34_extension_level_7_部分）。在选择设备后，按下 Run 按钮，用户将在日志中看到下列输出内容。

```
11/02 13:44:44: Launching 'app' on Xiaomi 220733SI.
Install successfully finished in 703 ms.
$ adb shell am start -n "org.pytorch.mastering_pytorch_v2_mnist/org.pytorch.
mastering_pytorch_v2_mnist.MainActivity" -a android.intent.action.MAIN -c
android.intent.category.LAUNCHER
Connected to process 5857 on device 'xiaomi-220733si-ABCDEFGHIJKLMNOP'.
Capturing and displaying logcat messages from application. This behavior can
be disabled in the "Logcat output" section of the "Debugger" settings page.
```

上述日志是针对红米 A1 手机生成的，笔者在本章中一直使用该手机来构建 Android 应用程序。图 14.5 显示了笔者的手机配置。

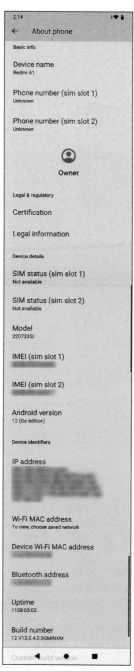

图 14.5　红米 A1 安卓手机的设备信息

当在设备上成功启动应用程序时，用户将看到应用程序的启动屏幕，类似于图 14.4 中的左侧屏幕。如果用户是第一次启动应用程序，可能会看到图 14.2 中要求获取相机权限的屏幕。一旦启动，应用程序将永久安装在用户的手机上，即使手机与笔记本电脑断开连接也可以访问。图 14.6 显示了笔者手机主屏幕上的应用程序，包括其标志和信息。

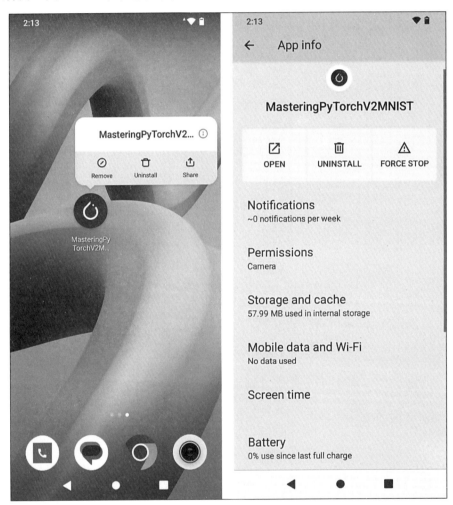

图 14.6　MasteringPyTorchV2MNIST 已安装在安卓设备上，并可在主屏幕中访问

我们可以看到，该应用程序需要相机权限，并在特定应用程序会话中以捕获图像的形式拥有一些缓存。图 14.7 显示了移动 ML 模型对各种捕获的手写数字图像进行正确预测的一些示例。

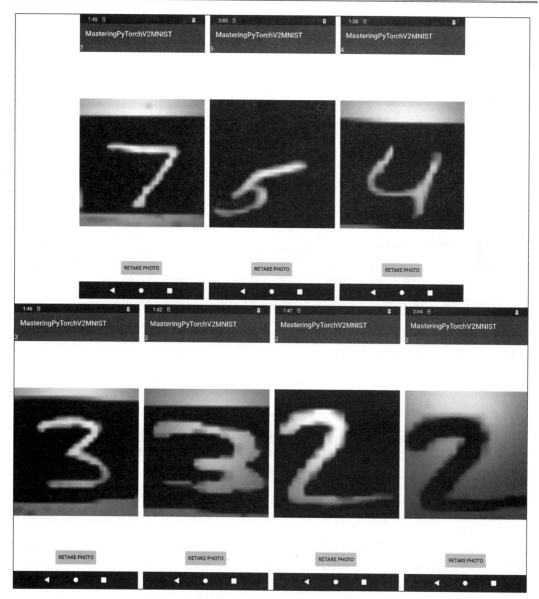

图 14.7　由 MNIST 移动模型做出的正确预测示例

有趣的是，该模型能够在不同的颜色组合上进行操作，包括黑墨水、白墨水、黄墨水、黑色背景和白色背景。然而，该模型并非完美无缺，正如图 14.8 中展示的一些边缘情况所揭示的那样。在这些图像中，数字 1 的书写方式与数字 7 和数字 4 的某些部分重叠，因此模型在处理这样的图像时会出现一些可以理解的错误。在这种情况下，观察模型的原始概率输出，可以了解模型在犯错时的置信度——置信度越高，需要重新训练/微调以修复此类错误所需的努力就越多。

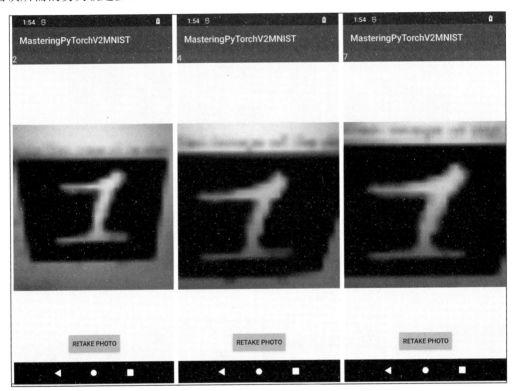

图 14.8　由 MNIST 移动模型产生的错误预测示例

关于使用 PyTorch Mobile 来构建一个 Android 应用程序，用于对相机捕捉的图像进行手写数字分类，这一话题暂告一段落。有关在 Android 应用程序中构建和部署各种 ML 模型的更多信息，读者可参考 PyTorch Android 网页[10]。下一节我们将在 PyTorch Mobile 的帮助下，再次进行相同的练习，但这次是针对 iOS。

14.3　在 iOS 上构建 PyTorch 应用

本节我们将创建一个 iOS 应用程序，允许用户对摄像头捕获的手写数字图像进行手写数字分类。我们将重用 Android 应用开发部分中的移动优化 MNIST 模型。本节的所有代码均可在 GitHub[11]上找到。

14.3.1　设置 iOS 开发环境

要构建 iOS 应用程序，需要在 MacBook 上下载 Xcode[12]。Xcode 是苹果公司为开发 iOS（以及 macOS、iPadOS、watchOS 和 tvOS）上的软件而创建的集成开发环境。它是开发者用于为苹果的各种平台创建应用程序和软件的主要工具。

☑ 注意：

读者需要 Xcode 11 或更高版本来构建此应用程序。Xcode 是构建 iOS 应用程序的集成开发环境。读者必须拥有一台 MacBook 来构建 iOS 应用程序。

在打开 Xcode 之前，首先需要从命令行将当前工作目录设置为 iOS/HelloWorld 文件夹[13]。在这个目录中，需要运行以下命令。

```
pod install
```

pod 命令指的是 CocoaPods[14]，这是一个用于 iOS 项目的开源依赖项管理器。它简化了将第三方库和框架整合到 Xcode 项目中的过程。CocoaPods 自动化了这个过程，而不需要用户手动下载、配置和添加外部库到项目中。

☑ 注意：

可以使用以下命令在 MacBook 上安装 CocoaPods：

```
sudo gem install cocoapods
```

上述命令本质上是从 Podfile 安装依赖项（类似于用命令 pip install -r requirements.txt 从 requirements.txt 文件安装依赖项）。在当前工作目录中，我们有一个 Podfile[15]，其内容如下所示。

```
platform :ios, '12.0'
target 'HelloWorld' do
    pod 'LibTorch-Lite', '~> 1.13.0.1'
end
```

因此，pod install 命令安装了 PyTorch C++库（libtorch），这是在 iOS 应用中运行机器学习预测所必需的。该命令应该在终端屏幕上生成下列类似的输出结果。

```
Analyzing dependencies
```

```
Adding spec repo 'trunk' with CDN 'https://cdn.cocoapods.org/'
Downloading dependencies
Installing LibTorch-Lite (1.10.0)
Generating Pods project
Integrating client project
[!] Please close any current Xcode sessions and use 'HelloWorld.xcworkspace'
for this project from now on.
Pod installation complete! There is 1 dependency from the Podfile and 1 total
pod installed.
```

如上述输出所述，在 Xcode 中打开 HelloWorld.xcworkspace（从当前工作目录中）。您将看到如图 14.9 所示的 Xcode IDE 窗口。

图 14.9　显示 HelloWorld 项目的 Xcode 窗口

在图 14.9 的最左侧，可以看到模型文件夹，其中包含移动优化的 MNIST 模型对象[16]。使用以下命令将此模型从 Android 文件夹复制到 iOS 文件夹。

```
cp ../../Android/app/src/main/assets/optimized_for_mobile_traced_model.pt
HelloWorld/model/model.pt
```

在图 14.9 的最左侧部分，还可以看到 Info.plist 文件[17]。这是一个配置文件，包含了关于 iOS 应用的基本元数据和配置信息。它以 XML 格式编写，用于向操作系统和 App Store

提供关于应用应该如何表现的详细信息。

　　为了启用摄像头访问，我们已经向该文件添加了一个条目，如图 14.10 所示。

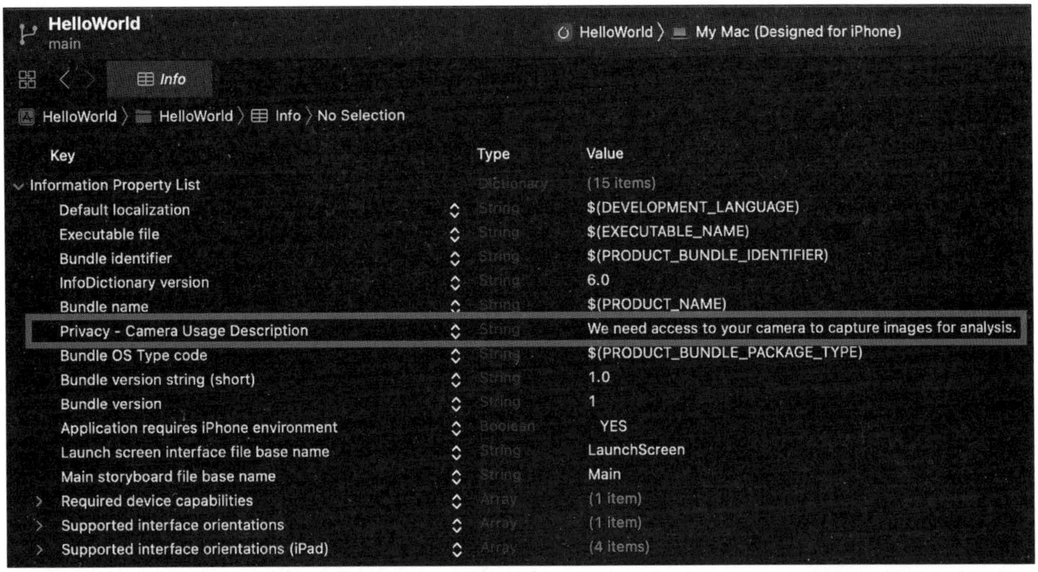

图 14.10　Info.plist 文件显示了各种应用程序配置设置，并突出显示了摄像头访问请求及其理由说明

　　在 iOS 应用开发中，需要为访问手机摄像头做出合理解释，如图 14.10 右侧高亮部分所示。现在我们已经设置好 Xcode 项目，并处理了手机摄像头访问权限问题，接下来将考查处理应用图像捕获功能的代码。

14.3.2　在 iOS 应用中使用手机摄像头捕获图像

　　在图 14.9 的左侧，可以看到一些包含源代码的不同文件。这些是 Swift 文件，Swift 是一种用于编写 iOS 应用源代码的编程语言。为应用程序处理摄像头捕捉的文件是 CaptureViewController.swift[18]。此文件包含 CaptureViewController 类，该类列出了处理摄像头捕获流程所需的各种对象和方法，如下所示。

```
class CaptureViewController: UIViewController, AVCapturePhotoCaptureDelegate {
    @IBOutlet var captureButton: UIButton!
    @IBOutlet var imageView: UIImageView!
    private var captureSession: AVCaptureSession!
    private var photoOutput: AVCapturePhotoOutput!
    private var previewLayer: AVCaptureVideoPreviewLayer!
```

```
    private var capturedImage: UIImage?
    func viewDidLoad() {...}
    func setupCamera() {...}
    @IBAction func captureButtonTapped(_ sender: UIButton) {...}
    func photoOutput(_ output: AVCapturePhotoOutput, didFinishProcessingPhoto
photo: AVCapturePhoto, error: Error?) {...}
    ...
}
```

在上述代码中：

（1）定义了一个与摄像头捕获屏幕上的捕获按钮相关联的对象 captureButton。

（2）一个与屏幕上动态摄像头输出显示相关联的对象 imageView。

（3）一个会话对象 captureSession，用它管理来自手机摄像头的实时图像流捕获。

（4）一个 photoOutput 对象，用于存储捕获的原始照片。

（5）一个 previewLayer 对象，它将捕获的照片渲染给用户。

（6）一个 capturedImage 对象，它存储了原始捕获照片的处理形式（存储在 photoOutput 中）。

在这些对象之后是几个已声明的方法，首先是 viewDidLoad()。viewDidLoad()方法用于给定视图的初始设置和配置，在本例中是摄像机捕捉视图（或屏幕）。该方法包含下列代码。

```
override func viewDidLoad() {
    super.viewDidLoad()
    setupCamera()
}
```

该方法反过来调用 CaptureViewController 类中的另一个函数 setupCamera()。setupCamera()函数首先确定应用是否真的可以访问手机摄像头。接下来，它初始化了运行摄像头捕获流程所需的 captureSession、previewLayer 和 photoOutput 对象。该函数以运行摄像头捕获会话结束，代码如下所示。

```
func setupCamera() {
    captureSession = AVCaptureSession()
    guard let captureDevice = AVCaptureDevice.default(for: .video) else {
        fatalError("Cannot access camera.")
    }
    do {
        let input = try AVCaptureDeviceInput(device: captureDevice)
        captureSession.addInput(input)
        photoOutput = AVCapturePhotoOutput()
        captureSession.addOutput(photoOutput)
        previewLayer = AVCaptureVideoPreviewLayer(session: captureSession)
```

```
            previewLayer.videoGravity = .resizeAspectFill
            // Maintain aspect ratio
            // Calculate the square frame that fits within the screen bounds
            let previewFrame = ...
            previewLayer.frame = previewFrame
            view.layer.addSublayer(previewLayer)
            captureSession.startRunning()
        } catch {
            fatalError("Cannot set up camera.")
        }
    }
```

上述代码定义了将输入的图像流捕捉到 photoOutput 对象中，并在 previewLayer 中显示摄像头捕捉结果的逻辑。接下来是 captureButtonTapped()函数，该函数将按下相机捕捉按钮与在 photoOutput 变量中存储捕捉到的照片连接起来。

```
@IBAction func captureButtonTapped(_ sender: UIButton) {
        let settings = AVCapturePhotoSettings()
        photoOutput.capturePhoto(with: settings, delegate: self)
}
```

接下来是 photoOutput()函数，它将原始捕获的 photoOutput 对象转换为最终的 capturedImage 对象，并在 previewLayer 上显示捕获的图像。

```
func photoOutput(_ output: AVCapturePhotoOutput, didFinishProcessingPhoto
photo: AVCapturePhoto, error: Error?) {
        if let imageData = photo.fileDataRepresentation(), let image =
UIImage(data: imageData) {
            capturedImage = cropImage(image, to: previewLayer.frame)
            performSegue(withIdentifier: "showImagePreview", sender: self)
        }
    }
```

上述代码本质上是将捕获的照片流转换为图像数据表示，并对此图像进行裁剪以适应手机屏幕的尺寸限制。至此，我们完成了处理摄像头捕获逻辑所需的工作。下一节我们将学习如何使用摄像头捕获的图像进行机器学习模型推理，并在 iOS 应用上显示模型预测结果。

14.3.3　在摄像头捕获的图像上运行机器学习模型推理

AI 驱动的 iOS 应用中最重要的源代码位于 PreviewViewController.swift 文件[19]中。该文件包含 PreviewViewController 类，其中列出了几个关键对象和方法，这些对象和方法对于应用程序在捕获的图像上运行和显示 ML 模型预测结果至关重要。该类包含以下高级组件。

```
class PreviewViewController: UIViewController {
    @IBOutlet var imageView: UIImageView!
    @IBOutlet var resultView: UITextView!
    var capturedImage: UIImage?
    private lazy var module: TorchModule = {...}
    private lazy var labels: [String] = {...}
    func viewDidLoad() {...}
```

首先，imageView 对象用于在预览屏幕中显示捕获的图像。在同一个预览界面中，我们在 resultView 对象下显示 ML 模型的预测结果。这里初始化的 capturedImage 对象与在 Capture 视图中存储最终捕获图像的对象相同。我们将使用 capturedImage 对象作为 ML 模型推理的输入。

接下来我们将定义一个模块变量，用于加载经过移动优化的 MNIST 模型对象。

```
private lazy var module: TorchModule = {
        if let filePath = Bundle.main.path(forResource: "model", ofType: "pt"),
            let module = TorchModule(fileAtPath: filePath) {
            return module
        } else {
            fatalError("Can't find the model file!")
        }
    }()
```

首先检查模型文件是否位于预期的位置，然后将其作为 TorchModule 对象加载模型。

📝 **注意：**

在这一步使用 TorchModule 是因为需要使用 pod install 命令为这个项目安装 libtorch。TorchModule 具有简化序列化、高效的设备无关计算，以及与更广泛的 PyTorch 生态系统直接集成等优点，可以简化模型部署和执行。

随后定义了一个类型为 String 的 labels 变量，它用于将机器学习模型输出的原始数值映射到 10 个类别之一（数字 0～9），并在应用屏幕上以字符串形式显示这个数字。

```
private lazy var labels: [String] = {
        if let filePath = Bundle.main.path(forResource: "digits", ofType:
"txt"),
            let labels = try? String(contentsOfFile: filePath) {
            return labels.components(separatedBy: .newlines)
```

```
        } else {
            fatalError("Can't find the text file!")
        }
    } ()
```

上述代码加载了一个 labels.txt 文件[20]（位于包含 model.pt 文件的同一模型文件夹中），该文件简单地列出了数字 0 到 9（每行一个数字）。最后，viewDidLoad() 方法设置了对捕获图像运行模型推理并在屏幕上显示预测的逻辑。

```
override func viewDidLoad() {
        super.viewDidLoad()
        imageView.image = capturedImage
        guard let resizedImage = capturedImage?.resized(to: CGSize(width: 28,
height: 28)),
                var pixelBuffer = resizedImage.grayscaleNormalized() else {
            return
        }
        guard let outputs = module.predict(image:
UnsafeMutableRawPointer(&pixelBuffer)) else {
            return
        }
        print("Raw Predictions: \(outputs)") // Print the raw predictions array
        // Find the index of the maximum value in the outputs array
        if let maxIndex = outputs.indices.max(by: { outputs[$0].floatValue <
outputs[$1].floatValue }) {
            let predictedDigit = maxIndex // This is the predicted digit
            print("Predicted Digit: \(predictedDigit)")
            resultView.text = "Predicted Digit: \(predictedDigit)"
        } else {
            print("Unable to determine predicted digit")
            resultView.text = "Unable to determine predicted digit"
        }
    }
```

在该方法中，首先使用 resized() 方法将图像调整为 (28, 28) 像素，然后使用 grayscaleNormalized() 方法将调整后的图像转换为灰度图像，其像素值根据 MNIST 数据集的均值和标准差值进行归一化。Resized() 和 grayscaleNormalized() 方法均定义在 UIImage+Helper.swift 文件[21]中。

然后对归一化后的图像运行 module.predict（模型推理），以产生 MNIST 模型的类别概率。原始概率被记录用于调试，并且具有最高概率的类别（数字）通过 labels 变量转换为相应的字符串值。这个字符串值随后显示在预览屏幕上的 resultView 对象下。图 14.11 展示了预览屏幕的示例，其中机器学习模型正确地从捕获的图像中预测出了数字。

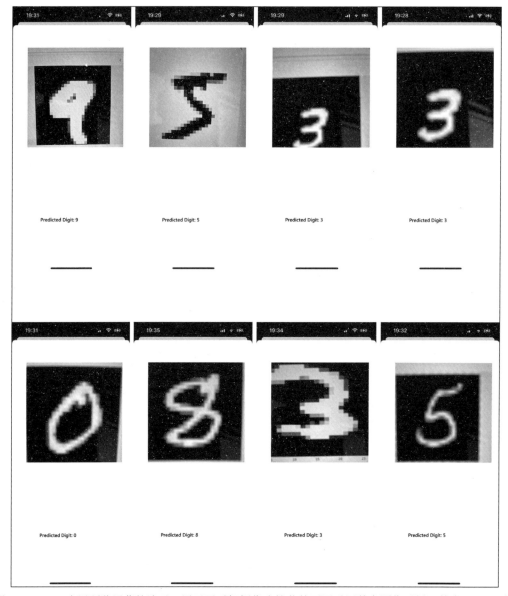

图 14.11　iOS 应用预览屏幕的演示，展示了手机摄像头捕获的不同手写数字图像示例，其中 MNIST 模型对图像进行了正确的数字预测

如图 14.11 所示，iOS 应用能够利用底层移动优化的 MNIST 模型为不同的图像产生正确的预测结果。

☑ **注意**：

请使用 iOS 版本 12.0 或更高版本来开发此应用程序。

将 iPhone 通过无线或 USB 电缆连接到 MacBook（读者正在 MacBook 上用 Xcode 构建应用程序），即可在 iPhone 上启动应用程序。连接后，应该可以在 Xcode 窗口顶部中央区域的下拉菜单中看到相应的设备，参见图 14.9 中的 My Mac (Designed for iPhone)选项卡。选择设备并单击 Xcode IDE 左上角面板中的 Run 按钮，将首先构建项目，然后在 iPhone 上启动应用程序。在图 14.11 所示的视觉效果中，笔者使用的是 iOS 版本为 16.6 的 iPhone 13 Pro。读者可以在图 14.12 中找到本练习所用设备的详细信息。

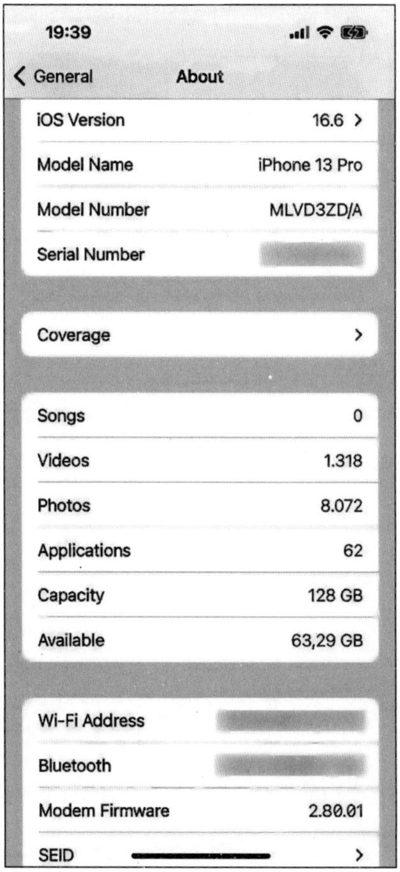

图 14.12　用于部署手写数字分类应用的 iPhone 的详细信息

至此，由 PyTorch 驱动的 iOS 应用程序的开发和部署工作圆满结束，该应用程序可对摄像头捕捉到的图像进行图像分类。PyTorch iOS 网页[22]是学习如何在 iOS 应用程序中构建其他类型 ML 模型的绝佳资源。我们希望您现在能够更轻松、更有效地使用 PyTorch 来开发人工智能驱动的移动应用程序。

14.4　本 章 小 结

本章首先讨论了 PyTorch Mobile，以及如何使用它将追踪到的 PyTorch 模型工件转换为可在移动设备上运行的优化模型对象。然后，我们学习了如何使用 PyTorch Mobile 构建一个 Android 应用程序，利用预先训练好的 MNIST 模型对手机摄像头捕捉到的手写数字图像进行分类。然后，我们为 iOS 重复了这个练习，从零开始构建了一个 iOS 应用，将手写数字图像分类为 10 个类别之一。第 15 章我们将讨论各种工具和库，如 fastai 和 PyTorch Lightning，它们加速并简化了 PyTorch 中的模型训练过程。此外我们还将学习如何使用 PyTorch 分析器分析 PyTorch 代码，以了解资源利用情况。

14.5　参 考 文 献

[1] GitHub 1：https://pytorch.org/mobile/home/。

[2] GitHub 2：https://github.com/arj7192/MasteringPyTorchV2/tree/main/Chapter14/Android。

[3] GitHub 3：https://github.com/arj7192/MasteringPyTorchV2/blob/main/Chapter14/Android/mobile_optimized_model.py。

[4] Android Studio：https://developer.android.com/studio。

[5] Install JDK 21：https://www3.ntu.edu.sg/home/ehchua/programming/howto/jdk_howto.html。

[6] GitHub 4：https://github.com/arj7192/MasteringPyTorchV2/blob/main/Chapter14/Android/settings.gradle。

[7] GitHub 5：https://github.com/arj7192/MasteringPyTorchV2/blob/main/Chapter14/Android/app/build.gradle。

[8] GitHub 6：https://github.com/arj7192/MasteringPyTorchV2/blob/main/Chapter14/Android/app/src/main/AndroidManifest.xml。

[9] GitHub 7：https://github.com/arj7192/MasteringPyTorchV2/blob/main/Chapter14/Android/app/src/main/java/org/pytorch/mastering_pytorch_v2_mnist/MainActivity.java

[10] 基于 Android 的 PyTorch Mobile：https://pytorch.org/mobile/android/。

[11] GitHub 8：https://github.com/arj7192/MasteringPyTorchV2/tree/main/Chapter14/iOS。

[12] Xcode 15：https://developer.apple.com/xcode/。

[13] GitHub 9：https://github.com/arj7192/MasteringPyTorchV2/tree/main/Chapter14/iOS/HelloWorld。

[14] CocoaPods：https://cocoapods.org/。

[15] GitHub 10：https://github.com/arj7192/MasteringPyTorchV2/blob/main/Chapter14/iOS/HelloWorld/Podfile。

[16] GitHub 11：https://github.com/arj7192/MasteringPyTorchV2/blob/main/Chapter14/iOS/HelloWorld/HelloWorld/model/model.pt。

[17] GitHub 12：https://github.com/arj7192/MasteringPyTorchV2/blob/main/Chapter14/iOS/HelloWorld/HelloWorld/Info.plist。

[18] GitHub 13：https://github.com/arj7192/MasteringPyTorchV2/blob/main/Chapter14/iOS/HelloWorld/HelloWorld/CaptureViewController.swift。

[19] GitHub 14：https://github.com/arj7192/MasteringPyTorchV2/blob/main/Chapter14/iOS/HelloWorld/HelloWorld/PreviewViewController.swift。

[20] GitHub 15：https://github.com/arj7192/MasteringPyTorchV2/blob/main/Chapter14/iOS/HelloWorld/HelloWorld/model/digits.txt.

[21] GitHub 16：https://github.com/arj7192/MasteringPyTorchV2/blob/main/Chapter14/iOS/HelloWorld/HelloWorld/UIImage%2BHelper.swift。

[22] 基于 iOS 的 PyTorch Mobile：https://pytorch.org/mobile/ios/。

第 15 章　使用 PyTorch 进行快速原型开发

前述章节探讨了 PyTorch 作为 Python 库的多方面内容，包括在训练视觉和文本模型中的应用、用于加载和处理数据集的大量应用编程接口（API）、PyTorch 提供的模型推理支持、PyTorch 与 C++ 等编程语言，以及其他深度学习库（如 TensorFlow）之间的互操作性。

为了容纳这些特性，PyTorch 提供了一个丰富而广泛的 API 家族，这使得它成为有史以来最好的深度学习库之一。然而，这些特性的广泛性也使得 PyTorch 成为一个庞大的库，有时可能会使用户在执行简化或简单的模型训练和测试任务时感到畏惧。

本章专注于介绍一些建立在 PyTorch 之上的库，并旨在提供直观且易于使用的 API，帮助读者仅用几行代码就能快速构建模型训练和测试流程。我们将首先讨论 fastai，这是最受欢迎的高级深度学习库之一。

我们将展示 fastai 如何帮助加速深度学习研究过程，并使各专业水平的人士都能够接触深度学习。接下来将讨论 PyTorch Lightning，它提供了使用完全相同的代码在任何硬件配置上进行训练的能力，无论是多个中央处理单元（CPUs）、图形处理单元（GPUs），甚至是张量处理单元（TPUs）。

此外还有许多其他类似的库，如 Poutyne、PyTorch Ignite 等，它们旨在实现相似的目标。我们在这里不会全面介绍它们，但会提供 Poutyne 的 GitHub 代码作为练习，并通过几行代码训练 PyTorch 模型。

最后将探索 PyTorch 分析器，并使用它来理解 PyTorch 模型在推理期间的 CPU 处理、GPU 处理以及内存消耗。本章将介绍那些对于快速原型开发深度学习模型极其有用的高级深度学习库，并使读者能够在推理期间分析模型的性能。

在本章结束时，读者将能够在自己的深度学习项目中使用 fastai、PyTorch Lightning、Poutyne 和 PyTorch Profiler，并且将看到在模型训练和测试上花费的时间大大减少。

本章主要涉及下列主题。

- 使用 fastai 在几分钟内设置模型训练。
- 使用 PyTorch Lightning 在硬件上训练模型。
- 使用 PyTorch 分析器分析 MNIST 模型推理。

15.1　使用 fastai 在几分钟内设置模型训练

这一部分我们将使用 fastai 库[1]，在不到 10 行代码的情况下训练和评估一个手写数字分类模型。此外我们还将使用 fastai 的可解释性模块来理解训练模型表现不佳之处。练习的完整代码可以在 GitHub 代码库[2]中找到。

15.1.1　设置 fastai 和加载数据

在这一部分，我们将首先导入 fastai 库，然后加载 MNIST 数据集，最后对数据集进行预处理以训练模型。

（1）以推荐的方式导入 fastai，如下所示。

```
import os
from fast.ai.vision.all import *
```

尽管在 Python 中使用 import *不是推荐的导入库的方式，但 fastai 文档建议使用这种格式[3]。

基本上，这行代码导入了 fastai 库中的一些关键模块，这些模块通常是必要的，而且对于用户执行模型训练和评估来说已然足够了。

（2）通过使用 fastai 现成的数据模块，我们将加载 MNIST 数据集，它位于 fastai 库提供的数据集列表中[4]，如下所示。

```
path = untar_data(URLs.MNIST)
print(path)
```

上述代码将输出下列结果。

```
/Users/ashish.jha/.fastai/data/mnist_png
```

这是数据集将被存储的位置，仅供我们将来参考使用。

（3）查看存储的数据集中的一个样本图像路径，以了解数据集的布局方式，对应代码如下所示。

```
files = get_image_files(path/"training")
print(len(files))
print(files[0])
```

输出结果如下所示。

```
60000
/Users/ashish.jha/.fastai/data/mnist_png/training/9/36655.png
```

可以看到，训练数据集中总共有 60000 张图像。在训练文件夹内，有一个名为 9 的子文件夹，这代表数字 9，而在该子文件夹内则是数字 9 的图像。

☑ **注意**：

fastai 函数，如 get_image_path、untar_data 等，是 fastai 库的特定函数，在 PyTorch 中不可用。在这方面，fastai 的 API 与 PyTorch 和其他 PyTorch 框架（如 PyTorch Lightning）是完全隔离的。

（4）利用上一步骤收集的信息，可以为 MNIST 数据集生成标签。首先声明一个函数，该函数接收图像路径，并使用其父文件夹的名称来推导图像所属的数字（类别）。使用该函数和 MNIST 数据集路径，我们实例化一个 DataLoader，如下列代码片段所示。

```
def label_func(f): return f.parent.name
dls = ImageDataLoaders.from_path_func(
    path, fnames=files, label_func=label_func, num_workers=0)
dls.show_batch()
```

在创建 DataLoader 对象时，我们将 num_workers 设置为 0。这意味着数据将在主进程中被加载，这确保了训练周期中内存消耗的稳定性。上述代码的输出结果如图 15.1 所示。

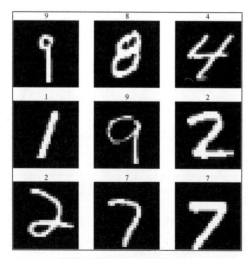

图 15.1　fastai 批量显示

可以看到，DataLoader 已经正确设置，我们现在准备进入下一个阶段——模型训练，这将在下一节进行。

15.1.2　使用 fastai 训练 MNIST 模型

利用 15.1.1 节创建的 DataLoader，现在我们将使用 fastai 并用 3 行代码训练一个模型，步骤如下。

（1）使用 fastai 的 vision_learner 模块来实例化模型。我们不从头开始定义模型架构，而是使用 resnet18 作为基础架构。fastai 为计算机视觉任务提供了广泛的基础架构列表[5]。同时，欢迎读者回顾第 2 章中提供的 CNN 模型架构细节。

（2）定义模型训练日志应包含的指标。在实际训练模型之前，我们使用 fastai 的学习率查找器为这种模型架构和数据集组合建议一个合适的学习率[6]。对应代码如下所示。

```
learn = vision_learner(dls, arch=resnet18, metrics=accuracy)
learn.lr_find()
```

输出结果如图 15.2 所示。

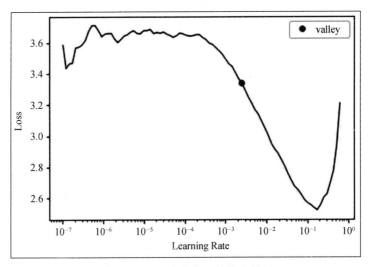

图 15.2　学习率查找器的输出结果

学习率查找器本质上是在每次迭代中使用不同的学习率进行模型训练，从低值开始，到高值结束。然后，它会将每次迭代的损失与相应的学习率值绘制成图表。如图 15.2 所示，0.0025 的学习率是最优的。因此将选择这个值作为模型训练的基础学习率。

（3）准备训练模型。对此，可以使用 learn.fit 从头开始训练模型，但为了追求更好的性能，我们将使用 learn.fine_tune()方法微调一个预训练的 resnet18 模型，如下列代码所示。

```
learn.fine_tune(epochs=2, base_lr=0.0025, freeze_epochs=1)
```

这里，freeze_epochs 指的是模型最初在冻结网络（只有最后一层解冻）下训练的周期数量。epochs 指的是之后通过解冻整个 resnet18 网络来训练模型的周期数量。代码应输出如下内容。

```
epoch    train_loss    valid_loss    accuracy    time
0    0.748856    0.509900    0.838667    06:12
epoch    train_loss    valid_loss    accuracy    time
0    0.107178    0.077484    0.977583    12:40
1    0.058555    0.044029    0.987167    12:38
```

不难发现，首先是使用冻结网络进行的一个训练周期，然后是使用解冻网络进行的两个后续训练周期。此外我们还看到日志中的准确度指标，这是在第（2）步中声明的指标。训练日志看起来是合理的，而且看起来模型确实在学习任务。练习的下一部分我们将观察这个模型在一些样本上的表现，并尝试了解其失败之处。

15.1.3　使用 fastai 评估和解释模型

我们将查看训练好的模型在一些样本图像上的表现，然后探讨模型所犯的主要错误，以了解其可以改进的余地。

（1）有了训练好的模型，即可使用 show_results()方法来查看模型的一些预测，如下列代码所示。

```
learn.show_results()
```

输出结果如图 15.3 所示。

在图 15.3 中，可以看到模型正确识别了所有 9 张图像。由于训练模型的准确率已经达到 99%，我们需要查看 100 张图像才可能看到一个错误的预测。接下来将专门查看模型犯下的错误。

（2）第 17 章将详细了解模型的可解释性。理解训练模型如何工作的一种方法是查看它最常失败的地方。使用 fastai 的 Interpretation 模块，可以在两行代码中完成这项工作，如下所示。

```
interp = Interpretation.from_learner(learn)
interp.plot_top_losses(9, figsize=(15,10))
```

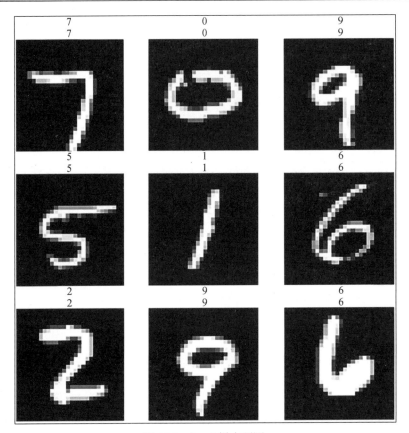

图 15.3　fastai 样本预测

输出结果如图 15.4 所示。

在图 15.4 中，可以看到每张图像都包含预测结果、真实标签、交叉熵损失和预测概率。这些情况中的大多数对于人类来说也是困难的，因此模型犯错误是可以接受的。但对于像右下角那样的案例，模型显然是错误的。然后，这种分析的后续工作可以是进一步剖析模型中这些奇怪的情况，正如我们在前一章所做的那样。

至此结束了关于 fastai 的练习和讨论。fastai 为机器学习工程师和研究人员，无论是初学者还是高级用户都提供了很多资源。该练习旨在展示 fastai 的快速和易用性。本节内容可用于处理其他机器学习任务（通过 fastai）。在幕后，fastai 使用 PyTorch 的功能，因此总是有可能在这两者之间切换框架。

接下来我们将探索另一个位于 PyTorch 之上的库，它使得用户可以使用相对较少的代码训练模型，且使代码与硬件无关。

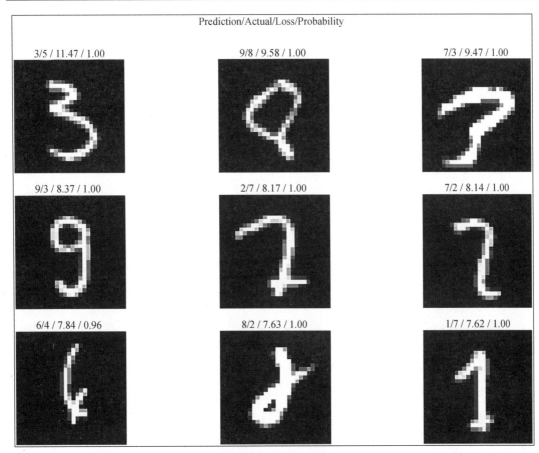

图 15.4 fastai 模型的主要错误

15.2 使用 PyTorch Lightning 在硬件上训练模型

PyTorch Lightning（现在称为 Lightning）[7]是另一个构建在 PyTorch 之上的库，用于抽象化模型训练和评估所需的样板代码。该库的一个特别之处在于，使用 PyTorch Lightning 编写的任何模型训练代码都可以在硬件配置上无须更改地运行，如多个 CPU、多个 GPU，甚至多个 TPU。

接下来的练习将在 CPU 上使用 PyTorch Lightning 训练和评估一个手写数字分类模型。读者可以使用相同的代码在 GPU 或 TPU 上进行训练。练习的完整代码可以在 GitHub 代码库[8]中找到。

15.2.1　在 PyTorch Lightning 中定义模型组件

本节练习将展示如何在 PyTorch Lightning 中初始化模型类。该库的运作基于自包含模型系统的理念，即模型类不仅包含模型架构的定义，还包含优化器的定义和数据集加载器，以及训练、验证和测试集性能计算函数。

具体操作步骤如下。

（1）需要导入相关模块，如下所示。

```
import torch
import torch.nn as nn
from torch.nn import functional as F
from torch.utils.data import DataLoader
from torchvision.datasets import MNIST
from torchvision import transforms
import pytorch_lightning as pl
```

可以看到，PyTorch Lightning 在模型类定义中仍然使用了许多原生的 PyTorch 模块。此外还直接从 torchvision.datasets 模块导入了 MNIST 数据集，用于训练手写数字分类器。

（2）定义 PyTorch Lightning 模型类，它包含了训练和评估模型所需的一切。首先查看与模型架构相关的方法，如下所示。

```
class ConvNet(pl.LightningModule):
    def __init__(self):
        super(ConvNet, self).__init__()
        self.cn1 = nn.Conv2d(1, 16, 3, 1)
        ...
        self.fc2 = nn.Linear(64, 10)
    def forward(self, x):
        x = self.cn1(x)
        ...
        op = F.log_softmax(x, dim=1)
        return op
```

__init__()和 forward()方法的工作方式与原生 PyTorch 代码中的相同。

（3）查看模型类中的其他方法，如下所示。

```
def training_step(self, batch, batch_num):
    ...
```

```
def validation_step(self, batch, batch_num):
    ...
def validation_epoch_end(self, outputs):
    ...
def test_step(self, batch, batch_num):
    ...
def test_epoch_end(self, outputs):
    ...
def configure_optimizers(self):
    return torch.optim.Adadelta(self.parameters(), lr=0.5)
def train_dataloader(self):
    ...
def val_dataloader(self):
    ...
def test_dataloader(self):
    ...
```

虽然像 training_step()、validation_step()和 test_step()这样的方法旨在评估训练集、验证集和测试集上的每次迭代表现，但*_epoch_end()方法则计算每个周期的表现。此外还有用于训练、验证和测试集的*_dataloader()方法。最后是 configure_optimizer()方法，它定义了用于训练模型的优化器。

15.2.2　使用 PyTorch Lightning 训练和评估模型

在设置了模型类之后，现在将在练习的这一部分中训练模型，然后将评估训练好的模型在测试集上的性能。

具体操作步骤如下。

（1）实例化模型对象：首先使用 15.2.1 节第（2）步中定义的模型类来实例化模型对象。随后将使用 PyTorch Lightning 的 Trainer 模块来定义一个训练器对象。注意，我们仅依赖 CPU 进行模型训练。然而，读者可以轻松切换到 GPU 或 TPU。PyTorch Lightning 的美妙之处在于，可以根据硬件设置在训练器定义代码中添加诸如 gpus=8 或 tpus=2 的参数，之后整个代码仍然可以运行且无须进一步修改。我们将用以下几行代码开始模型训练过程。

```
model = ConvNet()
trainer = pl.Trainer(progress_bar_refresh_rate=20, max_epochs=10)
trainer.fit(model)
```

输出结果如下所示。

```
GPU available: False, used: False
TPU available: False, using: 0 TPU cores
IPU available: False, using: 0 IPUs
HPU available: False, using: 0 HPUs
  | Name | Type      | Params
0 | cn1  | Conv2d    | 160
1 | cn2  | Conv2d    | 4.6 K
2 | dp1  | Dropout2d | 0
3 | dp2  | Dropout2d | 0
4 | fc1  | Linear    | 294 K
5 | fc2  | Linear    | 650
300 K     Trainable params
Non-trainable params
300 K     Total params
1.202     Total estimated model params size (MB)
Epoch 9: 100%
3750/3750 [01:19<00:00, 47.07it/s, loss=0.0642, v_num=2, train_loss_
step=0.000264, val_loss_step=4.39e-5, val_loss_epoch=0.0122, train_loss_
epoch=0.029]
```

首先，trainer 对象会评估可用的硬件，然后它会记录将要训练的整个模型架构，以及架构中每层的参数数量。之后，它开始按周期进行模型训练，一直训练到定义训练器对象时使用 max_epochs 参数指定的 10 个周期。此外我们还可以看到，每个周期都会记录训练和验证损失。

（2）测试模型：经过 10 个周期的训练，我们现在可以测试模型了。使用.test()方法，我们请求在本节第（1）步中定义的训练器对象对测试集进行推理，如下所示。

```
trainer.test()
```

输出结果如下所示。

```
Testing DataLoader 0: 100%
313/313 [00:03<00:00, 92.68it/s]
```

Test metric	DataLoader 0
test_loss_epoch	0.03530178219079971

```
[{'test_loss_epoch': 0.03530178219079971}]
```

我们可以看到，模型使用训练好的模型输出了测试损失。

（3）探索训练好的模型：最后，PyTorch Lightning 还提供了一个基于 TensorBoard[9]的完美接口，这是最初为 TensorFlow 制作的一个出色的可视化工具包。通过运行以下几行代码，我们可以交互式地探索训练模型的训练集、验证集和测试集的性能。

```
# Start TensorBoard.
%reload_ext tensorboard
%tensorboard --logdir lightning_logs/
```

这将生成如图 15.5 所示的输出结果。

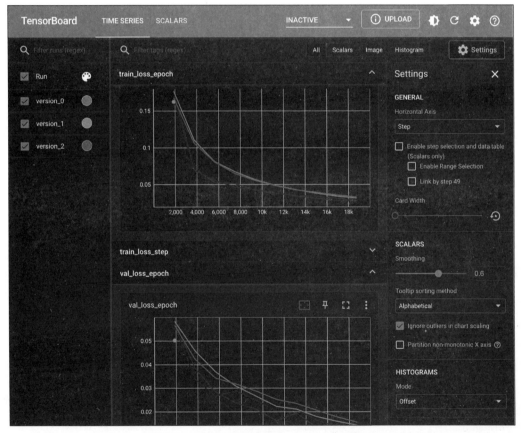

图 15.5　PyTorch Lightning TensorBoard 输出

在这个交互式可视化工具包中，可以查看模型训练进度，包括损失、准确度以及各种其他指标的周期性表现。这是 PyTorch Lightning 的另一个精妙特性，它使我们能够仅用几行代码就拥有丰富的模型评估和调试体验。

☑ **注意：**

常规的 PyTorch 代码也提供了 TensorBoard 接口，尽管代码较为冗长[10]。

尽管这是对 PyTorch Lightning 库的简要概述，但应该足以让读者了解该库的基本情况、它的工作原理以及它如何为项目工作。在 PyTorch Lightning 的文档页面[11]上还有更多的例子和教程可供参考。

如果读者正在快速尝试各种模型，或者想要减少模型训练流程中的框架代码，PyTorch Lightning 库绝对值得一试。

另一个用于快速原型 PyTorch 模型的有用库是 Poutyne。我们在 GitHub 代码库[12]中提供了使用 Poutyne 的 MNIST 模型训练练习。我们鼓励读者尝试运行这个练习，并探索 Poutyne 库。

我们对 PyTorch 深度学习原型库的探索到此结束。虽然这些库非常适合快速原型开发，但它们抽象了很多低层次的实现细节。在定制研究工作流程时，需要对这些低层次细节进行调整（例如，如果需要实现一个自定义损失函数，而这类原型库可能不会提供开箱即用的函数）。在下一节中，我们将转换轨道，对 PyTorch 模型推理代码进行剖析，以了解模型在运行时对硬件资源的消耗，如 CPU 处理、GPU 处理以及内存。

15.3　使用 PyTorch 分析器分析 MNIST 模型推理

代码性能分析是指对其空间（内存）和时间复杂度方面的性能进行分析，它为我们提供了代码中调用的各种子模块或函数所消耗的时间和内存的分解。当使用 PyTorch 深度学习模型进行推理时，为了从输入(X)产生输出(y)，会进行一系列函数调用。本节将学习如何使用 PyTorch 分析器分析 PyTorch 模型推理。

我们对第 1 章[13]中训练的 MNIST 模型进行推理，并在第 13 章[14]中进行了部署。首先将在 CPU 上运行模型推理并分析推理过程，以检查其各种内部操作的 CPU 时间和内存消耗。接下来将在 GPU 上运行模型推理并重复分析过程。最后将以图表的形式可视化分析结果。练习的代码可以在 GitHub[15]上找到，它从训练 MNIST 模型开始。我们将重点关注其中分析部分。

15.3.1　在 CPU 上进行分析

我们有一个训练好的 MNIST 模型，其架构如下所示。

```
print(model)
ConvNet(
  (cn1): Conv2d(1, 16, kernel_size=(3, 3), stride=(1, 1))
  (cn2): Conv2d(16, 32, kernel_size=(3, 3), stride=(1, 1))
  (dp1): Dropout2d(p=0.1, inplace=False)
  (dp2): Dropout2d(p=0.25, inplace=False)
  (fc1): Linear(in_features=4608, out_features=64, bias=True)
  (fc2): Linear(in_features=64, out_features=10, bias=True)
)
```

我们有一个输入数据样本(X)，将用作推理的输入。

```
print(sample_data.shape)
torch.Size([500, 1, 28, 28])
```

输入样本本质上是一批 500 张的灰度图像，每张图像大小为 28 像素×28 像素。现在，作为练习，我们将使用这个模型和数据样本进行推理，并使用 PyTorch 分析器分析模型推理代码。

（1）导入相关的 PyTorch 分析器库。

```
from torch.profiler import profile, record_function, ProfilerActivity
```

虽然 profile 是 PyTorch 分析器的全局上下文管理器[16]，但 record_function 被用作标记上下文管理器，用于分析每个子任务。ProfilerActivity 是活动类，CPU 和 CUDA 是两个支持的活动组并用于分析。

（2）导入库后，下面使用 PyTorch 分析器来分析模型推理期间的 CPU 利用率。

```
with profile(activities=[ProfilerActivity.CPU],
             record_shapes=True) as prof:
    with record_function("model_inference"):
        model(sample_data)
```

由于目前专注于 CPU，因而活动组仅限于 CPU。record_shapes 设置为 True，是为了保留每个分析操作中涉及的张量形状。

（3）打印模型推理分析的结果。

```
print(prof.key_averages().table(sort_by="cpu_time_total"))
```

输出结果如下所示。

```
-------------------------------------  ------------  ------------  ----------
-- ------------  ------------  ------------
                            Name    Self CPU %      Self CPU    CPU total
%   CPU total  CPU time avg   # of Calls
-------------------------------------  ------------  ------------  ----------
-- ------------  ------------  ------------
                 model_inference         6.06%       6.256ms
99.99%    103.238ms     103.238ms              1
                    aten::conv2d         0.01%       8.000us
45.74%     47.229ms      23.614ms              2
                aten::convolution         0.03%      31.000us
45.73%     47.221ms      23.610ms              2
               aten::_convolution         0.02%      17.000us
45.70%     47.190ms      23.595ms              2
          aten::mkldnn_convolution        45.67%      47.160ms
45.69%     47.173ms      23.587ms              2
                 aten::max_pool2d         0.00%       5.000us
36.06%     37.232ms      37.232ms              1
       aten::max_pool2d_with_indices        36.05%      37.227ms
36.05%     37.227ms      37.227ms              1
...
                     aten::zero_         0.00%       0.000us
0.00%      0.000us       0.000us              1
              aten::feature_dropout         0.00%       0.000us
0.00%      0.000us       0.000us              2
               aten::resolve_conj         0.00%       0.000us
0.00%      0.000us       0.000us              4
-------------------------------------  ------------  ------------  ----------
-- ------------  ------------  ------------
Self CPU time total: 103.253ms
```

不难发现，模型推断 500 张图像总共花费了 103 毫秒。更有趣的是运行时间的细分。按降序排列，可以看到大部分时间由卷积操作占用，总共 47 毫秒，其次是最大池化操作，总共 37 毫秒。

我们可以看到多行提到了卷积，这些行反映了公共 conv_2d 类的内部（子）调用。虽然 CPU total 显示了包括底层子调用在内的函数总耗时，但 Self CPU 排除了内部调用时间。因此，CPU 总和看起来是 Self CPU 值的累积总和。同样的逻辑也适用于 CPU 利用率百分比，其中包含了 CPU 时间的归一化值。

最后，由于模型中有两个卷积层，从而进行了两次调用，因此卷积操作的 CPU 时间平均值减半（23.5 毫秒）。然而实际上，两个卷积层并不会各自消耗 23.5 毫秒。怎样才能知道它们的确切时间呢？我们将在下一步中了解。

（4）与上一步默认的宽泛分组操作（如卷积、最大池化、ReLU 等）不同，可以根据输入张量的形态更细致地分组操作。

```
print(prof.key_averages(group_by_input_shape=True).table(
    sort_by="cpu_time_total"))
```

输出结果如下所示。

```
------------------------------  ------------  ------------  ----------
--  ------------  ------------  ------------  ------------------------
------------------------------------------------
                          Name    Self CPU %        Self
CPU  CPU total %    CPU total  CPU time avg   # of Calls
Input Shapes
------------------------------  ------------  ------------  ----------
--  ------------  ------------  ------------  ------------------------
------------------------------------------------
                  model_inference        6.06%       6.256ms
99.99%     103.238ms     103.238ms             1
[]
                      aten::conv2d        0.00%       4.000us
39.62%      40.910ms      40.910ms             1
[[500, 16, 26, 26], [32, 16, 3, 3], [32], [], [], [], []]
                 aten::convolution        0.01%      13.000us
39.62%      40.906ms      40.906ms             1           [[500,
16, 26, 26], [32, 16, 3, 3], [32], [], [], [], [], [], []]
                aten::_convolution        0.01%      10.000us
39.60%      40.893ms      40.893ms             1 [[500, 16, 26, 26],
[32, 16, 3, 3], [32], [], [], [], [], [], [], [], [], []]
        aten::mkldnn_convolution       39.59%
40.875ms       39.59%      40.883ms      40.883ms             1
[[500, 16, 26, 26], [32, 16, 3, 3], [32], [], [], [], []]
                  aten::max_pool2d        0.00%       5.000us
36.06%      37.232ms      37.232ms             1
[[500, 32, 24, 24], [], [], [], [], []]
     aten::max_pool2d_with_indices       36.05%
37.227ms       36.05%      37.227ms      37.227ms             1
[[500, 32, 24, 24], [], [], [], [], []]
                      aten::conv2d        0.00%
4.000us        6.12%       6.319ms       6.319ms             1
[[500, 1, 28, 28], [16, 1, 3, 3], [16], [], [], [], []]
                 aten::convolution        0.02%      18.000us
6.12%       6.315ms       6.315ms             1           [[500,
```

```
1, 28, 28], [16, 1, 3, 3], [16], [], [], [], [], [], []]
...
                    aten::as_strided           0.00%
0.000us         0.00%        0.000us        0.000us 1
[[10], [], [], []]
                    aten::resolve_conj         0.00%
0.000us         0.00%        0.000us        0.000us 1
[[500, 10]]
------------------------------- ----------- ----------- ----------
-- ----------- ----------- ----------- ------------------------
-------------------------------------------------

Self CPU time total: 103.253ms
```

现在，可以看到两个卷积层被单独表示出来，其中第二卷积层总共消耗了 40 毫秒的 CPU 时间，而第一卷积层消耗了 6 毫秒。这是合理的，因为第一卷积层的输入只有 1 个特征图，而第二卷积层的输入有 16 个特征图。

（5）到目前为止，我们一直专注于 CPU 时间。但是内存消耗呢？借助于 PyTorch 分析器提供的简洁 API，可以简单地在分析语句中添加 profile_memory=True 参数，如下所示。

```
with profile(activities=[ProfilerActivity.CPU],
        profile_memory=True,
        record_shapes=True) as prof:
    model(sample_data)
print(prof.key_averages().table(
        sort_by="self_cpu_memory_usage"))
```

输出结果如下所示。

```
------------------------------- ----------- ----------- ----------
-- ----------- ----------- ----------- ------------ ------------
                          Name   Self CPU %   Self CPU    CPU total
%   CPU total  CPU time avg   CPU Mem   Self CPU Mem   # of Calls
------------------------------- ----------- ----------- ----------
-- ----------- ----------- ----------- ------------ ------------
                    aten::relu         0.04%     37.000us
8.04%      8.232ms       2.744ms   55.91 Mb          0 b
3
                    aten::clamp_min       8.01%      8.195ms
8.01%      8.195ms       2.732ms   55.91 Mb      55.91 Mb
3
                    aten::conv2d        0.01%      8.000us
51.31%     52.507ms      26.253ms   55.79 Mb          0 b
```

```
2
                        aten::convolution          0.04%        37.000us
51.30%      52.499ms      26.250ms      55.79 Mb           0 b
2
                        aten::convolution          0.02%        17.000us
51.27%      52.462ms      26.231ms      55.79 Mb           0 b
2
...
                        aten::copy_                0.02%        20.000us
0.02%       20.000us      10.000us           0 b           0 b
2
                        aten::resolve_conj         0.00%         0.000us
0.00%        0.000us       0.000us           0 b           0 b
4
                        [memory]                   0.00%         0.000us
0.00%        0.000us       0.000us      -138.22 Mb      -138.22 Mb
10
-------------------------------  ------------  ------------  ----------
--  ------------  ------------  ------------  ------------  ------------
Self CPU time total: 102.329ms
```

有趣的是，ReLU 操作占用了最多的内存。这是因为 ReLU 层在激活后为输出分配了新的内存。这可以通过使用 nn.ReLU(inplace=True)而不是 nn.ReLU()来避免。这些就是我们通过分析代码获得的洞见和收益！

接下来我们将在 GPU 上运行模型推理，并分析代码以了解 GPU 的利用率。

15.3.2　在 GPU 上分析模型推理

要在 GPU 上分析模型推理，首先需要将模型和输入数据加载到 GPU 上。

```
model=model.cuda()
sample_data=sample_data.cuda()
```

然后，只需要将 ProfilerActivity.CUDA 添加到要分析的活动组列表中即可，如下所示。

```
with profile(activities=[ProfilerActivity.CPU, ProfilerActivity.CUDA],
            record_shapes=True) as prof:
    with record_function("model_inference"):
        model(sample_data)
print(prof.key_averages().table(sort_by="cuda_time_total"))
```

输出结果如下所示。

```
-------------------------------------------------------  ------------  --------
----  ------------  ------------  ------------  ------------  ------------  ---
---------  ------------  ------------
                                    Name  Self CPU %     Self
CPU   CPU total %    CPU total  CPU time avg     Self CUDA  Self CUDA %
CUDA total  CUDA time avg  # of Calls
-------------------------------------------------------  ------------  --------
----  ------------  ------------  ------------  ------------  ------------  ---
---------  ------------  ------------
                          model_inference       6.24%
506.000us        61.60%      4.999ms       4.999ms        0.000us        0.00%
4.406ms       4.406ms            1
                              aten::conv2d       0.14%
11.000us         49.16%      3.989ms       1.994ms        0.000us        0.00%
3.460ms       1.730ms            2
                          aten::convolution       0.68%
55.000us         49.02%      3.978ms       1.989ms        0.000us        0.00%
3.460ms       1.730ms            2
                         aten::_convolution       0.55%
45.000us         48.34%      3.923ms       1.962ms        0.000us        0.00%
3.460ms       1.730ms            2
                   aten::cudnn_convolution       7.71%
626.000us        46.85%      3.802ms       1.901ms        2.898ms       65.77%
2.898ms       1.449ms            2
                      volta_cgemm_32x32_tn       0.00%
0.000us          0.00%      0.000us       0.000us        1.186ms       26.92%
1.186ms       593.000us           2
...
                            cudaEventQuery       0.06%
5.000us          0.06%      5.000us       5.000us        0.000us        0.00%
0.000us       0.000us            1
                     cudaDeviceSynchronize      38.09%
3.091ms          38.09%      3.091ms       3.091ms        0.000us        0.00%
0.000us       0.000us            1
-------------------------------------------------------  ------------  --------
----  ------------  ------------  ------------  ------------  ------------  ---
---------  ------------  ------------
Self CPU time total: 8.115ms
Self CUDA time total: 4.406ms
```

　　首先可以注意到，使用 GPU 时推理时间显著减少。这里使用一块 NVIDIA Tesla T4 进行推理。分析过程提供了 4.4 毫秒 GPU 推理时间的细分结果。正如预期的那样，大部分时间由卷积操作占用（65%）。

注意，torch conv2d 操作在与 GPU 工作时使用 cudnn[17]后端进行内部/更低级别的优化卷积操作。早先使用 CPU 进行分析时，我们看到 torch 使用 mkl[18]作为更低级别卷积操作调用的后端。分析过程可以帮助我们了解与各硬件（CPU/GPU）优化操作相关的低级细节。

在练习的下一部分，我们将学习如何可视化模型推理分析的结果。

PyTorch 分析器允许我们将分析结果保存为 trace.json 文件，该文件可以在 Google Chrome 中打开并以图表形式可视化。模型和输入数据已加载到 GPU 中，我们所需做的只是执行以下步骤。

```
with profile(activities=[ProfilerActivity.CPU, ProfilerActivity.CUDA]) as prof:
    model(inputs)
prof.export_chrome_trace("trace.json")
```

然后可以在 Google Chrome 的新标签页中打开 JSON 文件，并访问 chrome://tracing。对应结果如图 15.6 所示。

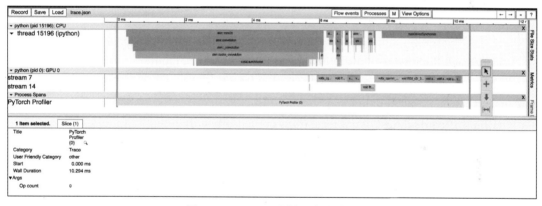

图 15.6　PyTorch 分析器追踪结果

关于使用 PyTorch Profiler 更好地了解 MNIST 模型在 CPU 和 GPU 上的推理性能的讨论到此结束。再次强调，PyTorch 的网站[19]是深入挖掘分析器 API 的极好资源。

15.4　本 章 小 结

本章专注于抽象化模型训练代码中涉及的噪声细节和核心组件，以促进模型的快速原型开发。由于 PyTorch 代码通常可能充满了许多这样的噪声细节代码组件，我们研究了一些建立在 PyTorch 之上的高级库。此外还学习了如何在模型推理期间对 PyTorch 代码进行分析，以更好地在 CPU 和 GPU 上对模型性能进行基准测试。

第 16 章我们将转向应用机器学习中另一个重要且有前景的方面，相关内容曾在第 2 章和第 5 章中有所涉及：我们将学习如何有效地使用 PyTorch 进行自动化机器学习（AutoML）。据此，读者将能够使用 AutoML 自动训练机器学习模型，也就是说，无须决定和定义模型架构。

15.5　参 考 文 献

[1] fastai 库：https://docs.fast.ai/。

[2] fastai 练习（GitHub）：https://github.com/arj7192/MasteringPyTorchV2/blob/main/Chapter15/fastai.ipynb。

[3] 导入 fastai 库：https://docs.fast.ai/quick_start.html。

[4] fastai 库数据集：https://docs.fast.ai/data.external.html。

[5] fastai 视觉模型：https://fastai1.fast.ai/vision.models.html。

[6] 学习率查找器：https://docs.fast.ai/callback.schedule.html#lrfinder。

[7] PyTorch Lightning：https://github.com/Lightning-AI/lightning

[8] 在 PyTorch Lightning 上训练模型（GitHub）：https://github.com/arj7192/MasteringPyTorchV2/blob/main/Chapter15/pytorch_lightning.ipynb。

[9] TensorBoard：https://www.tensorflow.org/tensorboard。

[10] PyTorch TensorBoard 文档：https://pytorch.org/docs/stable/tensorboard.html。

[11] Lightning 文档：https://pytorch-lightning.readthedocs.io/en/stable/。

[12] Poutyne 练习：https://github.com/arj7192/MasteringPyTorchV2/blob/main/Chapter15/poutyne.ipynb。

[13] 第 1 章 GitHub：https://github.com/arj7192/MasteringPyTorchV2/blob/main/Chapter01/mnist_pytorch.ipynb。

[14] 第 13 章 GitHub：https://github.com/arj7192/MasteringPyTorchV2/blob/main/Chapter13/mnist_pytorch.ipynb。

[15] 性能分析练习：https://github.com/arj7192/MasteringPyTorchV2/blob/main/Chapter15/pytorch_profiler.ipynb。

[16] PyTorch 分析器：https://pytorch.org/docs/stable/profiler.html#torch.profiler.profile。

[17] cuDNN：https://pytorch.org/docs/stable/backends.html#module-torch.backends.cudnn。

[18] MKL：https://pytorch.org/docs/stable/backends.html#module-torch.backends.mkl

[19] 分析器方案：https://pytorch.org/tutorials/recipes/recipes/profiler_recipe.html。

第 16 章　PyTorch 和 AutoML

自动化机器学习（AutoML）提供了寻找给定神经网络的最佳神经架构和最佳超参数设置的方法。我们已经在第 5 章中详细讨论了神经架构搜索，当时讨论了 RandWireNN 模型。本章将更广泛地了解 PyTorch 的 AutoML 工具 Auto-PyTorch，它执行神经架构搜索和超参数搜索。此外我们还将看到另一个名为 Optuna 的 AutoML 工具，用于执行 PyTorch 模型的超参数搜索。

到本章结束时，即使是非专家也能在几乎没有领域经验的情况下设计机器学习模型，而专家则能够大幅加快他们的模型选择过程。

本章主要涉及下列主题。

- 使用 AutoML 寻找最佳神经架构。
- 使用 Optuna 进行超参数搜索。

📝 **注意：**

与本章相关的所有代码文件都可以在以下 GitHub 链接中找到。

https://github.com/arj7192/ MasteringPyTorchV2/tree/main/Chapter16

16.1　使用 AutoML 寻找最佳神经架构

思考机器学习算法的一种方式是，它们自动化学习了给定输入和输出之间关系的过程。在传统的软件工程中，我们必须以函数的形式显式编写/编码这些关系，这些函数接收输入并返回输出。在机器学习领域内，机器学习模型为我们找到了这样的函数。尽管这种自动化加快了进程，但仍有许多工作要做。除了挖掘和清洗数据，以下是一些例行任务，以获得这些函数。

- 选择一个机器学习模型（或模型族，然后是模型）。
- 决定模型架构（特别是在深度学习的情况下）。
- 选择超参数。
- 根据验证集性能调整超参数。
- 尝试不同的模型（或模型族）。

以上这些任务中的大多数都是人工操作，要么需要花费大量时间，要么需要大量专业知识，而我们拥有的机器学习专家数量远远不足以创建和部署所有机器学习模型，而这些模型在业界和学术界正变得越来越流行、越来越有使用价值。

在这种情况下，AutoML 应运而生。AutoML 已经成为机器学习领域内的一个学科，旨在自动化前面列出的步骤以及更多内容。

本节将考查 Auto-PyTorch[1]，一个为 PyTorch 创建的 AutoML 工具。作为一个练习，我们将找到一个最佳的神经网络以及超参数，以执行手写数字分类——这是我们在第 1 章中执行的任务。

与第 1 章的区别在于，这一次，我们不会决定架构或超参数，而是让 Auto-PyTorch 为我们找出这些内容。我们首先将加载数据集，然后定义一个 Auto-PyTorch 模型搜索实例，最后运行模型搜索程序，这将为我们提供一个表现最佳的模型[2]。

16.1.1　使用 Auto-PyTorch 实现最优 MNIST 模型搜索

我们将以 Jupyter notebook 的形式执行模型搜索。在本文中，我们只展示代码的重要部分。完整的代码可以在 GitHub 代码库[3]中找到。

16.1.2　加载 MNIST 数据集

现在，我们将逐步讨论加载数据集的代码。

（1）导入相关库，如下所示。

```
import torch
from autoPyTorch import AutoNetClassification
```

最后一行代码至关重要，因为这里导入了相关的 Auto-PyTorch 模块，这将帮助我们设置并执行模型搜索会话。

（2）使用 Torch 应用程序编程接口（APIs）加载训练和测试数据集，如下所示。

```
train_ds = datasets.MNIST(...)
test_ds = datasets.MNIST(...)
```

（3）将这些数据集张量转换为训练和测试的输入（X）和输出（y）数组，如下所示。

```
X_train, X_test, y_train, y_test = train_ds.data.numpy().reshape(-1,
28*28), test_ds.data.numpy().reshape(-1, 28*28) ,train_ds.targets.
numpy(), test_ds.targets.numpy()
```

注意，我们将图像重塑为大小为 784 的扁平化向量。下一节将定义一个 Auto-PyTorch 模型搜索器，它期望一个扁平化的特征向量作为输入，因此我们需要这种重塑操作。

Auto-PyTorch（在编写本书时）仅分别通过 AutoNetClassification 和 AutoNetImageClassification 提供对特征化数据和图像数据的支持。虽然我们在本练习中使用的是特征化数据，但读者也可以使用图像数据。相关的图像教程可见参考文献[4]。

16.1.3　使用 Auto–PyTorch 进行神经架构搜索

在 16.1.2 节中加载了数据集之后，现在我们将使用 Auto-PyTorch 定义一个模型搜索实例，并使用它来执行神经架构搜索和超参数搜索的任务。

（1）这是练习中最重要的步骤，这里定义一个 autoPyTorch 模型搜索实例，如下所示。

```
autoPyTorch = AutoNetClassification("tiny_cs", # config preset
            log_level='info', max_runtime=2000, min_budget=100,
            max_budget=1500)
```

这里的配置来源于 Auto-PyTorch 库[1]中提供的示例。通常，tiny_cs 用于更快的搜索，并且对硬件的要求较低。

预算参数用于设置 Auto-Py-Torch 进程的资源消耗限制。默认情况下，预算的单位是时间，也就是说，我们愿意在模型搜索上花费多少中央处理单元/图形处理单元（CPU/GPU）时间。

（2）在实例化了一个 Auto-PyTorch 模型搜索实例之后，我们尝试将该实例拟合到训练数据集上来执行搜索，如下所示。

```
autoPyTorch.fit(X_train, y_train, validation_split=0.1)
```

在内部，Auto-PyTorch 将根据原始论文[2]中提到的方法，运行几个不同模型架构和超参数设置的试验。不同的试验将在 10%的验证数据集上进行基准测试，表现最佳的试验将作为输出返回。上述代码片段中的命令应该输出以下内容。

```
{'optimized_hyperparameter_config': ('CreateDataLoader: batch_size": 125,
'Imputation: strategy': 'median',
'InitializationSelector:initialization_method': 'default',
'InitializationSelector: initializer: initialize_bias': 'No',
'LearningrateSchedulerSelector:1r_scheduler':'cosine_annealing',
...
'OptimizerSelector: sgd: learning_rate": 0.06829146967649465,
'OptimizerSelector: sgd:momentum': 0.9343847098348538,
```

```
'OptimizerSelector: sgd:weight_decay': 0.0002425066735211845,
'PreprocessorSelector:truncated_svd: target_dim": 100),

'budget': 40.0,

'loss': -96.45,
'info': ('loss': 0.12337125303244502,
'model parameters: 176110.0,
'train_accuracy': 96.28550185873605,
'lr_scheduler_converged': 0.0,
'lr': 0.06829146967649465,
'val_accuracy': 96.45)}
```

输出基本上显示了 Auto-PyTorch 为给定任务找到的最优超参数设置。例如,学习率为 0.068,动量为 0.934 等。此外还显示了所选最优模型配置的训练和验证集的准确率。

（3）收敛到最佳训练模型后,即可使用该模型对测试集进行预测,如下所示。

```
y_pred = autoPyTorch.predict(X_test)
print("Accuracy score", np.mean(y_pred.reshape(-1) == y_test))
```

输出结果如下所示。

```
Accuracy score 0.964
```

可以看到,我们获得了一个在测试集上表现不错的模型,准确率达到了 96.4%。作为参考,在这个任务中随机选择的准确率将是 10%。我们在没有定义模型架构或超参数的情况下获得了这种良好的性能。如果设置更高的预算、更广泛的搜索可能会带来更好的性能。

此外,性能还会根据执行搜索的硬件（机器）而变化。拥有更多计算能力和内存的硬件可以在相同的时间预算内运行更多的搜索,从而可能带来更好的性能。

16.1.4　可视化最优 AutoML 模型

本节我们将查看在 16.1.3 节中运行模型搜索例程所获得的最佳性能模型。

（1）在 16.1.3 节中已经查看了超参数,下面考查 Auto-PyTorch 为我们设计的最佳模型架构,如下所示。

```
pytorch_model = autoPyTorch.get_pytorch_model()
print(pytorch_model)
```

输出结果如下所示。

```
Sequential(
(0) Linear(in_features-100, out features-100, bias-True)
(1): Sequential(
  (0): ResBlock(
    (layers): Sequential(
      (0): BatchNormid (100, eps-le-05, momentum-0.1, affine-True, track_
running_stats-True)
      (1): ReLU()
      (2) Linear(in_features-100, out features-100, bias-True)
      (3): BatchNormid (100, eps-le-05, momentum-0.1, affine-True, track
running_stats=True)
      (4) ReLU()
      (5): Linear(in features-100, out features-100, bias-True)
  (1) ResBlock(
...
  (3): ResBlock(
    (layers): Sequential(
      (0): BatchNormid (100, eps-le-05, momentum-0.1, affine-True, track_
running_stats-True)
      (1): ReLU()
      (2): Linear(in_features-100, out features-100, bias-True)
      (3): BatchNormid (100, eps-le-05, momentum-0.1, affine-True, track
running_stats-True)
      (4): ReLU()
      (5) Linear(in features-100, out_features-100, bias-True)
...
(3) BatchNormid (100, eps-le-05, momentum-0.1, affine-True, track_
running_stats=True)
(4): ReLU()
(5) Linear(in features-100, out features-10, bias-True)
```

该模型由一些包含全连接层、批量归一化层和 ReLU 激活的结构化残差块组成。在最后是一个最终的全连接层，并包含 10 个输出——0 到 9 的数字各一个。

（2）使用 torchviz 可视化实际的模型图，如下列代码片段所示。

```
x = torch.randn(1, pytorch_model[0].in_features)
y = pytorch_model(x)
arch = make_dot(y.mean(), params=dict(pytorch_model.named_parameters()))
```

这应该会在当前工作目录中保存一个名为 convnet_arch.pdf 的文件，打开该文件后，对应结果如图 16.1 所示。

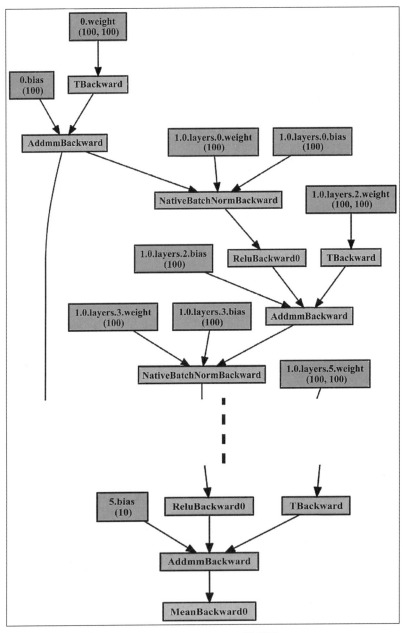

图 16.1　Auto-PyTorch 模型图

（3）为了查看模型是如何收敛到这一解决方案的，我们可以通过以下代码查看模型搜索过程中使用的搜索空间。

```
autoPyTorch.get_hyperparameter_search_space()
```

输出结果如下所示。

```
Configuration space object:
  Hyperparameters:
    CreateDataLoader:batch_size, Type: Constant, Value: 125
    Imputation:strategy, Type: Categorical, Choices: {median}, Default:
median
    InitializationSelector:initialization_method, Type: Categorical,
Choices: {default}, Default: default
    InitializationSelector:initializer:initialize_bias, Type: Constant,
Value: No
    ...
    ResamplingStrategySelector:target_size_strategy, Type: Categorical,
Choices: {none}, Default: none
    ResamplingStrategySelector:under_sampling_method, Type: Categorical,
Choices: {none}, Default: none
    TrainNode:batch_loss_computation_technique, Type: Categorical,
Choices: {standard}, Default: standard
  Conditions:
    LearningrateSchedulerSelector:cosine_annealing:T_max |
LearningrateSchedulerSelector:lr_scheduler == 'cosine_annealing'
    LearningrateSchedulerSelector:cosine_annealing:eta_min |
LearningrateSchedulerSelector:lr_scheduler == 'cosine_annealing'
    NetworkSelector:shapedresnet:activation | NetworkSelector:network ==
'shapedresnet'
    ...
    OptimizerSelector:sgd:learning_rate | OptimizerSelector:optimizer ==
'sgd'
    OptimizerSelector:sgd:momentum | OptimizerSelector:optimizer == 'sgd'
    OptimizerSelector:sgd:weight_decay | OptimizerSelector:optimizer ==
'sgd'
    PreprocessorSelector:truncated_svd:target_dim |
PreprocessorSelector:preprocessor == 'truncated_svd'
```

输出结果基本上列出了构建模型所需的各种成分，并为每种成分分配了一个范围。例如，学习率被分配了 0.0001～0.1 的范围，并且这个空间是以对数尺度进行采样的——这不是线性采样，而是对数采样。

在运行试验时，我们已经看到了 Auto-PyTorch 从这些范围中采样出的确切超参数值，并作为给定任务的最优值。此外还可以使用 Auto-PyTorch 模块下的 HyperparameterSearchSpaceUpdates 子模块手动更改这些超参数范围，甚至添加更多的超参数[5]。

至此结束了我们对 Auto-PyTorch 的探索。我们成功地使用 Auto-PyTorch 构建了一个 MNIST 数字分类模型，而没有指定模型架构或超参数。这个 MNIST 练习将帮助读者开始使用 Auto-PyTorch 和其他 AutoML 工具以自动化的方式构建 PyTorch 模型。这里列出了一些其他类似的工具：Hyperopt[6]、Tune[7]、skorch[8]、BoTorch[9]和 Optuna[10]。

虽然我们不能在本章中涵盖这些工具，但下一节我们将讨论 Optuna，这是一个专门用于寻找最优超参数集的工具，并且可与 PyTorch 很好地协同工作。

16.2　使用 Optuna 进行超参数搜索

Optuna 是支持 PyTorch 的超参数搜索工具之一。读者可以在 Optuna 论文[11]中详细了解该工具使用的搜索策略，如树状结构的 Parzen 估计（TPE）和协方差矩阵适应进化策略（CMA-ES）。除了先进的超参数搜索方法，该工具还提供了一个流畅的 API，我们很快将对此进行探索。

本节我们将再次构建和训练 MNIST 模型，但这次将使用 Optuna 来找出最优的超参数设置。我们将以练习的形式逐步讨论代码的重要部分。完整的代码可以在 GitHub[12]中找到。

16.2.1　定义模型架构和加载数据集

定义一个符合 Optuna 规范的模型对象。所谓符合 Optuna 标准，是指在模型定义代码中添加 Optuna 提供的 API，以实现模型超参数的参数化。

（1）导入必要的库，如下所示。

```
import torch
import optuna
```

optuna 库将在整个练习中为我们管理超参数搜索。

（2）定义模型架构。因为我们希望在一些超参数上保持灵活性，如每层的层数和每层的单元数，我们需要在模型定义代码中包含一些 Optuna 逻辑。因此，首先声明我们需要 1~4 个卷积层，之后是 1~2 个全连接层，如下列代码片段所示。

```
class ConvNet(nn.Module):
```

```
def __init__(self, trial):
    super(ConvNet, self).__init__()
    num_conv_layers = trial.suggest_int(
        "num_conv_layers", 1, 4)
    num_fc_layers = trial.suggest_int(
        "num_fc_layers", 1, 2)
```

（3）依次逐个添加卷积层。每个卷积层后面立即跟着一个 ReLU 激活层，对于每个卷积层，我们声明该层的深度在 16 到 64 之间。

步长和填充分别固定为 3 和 True，然后整个卷积块后面跟着一个 MaxPool 层，接着是一个 Dropout 层，Dropout 概率在 0.1～0.4 变化（另一个超参数），如下列代码片段所示。

```
self.layers = []
input_depth = 1 # grayscale image
for i in range(num_conv_layers):
    output_depth = trial.suggest_int(
        f"conv_depth_{i}", 16, 64)
    self.layers.append(nn.Conv2d(
        input_depth, output_depth, 3, 1))
    self.layers.append(nn.ReLU())
    input_depth = output_depth
self.layers.append(nn.MaxPool2d(2))
p = trial.suggest_float(f"conv_dropout_{i}", 0.1, 0.4)
self.layers.append(nn.Dropout(p))
self.layers.append(nn.Flatten())
```

（4）添加一个展平层，以便后续可以添加全连接层。这里，必须定义一个_get_flatten_shape()函数来推导出展平层输出的形状。然后依次添加全连接层，其中单元数量声明为 16～64。每个全连接层后面跟着一个 dropout 层，概率范围同样是 0.1～0.4。

最后添加一个固定的全连接层，输出 10 个数字（每个类别/数字各一个），后面跟着一个 LogSoftmax 层。定义好所有层之后，即可实例化模型对象，如下所示。

```
input_feat = self._get_flatten_shape()
for i in range(num_fc_layers):
    output_feat = trial.suggest_int(
        f"fc_output_feat_{i}", 16, 64)
    self.layers.append(nn.Linear(
        input_feat, output_feat))
    self.layers.append(nn.ReLU())
    p = trial.suggest_float(f"fc_dropout_{i}", 0.1, 0.4)
    self.layers.append(nn.Dropout(p))
```

```
            input_feat = output_feat
        self.layers.append(nn.Linear(input_feat, 10))
        self.layers.append(nn.LogSoftmax(dim=1))
        self.model = nn.Sequential(*self.layers)
    def _get_flatten_shape(self):
        conv_model = nn.Sequential(*self.layers)
        op_feat = conv_model(torch.rand(1, 1, 28, 28))
        n_size = op_feat.data.view(1, -1).size(1)
        return n_size
```

该模型初始化函数以 trial 对象为条件，在 Optuna 的帮助下，将决定模型的超参数设置。最后，可以从下面的代码片段中看到，forward()方法非常简单。

```
def forward(self, x):
    return self.model(x)
```

因此，我们已经定义了模型对象，现在可以继续加载数据集。

（5）加载数据集的代码与第 1 章中的代码相同，在下列代码片段中再次展示。

```
train_dataloader = torch.utils.data.DataLoader(...)
test_dataloader = ...
```

在本节中，我们已经成功定义了参数化的模型对象并加载了数据集。下面将定义模型的训练和测试流程，以及优化计划。

16.2.2　定义模型训练程序和优化计划

模型训练本身涉及超参数，如优化器、学习率等。在本练习中，我们将利用 Optuna 的参数化能力来定义模型训练过程。

（1）定义训练程序。再次强调，代码与第 1 章中本模型的训练程序代码相同，并再次展示在这里。

```
def train(model, device, train_dataloader, optim, epoch):
    for b_i, (X, y) in enumerate(train_dataloader):
        ...
```

（2）模型测试程序需要稍作增强。为了按照 Optuna API 的要求运行，测试程序需要返回一个模型性能指标，在这种情况下是准确率，以便 Optuna 可以根据这个指标比较不同的超参数设置，如下列代码片段所示。

```
def test(model, device, test_dataloader):
```

```
with torch.no_grad():
    for X, y in test_dataloader:
        ...
accuracy = 100. * success/ len(test_dataloader.dataset)
return accuracy
```

（3）以前我们会用学习率实例化模型和优化函数，并在任何函数之外启动训练循环。但为了遵循 Optuna API 的要求，我们在 objective()函数下完成了这些工作，该函数接收的 trial 对象与模型对象的__init__()方法的参数相同。

这里也需要 trial 对象，因为在决定学习率值和选择优化器时需要超参数，如下列代码片段所示。

```
def objective(trial):
    model = ConvNet(trial)
    opt_name = trial.suggest_categorical(
        "optimizer", ["Adam", "Adadelta", "RMSprop", "SGD"])
    lr = trial.suggest_float("lr", 1e-1, 5e-1, log=True)
    optimizer = getattr(optim,opt_name)(model.parameters(), lr=lr)
    for epoch in range(1, 3):
        train(model, device, train_dataloader, optimizer, epoch)
        accuracy = test(model, device,test_dataloader)
        trial.report(accuracy, epoch)
        if trial.should_prune():
            raise optuna.exceptions.TrialPruned()
    return accuracy
```

在每个周期，我们都会记录模型测试程序返回的准确率。此外，在每个周期，我们都要检查是否要"剪枝"，即是否要跳过当前周期。这是 Optuna 提供的另一项功能，可加快超参数搜索过程，从而避免在不良超参数设置上浪费时间。

16.2.3　运行 Optuna 的超参数搜索

在练习的最后一部分，我们将实例化所谓的 Optuna 研究，并使用模型定义和训练例程，针对给定模型和给定数据集执行 Optuna 的超参数搜索过程。具体步骤如下。

（1）在前述章节中准备好所有必要的组件后，即可开始超参数搜索过程——在 Optuna 术语中这被称为研究（study）。一次试验（trial）就是一次研究中的一次超参数搜索迭代。对应代码如下所示。

```
study = optuna.create_study(study_name="mastering_pytorch",
```

```
                              direction="maximize")
study.optimize(objective, n_trials=10, timeout=2000)
```

direction 参数有助于 Optuna 比较不同的超参数设置。由于我们的衡量标准是准确性，因此需要最大化衡量标准。我们允许最多 2000 秒的研究时间或最多 10 次不同的搜索，以先完成者为准。上述命令的输出结果如下所示。

```
A new study created in memory with name: mastering pytorch

epochs 1 [0/60000 (0V)] training loss: 2.314928

epoch: 1 [16000/60000 (27%)) training loss: 2.339143

epoch: 1 [32000/60000 (53%) training loss: 2.354311

epoch: 1 [48000/60000 (80%)) training loss: 2.392770
Test dataset: Overall Loss: 2.4598, Overall Accuracy: 974/10000 (10%)
epochs 2 [0/60000 (0%)) training loss: 2.352018
epoch: 2 [16000/60000 (27%)) training loss: 2.425988
epoch: 2 [32000/60000 (53%)) training loss: 2.432955
epochs 2 [48000/60000 (80%)) training loss: 2.497166
Trial 0 finished with value: 9.82 and parameters: ('num conv_layers': 4,
'num fc layers': 2, 'conv_depth 0': 20, 'conv_depth 1': 18, "conv_depth
2': 38, 'conv_depth 3°: 27, 'conv _dropout_3': 0.18560304003563008, 'fc_
output_feat 0': 54, 'fc_dropout 19233257074201586, 'fc_output_feat_1':
33, 'fc_dropout_1': 0.1041825977735323, 'optimizer': 'RMSprop', 'lr':
431360836333). Best is trial 0 with value: 9.83.
Trial 1 finished with value: 95.68 and parameters: ('num conv_
layers': 1, 'num fc_layers': 2, 'conv_depth 0': 39, 'conv_dropout_0':
0.3950204757059781, 'fc_output feat 0': 17, 'fc_dropout_0':
0.3760852329345368, 'fc_output_feat_1': 40, "fc_dropout_1':
0.29727560678671294, 'optimizer': 'Adadelta', 'lr': 0.25498429405323125).
Best is trial 1 with value: 95.68.
Trial 2 finished with value: 98.77 and parameters: ('num conv_layers': 3,
'num fc_layers': 2, 'conv_depth 0': 27, 'conv_depth 1': 28, 'conv_depth
2': 42,, 'conv_dropout_0': 0.327456511733, 'fc_output feat 0': 57, 'fc_
dropout_0': 0.1234849615378501, 'fc_output_feat_1': 54, "fc_dropout_1':
0.36784682560478876, 'optimizer': 'Adadelta', 'lr': 0. 4290610978292583).
Best is trial 2 with value: 98.77.
Trial 3 finished with value: 98.28 and parameters: ('num conv_layers':
2, 'num _fc_layers':11, 'conv _depth 0': 38, 'conv_depth_1': 40, 'conv_
dropout_1': 0.359274403082444), 'fc_output_feat 0': 20, 'fc_dropout _0':
```

```
0.22476024022504099, 'optimizer': 'Adadelta', 'lr': 0.3167220174336792).
Best is trial 2 with value: 98.77.
...
Trial 7 pruned.
Trial 8 pruned.
Trial 9 pruned.
```

可以看到，第 3 次试验是最优的，并产生了 98.77%的测试集准确率，而最后 3 次试验被剪枝了。在日志中，还可以看到每个未被剪枝试验的超参数。例如，在最优试验中，有三个卷积层，分别有 27、28 和 46 个特征图，然后有两个全连接层，分别有 57 和 54 个单元/神经元等。

（2）每个试验都有一个完成或被剪枝的状态。我们可以用以下代码来区分它们。

```
pruned_trials = [t for t in study.trials if t.state == optuna.trial.
TrialState.PRUNED]
complete_trials = [t for t in study.trials if t.state == optuna.trial.
TrialState.COMPLETE]
```

（3）用以下代码特别查看最成功试验的所有超参数。

```
print("results: ")
trial = study.best_trial
for key, value in trial.params.items():
    print("{}: {}".format(key, value))
```

输出结果如下所示。

```
results:
num_trials_conducted: 10
num_trials_pruned: 3
num_trials_completed: 7
results from best trial:
accuracy: 98.77
hyperparameters:
num_conv_layers: 3
num_fc_layers: 2
conv_depth_0: 27
conv_depth_1: 28
conv_depth_2: 46
conv_dropout_2: 0.3274565117338556
fc_output_feat 0: 57
fc_dropout_0: 0.12348496153785013
```

```
fc_output_feat_1: 54
fc_dropout_1: 0.36784682560478876
optimizer: Adadelta
lr: 0.4290610978292583
```

可以看到，输出显示了进行的试验总数和成功试验的数量。它还进一步展示了最成功试验的模型超参数，如层数、层中的神经元数量、学习率、优化计划等。

我们已经成功地使用 Optuna 为手写数字分类模型定义了一系列不同类型的超参数值范围。利用 Optuna 的超参数搜索算法，我们进行了 10 次不同的试验，并在其中一次试验中获得了 98.77%的最高准确率。来自最成功试验的模型（架构和超参数）可以用来在更大的数据集上进行训练，从而服务于生产系统。

通过本节内容，读者可以使用 Optuna 为任何用 PyTorch 编写的神经网络模型找到最优超参数。如果模型非常大，或包含太多超参数，则需要调整，Optuna 也可以以分布式方式使用。有关 Optuna 分布式搜索的详尽文档，读者可阅读参考文献[13]。

最后，Optuna 不仅支持 PyTorch，还支持其他流行的机器学习库，如 TensorFlow、scikit-learn、MXNet 等。

16.3　本 章 小 结

本章讨论了 AutoML，它旨在提供模型选择和超参数优化的方法。AutoML 对于初学者来说非常有用，他们在决策方面缺乏相应的专业知识，如在模型中放入多少层，使用哪个优化器等。AutoML 对专家也十分有用，既可以加速模型训练过程，也能为给定任务发现更优越的模型架构，这在手动操作中几乎是不可能的。

第 17 章我们将研究机器学习，机器学习是深度学习中日益重要且关键的一个方面。我们将仔细探讨如何解释由 PyTorch 模型生成的输出，这通常被称为模型的可解释性或解释性。

16.4　参 考 文 献

[1] Auto-PyTorch GitHub 代码库：https://github.com/automl/Auto-PyTorch。

[2] *Auto-PyTorch Tabular: Multi-Fidelity MetaLearning for Efficient and Robust AutoDL*：https://arxiv.org/abs/2006.13799。

[3] 使用 Auto-PyTorch 进行最优 MNIST 模型搜索（完整代码）：https://github.com/

arj7192/MasteringPyTorchV2/blob/main/Chapter16/automl-pytorch.ipynb。

[4] 辅助练习的图像数据：https://github.com/automl/Auto-PyTorch/blob/master/examples/20_basics/example_image_classification.py。

[5] Auto-PyTorch GitHub 文档：https://github.com/automl/Auto-PyTorch#configuration。

[6] Hyperopt：https://github.com/hyperopt/hyperopt。

[7] Tune：https://docs.ray.io/en/latest/tune/index.html。

[8] skorch：https://github.com/skorch-dev/skorch。

[9] BoTorch：https://botorch.org/。

[10] Optuna：https://optuna.org/。

[11] *Optuna: A Next-generation Hyperparameter Optimization Framework*：https://arxiv.org/pdf/1907.10902.pdf。

[12] Optuna 练习的完整代码：https://github.com/arj7192/MasteringPyTorchV2/blob/main/Chapter16/optuna_pytorch.ipynb。

[13] 分布式调优与 Optuna：https://github.com/arj7192/MasteringPyTorchV2/blob/main/Chapter16/optuna_pytorch.ipynb。

第 17 章　PyTorch 与可解释人工智能

在本书中，我们建立了几个深度学习模型，它们可以执行不同类型的任务，如手写数字分类器、图像标题生成器和情感分类器。虽然已经掌握了如何使用 PyTorch 训练和评估这些模型，但我们并不清楚这些模型在进行预测时内部发生了什么。模型的解释性或可解释性是机器学习的一个领域，旨在回答"模型为什么会做出这样的预测"这一类问题。换句话说，模型在输入数据中看到了什么，从而做出了特定的预测？当此类模型被用于癌症诊断和法律援助等敏感应用时，这些问题的答案就变得至关重要。

本章将使用第 1 章中介绍的手写数字分类模型，检查其内部工作机制，从而解释模型为何对给定输入做出特定预测。我们将首先使用 PyTorch 代码解析模型。然后使用一个专门的模型解释性工具包（称为 Captum[1]）进一步调查模型内部发生的情况。Captum 是 PyTorch 的一个专用第三方库，提供深度学习模型的模型解释性工具，包括基于图像和文本的模型。

本章将为读者提供揭示深度学习模型内部所需的技术。以这种方式观察模型内部可以帮助读者推理模型的预测行为。在本章结束时，读者将能够利用这种实践经验，开始使用 PyTorch（和 Captum）解释自己的深度学习模型。

本章主要涉及下列主题。

- PyTorch 中的模型可解释性。
- 使用 Captum 解释模型。

17.1　PyTorch 中的模型可解释性

本节将以练习的形式，使用 PyTorch 剖析一个训练后的手写数字分类模型。更准确地说，我们将查看训练后的手写数字分类模型的卷积层的细节，以理解模型从手写数字图像中学到了哪些视觉特征。

我们将查看卷积滤波器/内核以及这些滤波器生成的特征图。

这些细节将帮助我们了解模型是如何处理输入图像，从而进行预测的。练习的完整代码可以在 GitHub 代码库中找到[2]。

17.1.1　手写数字分类器训练

我们将快速回顾第 1 章中涉及的步骤，这些步骤包括训练手写数字分类模型。完成这些步骤后，将得到一个训练后的具有较好分类准确率的 CNN 模型。具体步骤如下。

（1）导入相关库，并设置随机种子，以便能够复现这次练习的结果。

```
import torch
np.random.seed(123)
torch.manual_seed(123)
```

（2）定义模型的架构。

```
class ConvNet(nn.Module):
    def __init__(self):
    def forward(self, x):
```

（3）定义模型的训练和测试例程。

```
def train(model, device, train_dataloader, optim, epoch):
def test(model, device, test_dataloader):
```

（4）定义训练和测试数据集加载器。

```
train_dataloader = torch.utils.data.DataLoader(...)
test_dataloader = torch.utils.data.DataLoader(...)
```

（5）实例化模型并定义优化计划。

```
device = torch.device("cpu")
model = ConvNet()
optimizer = optim.Adadelta(model.parameters(), lr=0.5)
```

（6）启动模型训练循环，在此循环中将模型训练 20 个周期。

```
for epoch in range(1, 20):
    train(model, device, train_dataloader, optimizer, epoch)
    test(model, device, test_dataloader)
```

输出结果如图 17.1 所示。

```
epoch: 1 [0/60000 (0%)]  training loss: 2.324445
epoch: 1 [320/60000 (1%)]        training loss: 1.727462
epoch: 1 [640/60000 (1%)]        training loss: 1.428922
epoch: 1 [960/60000 (2%)]        training loss: 0.717944
epoch: 1 [1280/60000 (2%)]       training loss: 0.572199


epoch: 19 [58880/60000 (98%)]    training loss: 0.016509
epoch: 19 [59200/60000 (99%)]    training loss: 0.118218
epoch: 19 [59520/60000 (99%)]    training loss: 0.000097
epoch: 19 [59840/60000 (100%)]   training loss: 0.000271

Test dataset: Overall Loss: 0.0387, Overall Accuracy: 9910/10000 (99%)
```

图 17.1　模型训练日志

（7）在一张样本测试图像上测试训练好的模型。样本测试图像的加载方式如下所示。

```
test_samples = enumerate(test_dataloader)
b_i, (sample_data, sample_targets) = next(test_samples)
plt.imshow(sample_data[0][0], cmap='gray', interpolation='none')
plt.show()
```

输出结果如图 17.2 所示。

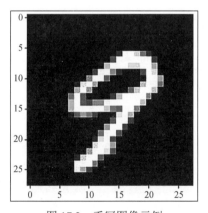

图 17.2　手写图像示例

（8）使用这张样本测试图像进行模型预测，如下所示。

```
print(f"Model prediction is : {model(sample_data).data.max(1)[1][0]}")
print(f"Ground truth is : {sample_targets[0]}")
```

生成结果如图 17.3 所示。

```
Model prediction is : 9
Ground truth is : 9
```

图 17.3　模型预测

因此，我们已经训练了一个手写数字分类模型，并使用它对一个样本图像进行了推断。下面我们将查看训练模型的内部结构。此外还将研究这个模型学习了哪些卷积滤波器。

17.1.2　可视化模型的卷积滤波器

本节将遍历训练模型的卷积层，并查看模型在训练过程中学习到的滤波器。这将告诉我们卷积层如何在输入图像上进行操作，正在提取哪些特征等。

（1）获取模型中所有层的列表，如下所示。

```
model_children_list = list(model.children())
convolutional_layers = []
model_parameters = []
model_children_list
```

输出结果如图 17.4 所示。

```
[Conv2d(1, 16, kernel_size=(3, 3), stride=(1, 1)),
 Conv2d(16, 32, kernel_size=(3, 3), stride=(1, 1)),
 Dropout2d(p=0.1, inplace=False),
 Dropout2d(p=0.25, inplace=False),
 Linear(in_features=4608, out_features=64, bias=True),
 Linear(in_features=64, out_features=10, bias=True)]
```

图 17.4　模型层

可以看到，这里有两个卷积层，它们都具有 3×3 的滤波器。第一卷积层使用了 16 个这样的滤波器，而第二卷积层使用了 32 个。在这个练习中，我们专注于可视化卷积层，因为它们在视觉上更直观。然而，读者也可以通过可视化它们学习到的权重来探索其他层，如线性层。

（2）从模型中仅选择卷积层，并将它们存储在一个单独的列表中。

```
for i in range(len(model_children_list)):
    if type(model_children_list[i]) == nn.Conv2d:
        model_parameters.append(model_children_list[i].w  eight)
        convolutional_layers.append(model_children_list[i])
```

在这个过程中，我们要确保存储了每个卷积层学习到的参数或权重。

（3）现在我们已经准备好可视化卷积层学习到的滤波器。我们从第一层开始，它有 16 个 3×3 的滤波器。下列代码可视化了这些滤波器。

```
plt.figure(figsize=(5, 4))
for i, flt in enumerate(model_parameters[0]):
    # add 4x4 subplots to plot the 16 kernels
    plt.subplot(4, 4, i+1)
    plt.imshow(flt[0, :, :].detach(), cmap='gray')
    plt.axis('off')
plt.show()
```

输出结果如图 17.5 所示。

首先可以看到所有学习到的滤波器彼此之间都有轻微的差异，这是一个好兆头。这些滤波器内部通常具有对比的值，以便在对图像进行卷积处理时能够提取某些类型的梯度。在模型推理期间，16 个滤波器独立地作用于输入的灰度图像，并产生 16 个不同的特征图，我们将在下一节中对其进行可视化。

（4）类似地，可以使用与前一步相同的代码，但做了一些相应的修改，来可视化第二卷积层学习到的 32 个滤波器。

```
plt.figure(figsize=(5, 8))
for i, flt in enumerate(model_parameters[1]):
plt.show()
```

输出结果如图 17.6 所示。

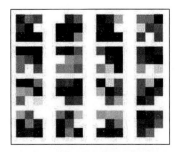

图 17.5　第一个卷积层的滤波器

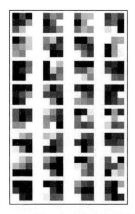

图 17.6　第二个卷积层的滤波器

我们再次拥有了 32 个不同的滤波器/核心，它们具有对比鲜明的值，目的是从图像中提取梯度。这些滤波器已经被应用于第一个卷积层的输出，因此产生了更加高级的输出特征图。

含有多个卷积层的 CNN 模型的一般目标是持续产生越来越复杂或更高层次的特征，这些特征能够代表复杂视觉元素，如人脸上的鼻子、道路上的交通灯等。

接下来我们将考查在这些滤波器对给定输入进行操作/卷积时，卷积层会产生什么结果。

17.1.3　可视化模型的特征图

本节将通过卷积层运行一个手写图像样本，并可视化这些层的输出。对于不同的层，我们期望输出能够捕捉图像的不同视觉特征，如检测边缘、颜色、曲线和圆形。

（1）以列表的形式收集每个卷积层输出的结果，对应代码如下所示。

```
per_layer_results = [convolutional_layers[0](sample_data)]
for i in range(1, len(convolutional_layers)):
    per_layer_results.append(
        convolutional_layers[i](per_layer_results[-1]))
```

注意，我们分别调用每个卷积层的前向传播，同时确保第 n 个卷积层接收第（n-1）个卷积层的输出作为输入。

（2）可视化由两个卷积层生成的特征图。我们将从第一层开始，并运行以下代码。

```
plt.figure(figsize=(5, 4))
layer_visualisation = per_layer_results[0][0, :, :, :]
layer_visualisation = layer_visualisation.data
print(layer_visualisation.size())
for i, flt in enumerate(layer_visualisation):
    plt.subplot(4, 4, i + 1)
    plt.imshow(flt, cmap='gray')
    plt.axis("off")
plt.show()
```

输出结果如图 17.7 所示。

数字(16, 26, 26)表示第一层卷积层的输出尺寸。本质上，样本图像大小为(28, 28)，滤波器大小为(3, 3)且没有填充。因此，结果的特征图尺寸将是(26, 26)。由于 16 个滤波器产生了 16 个这样的特征图（见图 17.5），因而整体输出尺寸是(16, 26, 26)。

可以看到，每个滤波器从输入图像生成一个特征图。此外，每个特征图代表图像中的不同视觉特征。例如，左上角的特征图本质上反转了图像中的像素值（见图 17.2），而右下角的特征图表示某种形式的边缘检测。

　　然后，这 16 个特征图被传递到了第二层卷积层，其中，另外 32 个滤波器分别对这 16 个特征图进行卷积，并生成 32 个新的特征图。接下来我们将查看这些特征图。

　　（3）使用与前面相同的代码并稍作改动，即可直观地看到下一个卷积层生成的 32 个特征图。

```
plt.figure(figsize=(5, 8))
layer_visualisation = per_layer_results[1][0, :, :, :]
    plt.subplot(8, 4, i + 1)
plt.show()
```

输出结果如图 17.8 所示。

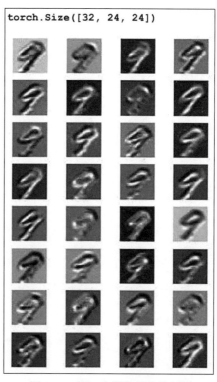

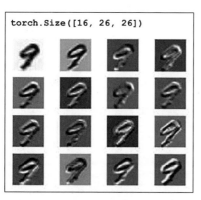

图 17.7　第一个卷积层的特征图　　　　　　图 17.8　第二个卷积层的特征图

　　与之前的 16 个特征图相比，这 32 个特征图在视觉上更为复杂。它们似乎不仅是在进行边缘检测，因为它们已经在处理第一个卷积层的输出，而不是原始输入图像。

在此模型中，紧随两个卷积层之后的是两个线性层，它们分别具有（4608×64）和（64×10）数量级的参数。尽管线性层权重的可视化也是有用的，但数量庞大的参数（4608×64）在视觉上确实难以把握。因此，本节将视觉分析限制为仅针对卷积权重。

值得庆幸的是，我们有更复杂的方式来解释模型预测，而无须查看如此多的参数。下一节我们将探索 Captum，这是一个与 PyTorch 协作的机器学习模型可解释性工具包，它可以帮助我们仅用几行代码就能解释模型决策。

17.2　使用 Captum 解释模型

Captum[3]是 Meta 在 PyTorch 基础上构建的开源模型可解释性库，并且目前（在本书编写时）正在积极开发中。本节将使用前一节训练的手写数字分类模型，此外还将使用 Captum 提供的一些模型可解释性工具来解释该模型所做的预测。练习的完整代码可以在 GitHub 代码库[4]中找到。

17.2.1　设置 Captum

模型训练代码与 17.1.1 节中显示的代码类似。在接下来的步骤中，我们将使用训练好的模型和一张样本图像来理解在为给定图像做出预测时模型内部发生的情况。

（1）为了使用 Captum 的内置模型可解释性功能，需要执行一些与 Captum 相关的额外导入操作。

```
from captum.attr import IntegratedGradients
from captum.attr import Saliency
from captum.attr import DeepLift
from captum.attr import visualization as viz
```

（2）为了对输入图像执行模型前向传递，我们重新调整输入图像的形状以匹配模型输入尺寸，即（1, 28, 28）。

```
captum_input = sample_data[0].unsqueeze(0)
captum_input.requires_grad = True
```

根据 Captum 的要求，输入张量（图像）需要参与梯度计算。因此，我们将输入的 requires_grad 标志设置为 True。

（3）使用以下代码准备样本图像，以便通过模型可解释性方法进行处理。

```
orig_image = np.tile(np.transpose((sample_data[0].cpu().detach().numpy()
/ 2) + 0.5, (1, 2, 0)), (1,1,3))
_ = viz.visualize_image_attr(None, orig_image, cmap='gray',
method="original_image", title="Original Image")
```

输出结果如图 17.9 所示。

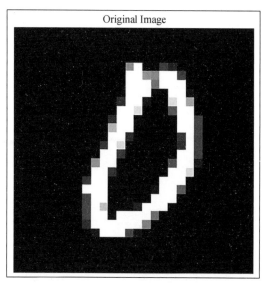

图 17.9　原始图像

上述代码简单地输出了原始的手写数字图像。我们已将灰度图像在深度维度上平铺，以便它可以被 Captum 方法使用，该方法预期的是一个 3 通道图像。

接下来我们将实际应用一些 Captum 的可解释性方法，对准备好的灰度图像通过预训练的手写数字分类模型进行前向传递。

17.2.2　探索 Captum 的可解释性工具

本节我们将查看 Captum 提供的一些模型可解释性方法。解释模型结果的最基本方法之一是查看显著性，它代表了输出（在这个例子中是类别 0）相对于输入（即输入图像像素）的梯度。相对于特定输入的梯度越大，该输入就越重要。这些梯度告诉我们每个输入特征的微小变化将如何影响输出。读者可以在原始论文[5]中阅读更多关于梯度计算的信息。Captum 提供了显著性方法的实现。

（1）下列代码使用 Captum 的 Saliency 模块来计算梯度。

```
saliency = Saliency(model)
gradients = saliency.attribute(
    captum_input, target=sample_targets[0].item())
gradients = np.reshape(
    gradients.squeeze().cpu().detach().numpy(), (28, 28, 1))
_ = viz.visualize_image_attr(
    gradients, orig_image, method="blended_heat_map",
    sign="absolute_value",
    show_colorbar=True, title="Overlayed Gradients")
```

输出结果如图 17.10 所示。

在上述代码中，我们将获得的梯度重塑为尺寸（28,28,1），并将它们叠加在原始图像上。Captum 的 viz 模块用于处理可视化工作。我们可以使用下列代码进一步可视化梯度，而不包括原始图像。

```
plt.imshow(np.tile(gradients/(np.max(gradients)), (1,1,3)));
```

输出结果如图 17.11 所示。

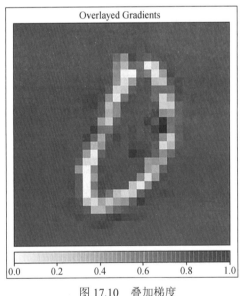

图 17.10　叠加梯度

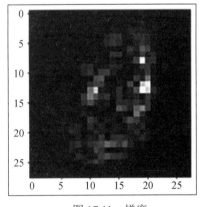

图 17.11　梯度

可以看到，梯度分布在图像中那些可能包含数字 0 的像素区域。

（2）使用类似的代码，查看另一种可解释性方法——集成梯度。通过这种方法，我们将寻找特征归因或特征重要性。也就是说，我们将寻找在进行预测时重要的像素。在集成梯度技术下，除了输入图像，还需要指定一个基线图像，通常将其设置为所有像素值都为 0 的图像。零基线就像一张空白的画布，用来测量每个像素在对输出没有影响的状态下所产生的影响，从而清晰地展示像素如何逐步影响模型的决策。

　　然后，沿着从基线图像到输入图像的路径，计算相对于输入图像的梯度积分。集成梯度技术的实现细节可以在原始论文[6]中找到。下列代码使用 Captum 的 IntegratedGradients 模块来推导每个输入图像像素的重要性。

```
integ_grads = IntegratedGradients(model)
attributed_ig, delta = integ_grads.attribute(
    captum_input, target = sample_targets[0],
    baselines = captum_input * 0, return_convergence_delta=True)
attributed_ig = np.reshape(
    attributed_ig.squeeze().cpu().detach().numpy(), (28, 28, 1))
_ = viz.visualize_image_attr(
    attributed_ig, orig_image, method = "blended_heat_map",
    sign="all", show_colorbar=True,
    title="Overlayed Integrated Gradients")
```

输出结果如图 17.12 所示。

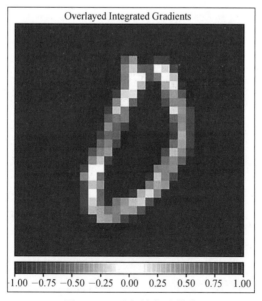

图 17.12　叠加的集成梯度

正如预期的那样，梯度在包含数字 0 的像素区域中较高。

（3）查看另一种基于梯度的归因技术，称为 Deeplift。Deeplift 除了输入图像，同样需要一张基线图像。对于基线，再次使用一个所有像素值都设置为 0 的图像。Deeplift 会计算非线性激活输出的变化，这种变化与从基线图像到输入图像的输入变化有关（见图 17.9）。下列代码使用 Captum 提供的 DeepLift 模块来计算梯度，并将这些梯度叠加显示在原始输入图像上。

```
deep_lift = DeepLift(model)
attributed_dl = deep_lift.attribute(
    captum_input, target=sample_targets[0],
    baselines=captum_input * 0, return_convergence_delta=False)
attributed_dl = np.reshape(
    attributed_dl.squeeze(0).cpu().detach().numpy(), (28, 28, 1))
_ = viz.visualize_image_attr(
    attributed_dl, orig_image, method="blended_heat_map",
    sign="all",show_colorbar=True, title="Overlayed DeepLift")
```

输出结果如图 17.13 所示。

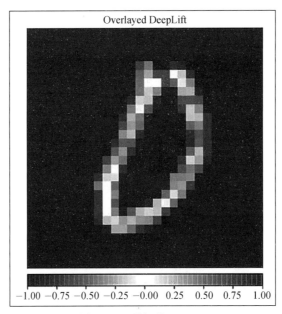

图 17.13　叠加的 Deeplift

再次，梯度值在包含数字 0 的像素周围呈现极端变化。

Captum 提供了更多的模型可解释性技术，如 LayerConductance、GradCAM 和 SHAP[7]。

模型可解释性是一个活跃的研究领域，因此像 Captum 这样的库可能会迅速发展。未来可能会开发出更多的此类库，这将使我们能够将模型可解释性作为机器学习生命周期的标准组成部分。

17.3　本章小结

本章简要探讨了如何使用 PyTorch 解释或解读深度学习模型所做出的决策。

第 18 章我们将学习如何通过 PyTorch 从头开始构建一个推荐系统。

17.4　参考文献

[1] Captum GitHub：https://github.com/pytorch/captum。

[2] GitHub 1：https://github.com/arj7192/MasteringPyTorchV2/blob/main/Chapter17/pytorch_interpretability.ipynb。

[3] Captum 网站：https://captum.ai/。

[4] GitHub 2：https://github.com/arj7192/MasteringPyTorchV2/blob/main/Chapter17/captum_interpretability.ipynb。

[5] 深入卷积网络：可视化图像分类模型与显著性图：https://arxiv.org/pdf/1312.6034。

[6] 深度网络的公理归因：https://arxiv.org/pdf/1703.01365。

[7] 统一模型预测解释方法：https://arxiv.org/pdf/1705.07874。

第 18 章　推荐系统与 PyTorch

推荐系统无处不在，如 Netflix 和 YouTube 推荐观看的内容、Spotify 推荐收听的音乐、LinkedIn 推荐的工作机会，以及亚马逊推荐购买的产品，如图 18.1 所示。

图 18.1　不同推荐系统的示例。从上到下，然后从左到右依次为：
Netflix、Spotify、LinkedIn、YouTube 和亚马逊

推荐系统是一种为用户提供个性化建议的算法,其主要目标是基于用户的偏好、行为、与现有用户的相似性,以及与系统的互动来预测用户可能感兴趣的产品。当今大多数推荐系统都由一个底层的深度学习模型驱动。这些模型根据系统中该用户及其他用户现有的消费模式来预测用户是否会喜欢某个产品(如电影、书籍、播客、网络上的人等)。

本章将使用 PyTorch 从头开始构建这样一个推荐系统。我们将构建一个类似于 Netflix 的电影推荐系统,尽管规模要小得多。我们将在 MovieLens 数据集[1]上训练一个深度学习模型,并使用训练好的模型为特定用户推荐最合适的(尚未观看或部分观看的)电影。到本章结束时,读者将能够使用 PyTorch 构建推荐系统。尽管本章中使用的示例是关于电影的,但其中方法可以扩展到所有类型的推荐系统。

本章主要涉及下列主题。

- 利用深度学习构建推荐系统。
- 理解和处理 MovieLens 数据集。
- 训练和评估推荐系统模型。
- 使用训练好的模型构建推荐系统。

18.1　利用深度学习构建推荐系统

本节我们将学习如何利用深度学习创建推荐系统。我们将以电影推荐系统为例来理解其背后的概念。首先将回顾电影推荐系统数据的形态,然后讨论使用基于深度学习的解决方案来构建推荐系统。

18.1.1　理解电影推荐系统数据集

构建推荐系统的数据集如图 18.2 所示。在纵轴上,数据库中有 5 个用户。在横轴上,我们有 8 部电影。

对于给定的用户和特定的电影,我们发现评分范围是从 1 星到 5 星。其中,1 星是最差的,5 星是最好的。这个评分被用作训练深度学习模型的目标,该模型随后可以预测给定用户尚未观看的电影的用户评分。

并非所有电影都被每个用户观看过,因此我们在数据中看到很多问号(读作 null)。这种推荐系统数据的稀疏性是非常正常的。此外,我们有一个新的用户,他还没有看过任何电影,以及一部还没有被任何人观看过的新电影。这些又增加了数据的稀疏性。因此,通常使用用户、电影、评分的列表作为训练数据集来构建推荐系统,而不是整个用户-电影矩阵。

	Movie 1	Movie 2	Movie 3	Movie 4	Movie 5	Movie 6	Movie 7	Movie 8	New Movie
User 1	☆☆☆☆☆	?	?	☆☆	☆☆☆	☆☆☆	☆☆☆	☆☆☆☆	?
User 2	?	☆☆☆	☆☆☆☆	☆	?	☆☆☆	?	?	?
User 3	☆☆☆	?	☆☆☆	?	☆☆☆	?	☆☆☆	?	?
User 4	☆☆☆	☆☆☆	?	☆☆	?	?	☆☆☆	?	?
User 5	?	☆☆☆☆	☆☆	☆☆☆	?	☆☆☆	☆☆	☆☆☆☆☆	?
New User	?	?	?	?	?	?	?	?	?

图 18.2　电影数据库示例，以用户-电影矩阵的形式呈现，其中矩阵的条目代表用户对电影的评分

训练好的基于深度学习的推荐系统的一个中间目标是用预测的评分填充那些问号（见图 18.2）。一旦有了这些预测的评分，即可按照预测评分的降序向用户推荐产品（电影）。这就引出了一个问题——我们如何预测评分？虽然有很多方法（包括非深度学习方法）可以做到这一点，但一个突出的解决方案是基于嵌入的推荐系统。

18.1.2　理解基于嵌入的推荐系统

本节我们将学习基于嵌入的推荐系统的工作原理，稍后将从头开始使用 PyTorch 构建这个系统。顾名思义，这种系统基于嵌入工作。在推荐系统中，我们有两个主要实体——产品（电影）和用户。基于嵌入的推荐系统的理念是将产品（电影）和用户转换为低维空间中的实数向量。这些向量，也称为嵌入，以一种保留它们关系和模式的方式代表产品和用户的特征或特性，将相似的电影聚集在嵌入空间中，并确保用户更接近他们喜欢的影片。我们如何学习这些嵌入？对此，可训练一个端到端的深度神经网络模型（EmbeddingNet），该模型以用户和电影作为输入，并预测该电影的用户评分（输出），如图 18.3 所示。

首先，电影和用户分别被转换为它们各自的独热编码。如果数据库中有 8 部电影和 5 个用户，那么电影和用户的独热编码向量的大小分别为 8 和 5。

☑ **注意：**

在面对大量电影和用户的情况下，独热编码是低效的，因为它会导致生成大尺寸的向量，其中所有元素（除了一个）都是 0。在这种情况下，可使用诸如特征哈希这样的技术，首先将电影或用户 ID 通过哈希函数处理，产生一个介于 0~N 的数字 k（N 是一个固定的数字，远小于电影或用户的总数）。因此，特征哈希编码是一个大小为 N 的向量，其中第 k 个元素是 1，其他元素是 0。与独热编码相比，特征哈希产生了更小的向量，并带有（可控的）将多个电影或用户映射到同一哈希编码的风险。

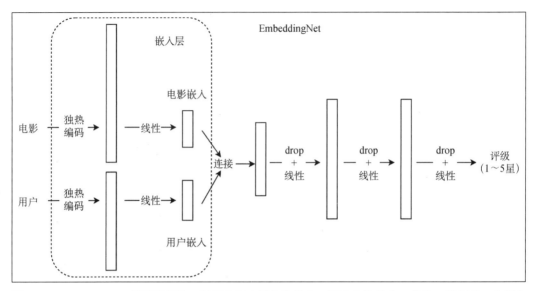

图 18.3　EmbeddingNet 模型的架构，以用户和电影作为输入，评分作为输出。首先，我们有一个嵌入
　　　　层，它将电影和用户转换为固定大小的嵌入，然后是一系列线性层，最终产生一个（评分）值

　　这些独热编码随后通过网络中的两个独立的线性层传递，产生电影和用户的嵌入向量。这些向量被拼接起来，并通过一系列 dropout 和线性层进一步传递，最终产生一个介于 1～5（归一化）的评分值。

📝 **注意：**

　　除了将用户和电影的独热编码转换为向量，推荐系统通常还会使用用户和电影的元数据，如用户的年龄段、性别和语言，以及电影的类型、时长和语言。额外的用户元数据通过查找与新用户最相似的现有用户，帮助向新用户推荐电影。额外的电影元数据通过查找与新电影最相似的现有电影，帮助向用户推荐新电影。

　　EmbeddingNet 在包含现有用户对现有电影的可用评分的训练集上进行端到端的训练。为了训练模型，我们使用实际评分和预测评分（介于 1～5 的值）之间的均方误差作为损失函数。一旦训练完成，模型就可以用来预测评分（填补图 18.2 中的问号）。在此过程中生成的用户和电影嵌入也可以用来寻找相似的用户和电影。

　　要使用 PyTorch 训练 EmbeddingNet，首先需要一个数据集。下一节我们将探索这样一个数据集，即 MovieLens 数据集。我们将下载这个数据集的一个小版本，分析并处理该数据集以供训练 EmbeddingNet 使用。

18.2　理解和处理 MovieLens 数据集

本节我们将深入到创建推荐系统的代码中。与大多数机器学习项目一样，一切都从数据开始。我们使用 MovieLens 数据集来创建电影推荐系统。MovieLens 数据集是推荐系统领域广泛使用的基准数据集，它包括用户评分和电影元数据，为训练和评估推荐算法提供了丰富的资源。数据集包括不同版本，其中 MovieLens 100KB、1MB、10MB 和 20MB 是一些常用的子集，它们在评分数量和电影数量上有所不同。本章使用包含超过 100KB 电影评分的 MovieLens 100KB 数据集。

如图 18.4 所示，首先开始下载数据集。然后将数据集文件加载为 DataFrames，分析不同的 DataFrames，并在需要时清理数据集。

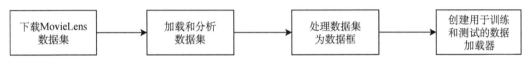

图 18.4　探索、分析和处理 MovieLens 数据集的步骤

下一步我们将数据集处理成适用于训练 EmbeddingNet 模型的格式。最后，我们从处理过的数据集中创建训练和测试数据加载器。虽然我们在本章中讨论了大部分代码，但省略了一些冗长的代码。读者可以在 GitHub[2] 上找到本章的完整代码。

18.2.1　下载 MovieLens 数据集

MovieLens 100KB 数据集可在以下网址获取。

```
DATASET_LINK="https://files.grouplens.org/datasets/movielens/ml-latest-small.
zip"
```

下列代码将数据集下载并解压到本地磁盘。

```
!wget -nc $DATASET_LINK
!unzip -n ml-latest-small.zip
```

输出结果如下所示。

```
https://files.grouplens.org/datasets/movielens/ml-latest-small.zip
...
Saving to: 'ml-latest-small.zip'
```

```
ml-latest-small.zip 100%[====================>] 955.28K 1.52MB/s in 0.6s

Archive: ml-latest-small.zip
    creating: ml-latest-small/
    ...
    inflating: ml-latest-small/ratings.csv
    inflating: ml-latest-small/movies.csv
```

在两个阶段中，我们下载了一个包含数据集的 1.5MB 的 ZIP 文件，然后解压缩该文件到几个 CSV 文件中。其中两个最重要的文件是 ratings.csv 和 movies.csv，它们分别包含有关用户评分和电影元数据的信息。接下来加载这些 CSV 文件并理解它们的内容。

18.2.2　加载和分析 MovieLens 数据集

我们使用一个定义好的实用函数 read_data()将电影和用户评分数据加载为 pandas DataFrames。

```
ratings, movies = read_data('./ml-latest-small/')
```

下面检查 ratings 数据框的内容。

```
ratings.head()
```

这将生成如表 18.1 所示的结果。

表 18.1　数据框显示了不同电影的用户评分及其时间戳

userId	movieId	评　　分	时　间　戳
1	1	4.0	964982703
1	3	4.0	964981247
1	6	4.0	964982224
1	47	5.0	964983815
1	50	5.0	964982931

该数据框包含了用户、他们评分的电影、评分本身以及评分完成的时间戳。下面通过下列代码来检查评分值的范围。

```
minmax = ratings.rating.min(), ratings.rating.max()
```

minmax 变量包含值(0.5, 5.0)，表明评分在 0.5～5.0 变化（以 0.5 为步长）。稍后将使用这些信息，将评分值归一化到 0～1，以创建模型训练的目标。接下来查看 movies 数据框。

```
movies.head()
```

这将生成如表 18.2 所示的输出结果。

表 18.2　数据框显示了 MovieLens 数据库中每部电影的标题和类型

movieId	标　　题	流　　派
1	Toy Story（1995）	冒险|动画|儿童|喜剧|奇幻
2	Jumanji（1995）	冒险|儿童|奇幻
3	Grumpier Old Men（1995）	喜剧|爱情
4	Waiting to Exhale（1995）	喜剧|剧情|爱情
5	Father of the Bride Part II（1995）	喜剧

该数据框包含了每部电影的信息，即电影标题以及它所属的不同类型。我们可以将这个数据框与评分数据框连接起来，以便在评分数据框中捕获电影名称（标题）。

```
ratings = ratings.merge(movies[["movieId", "title"]], on="movieId")
ratings.head()
```

这将生成如表 18.3 所示的输出结果。

表 18.3　数据框展示了不同电影的用户评分及其时间戳，以及相应的电影标题

userId	movieId	评　　分	时　间　戳	标　　题
1	1	4.0	964982703	Toy Story（1995）
5	1	4.0	847434962	Toy Story（1995）
7	1	4.5	1106635946	Toy Story（1995）
15	1	2.5	1510577970	Toy Story（1995）
17	1	4.5	1305696483	Toy Story（1995）

这个数据框看起来更完整，因为它既包含了评分也包含了电影信息。我们将使用这个数据框来构建电影推荐系统，该系统以用户（userId）作为输入，并产生 top-k 电影标题作为推荐。

为了重现图 18.2 中展示的可视化效果，也可以利用一个预定义的函数 tabular_preview()，以用户-电影矩阵的形式查看评分数据框。

```
tabular_preview(ratings, 10)
```

上述函数接收一个额外的参数 n（在本例中为 10），其中 n 指的是使用该函数显示的"最活跃用户"和"观看次数最多的电影"的数量。这段代码应该产生类似于表 18.4 的输出。

表 18.4　用户–电影矩阵，展示了 MovieLens 100K 数据集中
最活跃的前 10 名用户和观看次数最多的前 10 部电影

movieId userId	110	260	296	318	356	480	527	589	593	2571
68	2.5	5.0	2.0	3.0	3.5	3.5	4.0	3.5	3.5	4.5
274	4.5	3.0	5.0	4.5	4.5	3.5	4.0	4.5	4.0	4.0
288	5.0	5.0	5.0	5.0	5.0	2.0	5.0	4.0	5.0	3.0
380	4.0	5.0	5.0	3.0	5.0	5.0	NaN	5.0	5.0	4.5
414	5.0	5.0	5.0	5.0	5.0	4.0	4.0	5.0	4.0	5.0
448	NaN	5.0	5.0	NaN	3.0	3.0	NaN	3.0	5.0	2.0
474	3.0	4.0	4.0	3.0	3.0	4.5	5.0	4.0	4.5	4.5
599	3.5	5.0	5.0	4.0	3.5	4.0	NaN	4.5	3.0	5.0
606	3.5	4.5	5.0	3.5	4.0	2.5	5.0	3.5	4.5	5.0
610	4.5	5.0	5.0	3.0	3.0	5.0	3.5	5.0	4.5	5.0

注意表 18.4 与图 18.2 之间的相似之处。表 18.4 中的 NaN 相当于图 18.2 中的问号，都表示缺少评分值，即给定用户没有对给定电影进行评分。表 18.4 列出了数据集中最活跃的前 10 名用户和观看次数最多的前 10 部电影，并以它们的 ID（userId 和 movieId）表示。

评分值要么是介于 0.5～5 的浮点数，如 2.0、3.5、3.5 等，要么是空值（NaN）。我们的目标是使用非空值评分训练推荐系统，并将空值评分替换为预测评分，从而为每个用户编制电影推荐。

至此结束了我们对数据集的探索，下一节将处理这个数据集，将其转换为适合并可用于训练 PyTorch 模型的格式。

18.2.3　处理 MovieLens 数据集

我们定义了一个 create_dataset()函数，该函数以评分数据框为输入，并产生格式化的训练数据集作为输出。

```
def create_dataset(ratings, top=None):
    if top is not None:
        ratings.groupby('userId')['rating'].count()
    unique_users = ratings.userId.unique()
    user_to_index = {old: new for new, old in enumerate(unique_users)}
    new_users = ratings.userId.map(user_to_index)
    unique_movies = ratings.movieId.unique()
    movie_to_index = {
```

```
        old: new for new, old in enumerate(unique_movies)}
    new_movies = ratings.movieId.map(movie_to_index)
    n_users = unique_users.shape[0]
    n_movies = unique_movies.shape[0]
    X = pd.DataFrame({'user_id': new_users, 'movie_id': new_movies})
    y = ratings['rating'].astype(np.float32)
    return (n_users, n_movies), (X, y), (user_to_index, movie_to_index)
```

该函数重新索引用户和电影，并存储它们的新索引与原始 ID（分别是 userId 和 movieId）之间的映射（分别存储在变量 user_to_index 和 movie_to_index 中）。然后，它创建了训练的输入数据，其中包含用户和电影索引，以及输出数据，其中包含给定用户和给定电影对应的评分值（未归一化）。现在让我们执行这个函数来创建数据集。

```
(n, m), (X, y), (user_to_index, movie_to_index) = create_dataset(ratings)
print(f'Embeddings: {n} users, {m} movies')
print(f'Dataset shape: {X.shape}')
print(f'Target shape: {y.shape}')
```

输出结果如下所示。

```
Embeddings: 610 users, 9724 movies
Dataset shape: (100836, 2)
Target shape: (100836,)
```

数据集包含 610 个用户、9724 部电影和超过 100KB 条评分（因为我们使用的是 MovieLens 100KB 数据集）。到目前为止，我们已经将数据划分为输入和输出数据集。我们进一步使用以下代码将数据集划分为训练集和验证集。

```
X_train, X_valid, y_train, y_valid = train_test_split(
    X, y, test_size=0.2, random_state=RANDOM_STATE)
datasets = {'train': (X_train, y_train), 'val': (X_valid, y_valid)}
dataset_sizes = {'train': len(X_train), 'val': len(X_valid)}
```

至此，在 PyTorch 中创建用于训练深度学习模型的格式化数据集的工作就完成了。

📝 **注意：**

我们可以根据评分的时间戳来划分训练集和验证集，而不是随机划分。这样一来，我们可以保留旧的评分作为训练集，并预测属于验证集的未来评分。这也为构建用户特征（如用户 A 迄今为止喜欢的那些电影）提供了机会。

18.2.4 节我们将使用这个格式化的数据集（包含输入和输出的 DataFrames）来创建数

据加载器。

18.2.4　创建 MovieLens 数据加载器

为了使用 PyTorch 训练 EmbeddingNet 模型，我们创建了一个数据集迭代器，它可以遍历数据集中的多个实例（评分）。

```
class ReviewsIterator:
    def __init__(self, X, y, batch_size=32, shuffle=True):
        ...
        self.n_batches = int(math.ceil(X.shape[0] // batch_size))
        self._current = 0
    def __iter__(self):
        return self
    def __next__(self):
        return self.next()
    def next(self):
        ...
        return self.X[k*bs:(k + 1)*bs], self.y[k*bs:(k + 1)*bs]
```

该迭代器简单地接收批量大小作为输入，并遍历数据集的批次。我们创建了以下函数，以便于使用 ReviewsIterator 类迭代数据集。

```
def batches(X, y, bs=32, shuffle=True):
    for xb, yb in ReviewsIterator(X, y, bs, shuffle):
        xb = torch.LongTensor(xb)
        yb = torch.FloatTensor(yb)
        # yield inputs (xb) and targets (yb) reshaped to have 1 column.
        yield xb, yb.view(-1, 1)
```

我们可以使用以下代码测试上述函数。

```
for x_batch, y_batch in batches(X, y, bs=4):
    print(x_batch)
    print(y_batch)
    break
```

输出结果如下所示。

```
tensor([[ 341, 1891],
        [  83,  907],
        [ 106, 5749],
```

```
           [ 146, 61]])
tensor([[4.],
        [2.],
        [4.],
        [5.]])
```

可以看到，迭代器产生了 1 个批次的数据（批量大小为 4 个样本），其中输入包含用户和电影索引，输出包含原始评分值。现在我们已经准备好使用 MovieLens 数据来训练一个 EmbeddingNet 模型。下一节将使用 PyTorch 训练一个电影推荐系统。

18.3　训练和评估推荐系统模型

本节首先使用 PyTorch 定义一个 EmbeddingNet 模型，如图 18.5 所示。

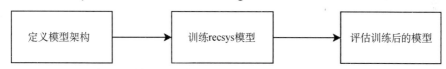

图 18.5　构建、训练和评估 EmbeddingNet 模型的步骤

在 MovieLens 数据集上训练此模型，以便随后预测用户对未观看电影的评分。我们最终将在验证集上评估训练好的模型。

18.3.1　定义 EmbeddingNet 架构

我们使用以下 PyTorch 代码定义 EmbeddingNet 模型。

```python
class EmbeddingNet(nn.Module):
    def __init__(self, n_users, n_movies,
                 n_factors=50, embedding_dropout=0.02,
                 hidden=10, dropouts=0.2):
        ...
        n_last = hidden[-1]
        def gen_layers(n_in):
            nonlocal hidden, dropouts
            for n_out, rate in zip_longest(hidden, dropouts):
                yield nn.Linear(n_in, n_out)
                yield nn.ReLU()
                if rate is not None and rate > 0.:
                    yield nn.Dropout(rate)
```

```
                    n_in = n_out
        self.u = nn.Embedding(n_users, n_factors)
        self.m = nn.Embedding(n_movies, n_factors)
        self.drop = nn.Dropout(embedding_dropout)
        self.hidden = nn.Sequential(*list(gen_layers(n_factors * 2)))
        self.fc = nn.Linear(n_last, 1)
        self._init()
```

模型初始化包括以下参数.

- 用户总数（n_users）：这是将用户索引转换为独热向量所需的。
- 电影总数（n_movies）：这是将电影索引转换为独热向量所需的。
- n_factors：用户和电影嵌入的大小。
- embedding_dropout：在产生嵌入的线性层之后，应用于嵌入层的 dropout。
- hidden：这可以是一个数字或数字列表，反映嵌入层之后的隐藏层的大小（见图 18.3）。
- dropouts：这是应用于隐藏层的 dropout 或 dropout 列表。

上述代码使用列出的参数根据图 18.3 所示的架构生成模型。在上述代码的最后两行中，模型的最后一层被声明为具有单个输出，产生评分值并调用了_init()方法。该方法的定义如下所示。

```
def _init(self):
    def init(m):
        if type(m) == nn.Linear:
            torch.nn.init.xavier_uniform_(m.weight)
        m.bias.data.fill_(0.01)
    self.u.weight.data.uniform_(-0.05, 0.05)
    self.m.weight.data.uniform_(-0.05, 0.05)
    self.hidden.apply(init)
    init(self.fc)
```

_init()方法主要是通过 Xavier 初始化[3]来初始化嵌入网络隐藏线性层的权重，并通过均匀（随机）初始化来初始化嵌入层的权重。在定义了模型架构之后，下面我们考查如何定义该模型的前向传递。

```
def forward(self, users, movies, minmax=None):
    features = torch.cat([self.u(users), self.m(movies)], dim=1)
    x = self.drop(features)
    x = self.hidden(x)
    out = torch.sigmoid(self.fc(x))
```

```
        if minmax is not None:
            min_rating, max_rating = minmax
            out = out*(max_rating - min_rating + 1) + min_rating - 0.5
        return out
```

forward()方法接收以下参数。

- 用户索引列表（users）。
- 电影索引列表（movies），与用户列表长度相同。
- minmax：可能的最小和最大评分值，用于将预测的（归一化的）评分值反归一化。

在前向传播中，模型遵循图 18.3 中展示的网络架构的步骤序列。用户和电影嵌入被拼接并通过一个 dropout 层，然后通过一个或多个线性层，最后通过一个 sigmoid 激活函数，产生一个介于 0～1 的单个值，然后将其反归一化到 0.5～5 的评分值。使用 PyTorch 定义了 EmbeddingNet 模型架构后，接下来实例化这样一个模型对象。

```
net = EmbeddingNet(
    n_users=n, n_movies=m,
    n_factors=150, hidden=[500, 500, 500],
    embedding_dropout=0.05, dropouts=[0.5, 0.5, 0.25])
```

我们把用户和电影的嵌入向量大小定义为 150。

✔ **注意：**

嵌入向量大小是基于嵌入式的推荐系统模型的超参数之一。较高的值会增加模型参数的数量，并可能导致过度拟合，除非持有大量的数据。一般来说，应尝试不同的嵌入向量大小值，以获得能产生的最准确推荐的值。我们在本章中使用了 150 来进行演示。

连接后形成一个大小为 300 的向量，然后是一个 0.05 的 dropout 层，接着是 3 个隐藏层，每个隐藏层大小为 500，每个隐藏层后分别跟着 0.5、0.5 和 0.25 的 dropout 层。网络结构应如下所示。

```
EmbeddingNet(
  (u): Embedding(610, 150)
  (m): Embedding(9724, 150)
  (drop): Dropout(p=0.05, inplace=False)
  (hidden): Sequential(
    (0): Linear(in_features=300, out_features=500, bias=True)
    (1): ReLU()
    (2): Dropout(p=0.5, inplace=False)
    (3): Linear(in_features=500, out_features=500, bias=True)
```

```
    (4): ReLU()
    (5): Dropout(p=0.5, inplace=False)
    (6): Linear(in_features=500, out_features=500, bias=True)
    (7): ReLU()
    (8): Dropout(p=0.25, inplace=False)
  )
  (fc): Linear(in_features=500, out_features=1, bias=True)
)
```

至此标志着 EmbeddingNet 模型定义的结束。下一节我们将在 MovieLens 数据集上训练这个模型。

18.3.2　训练 EmbeddingNet

在开始模型训练循环之前，首先定义超参数和其他配置参数。

```
lr = 1e-5 # learning rate
wd = 1e-5 # weight decay
bs = 200 # batch size
n_epochs = 200
patience = 10
no_improvements = 0
best_loss = np.inf
best_weights = None
history = []
device = torch.device('cuda:0' if torch.cuda.is_available() else 'cpu')
net.to(device)
criterion = nn.MSELoss(reduction='sum')
optimizer = optim.Adam(net.parameters(), lr=lr, weight_decay=wd)
iterations_per_epoch = int(math.ceil(dataset_sizes['train'] // bs))
```

我们定义的学习率为 1e-5，权重衰减为 1e-5，批量大小为 200，训练时间为 200 个周期，耐心值为 10，其中耐心值是在停止训练前没有进一步改进的连续周期数。此外还定义了一个 no_improvements 标志，以反映模型的不再改进的阶段。

我们将迄今为止的最佳损失定义为无穷大，将迄今为止的最佳模型权重定义为 null。我们定义了一个 history 变量，用于跟踪周期内的训练和验证损失。我们定义了用于训练 PyTorch 模型的设备，损失函数为均方误差损失，优化器为 Adam 优化器，iterations_per_epoch 为一个周期内可处理的训练数据集的批次数（200 个样本）。

定义好所有超参数后，即可运行模型训练循环，并在训练和验证数据集上分别使用梯度下降和反向传播方法训练和验证模型。

```
for epoch in range(n_epochs):
    for phase in ('train', 'val'):
        ...
        for batch in batches(*datasets[phase], shuffle=training, bs=bs):
            ...
            with torch.set_grad_enabled(training):
                outputs = net(x_batch[:, 0], x_batch[:, 1], minmax)
                loss = criterion(outputs, y_batch)
                if training:
                    loss.backward()
                    optimizer.step()
            running_loss += loss.item()
        epoch_loss = running_loss / dataset_sizes[phase]
        if phase == 'val':
            if epoch_loss < best_loss:
                best_loss = epoch_loss
                best_weights = copy.deepcopy(net.state_dict())
                no_improvements = 0
            else:
                no_improvements += 1
    history.append(stats)
    if no_improvements >= patience:
        break
```

输出结果如下所示。

```
loss improvement on epoch: 1
[001/200] train: 1.1996 - val: 1.0651
loss improvement on epoch: 2
[002/200] train: 1.0806 - val: 1.0494
...
[048/200] train: 0.6331 - val: 0.7778
[049/200] train: 0.6326 - val: 0.7714
early stopping after epoch 049
```

在上述代码中，首先通过模型运行前向传播，以获得训练批次中用户和电影对的反归一化预测评分值。将这些预测评分与实际用户评分（真实值）进行比较，以获得均方误差。利用梯度下降和反向传播，该误差被反向传播以调整 EmbeddingNet 所有层的权重。经过 200 个周期的训练，我们得到了训练好的模型。我们可以使用以下代码检查学习曲线。

```
ax = pd.DataFrame(history).drop(columns='total').plot(x='epoch')
```

这将生成如图 18.6 所示的输出结果。

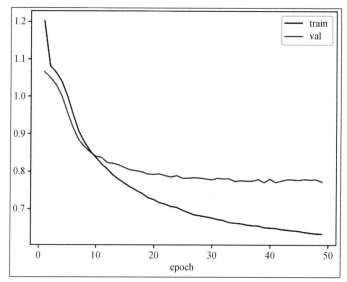

图 18.6　EmbeddingNet 的学习曲线显示出一个稳定的训练轨迹，
验证损失与训练损失一同下降，直到提前终止

　　由于采用了提前停止机制（利用耐心值），训练在 50 个周期左右停止。训练曲线表明，模型学习到的用户评分模式可以从训练集推广到验证集，说明模型训练成功。下一节我们将使用均方误差作为指标，评估训练模型在验证集上的性能。

18.3.3　评估训练好的 EmbeddingNet 模型

　　我们通过训练好的模型运行验证集上的用户-电影对，并用以下代码生成预测评分。

```
groud_truth, predictions = [], []
with torch.no_grad():
    for batch in batches(*datasets['val'], shuffle=False, bs=bs):
        x_batch, y_batch = [b.to(device) for b in batch]
        outputs = net(x_batch[:, 0], x_batch[:, 1], minmax)
        groud_truth.extend(y_batch.tolist())
        predictions.extend(outputs.tolist())
groud_truth = np.asarray(groud_truth).ravel()
predictions = np.asarray(predictions).ravel()
```

　　现在可以将预测评分（predictions）与实际评分（ground_truth）进行比较，如下列代码所示。

```
final_loss = np.sqrt(
    np.mean((np.array(predictions) - np.array(groud_truth))**2))
print(f'Final RMSE: {final_loss:.4f}')
```

输出结果如下所示。

```
Final RMSE: 0.8816
```

这表明经过训练的模型在预测未观看电影的正确用户评分时，平均误差小于 1 分。我们可以使用以下代码进一步检查一些预测的评分。

```
np.array(predictions)
```

输出结果如下所示。

```
array([3.38753653, 2.63408899, 3.20616698, ...])
```

我们可以使用以下代码来检查相应的真实评分。

```
datasets["val"][1][:5]
```

这将生成如表 18.5 所示的输出结果。

表 18.5　数据框展示了 MovieLens 数据集验证集中的评分值（介于 0.5～5.0）

67037	4.0
42175	2.0
93850	4.0
6187	5.0
12229	4.0

可以看到，预测值 3.38、2.63 和 3.2 分别与真实值 4、2 和 4 的评分相差不到 1 个单位，这再次证实了我们获得的均方误差指标得分为 0.8816。下一节将使用 EmbeddingNet 来创建一个推荐系统，其中我们提供用户作为输入，并将得到前 k 部电影作为推荐输出。

18.4　使用训练好的模型构建推荐系统

本节我们将以函数的形式创建一个推荐系统，该函数返回给定用户的电影标题列表作为推荐。如图 18.7 所示，我们首先获取用户未看过的所有电影。将这些电影与给定用户一起输入至 EmbeddingNet，并产生相应的预测评分。然后，按照评分降序对电影进行排序，并返回前 k 部电影作为推荐。

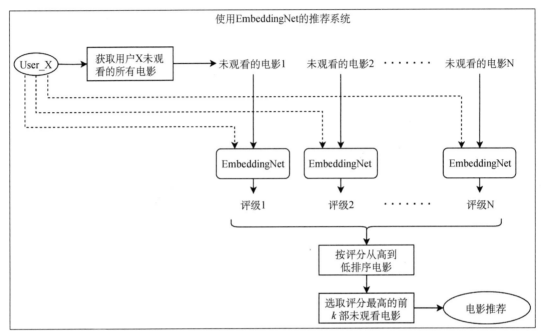

图 18.7　电影推荐系统的图解表示，该系统内部使用 EmbeddingNet 为用户未观看的电影生成评分

下列函数执行了图 18.7 中概述的步骤。

```python
def recommender_system(user_id, model, n_movies):
    seen_movies = set(X[X['user_id'] == user_id]['movie_id'])
    user_ratings = y[X['user_id'] == user_id]
    top_rated_movie_ids = X.loc[(X['user_id'] == user_id) &
                                (y == user_ratings.max()), "movie_id"]
print("\n".join(
    movies[movies.movieId.isin(top_rated_movie_ids)].title.iloc[:10].tolist()))
    unseen_movies = list(set(ratings.movieId) - set(seen_movies))
    unseen_movies_index = [movie_to_index[i] for i in unseen_movies]
    model_input = (torch.tensor([user_id]*len(unseen_movies_index),
                                device=device),
                   torch.tensor(unseen_movies_index, device=device))
    with torch.no_grad():
        predicted_ratings = model(*model_input, minmax).detach().numpy()
    zipped_pred = zip(unseen_movies, predicted_ratings)
```

```
sorted_movie_index = list(zip(
    *sorted(zipped_pred, key=lambda c: c[1], reverse=True)))[0]
recommended_movies = movies[
    movies.movieId.isin(sorted_movie_index)].title.tolist()
print("\n".join(recommended_movies[:n_movies]))
```

推荐系统函数接收以下输入。

- user_id：我们想要为其推荐电影的给定用户的索引。
- model：训练好的 EmbeddingNet 模型对象。
- n_movies：推荐系统要返回的电影数量。

此处用一些示例值调用上述函数，如下所示。

```
recommender_system(32, net, 10)
```

我们选择编号为 32 的用户，并请求推荐 10 部电影。这应该会产生下列输出结果。

```
Total movies seen by the user: 575
=======================================================
Some top rated movies (rating = 5.0) seen by the user:
=======================================================
Jumanji (1995)
GoldenEye (1995)
...
Mighty Morphin Power Rangers: The Movie (1995)
=======================================================
Top 10 Movie recommendations for the user 32 are:
=======================================================
Father of the Bride Part II (1995)
Heat (1995)
Sudden Death (1995)
American President, The (1995)
Four Rooms (1995)
Get Shorty (1995)
Assassins (1995)
Powder (1995)
Persuasion (1995)
It Takes Two (1995)
```

该函数首先返回用户 32 已观看的电影总数，然后显示用户 32 已观看过的部分（10 部）电影，以了解用户的偏好。然后，根据经过训练的 EmbeddingNet 预测的该用户的最高评分，列出向该用户推荐的 10 部最佳电影。

关于使用 PyTorch 和 MovieLens 数据集从头开始构建推荐系统的讨论到此结束。本章介绍的方法可用于不同类型的推荐系统，这些系统具有不同的底层模型和不同的数据模式。

构建推荐系统通常需要处理大规模数据，包括数百万用户和产品，以及超过数十亿的评分。为解决此类大规模问题，PyTorch 引入了 TorchRec 库[4]。该库提供了大规模推荐系统所需的通用稀疏性和并行性功能。它还允许在多个 GPU 上共享大型嵌入表来训练模型。TorchRec 库还处于早期开发阶段（在编写本书时），因此我们在本章中不会详细介绍 TorchRec。TorchRec 网页上有一个入门教程[5]，建议大家继续关注这一领域的最新进展。

18.5　本章小结

本章使用 PyTorch 从头构建了一个推荐系统。我们首先学习了如何利用深度学习来驱动推荐系统。接着探索并分析了 MovieLens 数据集。然后使用 PyTorc 定义了一个 EmbeddingNet 模型，并在 MovieLens 数据集上进行了训练和评估。

最后，我们利用训练好的 EmbeddingNet 模型创建了一个电影推荐系统。第 19 章我们将了解更多关于 Hugging Face 生态系统的信息，以及 PyTorch 用户如何从不同的 Hugging Face 产品、组件和库中获益。

18.6　参考文献

[1] MovieLens 数据集：https://grouplens.org/datasets/movielens/latest/。

[2] GitHub 1：https://github.com/arj7192/MasteringPyTorchV2/blob/main/Chapter18/torchrecsys.ipynb。

[3] 理解训练深度前馈神经网络：https://proceedings.mlr.press/v9/glorot10a/glorot10a.pdf。

[4] TorchRec 文档：https://pytorch.org/torchrec/。

[5] TorchRec GitHub：https://github.com/pytorch/torchrec/blob/main/Torchrec_Introduction.ipynb。

第 19 章　PyTorch 和 Hugging Face

我们在第 7 章以及第 10 章中已经了解了 Hugging Face 的部分内容。Hugging Face 是一个开源平台和社区驱动的库，提供了一套全面的 AI 工具、预训练模型，以及一个协作生态系统，用于开发和共享最先进的模型。它已经成为当前 AI 领域的基础平台之一。本章将更深入地了解 Hugging Face，以及 PyTorch 用户如何在研究、训练、评估、优化和部署深度学习模型时从 Hugging Face 获益。

到本章结束时，读者将能够在深度学习项目中使用 Hugging Face，通过 Hugging Face Hub 提供的预训练模型结合 PyTorch 使用 Transformers 库，利用 Accelerate 加速模型训练，并使用 Optimum 优化部署中的 PyTorch 模型。

本章主要涉及下列主题。

- 在 PyTorch 背景下理解 Hugging Face。
- 使用 Hugging Face Hub 获取预训练模型。
- 使用 Hugging Face 数据集库与 PyTorch。
- 使用 Accelerate 加速 PyTorch 模型训练。
- 使用 Optimum 优化 PyTorch 模型部署。

19.1　在 PyTorch 背景下理解 Hugging Face

Hugging Face[1]是一家快速发展的人工智能公司。一方面，它提供了大量与训练、评估、优化和部署 AI 模型相关的库。另一方面，它是各种 AI 模型、数据集和实时 AI 演示（在 Hugging Face 术语中称为 spaces）的中心。Hugging Face 正迅速发展成为一个 AI 社区，开发者们在这里分享尖端的 AI 工作，并进行推动 AI 前沿工作的讨论。

19.1.1　探索与 PyTorch 相关的 Hugging Face 组件

我们可以将 Hugging Face 视为一个包含各种组件的平台，如图 19.1 所示。用户可以在 Hugging Face 网站上访问图中所示的页面[2]。首先要注意的是，Hugging Face 的各种组件中都提到了 PyTorch。Hugging Face 的库、模型和数据集与 PyTorch 完全兼容，因此在

PyTorch 书籍中详细讨论 Hugging Face 不失为明智之举。

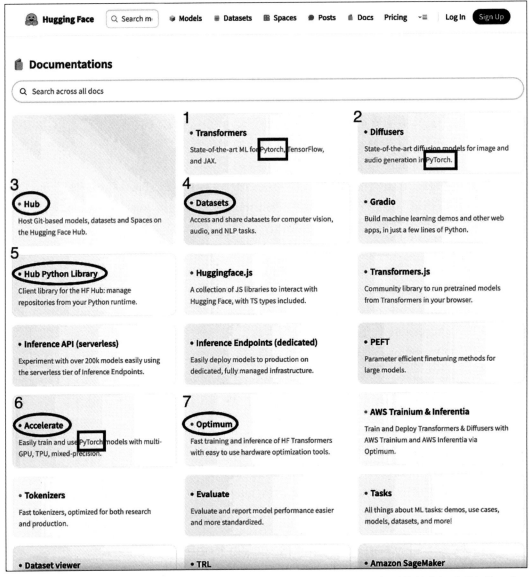

图 19.1 Hugging Face 的各个组件。注意在各个组件中提及了 PyTorch。标号的是我们感兴趣的一些组件，分别在第 7 章和第 10 章讨论了编号为 1 和 2 的组件。本章将涵盖其他标号的组件

在图 19.1 中展示的众多组件中，我们特别强调了一些可能会引起特别关注的组件。虽

然在第 7 章中提到了组件 1（Transformers 库），在第 10 章中提到了组件 2（Diffusers 库），但下列组件同样值得关注。

- Hub（或 Hugging Face Hub）和 Hub 库：这是访问所有 AI 模型、数据集和 spaces 之处，也是 Hugging Face 最广泛使用的功能之一，因为它使开发者能够轻松访问尖端的 AI 模型和数据集，以便在其上构建模型或进行推理。Hub 库使我们能够通过 Python 代码访问 Hub。
- 数据集：除了 PyTorch 内部的数据集库，Hugging Face Datasets 库使 PyTorch 用户能够轻松使用 Hugging Face 数据集甚至非 Hugging Face 数据集。
- Accelerate：这是一个以工程为重点的库，使我们能够在训练和推理大型 AI 模型期间有效利用多图形处理单元（GPU）或张量处理单元（TPU）设置，以及利用混合精度等优化技术（参见第 12 章）。
- Optimum：这是另一个以工程为重点的库，它在模型部署方面进行优化，可以在指定的目标硬件上最大化模型性能。这确保了最优的效率、速度和资源利用，可以显著降低运营成本并改善用户体验。

19.1.2　将 Hugging Face 与 PyTorch 集成

在与 PyTorch 的集成方面，Hugging Face 提供了与该库和 PyTorch 张量、数据加载器以及 GPU 支持的无缝兼容性。这使得熟悉 PyTorch 的开发者能够在不必完全学习新 API 的情况下，即可利用预训练模型。

作为一个 PyTorch 用户，可以通过安装库来开始使用 Hugging Face 库。例如，可使用以下命令安装最受欢迎的 Hugging Face 库，即 transformers。

```
pip install torch transformers
```

transformers 库因其广泛的预训练模型集合、在实现先进自然语言处理技术方面的易用性，以及对文本分类、翻译和生成等任务的广泛支持而受到欢迎，所有这些任务都通过一致且用户友好的 API 来实现。我们通过下列代码片段使用 transformers 库加载一个预训练模型。

```
from transformers import AutoModelForSequenceClassification, AutoTokenizer

# a pre-trained model from HuggingFace
model_name = "bert-base-uncased"
# Load the pre-trained model and tokenizer
model = AutoModelForSequenceClassification.from_pretrained(model_name)
```

```
tokenizer = AutoTokenizer.from_pretrained(model_name)
```

本节的所有代码都可以在 GitHub[3]上找到。上述代码从 transformers 包中导入了 AutoTokenizer 和 AutoModelForSequenceClassification 类，并使用双向编码器表示（BERT）模型[4]的预训练权重对它们进行了初始化。在将示例句子编码为 token 后，接下来使用下列代码片段在示例输入上运行模型。

```
import torch
input_text = "I love PyTorch!"

# Tokenize the input text using the tokenizer
inputs = tokenizer(input_text, return_tensors="pt")

# Perform inference using the pre-trained model
with torch.no_grad():
    outputs = model(**inputs)

# Access the model predictions or outputs
predicted_class = torch.argmax(outputs.logits, dim=1).item()
```

将输入数据提供给 BERT 模型会返回隐藏状态（存储在 outputs 变量中），这些状态基于词语的上下文捕获了其有意义的表示。我们从模型输出中检索 logits，并通过对它执行 argmax 操作，以在 predicted_class 变量中获得最高概率的类别。

这段代码产生的输出并不重要。重要的是其展示了如何将 torch 库与 transformers 库一起使用。通常，torch 与 transformers 协同工作，充分利用深度学习模型和强大的张量操作，使得机器学习应用更加健壮、可扩展且可定制。

进一步讲，我们可以使用这个预训练模型的参数来实例化一个新的训练优化器，例如，对预训练模型进行微调，如下列代码所示。

```
# Example: Fine-tuning a pre-trained model
# (Assuming 'train_dataset' and 'validation_dataset' are already prepared)
optimizer = torch.optim.Adam(model.parameters(), lr=1e-5)
# Train the model with your dataset and optimizer
```

上述代码片段再次展示了 transformers 库与 torch 库之间的相互作用。来自 Hugging Face 的预训练模型的参数可以直接被 PyTorch 中的 Adam 优化器访问。

迄今为止，我们使用 CPU 进行模型推理，但如果想利用机器上空闲的 GPU，情况又当如何？对此，可以通下列代码实现。

```
# Example: Using GPU for model inference
device = torch.device("cuda" if torch.cuda.is_available() else "cpu")
model.to(device)
inputs.to(device)
outputs = model(**inputs)
```

再次，上述代码展示了 transformers 和 torch 对象之间的互操作性。这标志着我们初步探索了 torch 库与 transformers 之间的协同机制。本章后续部分将看到，类似的 torch 互操作性也适用于其他 Hugging Face 库，如 Diffusers（参见第 10 章）、Accelerate 和 Optimum。

虽然我们在本节中能够迅速使用预训练模型 bert-base-uncased[4]，但下一节将探索 Hugging Face Hub 提供的更广泛的资源，包括模型、数据集和演示。

19.2　使用 Hugging Face Hub 获取预训练模型

上一节我们使用了一个预训练的 BERT 模型作为示例，来展示 transformers 和 torch 库之间的接口。其中，我们利用 Hugging Face Hub[5]下载并加载了一个预训练的 BERT 模型。本节我们将深入探索如何使用 Hugging Face Hub 加载预训练模型，并演示如何通过 Python 库以及 Hugging Face 网站使用 Hugging Face Hub。本节的所有代码都可以在 GitHub[6]上找到。

☑ 注意：

读者需要使用 API token 来访问 Hugging Face Hub 上提供的许多模型。您可以从以下页面获取 API token：https://huggingface.co/settings/tokens。

要使用 Hugging Face Hub 的 Python 库，需要使用下列命令进行安装。

```
pip install huggingface_hub
```

安装完成后，即可运行以下命令导入库，并获取 Hugging Face Hub 上所有可用的预训练模型。

```
from huggingface_hub import hf_api
models = hf_api.list_models()
```

在编写本书时，Hugging Face Hub 上有超过 650000 个预训练模型可供使用。读者可以使用下列命令来查看这个数字（运行可能需要一些时间）。

```
len([t for t in models])
```

虽然无法查看所有模型，但可通过下列代码查看 Hugging Face Hub 上一些最受欢迎的文本生成模型。

```
text_gen_models = [model.id for model in models
                    if "text-generation-inference" in model.tags
                    and model.downloads>1000000]
print(text_gen_models)
```

输出结果如下所示。

```
['distilgpt2', 'gpt2', 't5-base', 't5-small', 'Rostlab/prot_t5_xl_uniref50',
'bigscience/bloom-560m', 'google/flan-t5-base', 'tiiuae/falcon-40b-instruct',
'davidkim205/komt-mistral-7b-v1']
```

另外，模型列表也可以通过 Hugging Face 模型页面[7]获得，如图 19.2 所示。

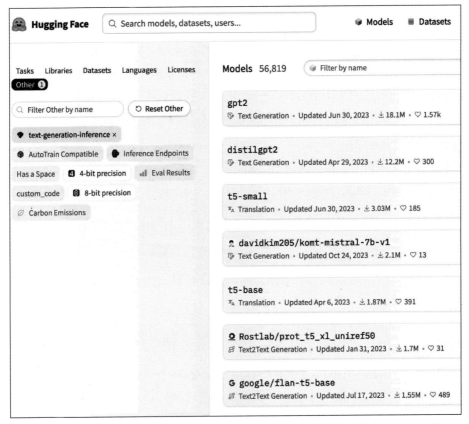

图 19.2　Hugging Face 模型页面列出了所有按下载量排序的文本生成模型（以降序排列）

　　读者可能会认出其中一些流行的模型。回忆一下，第 7 章使用了来自 Hugging Face Hub 的 gpt2 模型。对于当前的演示，我们将使用另一个流行的文本生成模型，即由 Google 开发的文本到文本传输 Transformer（T5）模型[8]。

　　我们使用以下代码从 Hugging Face Hub 加载 t5-small 模型。

```
from transformers import T5Tokenizer, T5ForConditionalGeneration
tokenizer = T5Tokenizer.from_pretrained("t5-small")
model = T5ForConditionalGeneration.from_pretrained("t5-small")
```

　　如 果 想 了 解 如 何 知 道 要 导 入 哪 个 transformer 对 象 （ T5Tokenizer 或 T5ForConditionalGeneration）来加载 T5 模型，对此，Hugging Face 在 T5 模型页面[7]提供了使用示例，如图 19.3 所示。这有助于我们确定导入哪些 Transformer 对象。

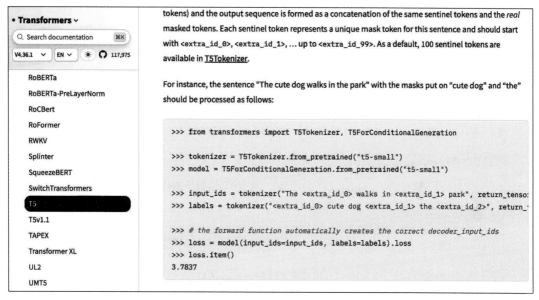

图 19.3　Hugging Face 为 T5 模型提供模型页面，并展示应用示例

　　在加载了 T5 模型后，下列代码使用 t5-small 模型将一个英文句子翻译成德语。

```
from transformers import DistilBertTokenizerFast,
DistilBertForSequenceClassification
input_ids = tokenizer("translate English to German: I love PyTorch.",
                      return_tensors="pt").input_ids
outputs = model.generate(input_ids)
print(tokenizer.decode(outputs[0], skip_special_tokens=True))
```

输出结果如下所示。

```
Ich liebe PyTorch.
```

这里展示的过程可以轻松地适应 Hugging Face Hub 上的不同模型，用于从自然语言处理（NLP）到计算机视觉，甚至是多模态模型的各种任务。

下一节我们将查看另一个可以与 PyTorch 互操作的 Hugging Face 产品，即 Hugging Face Datasets 库。

19.3　使用 Hugging Face 数据集库与 PyTorch

结合使用 Hugging Face Datasets 库和 PyTorch 可以轻松访问数千个公共数据集，并简化了自定义数据集的处理。截至 2024 年 5 月，Hugging Face 上有超过 144000 个数据集可供使用，读者可以使用下列代码查看这些数据集。

```
from huggingface_hub import hf_api
datasets = hf_api.list_datasets()
len([d for d in datasets])
```

要开始使用 Hugging Face 数据集库，请确保已安装以下依赖项。

```
pip install torch datasets transformers
```

本节所有代码都可以在 GitHub[9] 上找到。首先应该导入所需的库并设置环境。

```
import torch
from datasets import load_dataset
from transformers import BertTokenizer
```

我们从 datasets 库中导入 load_dataset 函数，并计划在演示中使用 BERT 模型，因此导入 BertTokenizer 将文本转换为 token。

接下来，仅用一行代码即可加载一个数据集。

```
# Loading a dataset from HuggingFace Datasets library
dataset = load_dataset("rotten_tomatoes")
```

演示过程使用了 Hugging Face 上的 rotten_tomatoes 数据集[10]。为什么选择了 rotten_tomatoes 数据集呢？就像上一节中选择 T5 模型一样，我们简单地查看 Hugging Face 数据集页面[11]，找到属于特定任务的数据集，如文本分类，然后根据下载量降序排列数据集，以获取最受欢迎的数据集，如图 19.4 所示。

图 19.4　Hugging Face 数据集页面列出了所有按下载量排序的文本分类数据集（以降序排列）

在显示的数据集中，我们选择了 rotten_tomatoes 数据集，这是一个带有正面或负面情感标签（分别为类别 1 和 0）的电影评论数据集，如图 19.5 所示。

加载完数据集后，我们需要对文本进行分词，以便在 BERT 模型中使用。对应的实现代码如下所示。

```
# Initializing a tokenizer
tokenizer = BertTokenizer.from_pretrained("bert-base-uncased")

# Tokenizing and preparing the dataset for PyTorch
def tokenize_function(example):
    # Tokenizes the text, applies padding/truncation, and returns tensors
    # including the attention mask.
    # return tokenizer(example["text"], padding="max_length", truncation=
True)

tokenized_dataset = dataset.map(tokenize_function, batched=True)
# The attention mask helps the model distinguish between
# actual data and padding.
tokenized_dataset.set_format(type='torch', columns=['input_ids',
'attention_mask', 'label'])
```

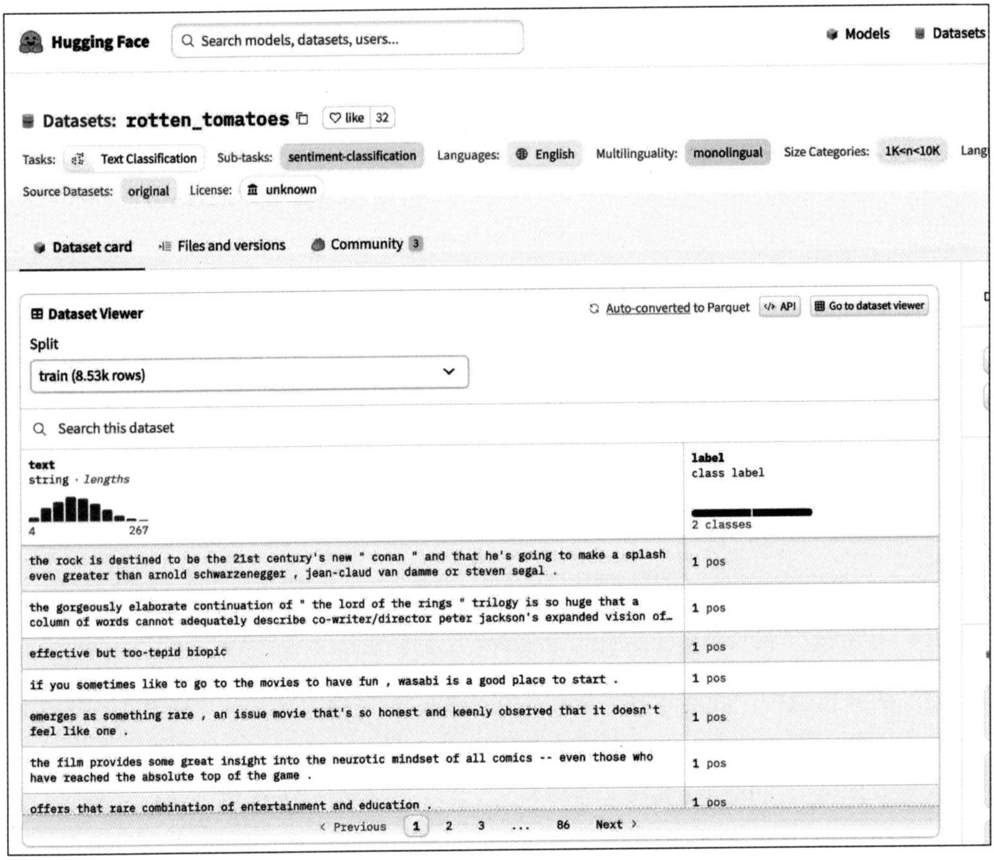

图 19.5　Hugging Face 的 rotten_tomatoes 数据集页面

tokenize_dataset()函数通过数据集对象的 map()方法应用于数据集中的每个文本样本（电影评论）。然后，这个分词后的数据集被转换为 PyTorch 格式。接下来使用下列代码，并通过分词后的数据集创建训练和评估的数据加载器。

```
# Creating PyTorch DataLoader
train_dataloader = torch.utils.data.DataLoader(
    tokenized_dataset['train'], batch_size=8, shuffle=True)
eval_dataloader = torch.utils.data.DataLoader(
    tokenized_dataset['test'], batch_size=8)
```

数据准备就绪后，我们从 Hugging Face Hub 加载预训练的 BERT 模型（bert-base-uncased），并初始化一个 AdamW 优化器微调 BERT 模型。AdamW 通过将权重衰减与梯度更新解耦，修改了 Adam 优化器（参见第 1 章），从而在深度学习模型中实现更有效的正则化，通常还能获得更好的泛化能力：

```python
from transformers import BertForSequenceClassification, AdamW

# Load pre-trained BERT model for sequence classification
model = BertForSequenceClassification.from_pretrained("bert-base-uncased")

# Optimizer and learning rate scheduler setup
optimizer = AdamW(model.parameters(), lr=5e-5)
```

最后，可以使用以下 PyTorch 训练和验证代码开始微调预训练的 BERT 模型。

```python
# Training loop using PyTorch
for epoch in range(3): # Train for 3 epochs as an example
    model.train()
    for batch in tqdm(train_dataloader):
        optimizer.zero_grad()
        input_ids = batch['input_ids']
        attention_mask = batch['attention_mask']
        labels = batch['label']
        outputs = model(input_ids=input_ids,
                    attention_mask=attention_mask,
                    labels=labels)
        loss = outputs.loss
        loss.backward()
        optimizer.step()
    # Evaluation loop
    model.eval()
    ...
    for batch in tqdm(eval_dataloader):
        with torch.no_grad():
            ...
            total_correct += (predictions == labels).sum().item()
            total_samples += len(labels)
    accuracy = total_correct / total_samples
    print(f"Epoch {epoch + 1} - Evaluation Accuracy: {accuracy}")
```

这应该能够微调 BERT 模型，使其适应文本分类任务，即利用 rotten_tomatoes 数据集将电影评论分类为正面和负面情感，生成的输出结果如下所示。

```
Epoch 1 - Evaluation Accuracy: 0.800187617260788
Epoch 2 - Evaluation Accuracy: 0.8292682926829268
Epoch 3 - Evaluation Accuracy: 0.8461538461538461
```

　　综上所述，Hugging Face 数据集库提供了便捷的功能，允许在 PyTorch 项目中直接使用众多公共数据集。使用 datasets 库可以节省时间和资源，让我们能够专注于构建健壮的机器学习模型。下一节我们将探讨 Hugging Face 如何通过 accelerate 库优化 PyTorch 模型的训练。

19.4　使用 Accelerate 加速 PyTorch 模型训练

　　Accelerate 是 Hugging Face 开发的强大工具，旨在管理跨多个 CPU、GPU 和 TPU，甚至云服务如亚马逊网络服务（AWS）、谷歌云平台（GCP）和微软 Azure 的分布式训练。它抽象了数据和模型的并行性，并在多个 CPU、GPU 或 TPU 之间高效地分配计算，减少开销，简化执行，从而使扩展变得轻松。读者只需要在现有的 PyTorch 代码中添加 5 行 Accelerate 代码，即可充分地利用硬件，如图 19.6 所示。

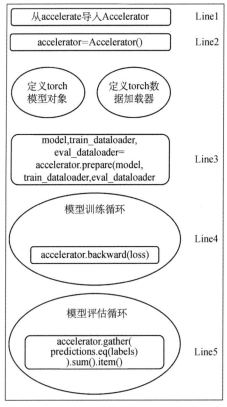

图 19.6　仅用 5 行加速代码加速 PyTorch 模型训练代码

为了说明 accelerate 的使用，我们将继续前面的示例，即微调 BERT 模型进行文本分类，并在训练代码中使用 accelerate 来优化训练过程。本节的所有代码都可以在 GitHub[12] 上找到。这里，请确保安装了最新版本的 accelerate。

```
pip install accelerate
```

下面的前两行代码仅导入 accelerate 库并实例化 accelerate 对象，如下所示。

```
from accelerate import Accelerator
# Initialize the accelerator
accelerator = Accelerator(cpu=False, mixed_precision="fp16")
```

虽然在加速器对象实例化时只输入了几个参数，但读者可以在 Hugging Face 网站上找到完整的参数列表[13]。接下来要添加的代码行位于实例化模型对象和数据加载器对象之后。

```
# Move model to the device managed by Accelerator
model, train_dataloader, eval_dataloader = accelerator.prepare(
    model, train_dataloader, eval_dataloader)
```

这行代码确保模型和数据被放置在 GPU 或 TPU 等可用硬件上。第 4 行代码是替换而非添加。最初，模型训练循环中的下列代码行执行反向传播。

```
loss.backward()
```

我们需要将其替换为以下内容：

```
accelerator.backward(loss)
```

这样做是为了在多个 GPU 的分布式训练中管理梯度，因为加速器可以高效地处理梯度累积和跨设备同步，优化多设备设置中的后向传递。

第 5 行也是最后一行代码是另一次替换操作，这次是在模型训练循环的评估部分。在原始训练代码中，我们用下列代码行计算测试集上正确预测的总数。

```
total_correct += (predictions == labels).sum().item()
```

我们需要将其替换为以下内容：

```
total_correct += accelerator.gather(predictions.eq(labels)).sum().item()
```

再次，这是因为 gather()方法在分布式计算中聚合了正确的预测，以确保在分布式设置中跨多个设备训练期间能准确计算总的正确预测数。

注意：

在分布式设置中，predictions == labels 操作可能会比较慢，因为它涉及跨多个设备的数据处理和同步，而 accelerator.gather(predictions.eq(labels)) 则通过减少跨设备通信并高效地聚合结果来优化了这一点。

至此，我们对 accelerate 库以及如何将其轻松插入 Py-Torch 代码以提高硬件效率的概述就结束了。Hugging Face 关于 accelerate 库的页面[14]是深入了解这个主题的较好资源，可以帮助我们在运行 PyTorch 时充分利用硬件。

下一节将看到另一个 Hugging Face 产品 Optimum，它使我们能够在对 PyTorch 模型进行推理时最大限度地利用硬件。

19.5　使用 Optimum 优化 PyTorch 模型部署

机器学习生命周期中至关重要的一个方面是模型部署。Hugging Face 的 Optimum 旨在降低在不同平台、语言、框架和设备上部署 AI 模型所涉及的复杂性。顾名思义，Optimum 还帮助我们在部署前优化模型。

本节将从 Hugging Face Hub 获取一个预训练模型（使用 PyTorch 训练），并将该 PyTorch 模型转换为开放神经网络交换（ONNX）模型，以便使用 ONNX Runtime 进行推理，如图 19.7 所示。

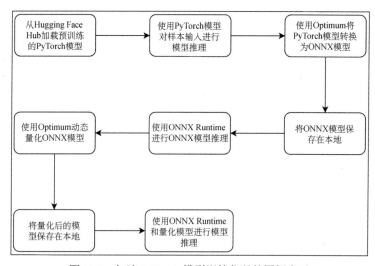

图 19.7　加速 PyTorch 模型训练代码的图解表示

☑ **注意:**

　　ONNX Runtime 是由微软开发的一款开源、高性能的推理引擎，旨在高效执行符合 ONNX 格式的模型，这些模型可以在各种硬件平台上运行，如 Intel CPU、NVIDIA GPU、Jetson Nano、安卓手机等。

　　我们在第 13 章中讨论了 ONNX。将 Py-Torch 模型转换为 ONNX，可以实现跨平台、独立于框架的部署，并使用 Optimum 等库优化不同硬件加速器的性能。

　　此外我们还将学习如何使用 Optimum 对 ONNX 模型进行量化，以缩减模型的大小，同时略微降低精度。在每一步中，我们都会对一个固定的样本输入运行模型推理，以确保对模型执行的优化不会改变模型在固定输入上的输出结果。

　　本节的所有代码都可以在 GitHub[15]上找到。

☑ **注意:**

　　量化是降低神经网络模型的内存占用和计算复杂度的过程，它通过降低模型参数和激活的精度来实现，同时力求保持模型的性能和推理准确性。

　　在深入讨论代码之前，需要安装以下包。

```
pip install onnx onnxruntime optimum
```

　　首先，我们需要导入加载预训练的 bert-base-uncased 文本分类模型所需的库，以及将 BERT 模型转换为 ONNX 模型的库，即 ORTModelForSequenceClassification。

```
from transformers import AutoModelForSequenceClassification, AutoTokenizer
from optimum.onnxruntime import ORTModelForSequenceClassification
```

　　接下来定义想要从 Hugging Face Hub 下载的模型名称，并命名存储 ONNX 模型文件的目录。

```
# a pre-trained model from HuggingFace
model_name = "bert-base-uncased"
onnx_directory = "bert-base-uncased_onnx"
```

　　我们使用下列代码从 Hugging Face Hub 加载预训练的 BERT 模型，格式为 PyTorch。

```
# Load the pre-trained model and tokenizer
tokenizer = AutoTokenizer.from_pretrained("bert-base-uncased", export=True)
model = AutoModelForSequenceClassification.from_pretrained(model_name)
```

请注意，我们在 tokenizer 初始化语句中添加了 export=True 参数，因为我们打算将从 Hugging Face Hub 加载的 tokenizer 保存到本地存储中。现在，让我们使用下列代码检查加载的模型在样本输入上工作是否正常。

```
input_ids = tokenizer("I love PyTorch!", return_tensors="pt")
model(**input_ids)
```

输出结果如下所示。

```
SequenceClassifierOutput(loss=None, logits=tensor([[-0.0403, 0.0209]], grad_
fn=<AddmmBackward0>), hidden_states=None, attentions=None)
```

接下来将加载的 PyTorch 模型转换为 ONNX 模型。

```
model_onnx = ORTModelForSequenceClassification.from_pretrained(
    "bert-base-uncased", export=True)
```

注意，我们正在将模型从 PyTorch 格式转换为 ONNX 格式（仅用一行代码），使用的是从 optimum.onnxruntime 库导入的 ORTModelForSequenceClassification 类。相比之下，在第 13 章中，我们编写了多行代码将 PyTorch 模型转换为 ONNX 格式。

在持有了 ONNX 模型后，下面使用下列代码检查模型是否在相同的样本输入上工作正常。

```
model_onnx(**input_ids)
```

输出结果如下所示。

```
SequenceClassifierOutput(loss=None, logits=tensor([[-0.0403, 0.0272]]),
hidden_states=None, attentions=None)
```

可以看到，ONNX 模型也按预期工作。接下来使用下列代码将 ONNX 模型保存到定义好的 ONNX 模型目录中。

```
model_onnx.save_pretrained(onnx_directory)
tokenizer.save_pretrained(onnx_directory)
```

在终端上使用以下命令检查 ONNX 模型文件夹的内容。

```
du -sh bert-base-uncased_onnx/*
```

输出结果如下所示。

```
4.0K bert-base-uncased_onnx/config.json
```

```
418M bert-base-uncased_onnx/model.onnx
4.0K bert-base-uncased_onnx/ort_config.json
4.0K bert-base-uncased_onnx/special_tokens_map.json
696K bert-base-uncased_onnx/tokenizer.json
4.0K bert-base-uncased_onnx/tokenizer_config.json
228K bert-base-uncased_onnx/vocab.txt
```

不难发现，ONNX 模型大约有 400MB 的大小。我们能否设法让它变得更小呢？答案是肯定的。借助 optimum 库，可以将 ONNX 模型转换为量化的 ONNX 模型，这种模型更小，也更快。对此，需要导入下列依赖项执行量化操作。

```
from optimum.onnxruntime.configuration import AutoQuantizationConfig
from optimum.onnxruntime import ORTQuantizer
```

下列代码将对 ONNX 模型进行量化操作。

```
qconfig = AutoQuantizationConfig.arm64(is_static=False, per_channel=False)
quantizer = ORTQuantizer.from_pretrained(model_onnx)
quantizer.quantize(save_dir=onnx_directory, quantization_config=qconfig)
```

首先指定与量化过程相关的一些配置或设置。Hugging Face 的量化页面[16]是一个极好的参考资料，可以了解更多关于各种配置选项的信息。在当前设置中，我们将 is_static 设置为 False，因为我们正在进行动态量化。

☑ 注意：

动态量化涉及在推理过程中量化神经网络的权重和激活，而不需要重新训练模型，并可以根据观察到的输入范围动态调整张量的精度来优化内存和推理速度。

另一方面，静态量化在推理之前，通常在训练期间或之后，量化模型的权重和激活，预先确定精度水平，以实现内存和计算效率。

上述代码行将量化模型保存在之前保存 ONNX 模型的同一 ONNX 模型目录中。再次使用下列终端命令检查该文件夹的内容。

```
du -sh bert-base-uncased_onnx/*
```

输出结果如下所示。

```
4.0K bert-base-uncased_onnx2/config.json
418M bert-base-uncased_onnx2/model.onnx
106M bert-base-uncased_onnx2/model_quantized.onnx
4.0K bert-base-uncased_onnx2/ort_config.json
```

```
4.0K bert-base-uncased_onnx2/special_tokens_map.json
696K bert-base-uncased_onnx2/tokenizer.json
4.0K bert-base-uncased_onnx2/tokenizer_config.json
228K bert-base-uncased_onnx2/vocab.txt
```

可以看到，model_quantized.onnx 的大小约为 100MB，是原始 ONNX 模型的 1/4。因此，Optimum 的动态量化将模型大小减少了 4 倍。下面使用下列代码将量化模型加载到一个新的 ONNX 模型对象中。

```
model_quantized = ORTModelForSequenceClassification.from_pretrained(
    onnx_directory, file_name="model.onnx")
```

最后使用下列代码检查量化模型是否在样本输入上工作正常。

```
model_quantized(**input_ids)
```

输出结果如下所示。

```
SequenceClassifierOutput(loss=None, logits=tensor([[-0.0403, 0.0272]]),
hidden_states=None, attentions=None)
```

我们从一个缩小了 4 倍的模型中获得了与 ONNX 模型相同的输出。至此，我们完成了对最优库的讨论。请参考 Hugging Face 的 Optimum 页面[17]以获得对本产品的详细了解。当与 Accelerate 分布式训练结合使用时，Optimum 成为了简化机器学习生命周期管理的得力助手，从而实现快速原型设计、实验和交付由前沿研究驱动的高质量产品。

Hugging Face 是一个快速成长和发展的平台。要想在人工智能领域取得成功，最好随时关注 Hugging Face 的更新内容，尤其是与 PyTorch 相关的更新。本章帮助读者开始在 PyTorch 或其他深度学习项目中使用 Hugging Face，如果想深入研究你所选择的主题、数据集、模型或人工智能演示，Hugging Face 网站[1]可视为最好的资源。

19.6　本 章 小 结

本章首先讨论了与 PyTorch 用户相关的不同 Hugging Face 组件。然后确立了如何将 transformers 库（最重要的 Hugging Face 库）与 PyTorch 结合使用。接下来，我们了解了 Hugging Face Hub，它提供了超过 65 万个预训练模型的广泛范围，并使用 Hub 加载了 BERT 模型进行推理。之后探索了 Hugging Face 数据集库，它让我们可以访问超过 14 万 4 千个数据集。我们通过一个微调预训练模型的示例，学习了如何将其与 PyTorch 结合使用。

接下来学习了 Hugging Face 的 accelerate 库，以及如何仅通过 5 行代码加速 PyTorch 训练代码。然后探索了 Hugging Face 的 Optimum 库，并使用它将 PyTorch 模型转换为 ONNX 模型。我们使用 ONNX 模型通过 ONNX Runtime 进行推理。最后使用 Optimum 将 ONNX 模型量化为一个只有 1/4 大小的模型，并使用该模型通过 ONNX Runtime 进行推理。

19.7　参 考 文 献

[1] Hugging Face：https://huggingface.co/。

[2] Hugging Face 文档：https://huggingface.co/docs。

[3] GitHub 1：https://github.com/arj7192/MasteringPyTorchV2/blob/main/Chapter19/HuggingFacePyTorch.ipynb。

[4] Hugging Face bert-base-uncased：https://huggingface.co/google-bert/bert-baseuncased。

[5] Hugging Face Hub：https://huggingface.co/docs/hub/index。

[6] GitHub 2：https://github.com/arj7192/MasteringPyTorchV2/blob/main/Chapter19/HuggingFaceHub.ipynb。

[7] Hugging Face Models 页面：https://huggingface.co/models?other=text-generationinference&sort=downloads。

[8] Hugging Face T5：https://huggingface.co/docs/transformers/model_doc/t5。

[9] GitHub 3：https://github.com/arj7192/MasteringPyTorchV2/blob/main/Chapter19/HuggingFaceDatasets.ipynb。

[10] Hugging Face rotten_tomatoes：https://huggingface.co/datasets/rotten_tomatoes。

[11] Hugging Face Datasets：https://huggingface.co/datasets?task_categories=task_categories:text-classification&sort=downloads。

[12] GitHub 4：https://github.com/arj7192/MasteringPyTorchV2/blob/main/Chapter19/HuggingFaceAccelerate.ipynb。

[13] Hugging Face Accelerator：https://huggingface.co/docs/accelerate/package_reference/accelerator#accelerate.Accelerator。

[14] Hugging Face Accelerate 库：https://huggingface.co/docs/accelerate/index。

[15] GitHub 5：https://github.com/arj7192/MasteringPyTorchV2/blob/main/Chapter19/HuggingFaceOptimum.ipynb。

[16] Hugging Face 量化：https://huggingface.co/docs/optimum/onnxruntime/usage_guides/quantization。

[17] Hugging Face Optimum 页面：https://huggingface.co/docs/optimum/index。